개의 마음을 읽는 법

개의 마음을 읽는 법

개는 무엇을 보고, 느끼고, 아는가

초판 1쇄 발행 2022년 5월 13일
초판 2쇄 발행 2023년 2월 20일

지은이 알렉산드라 호로비츠
옮긴이 전행선 고빛샘 구세희 김정희 전혜상
펴낸이 김영신
미디어사업팀장 이수정
편집 이소현 강경선 조민선
디자인 프롬디자인

펴낸곳 (주)동그람이
주소 서울특별시 마포구 성미산로 183, 1층
전화 02-724-2794
팩스 02-724-2797
출판등록 2018년 12월 10일 제 2018-000144호

ISBN 979-11-966883-9-4 03490

홈페이지 blog.naver.com/animalandhuman
페이스북 facebook.com/animalandhuman
이메일 dgri_concon@naver.com
인스타그램 @dbooks_official
트위터 twitter.com/DbooksOfficial

— 개는 무엇을 보고, 느끼고, 아는가 —

개의 마음을 읽는 법

INSIDE OF A DOG

알렉산드라 호로비츠 지음
전행선 외 옮김

동그람이

일러두기

- 이 책은 2011년에 출간된 『개의 사생활』의 개역판입니다.
- 이 책의 외래어 표기는 국립국어원의 표준국어대사전을 따르되, 일부 인명이나 지명은 예외를 두었습니다.
- 원서의 이탤릭체는 진하게, 큰따옴표(" ") 안에 들어 있는 단어 혹은 문장은 작은따옴표(' ')에 넣어 표시했습니다.

| 들어가는 말 |

개는 무엇을 보고, 느끼고, 알고 있을까

가장 먼저 머리가 보인다. 언덕 꼭대기에서 침이 흐르는 주둥이가 나타난다. 그러고는 불쑥 다리 하나가 시야에 나타나더니 곧바로 두 번째, 세 번째, 네 번째 다리가 60킬로그램의 거구를 받치고 앞으로 나온다. 어깨까지 높이가 90센티미터나 되고 머리부터 꼬리까지 몸길이가 1.2미터나 되는 울프하운드 사냥개가 자기 주인의 양 다리 사이에 서서 풀 속에 숨은 앙증맞은 치와와 한 마리를 바라본다. 치와와의 무게는 3킬로그램이고 울프하운드와 마찬가지로 떨고 있다. 울프하운드가 귀를 쫑긋 세우고는 나른한 몸짓으로 한 번 풀쩍 뛰더니 어느새 치와와 앞에 도착한다. 치와와가 새치름하게 시선을 돌린다. 울프하운드가 치와와의 눈높이로 몸을 낮추고 그 자그마한 암컷의 옆구리를 자근거린다. 엉덩이를 하늘로 높이 치켜들고 공격에 대비해 꼬리를 바짝 치켜든 하운드를 치와와가 다시 돌아본다. 하지만 이 너무나도 당연한 위험에서 도망치는 대신 하운드와 같은 자세를 잡더니 그 커다란 얼굴로 뛰어올라 작은 앞발로 코를 움켜잡는다. 그렇게 놀이가 시작된다.

5분 동안이나 두 마리의 개는 구르고 움켜잡고 물고 서로를 향해 덤벼들기를 거듭한다. 울프하운드가 옆으로 몸을 던지면 작은 치와와가 녀석의 얼굴과 배, 발 등을 공격하는 것으로 응수한다. 하운드의 앞발이 치와와를 툭 치자 작은 몸이 종종거리며 뒷걸음치다가 소심하게 옆으로 도망가 사정권에서 멀어진다. 하운드가 컹컹 짖으며 뛰어올랐다가 둔탁한 소리를 내며 바닥에 떨어진다. 바로 이때 치와와가 하운드의 큼직한 발 하나를 향해 질주해가더니 세게 물어버린다. 이제 두 친구는 반쯤 껴안은 상태가 됐다. 하운드의 주둥이는 치와와의 몸으로 거의 덮이다시피 했고, 치와와는 하운드의 얼굴을 발로 차 떼어내려고 버둥거리는 중이다. 그때 하운드의 주인이 목줄을 확 잡아채 그 커다란 덩치를 바로 세우더니 멀어져 간다. 치와와도 똑바로 서서 잠시 멍하니 그들을 바라보다가 한 번 짖고는 빠른 걸음으로 주인에게 돌아간다.

이 두 마리 개의 모습은 서로 너무나도 달라 완전히 다른 종일지도 모른다는 생각까지 들게 한다. 그럼에도 어떻게 그리 쉽게 놀이 상대가 될 수 있는지 신기할 따름이다. 커다란 울프하운드가 물고 입질하며 덤벼들었음에도 그 작은 개는 전혀 움츠러들지 않고 똑같이 응수했다. 과연 이들이 함께 어울리도록 하는 능력은 무엇으로 설명할 수 있을까? 왜 하운드는 치와와를 먹잇감으로 보지 않을까? 또 치와와는 왜 하운드를 포식자로 인식하지 않을까? 그것은 갯과科 동물의 크기에 대한 치와와의 무지나 하운드의 포식성 욕구의 결여와는 아무 상관도 없다. 두 가지 다 타고난 본능이 아니다.

어떻게 그런 놀이가 가능한지, 그리고 놀이를 즐기는 개가 무엇을 생각하고, 인지하고, 말하고자 하는지 알아낼 방법은 두 가지가 있다. 개로 태어나거나 개를 면밀히 관찰하며 오랜 시간을 함께 보내는 것이다. 하지만 전자는 내 능력 밖이니 오랜 관찰을 통해 개를 이해할 수밖에. 이제 내가 알아낸 개에 관한 모든 것을 설명하는 동안 함께 여행을 떠나보자.

나는 애견인이다.

우리 집에는 언제나 개가 있었다. 내가 개에게 느끼는 친밀감은 파란 눈과 짧게 자른 꼬리를 하고 밤이면 어슬렁거리며 동네를 헤매고 다니던 우리 집 개 애스터로부터 비롯되었다. 나는 종종 파자마만 입고 앉아서 자정이 될 때까지 돌아오지 않는 애스터를 기다리며 걱정에 잠 못 들곤 했다.

또 다른 개인 하이디가 죽었을 때는 참으로 오랫동안 슬픔에 빠져 있었다. 스프링어 스패니얼 종이었던 하이디는 어느 날 신이 나서 달려가다가 집 옆 고속도로를 질주하던 차바퀴 밑으로 곧장 뛰어들고 말았다. 내 어릴 적 상상 속에 남아 있는 그 친구는 늘 행복에 겨워 긴 혀를 옆으로 빼물고 큰 귀를 뒤로 휘날리며 힘차게 달리고 있다.

대학 다닐 때 입양했던 베케트라는 차우 믹스견은 아침마다 집을 나서는 내 모습을 참을성 있게 지켜보았고 나는 그런 베케트를 감탄과 애정 어린 시선으로 바라보곤 했다.

그리고 지금 내 발밑에는 따뜻한 펌퍼니클(펌프)이 몸을 둥글게 말고 숨을 헐떡이며 누워 있다. 펌프는 믹스견으로 16년이라는 전 생애를 나와 함께 살았고, 나 역시 성인기의 거의 대부분을 펌프와 함께했다. 5년간의 대학원 시절과 네 가지 직업을 거치는 동안 나는 맹렬한 꼬리 흔들기로 반가움을 표하는 펌프와 함께 매일 아침을 시작했다. 자신을 애견인이라 생각하는 사람이라면 누구든 마찬가지겠지만 나는 이 개가 없는 삶은 상상할 수도 없다.

나는 애견인, 즉 개를 무척이나 사랑하는 사람이다. 동시에 과학자이기도 하다.

나의 연구 분야는 동물 행동이다. 직업상 나는 인간이 스스로를 설명하고자 사용하는 느낌, 욕망 등을 이용해 동물을 의인화하는 것을 경계한다. 어떤 식으로 동물의 행동양식을 연구해야 할지 배우는 동안, 나는 행위를 설명하고자 할 때는 객관적이어야 하며, 간단한 공식으로 설명할 수 있는 것을 정신 차원에 호소해 설명하지 말아야 한다는 과학자 윤리를 준수해왔다.

공개적으로 관찰하거나 확신할 수 없는 현상은 과학의 대상이 아니라는 사실도 잊지 않았다. 근래에 나는 동물 행동, 비교인지, 심리학 분야 교수로서 수치계량화가 가능한 사실을 다루는 서적들을 교재로 사용한다. 그 책들은 동물의 사회적인 행동을 호르몬과 유전적인 관점에서 설명하고 있을 뿐 아니라, 조건 반사, 고정된 행동 유형, 최적의 섭식 비율에 이르는 모든 것을 일관되고 객관적인 어조로 이야기한다.

하지만 그것만으로는 부족하다.

이러한 책들 속에는 내 학생들이 동물에 관해 궁금해하는 대부분의 질문이 전혀 답해지지 않은 채 남아 있다. 종종 연구를 발표하기 위해 학회에 참석해보면, 강연이 끝난 후 그곳의 학자들은 너무도 당연하게 자신이 키우는 반려동물과의 경험으로 대화를 이끌어간다. 그리고 나는 지금도 내가 기르는 개에 관해 여전히 풀리지 않는 질문들을 머릿속에 담고 있지만 그것에 관해 성급한 결론을 내리고 싶은 충동은 느끼지 않는다. 교재 속에서만 살아 있고 글로만 구체화된 과학은 동물과 함께 살아가고 그들의 마음을 이해하려 노력하는 우리 경험에 관해서는 거의 다루지 않는다.

대학원 1년차, 인간이 아닌 동물 마음에 특별한 관심을 두고 마음의 과학을 공부하기 시작했을 때만 해도, 나는 개를 연구하겠다는 생각은 해본 적이 없었다. 개는 정말로 친근하고 이해하기 쉬워 보였다. 함께 연구하는 동료들도 개에 관해 새롭게 배울 것이 무엇이 있겠냐며, 개는 너무도 단순하고 행복한 동물이라 훈련시키고, 먹이고, 사랑해주면 할 일은 끝나는 것이라고 말했다. 개에 관해 얻을 **자료**는 없다. 그것이 바로 과학자들 사이의 통념이었다.

나의 논문 지도교수는 영장류가 동물인지연구에서 선택받은 동물이라는 가정을 전제로 개코원숭이를 연구해서 괄목할 만한 성과를 냈다. 그의 논문은 인간의 기술과 인지능력에 가장 근접한 능력을 발견해낼 가능성이 큰 대상이 바로 영장류 형제라고 가정한다. 이는 행동연구 과학자들에게는 널리 알려진 관점이었다. 게다가 당시 개의 마음을 이론화하는 영역은 개를 키우는 사람들이 이미 점유해버린 상태였는데, 그들의 이론은 과학적 근거 없이 오직 여러 일화와 잘못 적용된 의인화에서 비롯된 것이었다. 다시 말해 개의 마음이라는 개념은 이미 오염돼 있었다.

하지만 완전히는 아니었다.

나는 대학원 시절 캘리포니아에 있는 강아지 산책 공원(우리나라의 경우, 반려견 놀이터 또는 반려견 출입이 가능한 공원-옮긴이 주)과 해변을 돌아다니며 펌프와 함께 많은 시간을 보냈다. 당시 동물행동학자가 되고자 공부하는 중이었던 나는 사회적으로 발달된 동물을 격리 보호하며 관찰하는 두 개의 연구 그룹에 참여했다. 한 곳에서는 에스콘디도에 있는 야생동물공원에서 흰 코뿔소를 연구했고, 또 다른 그룹에서는 역시 같은 공원과 샌디에이고 동물원에 있는 피그미침팬지인 보노보를 관찰했다. 그 활동을 통해 나는 과학의 세심한 주의력, 자료수집, 통계적 분석법에 관해 배울 수 있었다. 시간이 흐르면서 이런 식의 관찰은 강아지 산책에서 보내는 여가시간에도 적용되었다. 그러다보니 그들만의 사회적인 세상과 인간 세상 사이를 자유롭게 넘나드는 개들의 모습이 갑자기 낯설게 다가오기 시작했다. 나는 개들의 행동을 예전처럼 단순하게 바라볼 수가 없었다.

과거에는 펌프가 한 동네에 사는 불테리어와 함께 정신없이 뛰노는 모습을 단지 미소 지으며 바라보곤 했지만, 차츰 그 모습에서 상호 협력과 초를 다투는 소통, 그리고 서로의 능력과 욕구를 평가하는 복잡한 춤을 찾아낼 수 있었다. 머리를 돌리는 매우 사소한 동작이나 코의 각도가 점차 직접적이고 의미 있는 것으로 보였다. 나는 기르는 개의 행동을 한 가지도 제대로 이해 못하는 보호자들을 많이 목격했다. 인간의 놀이상대로만 머물기에는 너무 똑똑한 개들도 여럿 만났다. 개가 무엇을 요구하는 모습을 당황하는 것으로, 기뻠을 표현하는 모습을 공격성으로 오인하는 사람들도 보았다.

그래서 나는 펌프와의 공원 외출을 비디오카메라로 기록하기 시작했다. 집에 돌아와서는 개들끼리 노는 모습, 공놀이하는 사람과 개의 모습, 개에게 플라스틱 원반을 던져주는 사람의 모습 등을 기록한 테이프, 즉 추적하고 싸우고 애교 부리고 달리고 짖는 개의 모습이 녹화된 테이프를 돌려보곤 했다.

전적으로 비언어적인 사회에서도 얼마든지 풍부한 사회적 소통이 가능하다는 사실을 새롭게 알게 되자, 한때 지극히 평범한 활동으로만 보이던 모든 것이 이제는 미지의 정보처럼 보였다. 녹화테이프를 최저 속도로 재생하자 그동안 수십 년을 함께 살아오면서도 전혀 알아차리지 못한 개의 행동이 눈에 들어왔다. 내용을 꼼꼼히 살펴보니 두 마리 개가 함께 뛰어노는 단순한 놀이는 적극적인 역할 바꾸기, 다양한 의사소통 표시, 상대의 관심을 끌기 위한 유연한 적응과 재빠른 동작 등이 동시다발적으로 일어나는 놀랄 만한 행위의 연속이었다. 내가 보고 있던 것은 개들이 상호간에, 혹은 주변 인간과 소통하고자 노력할 때 나타나는, 또한 그들이 다른 개들뿐 아니라 인간 행위를 해석하고자 애쓰는 동안 드러나는 마음의 스냅샷이었던 것이다.

나는 그 후로 펌프뿐 아니라 그 어떤 개도 전과 같은 시선으로 바라보지 않았다. 물론 그렇다고 펌프와 소통하는 즐거움이 깨진 것은 아니었다. 오히려 과학이라는 안경은 왜 나의 개가 특정 행동을 하는지 살펴볼 수 있는 새롭고도 풍성한 방법을 제시해주었다. 그것은 내가 개의 입장이 되어 그 삶을 이해할 수 있는 새로운 방법이기도 했다.

몇 시간에 걸친 그 첫 번째 관찰 이래로, 나는 줄곧 다른 개나 사람과 함께 놀이에 푹 빠진 개의 모습을 연구하고 있다. 그 당시 나는 전혀 의식하지도 못한 채, 개를 연구하는 과학 분야에서 일어나고 있던 거대한 변화에 동참하고 있던 것이다. 그 변화는 아직 진행 중이지만 개 연구의 분위기는 이미 20년 전과는 판이하게 달라졌다. 과거에는 개의 인식이나 행동에 관한 연구 성과가 매우 보잘것없었지만, 현재는 개에 관한 각종 회의를 비롯해 개의 연구에 헌신하는 그룹, 미국은 물론이고 세계 여러 나라의 개에 관한 실험적·학문적 연구, 그리고 과학저널에 소개되는 논문 등이 넘쳐나는 실정이다. 이러한 연구에 동참하는 과학자들은 바로 내가 목격한 사실, 즉, 개가 인간 이외의 동물 연구에 있어 완벽한 대상이라는 사실을 알고 있다. 개는 인간과 수천 년, 아니 어쩌면 수만 년 이상을 함께 살아왔다. 그리고 사육이라는 인위적인 선택을 받은 개는 인간에게 매우 민감하게 반응하도록 진화해왔다.

이 책에서 나는 개의 과학으로 여러분을 초대할 것이다. 작업견(썰매를 끌거나 수색 등에 참여하는 개를 의미한다-옮긴이)이나 동반자로서의 개를 연구하며 실험실과 현장에서 분주히 움직이는 과학자들은 개의 감각적인 능력이나 행동 같은 생태와 심리, 즉 인지에 관해 상당한 양의 정보를 수집해놓았다. 그 수많은 연구 프로그램의 축적된 결과를 발판삼아 우리는 완전히 새로운 개의 그림을 외부의 시선으로부터가 아닌 개의 내부, 즉 개의 코가 가진 재주나 개가 듣는 것, 개의 눈이 우리에게로 향하는 방식, 그리고 그 모든 것을 관장하는 뇌로부터 그려낼 수 있을 것이다.

검토된 개의 인지능력 연구에는 내 연구도 포함되지만, 최근 연구를 통해 얻은 모든 결과를 요약·소개하기 위해 책의 내용은 내 논문을 훨씬 넘어서는 영역까지 확장된다. 아직은 개에 관해 신뢰할 만한 정보가 전혀 없는 몇몇 주제를 다룰 때는 개의 삶을 이해하는 데 도움이 될 만한 다른 동물의 연구를 참조할 것이다. (이곳에 언급된 내용을 보고 원본 연구 논문을 찾아보고 싶어 할 독자를 위해 책의 마지막에 서지 목록을 첨부해두었다.)

물론 손에 쥔 목줄에서 한 발 물러나 과학적인 관점에서 다룬다고 하여 개에게 해를 입히는 짓은 하지 않을 것이다. 개의 능력과 관점은 특별히 주목받을 충분한 가치가 있고, 그 연구 결과는 실로 놀랍다. 따라서 독자들은 과학으로 인해 거리감을 느끼는 것이 아니라, 오히려 개의 실체에 더 가까이 다가가 그 경이로움에 탄복하게 될 것이다. 또한 열정적이고 창의적으로 적용된 과학의 과정과 결과는 자신의 개가 알고 이해하고 믿는 것에 관한 사람들의 생각에 새로운 빛을 비춰줄 것이다. 기르는 개를 체계적이고 과학적인 시선으로 바라보는 법을 배우고자 떠났던 개인적인 여정을 통해 나는 내 개에 관해 더욱 폭 넓은 이해와 감사의 마음을 품게 되었고 더 끈끈한 관계도 이어나갈 수 있었다.

나는 개의 머릿속에 들어가 개의 관점을 엿보았고, 이 책이 독자들에게도 같은 기회를 줄 것이라 믿는다. 지금 당신이 개와 함께 방안에 있다면, 그 근사한 털북숭이 친구에 대한 당신의 시선은 곧 바뀌게 될 것이다.

개를 "개"라고 부르는 것

인간 이외의 동물을 다루는 과학 연구에서는 몇 마리 동물을 데려다가 그들이 전체 종을 대변하도록 하기 위해 철저히 파헤치고 관찰하고 훈련하고 심지어는 해부까지 해보는 것이 일반적이다. 그러나 인간을 다룰 경우 우리는 결코 한 사람의 행위가 인류 전체를 대변하게끔 내버려두지 않는다. 어떤 사람이 한 시간 내에 루빅스 큐브를 맞추지 못했다고 해서 모든 인간이 다 실패하리라 추정하지는 않는다는 것이다. 물론 그 사람이 세상 모든 사람을 다 이기고 결승전에서 우승한 것이 아니라면 말이다. 인간은 공유하는 생물학적 특징보다는 개성을 더 중시한다. 잠재적인 신체 능력이나 인지적 능력을 설명해야 할 때에도 개인이 먼저이고 인류라는 종의 한 개체라는 개념은 그다음이다.

이와 대조적으로 동물의 경우에는 그 순서가 뒤바뀐다. 과학은 동물을 우선 그들 종의 대표로 간주하고, 그다음에 개체로 고려한다. 우리는 한두 마리 동물이 그들 종의 대표 자격으로 동물원 우리에 갇혀 있는 모습을 보는 데 익숙하다. 동물원 운영 측면에서 보면, 동물들은 자신도 모르게 어느새 그들 종의 '대사' 역할을 하고 있다. 하나의 종에 속한 모든 동물을 획일적으로 바라보는 우리의 시선은 그들의 지능을 비교하는 데서도 매우 잘 드러난다. 뇌가 크면 지능이 높다는 가설을 실험하기 위해 과학자들은 침팬지, 원숭이, 쥐의 뇌 크기를 인간의 뇌와 비교하는 실험을 했다. 당연히 침팬지 뇌는 인간 것보다 작고, 원숭이 뇌는 침팬지 것보다 작으며, 쥐의 뇌는 단지 영장류 뇌의 소뇌 크기 정도에 불과하다. 이 정도야 누구나 다 아는 내용이다. 정말 놀라운 사실은 비교 목적으로 사용된 뇌가 겨우 두세 마리 침팬지나 원숭이의 것이었다는 점이다. 과학이라는 이름하에 머리를 잃어야 했던 지지리 복도 없는 몇 마리 동물은 그때부터 원숭이와 침팬지 전체 종을 완벽하게 대신한다고 간주되었다. 하지만 우리는 그들이 예외적으로 큰 뇌 원숭이였거나 비정상적으로 작은 뇌를 가진 침팬지는 아니었는지 알아낼 방도가 전혀 없다.*

마찬가지로 한 마리나 작은 무리의 동물이 어떤 심리 실험에서 실패하면 그 종 전체가 패배자라는 오명을 뒤집어쓴다. 생물학적 유사성으로 동물을 구분하는 것이 확실히 유용한 지름길이기는 해도 이상한 결과가 나오는 것을 막을 수는 없다. 다시 말해 우리는

---

* 물론 과학자들은 우리 뇌보다 훨씬 큰 뇌를 찾아냈다. 돌고래는 물론이고 인간보다 덩치가 큰 고래나 코끼리 뇌도 인간 뇌보다 훨씬 크다. '큰 뇌'에 관한 잘못된 믿음은 이미 뒤집힌 지 오래다. 그럼에도 여전히 영리한 사람의 두뇌를 분석하는 데 관심 있는 사람들은 뇌의 주름진 정도, 체중과 뇌 중량의 비율을 보여주는 대뇌화 지수, 신피질 수량, 신경세포 간의 접합부처럼 훨씬 정교한 다른 측정 수단을 연구한다.

같은 종에 속한 모든 동물이 마치 일란성 쌍둥이라도 된다는 듯이 말하는 경향이 있다. 하지만 인간에게는 결코 그러한 딱지를 붙이지 않는다. 만약 어떤 개에게 20개의 비스킷 더미와 10개의 비스킷 더미 중에 하나를 택하게 했는데 그 개가 후자를 선택했다면 보나마나 결론은 다음과 같을 것이다. "개들은 크고 작은 더미를 구분할 줄 모른다." 이때 '개들' 대신 '어떤 개'라는 표현은 절대 사용하지 않을 것이다.

따라서 이 책에서 내가 **개들**이라고 언급할 때는 갯과 동물 전체를 의미하는 것이 아니라, **자료 조사를 위해 연구했던 특정한 개들**을 암묵적으로 의미하는 것이다. 다양한 실험을 통해 바람직한 결과를 얻어낸다면 우리는 개를 합리적으로 일반화시킬 수 있는 훌륭한 도구를 얻게 될지도 모른다. 하지만 그때가 되더라도 각 개들 간의 고유한 차이가 있다면 더욱 좋을 것이다. 예컨대 당신 개는 유난히 작을지도 모르고, 절대 눈을 맞추지 않을지도 모르며, 강아지 침대는 무척이나 좋아하면서 누군가 몸에 손대는 것은 극도로 싫어할지도 모른다. 개의 모든 행동이 본능적이거나 신비로운 어떤 것으로 간주되거나 우리에게 무언가를 말하는 것으로 해석되어야 하는 것은 아니다. 때로 그것은 우리가 단지 있는 그대로의 우리인 것처럼 아무 의미 없는 행동 그 자체일 수도 있다. 어쨌거나 내가 이 책에서 전달하는 내용은 내가 **연구했던 특정한 개들**의 알려진 능력일 뿐이다. 즉 당신의 개는 다를 수도 있다.

개 훈련하기

이 책은 반려견 훈련 교본이 아니다. 하지만 의도된 바는 아니어도 이 책을 다 읽고 나면 개를 훈련하는 데 도움을 받을 수 있다. 인간에 관한 책은 한 권도 읽어본 적 없이 우리도 모르는 사이에 이미 인간 훈련법을 배워버린 개들과 보조를 맞출 수 있게 해줄 것이다.

개 훈련 서적과 개의 인지능력 및 행동에 관한 책은 내용상 그다지 겹치는 부분이 없다. 반려견 훈련사들은 동물심리학과 행동학에서 가져온 몇 가지 기본 원칙을 이용하는데, 이는 가끔 대단한 효과를 내기도 하지만 어떤 때는 형편없는 결과를 불러오기도 한다. 대부분의 훈련은 **연상학습** 원리를 따른다. 인간을 포함한 모든 동물은 사건 간의 관계에서 연상되는 것을 매우 쉽게 이해한다. 연상학습은 기대되는 행동(개가 '앉아!'라는 소리에 앉는다든가 하는)이 발생한 후에 보상(간식, 관심, 장난감, 쓰다듬어주기 등)이 제공되는 '조작적' 조건화 패러다임의 바탕이 된다. 반복학습을 통해 우리는 개의 행동을 새롭고 이상적인 방향, 예컨대 바닥에 누워 구르게 하거나 더 나아가서는 모터보트 뒤에서 점잖게 제트스키를 타게 하는 식으로 **형성**해갈 수 있다.

하지만 보통 그러한 믿음은 과학적인 연구와 함께 무너져버린다. 예를 들어 많은 훈련사가 개를 어떻게 보고 다루어야 하는지에 관한 정보를 늑대 길들이는 방법에서 찾아내려 한다. 하지만 개와 늑대 간의 유사점은 그다지 많지 않다. 앞으로 보게 될 테지만, 과학자들이 아는 야생늑대의 행동에 관한 지식에도 한계가 있다. 그리고 우리가 아는 사실은 종종 개와 늑대 간의 유사성을 강화하기 위해 사용되는 기존의 통념과는 모순된다.

게다가 몇몇 훈련사의 주장에도 불구하고, 그들이 이용하는 훈련 방법은 과학적으로 검증되지 않았다. 다시 말해 어떠한 훈련 프로그램도 훈련받은 실험집단의 수행능력과 훈련은 받지 않았지만 동일한 환경에서 키워진 개들의 수행능력을 비교, 평가한 적이 없다는 것이다. 훈련사를 찾아가는 사람들에게는 보통 두 가지 공통점이 있다. 그들의 개가 일반적인 개보다 '순종적'이지 않거나 그들이 개의 행동을 변화시키는 데 그 누구보다도 적극적이라는 것이다. 따라서 이러한 조건과 몇 달이라는 기간이 합해지면 훈련의 종류와는 거의 상관없이 훈련받은 개의 행동이 달라지리라는 점은 예측하기 어렵지 않다.

훈련에 성공한다는 건 신나는 일이지만 누구도 그 훈련 방법이 최종적인 성공을 이끌어냈다고 증명하지는 못한다. 물론 훈련이 훌륭해서 성공**했을 수도** 있다. 하지만 단지 행복한 우연일 수도 있는 것이다. 혹은 프로그램이 진행되는 동안 개에게 더 많은 관심을 기울여준 결과일 수도 있고, 훈련이 지속되면서 개가 성숙한 결과일 수도 있다. 또는 그 과정 중에 개에게 가해진 협박의 결과였는지도 모른다. 다시 말해 성공은 개의 삶에 일어난 수많은 변화의 합일지도 모른다는 것이다. 체계적이고 열정적인 과학 실험 없이는 이 모든 가능성을 구분해낼 수 없다.

가장 중요하게는 그 훈련이라는 것이 보통 주인에 맞게, 다시 말해 주인이 생각하는 좋은 개의 역할에 맞추어 진행된다는 것이다.

이러한 목표는 우리의 지향점과는 상당히 다르다. 이 책에서 우리는 개가 실제로 하는 행동과 우리에게 원하는 것, 그리고 우리를 이해하는 정도에 대해 알아보고자 한다.

개와 그의 '주인'

근래에는 개를 기르는 사람을 개 주인이라고 하기보다는 개의 보호자, 또는 반려인이라고 칭하고 애완견이라는 단어보다는 반려견이라는 표현을 쓰는 것이 거의 일반화되었다. 이 책에서 나는 개의 가족을 그냥 **주인**이라고 표현할 텐데, 그것은 단지 이 용어가 인간과 개의 법률적 관계를 설명해주기 때문이다. 개는 지금도 여전히 재산으로 간주된다. 언젠가 개가 우리의 소유 재산으로 취급되지 않는 날이 온다면 나는 쌍수를 들어 환영할 것이다. 하지만 그때까지는 아무런 정치적 의도 없이 '주인'이라는 표현을 사용하려 한다. 그것은 단지 편의를 위한 것이지, 다른 의도는 전혀 없다.

마찬가지로 개를 지칭하는 대명사를 사용할 때도 특별히 암컷 개를 논하는 상황이 아닌 이상 성중립적인 대상을 지칭하는 '그him'라는 인칭 대명사를 사용할 것이다. 물론 '그것it'이라는 훨씬 중립적인 표현도 있지만, 그것은 개를 기르거나 개에 대해 조금이라도 아는 사람들이 듣기에는 참으로 가당치 않은 표현이다.

| 차례 |

3장. 냄새 맡기 95

4장. 말 없는 인사 127

5장. 개의 눈 169

6장. 개가 '본다'는 것 193

7장. 개는 인간을 관찰하는 인류학자 221

8장. 개의 고귀한 마음 241

9장. 개의 머릿속 283

10장. 개와 인간, 첫눈에 반하다 351

11장. 개와 함께 맞이하는 아침 385

1장

움벨트: 개의 코끝에서 보는 세상

오늘 아침 나는 펌프가 침대 위로 뛰어올라 힘차게 코를 킁킁거리는 소리에 깨어났다. 펌프는 까칠한 수염으로 입술을 간질이며 내가 깨어났는지, 살아 있는지, 주인이 맞기는 한지 확인하고 있었다. 그러다가 내 얼굴에 정통으로 어퍼컷 한 방을 날리며 아침 기상임무를 완수했다. 나는 눈을 떠보았다. 말간 눈이 헐떡이는 미소와 함께 인사하고 있었다. 안녕?

주변에 있는 개를 한번 돌아보자. 폭신한 강아지 침대 위에서 네 발을 가지런히 접고 온몸을 웅크린 채 누워 있는 개도 좋고, 너른 초원을 맘껏 달리는 꿈을 꾸며 타일 바닥에 사지를 뻗고 누워 있는 개도 좋다. 어떤 경우든 찬찬히 살펴보자. 그리고 그 개에 관해 혹은 막연히 개에 관해 알고 있다고 생각했던 모든 사실을 잊어버리자.

물론 이것이 얼마나 어이없고 황당한 요구인지는 나도 잘 안다. 키우던 개의 모든 것을 다 잊으라고? 천만의 말씀. 당신은 그 개의 이름, 가장 좋아하는 먹이, 독특한 개성 그 어느 것 하나도 쉽게 잊을 수 없을 것이다. 그것은 마치 처음 명상에 입문한 사람에게 단번에 득도의 경지에 이르라고 재촉하는 것과 마찬가지다. 하지만 일단 시도해보자. 그리고 어느 정도까지 잊을 수 있는지 한번 보자. 객관적 타당성을 목표로 하는 과학은 개인적인 관점이나 선입견을 자각하는 데서 시작한다.

이제 우리는 과학적인 시각을 통해 개에 대해 막연히 알고 있다고 생각했던 사실들을 검증해나갈 것이다. 명백한 사실이라 믿어 의심치 않았던 내용조차도 면밀한 관찰과 회의적 사고를 통해 그 진위 여부를 확인할 것이다. 그리고 또 하나의 관점, 즉 개 자신의 관점을 통해서도 새로운 사실을 발견해나갈 예정인데, 그것은 인간의 머리와 시각으로는 절대 파악할 수 없었던 내용이다. 따라서 개를 이해하기 위한 첫발을 내딛는 최고의 방법은 바로 우리가 안다고 생각했던 모든 사실을 잊는 것이다.

그렇다면 가장 먼저 잊어야 할 것은 무엇일까? 그것은 바로 개를 의인화擬人化하는 행위다. 우리는 인간의 관점에서 개의 행동을 보고 말하고 상상한다. 그 털이 복슬복슬한 생명체에게 우리 자신의 감정과 사고를 투영하는 것이다. **물론** 우리는 개도 사랑을 하고 욕망을 품는다고 말할 것이다. 당연히 개들 또한 꿈을 꾸고 생각도 할 뿐 아니라, 우리를 알고 이해하며 심심해하고 질투하고 우울증에 힘들어하기까지 한다. 사실 우리가 아침나절 집을 나설 때 애절한 눈빛으로 문간에 서 있는 개의 그 가여운 모습을 우울해한다는 말 이외에 어떤 말로 더 자연스럽게 설명할 수 있겠는가?

개도 실제로 느끼고 알고 이해할 수 있다는 사실을 전제로 하지 않는 한 개의 그 가여운 모습을 설명해낼 수는 없다. 우리는 개의 행동을 이해하고자 의인화를 사용한다. 따라서 어쩔 수 없이 우리 자신의 경험에 들어맞는 정도까지만 개의 행동과 사고를 이해하게 된다. 또한 스스로 납득할 수 있는 경우에만 동물에 대한 이야기를 수용하려 들고, 그렇지 않은 내용은 편리하게 잊어버린다. 게다가 확실한 증거도 없이 유인원이나 개, 코끼리, 또는 다른 동물에 관한 여러 추측을 '사실'이라고 단언해버린다. 우리 대부분은 동물원에 가거나 텔레비전을 보면서 처음으로 집에서 기르는 종種 이외의 동물을 접하게 되고, 그저 바라보는 것 말고는 아무 소통 없이 그들과의 관계를 끝내게 된다. 하지만 거의 엿보는 수준에 그치는 만남을 통해 얻을 수 있는 유용한 정보란 한정되기 마련이다. 그러한 수동적 만남은 지나다가 이웃집 창문을 흘낏 들여다보는 것보다도 나을 게 없는데, 이웃 사람은 적어도 우리와 같은 종에 속해 있지 않은가.*

물론 의인화가 근본적으로 나쁘다는 것은 아니다. 그것은 세상을 이해하기 위한 수단으로 강구된 것이지, 전복시킬 목적으로 만들어낸 것이 아니기 때문이다. 우리 조상들은 잡아먹거나 잡아먹힐지도 모를 동물의 행동을 설명하고 예측하고자 의인화를 이용했다. 어스름한 숲 속에서 두 눈을 번득이는 낯선 표범 한 마리와 정면으로 마주쳐 서로의 눈을 뚫어지게 응시하는 상황을 한번 상상해보

* 나는 흰 코뿔소 습성에 대한 자료를 수집하던 중 이를 확신하게 되었다. 샌디에이고 야생동물 공원에서 동물들은 비교적 자유롭게 어슬렁거리는 반면 방문자들은 열차를 타고 제한적인 구역만 돌아볼 수 있다. 어느 날 나는 선로와 담장 사이 좁은 구역에서 코뿔소의 모습을 관찰하고 있었다. 열차가 도착하자 코뿔소들은 하던 행동을 일제히 멈추고 장애물 뒤로 몸을 숨겼다. 그리고 서로 엉덩이를 붙이고는 부채꼴 모양으로 섰다. 코뿔소는 평화로운 동물이지만 시력이 나쁘기 때문에 낯선 존재의 냄새가 나면 서로에게 의지해 경계 태세를 갖춘다. 관광객이 타고 있는 열차가 멈추어 섰고 가이드는 "코뿔소들이 아무것도 하고 있지 않다"고 설명했다. 얼마 후 열차는 다시 출발했고 코뿔소들은 본래 하던 일로 돌아갔다.

자. 누구라도 '만약 내가 표범이라면 어떻게 할까'라는 생각을 한 뒤 어떻게든 멀리 달아나려 애쓸 것이다. 표범의 습성을 예측하는 일이 늘 정확했던 것은 아니지만 적어도 사실에 가깝기는 했다. 인간은 바로 그렇게 생존해왔다.

하지만 오늘날에는 표범의 매서운 앞발을 피해 도망치고자 그의 욕구를 상상해볼 필요는 없다. 대신 우리는 동물을 집 안으로 불러들이고는 가족의 일원이 되어 달라고 요청하고 있다. 하지만 동물을 가족으로 받아들여 그들과 유연하면서도 충만한 관계를 형성하는 데는 의인화가 전혀 도움이 되지 않는다. 의인화를 통한 판단이 늘 틀리기 때문이 아니다. 오히려 개는 정말로 슬프거나 질투를 느끼거나 호기심에 충만해 있을 수도 있고, 우울증에 시달릴 수도 있다. 또는 점심으로 땅콩버터를 바른 샌드위치가 먹고 싶을 수도 있다. 하지만 애처로운 눈빛이나 커다란 한숨 소리만을 증거로 삼아 개가 **우울해한다**고 주장하는 과오는 범하지 말아야 한다. 동물에 대한 우리의 예측은 종종 빈약하기 그지없고, 가끔은 완전히 빗나가버리기까지 한다.

우리는 인간이 미소 지을 때와 마찬가지로 동물도 입 꼬리가 올라가면 행복해하는 것이 분명하다고 생각한다. 하지만 그런 '미소'는 오해하기 쉽다. 돌고래의 경우 미소 짓는 듯한 생김새는 생리적으로 고정된 특징이다. 광대의 오싹한 얼굴분장처럼 바꿀 수 없는 것이다. 침팬지의 경우 미소는 두려움이나 복종의 표시일 뿐 행복과는 거리가 멀다. 마찬가지로 인간은 놀랐을 때 눈썹이 올라가지만 흰목꼬리감기원숭이는 놀라지 않아도 눈썹이 올라간다. 그것은 회의나 놀라움을 나타내는 것이 아니라 근처에 있는 원숭이에게 친해지고 싶다는 의사 표시를 하는 것이다. 반면 개코원숭이는 상대에게 위협을 가하고 싶을 때 눈썹을 추켜세운다(그러니 원숭이를 향해 눈썹을 추어올리고자 한다면 상대가 어떤 종의 원숭이인지 주의 깊게 살펴보는 것이 좋을 듯싶다). 이렇듯 우리가 동물에 관해 해온 여러 주장들을 확인하거나 반박할 방법을 찾아내는 것이 바로 우리의 과제이다.

물론 동물의 슬픈 눈을 보고 우울해한다고 짐작하는 것은 좋은 의도에서 비롯된 것일지라도, 의인화는 종종 해로운 결과를 불러오거나 심지어는 동물의 안녕을 위협하기도 한다. 만약 개의 눈빛만 보고 항우울제를 처방하려 한다면 부디 그 판단이 맞는지 확실히 해두자. 인간에게 최선인 것이 동물에게도 최선이 되리라 추정하는 행위는 간혹 예기치 않은 결과를 불러올 수도 있으니까. 예를 들어 지난 몇 년간 지구상에는 식용으로 사육되는 동물의 복지를 개선하고자 상당히 많은 운동이 펼쳐져왔다. 식용으로 사육되는 닭일지라도 가둬놓고 키워서는 안 된다느니, 우리를 넓혀 충분히 걸어 다닐 공간을 마련해줘야 한다느니 하는 주장들이 제기되었다. 닭의 입장에서 보자면 누군가의 저녁식사거리로 생을 마감하기는 마찬가지겠지만 그래도 죽기 전까지는 그 동물의 복지에 관심을 기울여야 한다는 주장이다.

하지만 닭들이 정말로 자유롭게 돌아다니길 원하는 걸까? 사회적 통념에 따르면 인간뿐 아니라 세상 그 어떤 생명체도 서로의 어깨에 짓눌려 옴짝달싹 못하는 환경을 **좋아하지 않는다.** 몇 가지 일화만 살펴보아도 그 사실을 확인할 수 있다. 예를 들어 더위와 스트레스에 지친 직장인들로 발 디딜 틈 없이 붐비는 지하철과 몇 사람 타지 않은 텅 빈 지하철 중에 어느 쪽 지하철을 타겠느냐는 질문을 받으면 우리 대부분은 한시도 망설이지 않고 후자를 고른다. (물론 텅 빈 지하철 안에 특히 냄새나는 사람이 있다든가, 에어컨이 돌아가지 않는 등의 상황이 생긴다면 우리의 선택도 달라질 수 있을 것이다.) 하지만 닭의 본능을 생각해보면 이야기는 달라진다. 닭은 무리 짓는 특성이 있다. 홀로 씩씩하게 살아가는 동물이 아니다.

닭이 어떤 장소를 선호하는지 실험한 결과를 보자. 실험을 고안한 생물학자들은 닭 여러 마리를 골라 집 안 곳곳에 따로 놓아준 후 행동을 관찰했다. 닭들은 날개를 마음껏 펼칠 수 있는 열린 공간을 놓아두고 구석진 곳으로 모여들었다. 즉 빽빽한 지하철을 선택한 것이다.

그렇다고 해서 닭이 좁은 철창에 갇혀 지내는 것을 **좋아한다**는 뜻은 아니다. 옴짝달싹하지 못할 정도로 좁은 우리에 닭을 가두는 것은 야만적인 행위다. 하지만 닭이 인간과 비슷한 환경을 선호하리라는 가정은 그다지 통찰력 있는 생각이 아니다. 게다가 식용 닭은 생후 6주면 죽음을 맞이할 운명에 처한다. 가정에서 키우는 닭이라면 어미닭 품을 아직 떠나지도 않았을 시기다. 마음껏 날개를 펼치고 달릴 능력을 박탈당한 식용 닭은 더욱 서로를 찾는다.

제발, 이 비옷 좀 벗겨주세요

무엇이든 의인화하려는 우리의 경향이 개만 빗겨갈 리가 있을까?

물론 그럴 리 없다. 하지만 과연 개도 그런 시각을 좋아할까? 비옷을 예로 들어보자. 우리는 몇 가지 가정을 바탕으로 앙증맞고 맵시 있는 개를 위한 비옷을 만들고 구입한다. 개가 밝은 노란색, 격자무늬, 또는 억수로 쏟아지는 비(영어 표현으로 "raining cats and dogs"라고 한다-옮긴이)를 모티브로 한 디자인 등을 좋아하는지의 문제는 일단 제쳐두기로 하자. 물론 개를 키우는 사람들은 좋은 의도로 개에게 비옷을 입힌다. 비 오는 날이면 개가 밖에 나가려 하지 않는다는 사실에 주목했을지 모른다. 그러한 관찰을 근거로 개가 비를 **싫어한다**고 추정하는 것은 꽤 합리적이다.

개는 비를 싫어한다. 그렇다면 이것이 무슨 의미일까? 우리 인간처럼 **비가 몸에 닿는 것**을 싫어한다는 것일까? 혹시 이 결론이 지나친 비약은 아닐까? 개의 행동을 관찰하면 답을 얻을 수 있다. 비옷을 꺼냈을 때 개가 기뻐서 꼬리를 흔드는가? 그렇다면 우리 결론이 옳은지도 모른다. 아니 어쩌면 개는 오랫동안 고대하던 산책을 나가게 되어 기뻐하는 것일지도 모른다. 개가 비옷을 입지 않으려고 뒷걸음질하는가? 꼬리를 말아 넣고 머리를 푹 숙이는가? 그렇다면 우리는 결론을 재고할 필요가 있다. 비에 흠뻑 젖었을 때 신나게 몸을 터는가? 이는 우리 결론을 지지하지도, 부정하지도 않는다. 진실로 개의 마음을 투명하게 읽을 수 있다면 얼마나 좋을까?

갯과 동물이 자연에서 어떤 행동을 하는지 생각해보면 개가 비옷을 어떻게 여길지 추측할 수 있다. 개와 늑대는 타고난 외투를 걸치고 있다. 외투는 하나면 족하다. 비가 오면 늑대는 은신처를 찾는다. 하지만 몸을 덮을 만한 것을 찾지는 않는다. 그러므로 비옷의 필요성이나 선호 여부를 따지는 것은 무의미하다. 게다가 비옷은 너무 꽉 끼어 몸을 조이기까지 한다. 등, 가슴, 때로는 머리까지 덮어버린다. 늑대는 다른 늑대에 대한 우월감이나 꾸지람의 표시로 상대의 머리나 등을 누른다. 또 서열이 높은 늑대는 서열이 낮은 늑대의 주둥이를 물기도 한다. 입에 재갈이 물린 개가 풀 죽은 듯 보이는 이유도 그 때문이다. 다른 개를 '밟고 올라서는' 행동은 자신의 서열이 더 높음을 나타내는 신호다. 밑에 깔린 서열이 낮은 개는 위에 선 개의 체중에 눌리는 느낌을 받는다. 비옷은 그런 느낌을 불러일으킬지 모른다. 따라서 비옷을 입히는 것은 비에 젖는 것을 막아주기보다 자신의 서열이 낮다는 비참한 기분이 들게 할 가능성이 높다.

대부분의 개에게 비옷을 입혔을 때 보이는 행동이 이 해석을 뒷받침해준다. 그들은 '제압'당한 듯 그 자리에 얼어붙는다. 목욕 후 물에 흠뻑 젖은 개를 닦아주기 위해 수건으로 몸을 감싸면 갑자기 얌전해지는 것도 마찬가지 이유다. 개가 비옷을 입고 밖으로 나가는 데 얌전히 협력한다 해도 이는 개가 비옷을 좋아하기 때문이 아니다. 서열이 더 높은 우리 인간에게 순응하는 것에 불과하다.* 물론 비옷을 입은 개는 입지 않은 개보다 덜 젖을 것이다. 하지만 개털이 젖는 데 신경 쓰는 것은 우리지, 개가 아니다. 우리는 이런 식

---

* 이는 1952~1963년 사이에 행동주의 심리학자들이 밝힌 내용과 유사하다. 그들은 개를 우리에 가둔 채 전기충격을 주는 실험을 했다. 전기충격에 수차례 노출된 개들은 나중에 탈출할 수 있는 길이 눈앞에 보이더라도 탈출을 시도하지 않았다. 이를 '학습된 무기력'이라 부른다. 학습된 무기력 상태의 개는 모든 것을 체념한 채 자신의 운명을 받아들였다. 상황을 통제할 수 없다는 사실을 받아들이고 복종하도록 훈련된 것이다(나중에 이 개들은 학습된 무기력 반응을 소거하는 처치를 받았으며, 더 이상 전기충격도 받지 않았다. 그리고 다행히 이제는 개에게 전기충격 실험을 하지 않는다).

으로 개의 행동을 의인화시켜 잘못 해석한다. 여기서 실수를 바로 잡는 방법은 간단하다. 개에게 무엇을 원하는지 묻는 것이다. 단, 이때 개의 답을 어떻게 해석할지가 중요하다.

진드기가 세상을 바라보는 관점

개가 무엇을 원하는지 알아내는 첫 번째 방법은 '개의 입장에서 생각해보는 것'이다. 동물에 대한 과학적 연구는 독일 생물학자 야코브 폰 윅스퀼Jakob von Uexküll 이전과 이후로 나뉜다고 할 수 있다. 20세기 초, 야코브 폰 윅스퀼은 혁명적인 제안을 했다. 동물의 삶을 이해하고 싶다면 동물의 주관적인 세상, 즉 **움벨트**Umwelt를 고려해야만 한다는 것이다. 독일어로 '주변 환경(구체적으로 개개의 동물이 주관적으로 인식하는 감각세계라고 할 수 있다-옮긴이)'이라는 의미의 움벨트를 고려하면 동물의 삶이 어떠할지 추측할 수 있다. 사슴진드기를 예로 들어보자. 개를 쓰다듬다가 피를 잔뜩 머금은 채 부풀어 있는 머리핀 모양의 벌레가 눈에 띄면 우리는 대번에 그것이 진드기임을 알아차린다. 그리고 진드기는 해충 그 이상도 이하도 아니라고 간주해버린다. 우리는 진드기를 동물로 취급하지 않는다. 하지만 폰 윅스퀼은 달랐다. 그는 진드기의 관점에서 본 세상이 어떨지 생각해보았다.

진드기는 기생동물이다. 거미과科에 속하며 강한 턱과 몸통, 네 쌍의 다리를 가졌다. 수천 세대 진화를 거치면서 진드기의 삶은 점점 단순해졌다. 태어나고, 짝짓기하고, 먹고, 죽는다. 처음에는 다리와 생식기관 없이 태어나지만 곧 이 부위들이 발달하면 식물 꼭대기처럼 높은 곳으로 올라간다. 이 과정에서 꼬리 힘이 세진다. 성체 진드기는 풀잎 위에서 목표물이 나타나기를 기다린다. 보지 못하기 때문에 주위를 두리번거리지 않는다. 그렇다고 소리에 신경 쓰는 것도 아니다. 어떤 소리든 진드기의 목표와 무관하다. 진드기가 기다리는 것은 냄새다. 온혈동물의 동물성 지방이나 땀에서 풍기는 부티르산butyric acid, 酪酸 냄새 말이다. 우리가 가끔 땀에서 맡을 수 있는 냄새다. 진드기의 기다림은 하루, 한 달, 수십 년이 될 수도 있다. 하지만 일단 부티르산 냄새를 포착하면 목표 지점을 향해 몸을 날린다. 이제 두 번째 감각이 주된 역할을 한다. 진드기의 피부는 열을 감지할 수 있다. 진드기는 이 감각을 이용해 따뜻한 곳을 향해 움직인다. 운이 좋은 경우 동물의 따뜻한 피를 실컷 마실 수 있다. 배를 채운 진드기는 동물에게서 떨어져 알을 낳고 죽는다.

이 이야기의 요점은 진드기의 세상은 인간 세상과는 다르다는 것이다. 우리는 진드기가 무엇을 지각하고 느끼는지, 그것의 목표가 무엇인지 상상조차도 해본 적이 없다. 진드기에게 인간의 복잡한 특징들은 다음 두 가지 자극으로 축약된다. 냄새와 온기다. 당연히 진드기는 그 두 가지에만 집중한다. 동물의 삶을 이해하려면 그 동물에게 무엇이 의미 있는지 알아야만 한다. 그 첫 번째 단계는 동물이 무엇을 지각할 수 있는지 생각해보는 것이다. 해당 동물이 무엇을 보고, 듣고, 냄새 맡을 수 있는지 그리고 기타 다른 감각으로 지각할 수 있는 것은 무엇인지 말이다. 각 동물에게는 지각할 수 있는 대상만이 의미 있다. 지각할 수 없는 대상은 주목받지 못하며 때에 따라 모두 동일하게 인지될지 모른다. 풀밭을 휘저으며 부는 바람? 진드기에게는 아무 의미도 없다. 생일 파티를 하는 아이들의 왁자지껄한 소리? 진드기의 레이더에는 그 소리가 전혀 잡히지 않는다. 땅에 떨어져 있는 맛있는 케이크 조각? 진드기에게는 차가운 물체에 불과하다.

동물의 삶을 이해하는 두 번째 단계는 해당 동물이 어떻게 살아가는지 생각해보는 것이다. 진드기는 짝짓기하고, 기다리고, 몸을 던지고, 먹는다. 따라서 진드기의 세상은 진드기와 비非진드기로만 구분된다. 기다려야 하는 대상과 그렇지 않은 대상. 몸을 던져도 좋을 표면과 그렇지 않은 표면. 먹고 싶은 것과 그렇지 않은 것.

따라서 '지각'과 '행동'이야말로 모든 생물의 세상을 크게 정의하고 제한하는 두 가지 요소이다. 모든 동물은 자기만의 **움벨트** 안에서 산다. 폰 윅스퀼은 그러한 주관적 현실에 대해 "영원히 자신만의 '비눗방울'에 갇혀 산다"고 표현하기도 했다. 우리 인간도 우리만의 비눗방울에 갇혀 산다. 예컨대, 우리는 다른 사람이 어디에 있는지, 무엇을 하는지, 그리고 무슨 말을 하는지 등에 무척이나 신경 쓰면서 살아간다(대조적으로 진드기는 다른 진드기에게 얼마나 무심한지 생각해보자). 우리는 가시광선을 보고, 가청음을 듣고, 바로 앞에 놓인 물체의 냄새를 맡는다. 인간은 이러한 감각 정보를 바탕으로 자신에게 특별히 의미 있는 대상으로 가득 찬 자기만의 움벨트를 창조한다.

낯선 도시를 방문해 그곳 토박이 친구에게 길 안내를 받아본 경험이 있다면 이해가 쉬울 것이다. 친구는 쉽고 빠르게 당신을 척척 이끌지만 당신은 어디가 어딘지 도무지 파악하지 못한다. 하지만 친구와 당신 사이에는 공통점도 있다. 둘 중 누구도 근처에서 박쥐가 내는 초음파 소리를 듣지 못한다. 또 둘 중 누구도 방금 옆으로 지나간 남자가 지난 밤 저녁식사로 무엇을 먹었는지 알아차리지 못한다(마늘을 잔뜩 먹지만 않았다면). 인간과 진드기를 비롯한 모든 동물은 각자의 환경에서 살아간다. 자극의 홍수 속에 살아가지만, 그중 우리에게 의미 있는 것은 소수에 불과하다.

동일한 대상이라도 지각된 내용은 동물에 따라 다르다. 장미는 장미다. 하지만 정말 그럴까? 인간에게 장미는 연인끼리 주고받는 아름다운 선물이다. 하지만 잎사귀 뒤에서 공중을 날아다니는 포식자로부터 몸을 숨기거나, 꽃 머리에서 개미를 사냥하거나, 잎과 줄기 사이에 알을 낳는 딱정벌레에게는 삶의 터전이다. 또한 코끼리에게는 발을 찌르는 가시덤불이다.

그렇다면 개에게 장미는 무엇일까? 앞으로 살펴보겠지만 이는 개의 몸과 뇌 구조가 어떠한지에 달려 있다. 개에게 장미는 아름다운 대상도, 삶의 터전도 아니다. 지구라는 환경을 구성하는 특별할 것 없는 배경에 불과하다. 단, 다른 개가 거기에 오줌을 갈겼다거나, 다른 동물이 밟았다거나, 주인이 만진 경우라면 이야기가 달라진다. 이런 경우 개는 그 장미에 지대한 관심을 보인다. 우리가 근사한 장미 다발을 받고 감동하듯이 이제 개에게도 장미가 의미 있는 대상이 되는 것이다.

우리의 움벨트를 식별해보자

진드기든, 개든, 인간이든, 각 동물의 세상, 즉 움벨트에서 중요한 요소들을 식별할 수 있는 사람은 그 동물에 대한 전문가라 불러도 손색없다. 따라서 우리는 앞으로 개의 움벨트에서 중요한 요소가 무엇인지 밝힘으로써 그동안 우리가 개에 관해 알고 있다고 생각해온 것과 개의 행동이 실제로 의미하는 것 사이의 불균형을 해소해 나갈 것이다. 사실 의인화를 배제해버리면 개의 인지 경험을 묘사할 어휘가 거의 남지 않게 될지도 모른다.

하지만 개의 능력과 경험, 의사소통 방식을 이해함으로써 개의 관점을 이해하게 되면 필요한 어휘를 제공받을 수 있다. 문제는 그 어휘를 단지 우리 인간의 움벨트로 가져와 숙고하는 것만으로는 내용을 해석할 수 없다는 것이다. 예를 들어, 인간의 후각은 그리 뛰어나지 않다. 따라서 단순히 머릿속으로 생각하는 것만으로는 개의 후각이 얼마나 뛰어난지 상상하기 어렵다. 인간과 동물의 움벨트가 현격히 다르다는 사실을 이해할 때에만 진정한 상상이 가능하다.

어떤 동물의 움벨트를 이해하고 싶다면 실제로 그 동물을 구현하려고 노력하면서 그들의 움벨트를 '경험'해봐야 한다. 그러면 그 동물의 관점을 엿볼 수 있는데, 이때 주의해야 할 것은 우리의 감각 체계가 우리의 능력에 미치는 제약에 유념하는 것이다. 개의 눈높이에서 반나절을 보내 보면 놀라운 경험을 할 수 있다. 인간의 후각이 형편없기는 해도 하루를 정해 접하는 모든 사물의 냄새를 맡아 보면 해당 사물의 새로운 면을 인식할 수 있다. 이 책을 읽는 이 순간, 방 안에서 들리는 모든 소리에 집중해보라. 평소라면 전혀 신경 쓰이지 않던 온갖 소리가 방 안을 가득 채우고 있음을 깨닫게 될 것이다. 주의를 집중하는 순간 갑자기 나는 등 뒤의 선풍기 소리, 후진하는 트럭의 삐삐거리는 경고음, 아래층에서 사람들이 건물 안으로 웅성거리며 들어서는 소리를 들을 수 있다. 또한 누군가 의자에서 몸을 바로잡고 앉는 소리며 내 심장이 뛰는 소리, 침이 넘어가는 소리, 그리고 책장이 넘어가는 소리도 들린다. 어쩌면 방 건너편에서 누군가 글을 쓰느라 펜으로 종이를 긁는 소리, 식물이 쑥쑥 자라나는 소리, 발밑에서 수많은 곤충이 내는 초음파 소리도 들을 수 있을지 모른다. 바로 이런 소리들이 다른 동물의 감각 세계를 차지하고 있는 것은 아닐까?

사물의 의미

한 방 안에 있는 동일한 사물이라도 동물에 따라 지각하는 바가 다를 수 있다. 같은 방 안에 있는 물건을 둘러볼 때 개는 인간의 사물이 아닌 **개의 사물**에 자신이 둘러싸여 있다고 생각한다. 우리가 생각하는 사물의 용도와 의미는 개가 생각하는 것과 같을 수도, 다를 수도 있다. 인간은 용도에 따라 사물을 정의한다. 우리가 어떤 사물을 바라보면 그 사물의 용도가 벨소리처럼 우리 머릿속에서 울리는데, 폰 윅스퀼은 이를 **기능적 신호**라 칭했다. 의자에 무관심한 개라도 그 위로 뛰어오르도록 훈련받고 나면 의자에 **앉기 신호**가 있어서 그 위에 앉을 수 있다는 걸 학습한다. 그러고 나면 개는 차차 소파나 베개 더미, 바닥에 앉은 사람의 무릎에도 마찬가지로 앉기 신호가 있다고 생각할지 모른다. 하지만 스툴이나 탁자, 소파 팔걸이처럼 우리가 의자와 비슷하다고 생각하는 사물이 개의 눈에는 그렇게 보이지 않을 수도 있다. 스툴과 탁자는 부엌의 **먹기 신호**로 향해 가는 경로에 존재하는 장애물 범주에 들어갈지 모른다.

이제 우리는 개와 인간의 세계관이 얼마나 겹치거나 차이 나는지 알아가기 시작했다. 개는 세상의 많은 사물에서 인간이 지각하는 것보다 훨씬 더 많이 먹기 신호를 지각한다. 배설물은 먹을 수 있는 음식과는 거리가 멀지만, 개는 이 말에 동의하지 않을 것이다. 개는 인간에게는 아예 없는 신호도 가지고 있을지 모른다. 예컨대, 구르기 신호가 울리면 그 물건 위에서 신나게 구르는 것이다. 아주 어리거나 특별히 명랑한 성격이 아니라면 인간의 관점에서 구르기 신호를 울리는 사물의 수는 거의 '0'에 가깝다. 그리고 포크, 나이프, 망치, 압정, 선풍기, 시계처럼 우리에게 구체적인 의미가 있는 평범한 사물이 개에게는 아무런 의미 없는 대상일 수도 있다. 개에게 망치는 존재하지 않는 대상이다. 개는 망치를 사용하지 않는다. 따라서 망치는 개에게 아무런 의미가 없다. 단, 다른 의미 있는 대상과 신호가 겹친다면 그렇지 않을 수도 있다. 이를테면 사랑하는 사람이 사용하거나, 길 건너편에 사는 귀여운 개가 그 위에 오줌을 누었다거나, 손잡이가 나무로 되어 있어 씹기 좋은 경우에는 개에게도 망치가 의미 있을지 모른다.

개와 인간이 만나면 움벨트의 충돌이 발생한다. 그래서 인간은 자신이 키우는 개의 행동을 오해하기도 한다. 사람들은 개의 관점에서 세상을 보지 않는다. 예를 들어 개를 키우는 사람들은 흔히 사뭇 진지한 목소리로 개가 절대로 침대에 올라가게 해서는 안 된다고 주장하기도 한다. 그리고 개중에는 이 견해를 확실히 하기 위해 밖으로 나가서 베개 제조사들이 일명 '개 침대'라고 이름 붙인 물건을 사다가 바닥에 놓아두는 주인도 있을지 모른다. 그들은 개에게 이 특별한 침대, 다시 말해 올라가는 게 금지되지 않은 개 침대에만 누울 수 있다고 가르친다. 개는 마지못해 주인의 명령을 따른다. 그러면 주인은 흡족해한다. "개와 상호작용하는 데 성공했어!"라고.

하지만 정말 그럴까? 외출했다 집에 돌아왔을 때 잔뜩 구겨진 채 아직 온기가 남아 있는 침대 시트를 발견한 적이 있는가? 그렇다면 범인은 문 앞에서 꼬리를 치며 반기는 개 아니면 졸음을 참지 못한 무단 침입자일 것이다. 우리 인간에게 침대가 어떤 의미인지는 더할 나위 없이 분명하다. 침대 앞에 붙는 수식어만으로도 그 의미는 명확하다. 큰 침대는 인간의 것, 개 침대는 개의 것이다. 인간에게 침대란 휴식을 의미한다. 그래서 우리는 세심하게 고른 시트를 깔고, 솜털을 넣어 푹신하게 만든 베개도 다양한 방식으로 늘어놓는다. 우리는 비교적 저렴한 개 침대에는 앉을 생각조차 하지 않으며 그 안에는 베개 대신 개가 씹고 놀 만한 장난감을 놓는다.

그렇다면 개 입장에서는 어떨까? 개에게 두 침대는 별다른 차이가 없다. 더 정확히 말하자면 개 침대보다는 인간 침대가 훨씬 더 탐나는 장소일 것이다. 인간 침대에는 우리 냄새가 배어 있기 때문이다. 반면 개 침대에서는 개 침대 제조업체가 제작에 사용한 재료 냄새밖에 나지 않을 것이다(혹은 더 끔찍하게는 인간의 코에는 향기롭지만 개에게는 지독한 향수에 불과한 탈취제 냄새가 날지도 모른다). 게다가 인간 침대는 우리가 있는 곳이다. 우리는 침대 위에서 빈둥거리며 빵조각을 흘리거나 옷가지를 늘어놓기도 한다. 그러니 개가 인간 침대를 선호하는 것은 당연한 일이다. 우리에게는 너무나도 명백한 차이가 개에게는 대수롭지 않게 느껴질 수 있다. 하지만 반복해서 꾸지람을 듣다 보면 인간 침대와 개 침대 사이의 차이를 학습하게 된다. 그렇더라도 개가 학습한 내용은 '인간 침대'와 '개 침대'의 차이라기보다는 '올라서면 혼나는 대상'과 '올라서도 혼나지 않는 대상'의 차이에 가까울 것이다.

그러니까 개의 움벨트 안에서 침대는 특별한 기능적 신호가 없다. 개는 사람이 쉬라고 지정해놓은 장소가 아닌 아무 곳에서나 쉬고 잠잔다. 개의 시각에서 본 잠자는 장소와 관련된 기능적 신호는 다음과 같다. 몸을 완전히 뻗어 누울 수 있고 온도가 적당하며 자신의 무리와 가깝거나 가족이 주변에 있으며 안전한 곳. 집 안 내 평평한 곳이라면 어디든 위 조건에 부합한다. 이러한 조건을 갖춘 자리를 마련해준다면 개는 인간의 커다랗고 푹신한 침대만큼이나 그곳을 마음에 들어 할 것이다.

개에게 물어보자

개의 경험이나 생각에 관한 우리의 주장이 옳은지 확인하려면 개에게 우리 판단이 옳은지 묻는 방법을 배워야 한다. 물론 이때 개에게 행복한지 우울한지 묻는 것 자체는 아무 문제가 없다. 문제는 개의 반응에 대한 우리의 이해력이 형편없다는 데 있다. 언어는 우리를 게으른 존재로 만들었다. 친구가 몇 주째 무뚝뚝하고 쌀쌀맞게 군다고 해보자. 아마도 우리는 몇몇 난처한 상황에서 내가 했던 말이나 행동이 친구의 오해를 불러 일으켜서 그가 그런 행동을 하게 되었으리라는 매우 정교하고 심리적으로도 복잡한 이유를 생각해내며 친구의 반응을 고민해볼지도 모른다. 하지만 결국엔 간단히 친구에게 왜 그런 행동을 하는지 묻는 전략을 택한다. 그러면 친구가 입을 연다. 반면 개는 우리가 바라는 방식으로 답을 주지도, 중요한 부분을 강조해 완전한 문장으로 대답하지도 않는다. 하지만 조금만 관심을 기울여 관찰하면 개의 명료한 대답을 들을 수 있다.

한 예로, 출근 준비를 하는 동안 개가 슬픈 표정으로 당신을 물끄러미 바라보며 한숨을 내쉬는가? 집에 홀로 남겨져 있는 동안 힘없이 우울해하거나 심심해하는가? 아니면 낮잠 잘 준비를 하며 하품을 하는가?

최근 학자들은 동물의 행동을 관찰해서 그 동물의 정신적 경험을 알아보는 기발한 실험을 고안했다. 그런데 그들이 실험 대상으로 삼은 것은 개가 아닌 쥐였다. 쥐가 우리 안에서 하는 행동은 심리적 지식을 집대성하는 데 큰 기여를 할 수 있다. 하지만 대개의 경우 쥐 자체는 주된 관심사가 아니고 실험 목적 또한 쥐를 연구하는 것이 아니었다. 놀랍게도 그 실험 목적은 인간이었다.

실험은 쥐가 인간과 동일한 기제로 학습하고 기억한다는 가정을 바탕으로 했다. 단지 작은 상자에 담을 수 있고 제한된 자극으로 반응을 얻을 수 있다는 장점 때문에 쥐를 택한 것이었다. 수백만 마리의 실험 쥐Rattus norvegicus(시궁쥐, 집쥐; 과학연구를 목적으로 번식 사육한 종을 의미한다-옮긴이)를 대상으로 한 실험에서 얻은 수백만 건의 반응은 인간 심리를 더욱 깊이 이해하게끔 하는 초석이 되었다.

하지만 쥐 자체도 본질적으로 매우 흥미로운 존재다. 실험실에서 쥐를 다루는 연구자들은 때로 쥐가 '우울해한다'거나 '원기왕성하다'는 등의 표현을 쓴다. 어떤 쥐는 게으르며, 어떤 쥐는 명랑하고, 어떤 쥐는 비관적이며, 어떤 쥐는 낙관적이다. 연구자들은 이러한 쥐의 성격적 특징 중 두 가지(낙관성과 비관성)를 취하여 실무적인 정의를 내렸다. 즉 이를 통해 우리는 낙관적인 쥐와 비관적인 쥐를 구분해낼 수 있게 되는 것이다. 그리고 인간 행동에서 유추하는 것이 아니라 비관적인 쥐와 낙관적인 쥐의 행동이 서로 어떻게 다른지 판단해보는 것이다.

따라서 쥐의 행동은 인간의 행동을 비추는 거울로써가 아니라, 다른 무언가, 즉 쥐 그 자체의 감정과 선호도를 나타내는 것으로 연구되었다. 실험자들은 쥐를 두 집단으로 나누어 각기 다른 환경을 조성해주었다. 첫 번째 집단의 쥐들에게는 잠자리, 같은 우리를 쓰는 동료, 불이 켜지고 꺼지는 시간 등이 가변적인 예측 불가능한 환경을 제공했다. 반면 두 번째 집단에게는 예측 가능하고 안정적인 환경을 제공했다. 두 집단의 공통점은 우리 안에서 별다른 놀이나 행동을 할 수 없다는 점이었다. 그래서인지 쥐들은 새로운 사건과 동시에 발생하는 현상을 연관 짓는 법을 금세 학습했다. 쥐들은 스피커에서 특정 높이의 소리 A가 흘러나올 때 레버를 누르면 먹이가 제공된다는 사실을 학습했다. 그와 다른 높이의 소리 B가 나올 때에는 레버를 누르더라도 먹이가 제공되지 않았다. 쥐들은 이 관계를 매우 빠르게 학습했다. 특정 높이의 소리가 들리기 시작하면 아이스크림 트럭 소리를 들은 아이들처럼 재빠르게 레버로 달려갔다. 모든 쥐가 이 관계를 쉽게 학습했다. 하지만 앞의 소리 A, B와 다른 소리 C를 들려주었을 때 쥐의 반응은 환경에 따라 달랐다. 예측 가능한 환경을 제공받은 쥐들은 새로운 소리가 먹이를 의미한다고 해석한 반면 예측 불가능한 환경을 제공받은 쥐들은 그런 반응을 보이지 않았다.

즉, 쥐들은 세상에 대한 낙관적인 태도와 비관적인 태도를 학습한 것이다. 새로운 소리가 들릴 때마다 활달하게 펄쩍펄쩍 뛰는 쥐들은 낙관적인 행동을 한다고 볼 수 있다. 연구자들은 사소한 환경 변화만으로도 태도의 큰 변화를 야기할 수 있었다. 환경 가변성과 습성 사이에 상관관계가 있으리라는 연구자들의 통찰은 정확했다.

마찬가지로 개에게도 같은 식의 실험을 적용해볼 수 있다. 하지만 개의 상태를 의인화해 생각하기에 앞서 다음 두 가지 질문에 답해야 한다. 첫째, 이러한 개의 행동은 어떤 행동에서 발달해왔을까? 둘째, 의인화한 주장을 세세히 살펴본다면, 그것들은 어느 정도의 가치가 있을까?

뽀뽀하는 개

핥기는 펌프가 나와 교류하는 방식으로, 그가 내게 손을 내미는 것과 같다. 내가 집에 돌아와 허리를 굽히고 쓰다듬으면 펌프는 내 얼굴에 뽀뽀를 퍼붓는 것으로 나를 맞이한다. 내가 의자에 앉아 낮잠을 자고 있으면 손을 핥아 나를 깨운다. 내가 달리기를 하고 돌아오면 내 다리를 꼼꼼히 핥아 소금기를 없애준다. 내가 바닥에 앉아 있을 때면 내 옆으로 와 주먹 쥔 손을 앞발로 연 후 부드럽게 손바닥을 핥는다. 나는 펌프가 핥아주는 것을 좋아한다.

개를 키우는 사람들은 외출했다 집에 돌아왔을 때 개가 퍼붓는 뽀뽀를 통해 그들의 사랑을 확인한다고 자주 이야기한다. 물론 이 '뽀뽀'는 '핥기'이다. 침을 잔뜩 묻히며 얼굴을 핥고, 열과 성을 다해 손을 핥아주며, 광이라도 내줄 듯이 다리를 핥는 행위. 고백하자면, 나 또한 펌프의 핥기를 애정 표현으로 간주한다.

개가 마치 작은 사람이라도 되는 양 비 오는 날이면 작은 신발을 신기고, 할로윈 복장을 입히거나 털과 피부 관리를 해주며 개에게 '애정'과 '사랑'을 쏟는 것은 비단 오늘날만의 풍토는 아니다. 강아지 보육이나 돌봄 같은 개념이 생겨나기 전, 찰스 다윈Charles Darwin(물론 다윈이 개에게 마녀나 도깨비 복장을 입히지는 않았겠지만)은 자신이 키우는 개가 핥아주는 것에 관해 글을 남겼다. 그는 핥는 것의 의미를 개는 "주인의 얼굴과 손을 핥는 것으로 주인에 대한 깊은 애정을 표현한다"라는 말로 확신했다. 다윈의 생각은 옳았을까? 핥는 것이 **내게**는 애정으로 느껴지지만, **개의 입장에서도** 그게 애정의 표현일까?

먼저 반갑지 않은 소식을 전해야 할 것 같다. 늑대, 코요테, 여우 등의 야생 갯과 동물을 연구하는 학자들에 따르면 새끼가 사냥터에서 돌아온 어미의 얼굴과 주둥이를 핥는 이유는 구토를 유발해 먹기 좋을 만큼 적당히 소화된 고기를 얻기 위해서라고 한다. 그렇다면 펌프는 아무리 핥아도 토끼 고기를 뱉어주지 않는 내게 얼마나 실망했을까.

게다가 우리 입에서는 항상 좋은 맛이 난다. 개는 늑대나 인간과 마찬가지로 짠맛, 단맛, 쓴맛, 신맛, 감칠맛을 느낀다. 심지어 조미료에서 나는, 두드러진 흙냄새를 품은 버섯이나 해초의 풍미도 감지할 수 있다. 그런데 소금이 단맛의 경험을 강화한다는 점(단 음식에 약간의 소금을 첨가하면 단 맛이 더욱 두드러지게 된다-옮긴이)에서 개는 인간과는 약간 다른 과정을 통해 단맛을 지각한다. 개의 혀에는 단맛 수용체가 특히 많이 분포되어 있는데, 단맛 중에서도 포도당 같은 감미료가 자당이나 과당 종류보다 수용체를 더 활성화시킨다. 이 점은 식물이나 과일이 익었는지 안 익었는지를 구별할 줄 알아야 하는 잡식성 개에게 유리하게 작용한다. 흥미롭게도 개의 입천장과 혀에 있는 염기 수용체는 인간이 느끼는 순수한 짠맛은 지각하지 못한다(사실 개에게 염기 수용체가 있는지를 놓고도 의견이 분분하다). 하지만 내가 많은 양의 음식을 먹고 난 후에는 종종 펌프가 내 얼굴을 핥는다는 사실은 굳이 오래 숙고해보지 않아도 알 수 있는 사실이다.

자, 이번에는 반가운 소식이다. 위와 같은 기능적 사용 덕분에 개가 인간의 입을 핥는 행위는—나를 비롯한 많은 사람에게 '뽀뽀'로 여겨지는 행위는—의례적인 인사로 굳어졌다. 다시 말해, 이제 핥기는 단순히 먹이를 요구하는 기능만을 수행하지 않는다. 반가움을 표현하기 위해서도 사용된다. 개와 늑대는 집으로 돌아온 동료를 환영하고 동료가 어느 장소에서 어떤 일을 하고 돌아왔는지 정보를 얻기 위해 주둥이를 핥는다. 어미 개는 보통 새끼를 닦아주기 위해 핥기도 하지만 새끼와 잠시라도 떨어져 있고 난 다음에는 더 부지런히 핥아준다. 어리거나 소심한 개는 위협적인 동료의 기분을 달래기 위해 주둥이나 주둥이 주변을 핥기도 한다. 서로 친한 개들은 산책 도중 길에서 만나면 서로를 핥는다. 자신을 향해 질주해오는 개가 자신이 생각하는 그 개가 맞는지 냄새를 통해 서로를 확인하는 방식이라 할 수 있다. 이러한 '인사로서의 핥기'를 할 때면 개들은 대개 장난스럽게 입을 벌리고 꼬리를 신나게 흔들어댄다. 그러므로 우리가 집에 돌아왔을 때 개가 행복감을 표현하기 위해 뽀뽀한다는 해석은 결코 과장이 아닌 것이다.

개 전문가가 되기 위한 준비

나는 여전히 펌프가 '알면서도 일부러' 그러는 듯 보인다거나, **만족스럽게** 느낀다거나 **변덕스럽게** 행동한다고 말할 때가 있다. 이 단어들은 내가 펌프의 행동에서 포착해낸 무언가를 반영한다. 하지만 그렇다고 그 단어들이 펌프의 경험으로 가는 지도가 되어준다는 환상을 품고 있지는 않다. 나는 여전히 펌프가 핥아주는 것을 좋아한다. 하지만 펌프의 행동이 내게 의미하는 것보다는 그 행동이 펌프에게 의미하는 것이 무엇일지 알아내는 것을 좋아한다.

개의 움벨트를 상상함으로써, 우리는 개가 신발을 씹어놓은 것에 대해 죄책감을 느낀다거나 우리에게 복수하기 위해 새로 산 에르메스 스카프를 망가뜨렸다는 등의 의인화에서 벗어나 개가 진정 어떤 생각을 하는지 알아볼 수 있다. 개의 관점을 이해하려 애쓰는 것은 개들만 사는 낯선 땅에서 인류학자가 되는 것과 같다. 으르렁대는 소리나 꼬리치는 행동 모두를 완벽하게 해석하지는 못할지라도 주의 깊게 관찰하면 그 의미를 상당 부분 이해할 수 있다. 그러니 이제부터 낯선 세상의 원주민들을 자세히 관찰해보자.

이어지는 다음 장들에서는 개의 움벨트를 여러 차원에서 살펴볼 것이다. 첫 번째로 역사적인, 즉 개의 발달적인 측면이다. 개가 늑대에서 어떻게 갈라져 나왔는지, 늑대와의 공통점, 차이점은 무엇인지 알아볼 것이다. 개를 사육하기로 한 인간의 선택은 의도적 개량과 동시에 비의도적 결과를 낳았다. 두 번째로 살펴볼 측면은 해부학적 구조, 즉 개의 감각능력과 관련이 있다. 우리는 개가 어떤 냄새를 맡고 무엇을 보고 듣는지 이해해야 한다. 또한 개들이 세상을 지각하는 그 밖의 수단이 있는지도 알아야 하며, 네 발로 땅을 디뎠을 때의 시점과 코로 지각하는 세상을 상상해야만 한다. 마지막으로 살펴볼 측면은 개의 인지능력이다. 몸을 통한 지각은 최종적으로 뇌에서 이루어진다. 따라서 우리는 개의 인지능력을 살펴봄으로써 개의 행동을 어떻게 해석하면 좋을지 알아볼 것이다.

이렇듯 여러 차원을 고려하면 개가 어떻게 생각하고, 지각하고, 이해하는지 답을 찾을 수 있다. 그리하여 궁극적으로는 그 내용들을 과학적 토대로 하여 개의 내면을 들여다볼 수 있게 될 것이다. 이제 우리는 개들이 사는 세상의 '명예시민'이 되기 위한 준비를 절반 정도 마쳤다.

2장

‘집에 속한’ 개

펌프가 내게 방해되지 않도록 발치에서 조금 떨어진 부엌 문턱에서 기다리고 있다. 어떻게 그럴 수 있는지는 모르겠지만, 펌프는 '부엌 바깥'이 어디부터인지 정확히 안다. 지금 그곳에서 네 다리를 쭉 펴고 누워 있다가 내가 탁자로 음식을 옮겨놓으면 떨어지는 부스러기를 주워 먹으려고 바쁘게 다가온다. 탁자에서는 온갖 음식을 조금씩 골고루 얻어먹을 수 있다. 물론 그다지 맘에 들지 않는 음식을 얻을 때도 있는데, 그럴 경우라도 함부로 바닥에 떨어트리지 않고 입안에 한참 물고 있다가 내려놓는다. 당근 꼭지는 모두 펌프 몫이다. 브로콜리와 아스파라거스 줄기도 마찬가지다. 브로콜리와 아스파라거스 줄기를 건네주면 나를 물끄러미 바라보며 혹여 다른 줄 것은 없는지 확인한 후에야 양탄자 위로 물고 가 자리를 잡고 갉아먹는다.

개 훈련 교본은 대개 '개는 동물이다'라고 주장한다. 이는 틀린 말은 아니지만 완전한 진실도 아니다. 개는 **가축화된** 동물이다. '가축家畜'이라는 단어에는 '집에 속하다'라는 뜻이 담겨 있다. 즉 개는 집에 속한 동물이다. 가축화는 자연 대신 인간이 개를 가족의 울타리 안으로 들이겠다고 의도적으로 선택한 진화 과정의 변주라 할 수 있다.

개를 제대로 이해하려면 개의 기원을 이해해야 한다. 가축화된 개의 먼 친척인 갯과 동물 일원으로는 코요테, 자칼, 딩고, 돌(인도의 야생 들개이다-옮긴이), 여우, 들개가 있다.* 하지만 개의 직계 조상은 현대의 얼룩 이리와 가장 가깝다. 신중하게 음식을 골라내는 펌프를 볼 때 내 머릿속에 떠오르는 것은 와이오밍에서 말코손바닥사슴을 사냥해 뜯어먹는 강인한 늑대의 이미지가 아니다. 부엌 바닥에 앉아 지루한 표정으로 참을성 있게 당근을 기다리는 펌프의 모습에서 힘의 논리에 의지하고 긴장으로 가득한 삶을 살아가던 조상을 떠올리기는 힘들다.

'당근 사색가'가 말코손바닥사슴 사냥꾼의 운명에서 벗어나도록 한 소위 '2차 공급자(어떤 상품을 다른 상품과 동일하거나 호환성 있게 다시 제작하는 회사를 의미한다-옮긴이)'는 바로 우리 인간이다. 자연 속에서 개는 생존을 가능케 하는 자질만을 맹목적으로 발달시켰던 반면 인간과 함께 살기 시작한 개는 생존뿐 아니라 오늘날 우리가 볼 수 있는 '개'의 보편적인 신체적 특징과 행동을 발달시켜왔다. 즉, 개는 인간에 의해 외형, 행동, 성향 등이 바뀌어 인간에게 흥미를 느끼고 인간의 주의를 끌도록 변화했다. 이는 모두 가축화의 결과라고 할 수 있다. 오늘날의 개는 잘 설계된 생명체다. 하지만 그 설계의 대부분은 의도하지 않은 것이다.

---

* 하이에나는 여기에 포함되지 않는다. 귀가 쫑긋하게 솟은 셰퍼드와 외형이 비슷하고 길게 울기를 좋아한다는 점에서 개와 닮았지만 사실은 갯과 동물이 아니다. 하이에나는 개보다는 몽구스나 고양이에 가깝다.

개를 '만드는' 방법: 단계별 지침서

개를 만들고 싶은가? 재료는 간단하다. 늑대, 인간, 이들 간 약간의 상호작용, 서로의 인내심을 준비하라. 재료를 충분히 잘 섞은 후 몇 천 년 동안 가만히 기다리기만 하면 된다.

아니면 러시아 유전학자 드미트리 벨랴예프Dmitry Belyaev처럼 한 무리의 여우를 잡아 선택적으로 교배시킬 수도 있다. 1959년 벨랴예프는 초기 가축화가 어떤 식으로 진행되었는지 보여주는 새로운 프로젝트를 시작했다. 그는 외삽법外揷法(이전의 경험, 또는 실험을 통해 얻은 결과나 데이터를 바탕으로 아직 경험하거나 실험하지 못한 사실을 예측해보는 기법이다-옮긴이)을 통해 개를 관찰하고 과거의 가축화 과정을 추정하는 대신 다른 갯과 동물을 번식하는 방법을 택했다. 20세기 중반 시베리아 지역에 서식하던 몸집이 작은 은여우는 모피 무역 덕에 인기를 모았다. 사람들은 부드럽고 풍성한 모피를 얻기 위해 은여우를 잡아다 우리에 가둬 기르기 시작했다. 이때 상황은 여우를 길들였다기보다는 사육했다는 표현이 어울린다. 벨랴예프는 '개'는 아니되 개와 흡사한 은여우에 주목했다. 그가 사육을 통해 만들어낸 것, 그것도 훨씬 줄어든 '조리법'으로 만들어낸 것은 '개'가 아니었다. 하지만 놀랍도록 개와 흡사했다.

이전까지 개나 늑대의 먼 친척인 은여우(학명 **불페스 불페스**Vulpes vulpes)는 사육하는 동물이 아니었다. 진화적 연관성에도 불구하고 개 이외의 갯과 동물은 완전히 가축화된 적이 없었다. 가축화는 자발적으로 일어나지 않는다. 벨랴예프가 증명해 보여준 것은 가축화가 빠르게 일어날 수 있다는 사실이다. 처음에는 130마리로 시작했고, 그의 설명에 따르면 그중 가장 '유순한' 개체들을 골라 교배를 거듭했는데, 사실상 그가 선택한 개체는 인간을 두려워하지 않고 공격 성향이 낮은 여우였다. 여우들은 우리에 갇혀있었기에 공격성을 파악하기란 쉽지 않았다. 따라서 벨라예프는 각각의 우리로 다가가서 손에 먹이를 쥐고 여우가 다가오게끔 유인했다.

어떤 여우는 손을 물었고 어떤 여우는 뒤로 물러서 숨었다. 마지못해 받아먹는 여우도 있었다. 먹이를 먹고 잠시 동안 자신의 몸을 쓰다듬도록 허용하는 여우도 있었다. 그런데 어떤 여우는 겁을 내기는커녕 상호작용을 갈구하며 벨라예프에게 꼬리를 흔들며 낑낑거렸다. 벨라예프가 선택한 개체는 이런 여우였다. 유전적인 편차는 있지만 이 동물들은 태생적으로 사람에게 온순했으며 흥미를 보였다. 이들 모두 훈련이라고는 받아본 적이 없었다. 모든 개체의 조건은 동일했다. 벨라예프는 이들의 짧은 생애 동안 먹이를 주고 우리를 치우는 것 이외의 접촉은 최소화했다.

이렇게 '길들인' 여우가 짝짓기를 했고 이들이 낳은 새끼도 동일한 실험 과정을 거쳤다. 새끼 중 가장 온순한 개체는 적당한 시기가 되면 또다시 짝짓기를 하는 식으로 세대를 이어갔다. 벨라예프는 죽기 전까지 이 작업을 계속했으며 그가 남긴 프로그램은 아직까지도 이어지고 있다. 40년이 지난 후, 전체 개체 중 4분의 3이 소위 '길들여진 엘리트' 집단에 속하게 되었다. 이들은 인간과의 접촉을 수용하는 데서 그치지 않고 인간에 끌리며, 마치 개처럼 '관심을 받기 위해 낑낑거리고 핥고 킁킁'댄다. 마침내 벨라예프가 길들여진 여우를 '만들어낸' 것이다.

최근 게놈 지도 연구를 통해 벨라예프의 길들인 여우와 야생 은여우의 유전자 중 40여 개가 다르다는 사실이 밝혀졌다. 놀랍게도 불과 반세기 만에 한 가지 행동 특질을 선택해 교배를 거듭한 것만으로 한 종의 유전자 정보가 변화한 것이다. 게다가 이러한 유전자 변형은 놀랍도록 친숙하고 다양한 외형적 변화도 불러왔다. 개량된 여우는 우리가 길거리 개들에게서 흔히 볼 수 있는 얼룩무늬를 포함해 다양한 털 색깔을 갖게 되었다. 또한 귀가 늘어지고 꼬리가 등 쪽으로 더 말려 올라갔다. 두상은 더 넓어졌으며 주둥이는 짧아졌다. 한마디로 여우는 이전 세대에 비해 훨씬 더 귀여운 외양을 갖추게 되었다.

이러한 외형적 특징은 특정한 행동 자질을 선택하고 개량하는 과정과 어울려 나타났다. 행동은 외양에 영향을 끼치는 요인이 아니다. 행동과 외양 둘 다 유전자나 유전자 조합의 공통 결과라 할 수 있다. 유전자가 단일 행동 양식을 지배하는 것은 아니지만, 그 강도를 세거나 약하게 할 수 있다. 예컨대 어떤 사람의 유전자 구성이 높은 수치의 스트레스 호르몬 분비를 야기한다고 해도 그가 매순간 스트레스 상태로 지내는 것은 아니다. 하지만 보통 사람이라면 스트레스 반응을 나타내지 않을 상황에서도 그는 높은 심장 박동과 호흡 속도, 식은땀 같은 고전적 스트레스 반응을 보일 수 있다. 이처럼 스트레스 반응이 높은 사람이, 예를 들어, 반려견 놀이터에서 자기를 향해 질주해오는 자신의 개에게 소리를 지른다고 생각해보자. 그가 그 가여운 강아지에게 고함을 질러대는 것은 확실히 유전자가 시켜서 하는 일은 아니다. 사실 유전자는 그곳이 공원인지 아닌지, 달려오는 게 강아지인지 아닌지 같은 건 알지도 못한다. 하지만 그의 유전자가 생성해낸 신경화학물질이 그런 상황에 처하게 되면 그런 일이 일어나도록 촉진하는 것이다.

길들인 여우의 경우도 마찬가지다. 유전자에 아주 사소한 변화만 가해도 특정한 행동이나 특정한 외양 변화를 유발할 수 있다는 사실은 유전자의 역할을 고려해보면* 쉽게 알 수 있다. 벨라예프의 여우도 발달과정의 사소한 차이가 결과적으로 광범위한 차이를 만들어냈다. 예컨대 길들인 여우의 새끼는 눈을 더 빨리 뜨고 최초의 두려움 반응은 더 늦게 보이는 경향이 있었다. 이는 야생 여우보다는 개에 가까운 특성이다. 이러한 특성이 벨라예프, 즉 자신을 돌보아줄 인간과의 유대관계를 일찍부터 맺게 해주었던 것이다. 길들인 여우는 거의 다 자라서도 서로 어울려 노는데, 이는 더욱 길고 복잡한 사회화를 가능케 한다. 1,000만 년에서 1,200만 년 전에 늑대에서 갈라져 나온 여우를 불과 40년간의 선택적 교배를 통해 길들일 수 있었다는 건 주목할 만한 사실이다. 우리가 보살피며 집에서 함께 사는 개에게도 같은 일이 벌어졌을지 모르기 때문이다. 유전적인 변화가 그들이 오늘날 우리가 알고 있는 개가 되도록 자극해온 것이다.

---

* 어떤 유전자는 각 세포의 역할을 할당하는 단백질 구조를 관장한다. 언제, 어느 곳, 어떤 환경에서 세포가 자라나는지에 따라 결과가 달라진다. 따라서 한 유전자에서 특정 외형이나 행동이 발현되는 경로는 우리 생각보다 간접적이며 수정될 여지도 많다.

늑대는 어떻게 개가 되었는가

인간은 개의 역사에 별다른 관심이 없다. 하지만 개의 역사는 오늘날 우리가 키우는 개의 모습에 그 개의 부모나 특정 혈통보다 훨씬 큰 영향을 미쳤다. 개의 역사는 늑대에서 시작한다.

늑대는 사육되기 이전의 개다. 하지만 가축화를 통해 둘은 상당히 다른 생명체가 되었다.* 집을 나와 길 잃은 개는 단 며칠도 혼자 힘으로 생존하기 어렵지만 본능적 욕구, 자율성, 사회성을 갖춘 늑대는 사막, 숲, 빙하 지역에 이르는 다양한 환경에 적응해 살아갈 수 있다. 대개 늑대는 일부일처이고, 4마리에서 40마리에 이르는 동족과 무리를 지어 생활한다. 늑대 무리는 분업을 통해 협력한다. 어린 새끼를 돌보는 일은 주로 나이 든 늑대가 하고, 사냥은 무리 전체가 힘을 합해서 한다. 또한 영역을 지키고 세력권 다툼을 하는 데 상당한 시간을 보낸다.

하지만 수만 년 전부터 인간이 그들 영역을 침범하기 시작했다. **호모 하빌리스**와 **호모 에렉투스**에서 진화한 **호모 사피엔스**는 유목생활에서 벗어나 정착생활을 하게 되었다. 인간과 늑대 사이의 상호작용은 인간이 농사를 짓기 훨씬 전부터 시작했다. 현대의 우리는 그 상호작용이 어떠했을지 추측만 할 수 있을 뿐이다. 우선, 인

* 개를 늑대의 하위 종으로 보아야 마땅한지, 아니면 늑대와 분리된 종으로 보아야 하는지를 놓고 의견이 엇갈린다. 심지어 린네식 종 분류법을 따라야 하는지에 대해서도 상반된 주장이 나온다. 학자들은 대부분 오늘날의 개와 늑대를 분리된 종으로 보는 것이 타당하다는 데 동의한다. 개와 늑대를 교배시킬 수는 있지만 양 종의 짝짓기 습관, 사회적 생태, 서식 환경은 상당히 다르다.

간이 정착생활을 하면서 상당한 양의 쓰레기, 그중에서도 음식물 쓰레기를 배출했으리라 생각해볼 수 있다. 먹이를 찾아 헤매던 늑대는 금세 이 식량 공급원에 주목했을 것이다. 개중 용감한 늑대가 털 없는 새로운 동물에 대한 두려움을 극복하고 음식물 쓰레기에 접근해 포식했을지 모른다. 인간을 별로 두려워하지 않는 늑대에 대한 우발적 자연 선택은 이런 식으로 시작되었을 것이다.

시간이 흐르며 인간도 늑대를 받아들이고 그중 새끼 몇 마리를 애완용으로 키우다 기근이 닥치면 잡아먹기도 했을지 모른다. 세대가 지날수록 온순한 늑대는 인간 사회의 언저리에 한 자리를 차지하고 생활해나갔을 테고, 마침내 사람은 특히 마음에 드는 개체를 의도적으로 교배하기 시작했을 가능성이 크다. 이는 선호에 따른 동물 창조, 즉 가축화의 첫걸음이었다. 모든 종에서 이 과정은 인간과의 점진적인 교류를 통해 전형적으로 발생하고, 후속 세대는 점점 더 길들여져 결국 조상과는 판이하게 다른 행동을 하며 외형도 달라지게 된다. 따라서 가축화는 인간 사회 언저리를 어슬렁거리며 기쁨을 주고 유용성을 입증한 동물에 대한 의도치 않은 선택이 선행된 후에야 이루어진다. 더 많은 의도가 개입되는 것은 그다음 단계에서부터이다. 유용하지 않은 개체는 버려지거나 죽임을 당하거나 접근이 차단된다. 우리는 이런 식으로 인공 교배에 순응하는 개체를 선택한다. 결국 가축화란 특정한 특성을 갖춘 개체를 얻기 위해 동물을 사육하는 것이다.

고고학자에 따르면 가축화된 늑대개는 1만 년에서 4만 년 전에 처음 등장했다고 한다. 쓰레기 더미에서 발견된 개의 유골이나(개를 식량이나 재산으로 여겼음을 알 수 있다) 인간 유골 옆에 매장된 개의 뼈를 보면 이 사실을 추측할 수 있다.

학자들은 개가 그보다 훨씬 전, 아마도 수만 년 전부터 인간과 어울리기 시작했을 것이라 여긴다. 대략 14만 5,000년 전 늑대에서 개가 분리돼 나왔다는 유전적 증거(미토콘드리아 DNA 샘플)도 있다.* 우리는 14만 5,000년 전의 개를 '원시 가축'이라 부른다. 스스로 행동을 변화시킴으로써 인간의 흥미(또는 인내심)를 불러일으켰기 때문이다. 인간이 그들의 영역에 등장했을 무렵 이미 길들여질 준비가 되어 있었다고도 할 수 있다. 인간에게 선택된 늑대는 사냥을 해서 살아가기보다는 쓰레기 더미를 뒤져 먹이를 얻는, 알파 늑대보다 작은 열성인자 종이었을지 모른다. 한마디로 덜 늑대다웠을 것이다. 따라서 고대 문명의 개발 단계에서, 다른 동물을 길들이기 수천 년 전부터, 인간은 이 특정 동물을 그들 마을의 울타리 안으로 받아들였다.

하지만 이 선구자 개가 수백 종에 이르는 현재의 개와 같았을 것이라 착각해서는 안 된다. 닥스훈트의 짧은 다리나 퍼그의 눌린 코는 인간이 오랜 기간에 걸쳐 선택적으로 개량한 결과다. 오늘날 널리 알려진 여러 견종이 나타난 것은 수백 년도 채 되지 않았다.

초기 개는 늑대 선조에게서 사회적 기술과 호기심을 물려받아

---

* 미토콘드리아 DNA란 에너지 생성기관이 미토콘드리아 세포 내의 DNA 사슬로 세포핵 외부에 위치한다. 미토콘드리아 DNA는 어떤 변형도 없이 모체에서 자손으로 유전된다. 그래서 미토콘드리아 DNA를 이용하면 인간 조상을 추적하고 인간과 다른 동물 사이의 진화적 관계를 알아볼 수 있다.

개들 서로 간에 뿐 아니라 인간과 협력하고 친해지는 데 그 기술을 적용했을 것이다. 그러면서 무리지어 생활하는 습성을 잃었다. 쓰레기 더미를 뒤져 먹이를 얻는 개는 협동해서 사냥하는 습성이 필요 없다. 혼자 먹이를 먹고 생존할 수 있다면 수직적 위계도 중요하지 않게 된다. 사회성은 있지만 사회적 위계에 얽매이지 않아도 되는 것이다.

늑대에서 개로의 변화는 그야말로 빠르게 진행되었다. 인간이 **호모 하빌리스**에서 **호모 사피엔스**로 발달하기까지는 자그마치 200만 년이 걸렸는데, 이와 비교하면 늑대에서 개로의 변화는 눈 깜짝할 사이에 벌어졌다고 해도 과언이 아니다. 가축화는 자연이 수백 세대에 거친 자연선택을 통해 어떤 일을 해왔는지 보여준다. 인공적인 선택은 자연의 시곗바늘이 돌아가는 속도를 가속시킨다. 개는 첫 번째로 길들여진 동물이자, 어떤 면에서는 가장 놀라운 동물이기도 하다. 길들여진 동물은 대부분 포식동물이 아니다. 육식동물을 집 안으로 들이는 것은 현명한 선택이 아니었을 것이다. 식량을 제공해주기도 어렵거니와 자칫 인간이 식량 신세가 될 수도 있기 때문이다. 물론 개가 육식동물이기 때문에 좋은 사냥 동반자가 될 수 있었던 것도 사실이지만, 지난 100년간 개의 역할은 일꾼이라기보다는 친구이자 비판 없이 나를 믿어주는 동반자에 가까웠다.

늑대는 육식동물이기는 해도 인공선택의 훌륭한 후보자가 될 만한 특징을 갖추고 있었다. 인공선택 과정은 환경변화에 맞추어 유연하게 행동을 수정할 수 있는 사회적 동물을 선호한다. 늑대는 무리 안에서 태어난다. 그리고 무리 안에서 성장하며 청년기가 되면 무리를 떠나 짝짓기를 하고 또다시 새로운 무리를 형성하거나 기존 무리에 합류한다. 이렇듯 지위와 역할을 바꿀 줄 아는 유연성은 인간과 함께하는 사회 단위에 적응하는 데 도움이 된다. 늑대는 한 무리 안에서, 혹은 무리를 옮길 때마다 동료 행동에 주의를 기울이고 반응할 필요가 있다. 개가 주인의 말에 주의를 기울이고 행동에 세심히 대응하듯 말이다. 이렇듯 인간과 접촉한 초기의 늑대개는 인간에게 그다지 큰 효용 가치가 있는 대상은 아니었지만 믿음직한 친구가 되어준다는 점에서 그 가치를 인정받았음에 틀림없다. 늑대개는 이러한 개방성 덕에 자신과 완전히 다른 종으로 구성된 새로운 무리에 적응할 수 있었다.

늑대답지 않은 늑대

인간 사이에서 어슬렁거리던 초기 늑대개 주변에는 늑대다운 늑대도 있었을 것이다. 하지만 이 늑대도 결국 임의적 자연선택에서 벗어나 인간의 영향을 받게 되었다. 개와 비교했을 때 여러 가지 면에서 흥미로운 종인 오늘날의 늑대는 이렇게 탄생했다. 오늘날의 늑대와 개는 여러 특질을 공유한다. 하지만 늑대와 개가 같은 조상에게서 진화되어 왔다고 해도 오늘날의 늑대가 개의 조상은 아니다. 사실상 오늘날의 늑대는 조상 늑대와 상당히 다르다. 개와 늑대의 차이는 아마도 초기 개가 인간 사회에 편입될 수 있게끔 한 특질과 그 이후 인간이 그들을 키우고 번식하며 했던 일들 때문에 생겨났을 것이다.

개와 늑대는 여러 면에서 차이가 있다. 우선 발달상의 차이를 보자. 강아지는 생후 2주 이상이 지나야 비로소 눈을 뜬다. 반면 늑대 새끼는 생후 10일이면 눈을 뜬다. 사소해 보이는 차이지만 그 영향력은 어마어마하다. 일반적으로 개의 신체적·행동적 발달은 늑대에 비해 더딘 편이다. 걷거나 입으로 물건을 옮기거나 사물을 물어뜯으며 놀기 시작하는 등의 발달 지표도 더 느리게 나타난다.* 이러한 작은 차이가 점차 커다란 차이로 변해간다. 눈 뜨는 시기의 차이 때문에 개와 늑대는 서로 다른 사회화의 길을 걷는다. 개는 더 느긋하게 자신이 속한 환경에 적응하고 주변 다른 생물을 학습할 수 있다. 생애 초기에 인간, 원숭이, 토끼, 고양이 등 다른 종의 생물에 노출된 개는 해당 종에 애착을 형성하고 호감을 느낀다. 그러한 애착과 호감은 공격성향이나 두려움을 압도한다. 개는 이러한 사회적 학습의 소위 **결정적** 혹은 **민감한** 시기 동안 누가 자신의 친구이고 아닌지를 배우고, 어떻게 행동하고 협력해야 하는지도 습득한다. 반면 늑대는 더 짧은 기간 안에 누가 적이고 친구인지 판단해야 한다.

사회 조직의 차이도 있다. 개는 진정한 의미의 무리를 형성하지 않는다. 개별적으로 혹은 병렬적으로 작은 목표물을 사냥하거나 먹

---

* 발달 지표는 견종에 따라 다르다. 예를 들어 허스키는 푸들에 비해 회피 반응, 놀이·싸움 행동을 몇 주 빨리 보인다. 개의 생애 주기를 고려할 때 몇 주라는 기간은 무척이나 큰 차이이다. 사실 허스키의 몇몇 발달 지표는 늑대와 비교해도 빠르게 나타난다. 이러한 면이 인간과의 유대 형성에 어떤 영향을 미치는지 아직까지 연구된 바 없다.

잇감을 찾는다.* 개는 협동해 사냥하지는 않지만 협력할 줄 안다. 예컨대 버드독bird dog(새 사냥개)나 시각장애인 안내견은 주인과 보조를 맞추어 행동하는 법을 배운다. 인간과 함께하는 것이 개에게는 무척이나 당연한 일이나 자연스럽게 인간을 피하도록 배운 늑대에게는 그렇지 않다. 개는 인간 집단에 속한 구성원이다. 사람이나 다른 개와 함께하는 환경은 개에게 자연스럽다. 갓난아이가 주主양육자를 선호하는 경향을 일컫는 '애착 반응'을 개에게서도 관찰할 수 있다. 개는 주양육자와 떨어지게 되면 불안감을 드러내고 주양육자가 돌아왔을 때 열렬히 맞이한다. 늑대도 무리의 다른 동료와 떨어졌다가 다시 만났을 때 반갑게 맞이하기는 하지만, 특정 대상에게만 애착을 보이지는 않는다. 인간에 둘러싸여 생활하는 동물이 인간에게 특별히 애착을 보이는 것은 당연하다. 반면 무리지어 생활하는 동물이 인간에 애착을 보이기를 기대하기란 어려울 것이다.

개와 늑대는 외형적인 면에서도 다르다. 개는 모두 네 발 달린 잡식성이라는 공통점이 있지만 몸의 형태와 크기는 견종에 따라 차이가 크게 난다. 2킬로그램 정도 나가는 파피용에서 90킬로그램에 육박하는 뉴펀들랜드, 채찍 같은 꼬리에 주둥이가 길고 몸이 날렵한 개에서 짧은 꼬리에 코가 납작한 땅딸보 개에 이르기까지 개의 종류는 셀 수도 없이 다양하다. 세상 그 어떤 갯과 동물도 몸의 형태와 크기에 있어서 개만큼 다양하지는 않다. 하지만 다리, 귀, 눈,

* 인간 주위에 머무르며 음식물 쓰레기를 주워 먹던 늑대에서 가축화가 시작되었다면 늑대의 후손이라는 이유로 개에게 생고기만을 먹이는 것은 어리석은 일이다. 개는 수천 년간 우리가 먹는 음식을 나누어 먹으며 살아온 잡식성 동물이다.

코, 꼬리, 털, 엉덩이, 배의 특징이 아무리 다르더라도 개는 모두 개다. 반면 늑대는 다른 야생동물과 마찬가지로 서식 환경에 따라 몸의 크기가 일률적이다. 그런데 아무리 원형에 가까운 '평균적인' 개라 해도 늑대와 확연히 구별되는 몇 가지 특징이 있다. 개의 피부는 늑대에 비해 두껍다. 또한 치아 개수와 종류는 늑대와 동일하되 크기가 작다. 머리 크기도 개가 20퍼센트 정도 작다. 다시 말해 개와 늑대의 몸통 크기가 비슷하다고 할 때 개의 두개골이 훨씬 작으며 따라서 뇌의 크기도 더 작다.

마지막 사실은 뇌 크기가 지능을 결정한다는 주장을 뒷받침하는 듯 보인다. 하지만 뇌의 **크기**가 뇌의 **질**로 이어진다는 주장에는 오류가 있으며 이에 대한 반대 증거도 많다. 늑대와 개를 대상으로 문제 해결 과업을 수행토록 한 비교 연구는 처음에는 개의 인지능력이 늑대에 비해 떨어진다는 사실을 확인해주는 듯했다. 사람 손에 길러진 늑대는 특정 순서에 따라 밧줄을 당기도록 한 실험에서 개보다 뛰어난 성과를 보였다. 늑대는 어떤 밧줄을 가장 먼저 당겨야 하는지 금세 배웠으며 그 이후에 당겨야 할 밧줄의 순서도 성공적으로 학습했다. (늑대가 개보다 밧줄을 더 많이 갈기갈기 찢어 놓기도 했지만, 이 사실이 늑대의 인지능력과 어떤 상관관계가 있는지에 관해서는 아무런 언급이 없다.) 늑대는 닫힌 우리에서 탈출하는 데에도 뛰어났다. 하지만 개는 그렇지 않았다. 갯과 동물을 연구하는 학자는 늑대가 주변 사물을 어떻게 다뤄야 하는지에 대해 개보다 더 큰 관심을 기울인다는 데 동의한다.

이러한 연구 결과만 놓고 본다면 개와 늑대 간에는 인지능력의 차이가 있다는 결론이 나온다. 보통 늑대는 통찰력 있는 문제 해결사이고 개는 단순하다고 생각한다. 사실상 학계에서는 개가 더 영리하다거나 늑대가 더 똑똑하다는 상반된 주장이 번갈아 등장했다. 과학은 문화의 영향을 받게 마련이다. 따라서 각 주장에는 동물의 정신과 마음에 관한 해당 시대의 통념이 반영돼 있다. 하지만 개와 늑대의 행동에 관한 축적된 자료를 종합해보면 두 동물의 인지능력에 미묘한 차이가 있음을 알 수 있다. 늑대는 **물리적** 퍼즐 같은 문제 해결 과업에 더 능하다. 자연에서 생활하는 늑대의 행동을 관찰하면 어째서 이러한 능력이 뛰어난지 단번에 설명할 수 있다.

어째서 늑대는 밧줄 당기기 과업을 쉽게 학습했을까? 자연 속에서 생활하는 늑대는 먹이 등을 물어뜯고 잡아당기는 행동을 많이 할 수밖에 없다. 따라서 개와 늑대의 일부 차이는 개의 제한된 생활환경에서 추적할 수 있다. 인간 세상에 편입해 생존에 위협을 받지 않고 살아가는 개에게 물어뜯거나 잡아당기는 능력은 더 이상 필요치 않다. 앞으로 살펴보겠지만, 개는 신체적 능력 면에서는 늑대에 뒤질지 몰라도 자신의 모자란 부분을 관계 맺기 능력으로 채우고 있다.

개와 눈이 마주쳤을 때

이번에 알아볼 개와 늑대의 차이는 언뜻 사소해 보인다. 하지만 이 사소한 행동 하나가 엄청난 결과적 차이를 불러온다. 그 차이는 다

음과 같다. '개는 우리 눈을 똑바로 쳐다본다.'

개는 먹이 위치, 인간의 감정, 벌어지는 사건에 관한 정보를 얻기 위해 우리 눈을 쳐다보고 관찰한다. 반면 늑대는 눈길을 피한다. 상대의 눈을 똑바로 쳐다보는 것은 개와 늑대 모두에게 권위를 표현하는 행위이므로 위협적인 느낌을 줄 수 있다.

이는 인간의 경우도 마찬가지다. 나는 심리학 수업을 듣는 학부 학생들에게 하루 동안 캠퍼스에서 마주치는 모든 사람의 눈을 똑바로 쳐다보고 느낀 점을 서술하라는 과제를 내주곤 한다. 이들 모습을 관찰하면 시선을 보내는 사람이나 받는 사람 모두 일관된 행동을 보인다. 양쪽 모두 시선 맞추는 것을 불편해한다. 학생들에게 이 과제는 크나큰 스트레스다. 상당수가 갑자기 수줍음 타는 성격으로 변해버린다. 타인의 눈을 몇 초간 응시하는 것만으로도 심장이 두근거리고 식은땀이 난다고 보고한다. 그리고 왜 누군가는 시선을 피해버렸고, 또 누군가는 그들의 시선을 0.5초 정도 더 붙잡고 있었는지 등을 설명하기 위해 매우 정교한 이야기를 지어내곤 한다. 대부분은 상대가 먼저 다른 곳으로 시선을 살짝 피했다고 둘러댄다.

비슷한 관련 실험에서 학생들은 두 번째 응시 테스트를 통해 인간이 타인의 시선이 머무는 곳에 주목하는 경향이 있음을 밝혀냈다. 먼저 학생 한 명이 공공장소에서 특정 건물이나 나무, 도로의 한 지점을 계속 응시한다. 다른 한 명은 아무 관련이 없는 사람으로 가장해 응시자 근처에서 지나가는 사람들의 반응을 기록한다. 출퇴근 시간이나 비가 오는 경우만 아니라면 사람들은 대부분 길을 가다 멈춘 채 실험자가 응시하는 지점을 호기심 어린 눈길로 쳐다본다. “저기 **뭔가** 있나 보군.”

이들 행동이 전혀 놀랍거나 이상하게 느껴지지 않는 이유는 그것이 정말 인간다운 행동이기 때문이다. 우리는 쳐다본다. 개 역시 쳐다본다. 개는 상대의 눈을 지나치게 오래 응시하는 행동을 회피하려는 본능을 타고났으면서도 정보, 지도, 안도감을 구하기 위해 인간의 얼굴을 관찰한다. 이러한 행동은 개가 인간과 어울리는 데 도움을 줄 뿐 아니라 인간에게 기쁨도 준다(개와 시선을 지긋하게 교환하는 행위는 무한한 만족감을 준다). 이 책 뒷부분에서 살펴보겠지만 인간과 시선을 맞추려는 개의 성향은 사회적 인지능력을 길러주는 토대가 된다. 우리는 낯선 사람과는 시선을 마주치기 꺼리지만 친밀한 사람과는 눈빛을 교환한다. 다른 사람을 몰래 훔쳐봄으로써 정보를 얻기도 하고 이러한 상호 간의 시선 교환을 통해 충만감을 느끼기도 한다. 시선 교환은 사람들 사이의 핵심적인 의사소통 수단이다.

그러므로 우리의 눈을 좇고 시선을 마주치는 개의 능력은 가축화를 가능케 한 첫 단추였는지도 모른다. 인간은 자신을 바라보는 대상을 선택한 것이다. 그런 다음 우리가 개를 데리고 했던 일은 매우 독특하다. 우리는 그들을 설계하기 시작했다.

순종 개

펌프의 우리에는 ‘래브라도 믹스’라는 분류표가 붙어 있었다. 유기견 보호소에 있는 개는 모두 래브라도 믹스였지만 펌프는 스패니얼의 피도 섞여 있었다. 날씬한 몸통을 감싸고 있는 윤기 나는 검은 털, 매끄러운 귀를 보면 알 수 있었다. 잠자는 펌프의 모습은 완전히 새끼 곰 같았다. 꼬리는 곧 길게 자라 털로 뒤덮였다. "그렇다면 펌프는 골든 레트리버군." 그 후 배 아래쪽의 곱실거리던 털이 직모로 변했고, 아래턱은 단단해졌다. "좋아, 그럼 펌프는 워터독이야." 나이가 들어갈수록 펌프의 배는 점점 자라나서 몸통이 단단한 원통형이 되었다. "결국 펌프는 래브라도였어." 꼬리는 털이 북슬북슬해져 가끔씩 손질을 해주어야 했다. "펌프는 래브라도와 골든 레트리버 믹스인 거야." 가끔 가만히 멈춰 섰다가 전속력으로 달리는 것을 보면 푸들의 피도 약간 섞인 게 분명하다. 털이 곱실거리고 배가 둥근 걸 보면 예쁜 양 한 마리를 데리고 덤불 속으로 숨어들던 양치기 개의 피도 섞였을지 모른다. 요컨대 펌프는 세상에서 유일무이한 개다.

통제된 혈통에서 태어난 게 아니라는 점에서, 모든 개는 원래 잡종이었다. 하지만 오늘날 우리가 키우는 개는 대부분 수백 년에 걸친 엄격한 교배과정에서 탄생했다. 인간은 통제된 교배를 통해 크기, 외형, 생애 주기, 기질, 능력이 다양한 아종亞種을 탄생시켰다.* 키 20센티미터, 몸무게 4.5킬로그램 정도밖에 되지 않는 노리치 테리어는 거대한 덩치에 진중하고 다정한 성격의 뉴펀들랜드의 머리

* 여기서 '기질'이라는 단어는 '사람의 성격'과 유사한 의미로 사용된다. 하지만 의인화 의도는 없다. 다시 말해 사람의 성격을 뜻하는 '개성'이라는 단어를 개의 '일반적인 행동 성향과 개별적 자질'을 뜻하는 데 사용한다는 의미다. 행동과 자질은 인간에게만 국한되어 사용되지 않는다. 동물 새끼의 특정 자질, 즉 유전적 성향을 묘사할 때는 '기질'이라는 단어를 사용하고 성장이 완료된 동물의 자질과 행동 특성을 묘사할 때는 '개성' 또는 '성격'이라는 단어를 사용하는 학자도 있다. 따라서 타고난 기질이 환경과 결합해 성격이 형성된다고 여기는 것이다.

무게 정도밖에 나가지 않는다. 평범한 개에게 공을 물어오라고 시키면 돌아오는 것은 혼란스러워하는 표정밖에 없다. 하지만 보더콜리라면 두 번 반복할 필요도 없이 공을 물어올 것이다.

오늘날 견종 간의 차이가 모두 의도적 선택의 결과라고는 할 수 없다. 의도적으로 선택된 행동적·신체적 특징—사냥감 물어오기, 작은 크기, 말려 올라간 꼬리 등—도 있지만 부수적으로 발생한 특징도 있다. 그리고 성격이나 행동의 유전적인 특징은 함께 발현된다.

예를 들어, 귀가 긴 개를 여러 세대에 걸쳐 교배하다 보면 긴 귀 이외에도 강인한 목, 처진 눈, 단단한 턱처럼 공통적으로 나타나는 특징이 있음을 알 수 있을 것이다. 긴 거리를 질주하도록 개량된 추적견은 다리가 길다. 그들의 다리 길이는 허스키에서 볼 수 있듯이 가슴 넓이와 일치하거나 그레이하운드에게서 볼 수 있듯이 가슴 넓이보다 훨씬 길다. 반면 닥스훈트처럼 땅 위의 냄새를 추적하는 개는 가슴 넓이보다 다리가 훨씬 짧다. 마찬가지로 한 가지 개성을 선택해 교배하다 보면 의도치 않게 그 외의 다른 행동도 선택하는 결과를 불러오게 된다. 움직임에 민감하게 반응하도록 개를 교배하다 보면(이런 개들은 망막 내 간상 수용체가 풍부하게 발달했을 가능성이 높다) 매우 신경질적인 개를 얻게 될 수도 있는데, 이유인즉슨 움직임에 대한 민감성이 예민한 성격으로 이어질 수 있기 때문이다. 이는 외형에도 영향을 미친다. 이런 개는 밤에도 잘 볼 수 있는 밖으로 툭 불거져 나온 크고 둥근 눈을 가졌을 수 있다. 때로 어떤 견종에게 바람직해보이는 특성이 실은 세대를 거친 교배 과정에서 부수적으로 나타난 특징일 수 있다는 것이다.

여러 증거에 따르면 서로 구별되는 견종은 대략 5,000년 전부터 나타나기 시작했다. 이집트의 고대 벽화를 보면 적어도 두 종류의 견종을 확인할 수 있는데, 하나는 오늘날의 마스티프와 유사한, 머리와 몸통이 큰 개이고 다른 하나는 꼬리가 말려 올라간 날렵한 외형의 개다.* 당시 마스티프는 경비견 역할을, 날렵한 개는 사냥개 역할을 했던 것으로 보인다. 이런 식으로 특정한 목적을 위해 개를 설계하는 일이 시작되어 오랫동안 지속되었다. 16세기 무렵에 이르러서는 하운드, 버드독, 테리어, 셰퍼드 견종이 등장했다. 19세기에 이르러서 클럽(유럽 귀족들이 선택 교배한 개를 뽐내기 위해 만들기 시작한 일종의 클럽으로 지금까지 활동을 이어오며 혈통 증명서를 발급하는 곳도 있다-옮긴이)이 활성화되고 클럽 간 경쟁이 치열해지면서 사람들은 견종을 관리하고 새로운 견종에 이름을 붙이는 데 큰 관심을 쏟기 시작했다.

오늘날의 다양한 견종은 대부분 최근 400년간 개량되어 관리되었다. 미국애견연맹The American Kennel Club에서는 약 150개 견종을 주요 임무에 따라 분류해놓았다.** 주요 분류 항목으로는 조렵견sporting, 수렵견hound, 작업견working, 테리어terrier가 있으며 여기에 목양견herding(이들은 가축을 몰지만 사냥감을 다루는 개들과는 명백히 구분된다)과 따로 설명이 필요 없는 소형 애완견toys이 더해진다. 그리고 각 항목

* 하지만 현재의 여러 견종이 당시 순종 개의 자손인지 명확히 밝혀주는 증거는 없다.

** 여기에 나열된 견종의 임무는 대부분 이론적 분류에 불과하다. 실제로 임무를 수행하는 견종은 거의 없기 때문이다. 수렵견이나 목양견을 제외하고는 어떤 견종이든 애완견 역할을 하거나 훈련과 미용시술을 받은 후 쇼독(show dog)으로 활약하는 경우가 대부분이다.

별로 하위 항목도 나누어놓았다. 하위 항목은 사냥을 할 때 담당하는 구체적인 임무를 기준(사냥감 위치를 가리키는 포인터 종, 사냥감을 찾아서 물어오는 레트리버 종, 사냥감을 기진맥진하게 만드는 아프간하운드 종)으로 하거나, 사냥 대상(쥐 잡는 테리어 종, 토끼 잡는 해리어 종) 혹은 활동 범위를 기준(사냥감을 주로 땅 위에서 추격하는 비글 종, 물속을 헤엄치는 스패니얼 종)으로 하기도 한다.

전 세계적으로 보면 견종은 수백 가지에 이르는데, 수행하는 임무뿐 아니라 몸 크기, 머리 크기, 머리 형태, 몸통 형태, 꼬리 모양, 모질, 모색 등과 같은 신체적 특징에 따라 분류할 수도 있다.

반려견을 입양하기 위해 순종 개에 대한 정보를 찾다보면 귀 모양에서 기질에 이르기까지 자동차 사양 못지않은 복잡하고 세부적인 설명을 접하게 될 것이다. 다리가 길쭉하고 털이 짧으며 턱이 발달한 개를 원하는가? 그렇다면 그레이트데인이 적합하다. 코가 뭉툭하고 피부에 주름이 있으며 꼬리가 말려 올라간 개를 원하는가? 그렇다면 퍼그가 어울린다.

어떤 견종이 좋을지 선택하는 것은 마치 의인화한 선택사항이 포함된 패키지 상품을 구입하는 것과 같다. 단지 개 한 마리를 들이는 것이 아니라 '기품 있고 도도하며 찌푸린 표정에 냉정하고 콧대 높은' (샤페이), '활발하고 상냥한' (잉글리시 코커스패니얼), '과묵하고 낯을 가리는' (차우차우), '까불대는' (아이리시 세터), '거만함이 하늘을 찌르는' (페키니즈), '덤벙대고 산만한' (아이리시 테리어), '차분한' (부비에 데 플랑드르), 그리고 가장 놀랍게는 '뼛속까지 개 그 자체인' (브리아르) 존재를 받아들이는 것이라고 보면 된다.

유전적 유사성에 따라 견종을 분류하면 미국애견연맹이 분류한 항목과 전혀 다른 결과가 나온다는 사실에 깜짝 놀랄 사람이 있을지도 모르겠다. 케언 테리어는 하운드에 가깝고 셰퍼드와 마스티프의 유전자는 매우 비슷하다. 우리는 늑대와 비슷하게 생긴 개일수록 유전자도 늑대와 유사하리라 생각하지만 이는 잘못된 믿음이다. 몸통이 길쭉한 셰퍼드보다 털이 길고 꼬리가 낫 모양인 허스키가 늑대와 더 가깝다. 거기다 외형적으로는 늑대와 닮은 점이 전혀 없어 보이는 바센지도 유전자만 보면 늑대와 비슷하다. 이는 개의 외형이 교배 과정에서 발생한 우발적 부수 효과임을 보여주는 또 다른 증거다.

개의 혈통은 비교적 한정된 유전자 풀 내에서 유지된다. 각 견종의 유전자 풀은 외부의 새로운 유전자를 받아들이지 않는다. 따라서 부견과 모견이 모두 특정 견종에 속한 경우에만 자식견도 해당 견종으로 인정받을 수 있다. 인간을 포함한 동물이 짝짓기를 할 때 일반적으로 발생하는 유전자 풀의 혼합에 의한 유전자 변이로 외형상 변화가 나타날 경우 그 자식견은 순종으로 인정받지 못한다. 일반적으로 유전자 변이, 유전자 변형, 유전적 혼합은 유전 질병을 막아주기 때문에 해당 개체군에 이롭다고 알려져 있다. 혈통

서까지 있는 순종 개가 잡종에 비해 많은 질병에 취약한 이유도 이 때문이다.

폐쇄적 유전자 풀의 장점이라면 해당 견종의 유전자 지도를 만들기 쉽다는 점을 들 수 있다. 사실 최근 들어 과학자들은 개의 유전자 지도를 밝히는 데 성공했다. 가장 처음으로 유전자 지도가 밝혀진 것은 복서 종의 유전사 1만 9,000여 개였나. 이후 과학사들은 유전자 지도를 토대로 기면 발작 같은 특정 질병이나 특정 자질을 초래하는 유전자를 찾아내고자 계속 연구를 진행하고 있다(기면 발작은 갑자기 의식을 잃는 질병으로 도베르만 등의 견종이 특히 취약하다고 알려져 있다).

폐쇄적 유전자 풀의 또 다른 장점은 반려견 선택 시 그 기질을 비교적 안정적으로 예측할 수 있다는 점이다. 즉 원하기만 한다면 '가족 친화적'이며 노련하게 집을 지켜줄 견종을 선택할 수 있다. 하지만 이는 생각처럼 쉬운 문제가 아니다. 인간과 마찬가지로 개는 단순한 유전자의 결합 그 이상이다. 어떤 동물도 진공 상태에서 성장하지 않는다. 우리가 알고 있는 개가 탄생하는 것은 유전자와 환경의 상호작용 덕분이다. 하지만 정확한 상호작용 공식을 밝히기는 쉽지 않다. 개의 신경과 신체 발달 양상은 유전자에 의해 결정되지만 그중 일부만이 주어진 환경 내에서 발현된다. 또한 겉으로 드러난 외형적인 특징은 신경과 신체 발달에 또다시 영향을 미친다. 따라서 자식견은 부모견의 복사본이라 할 수 없다. 더군다나 유전자의 자연적 변이도 고려해야 한다. 사랑하던 반려견을 또 만나고 싶어 유전자를 복제한다 해도 원래 개와 똑같으리라는 보장은 없다.

개는 어떤 경험을 하고 어떤 사람을 접촉하는지에 따라 추적할 수 없는 무수히 많은 방식으로 영향을 받는다.

따라서 인간이 개를 설계하려 애써왔더라도 오늘날 우리 앞에 있는 무수히 다양한 견종은 부분적으로 우연의 산물이다. "얘는 무슨 종이에요?" 이게 내가 펌프에 관해 그 무엇보다도 많이 들었던 질문이고, 나 또한 다른 개들에게 했던 질문이다. 나는 잡종인 펌프가 어떤 유산을 물려받았는지 추측해보는 재미에 푹 빠졌다. 비록 진위여부를 확인할 수는 없지만 나는 내 추측이 꽤나 만족스럽다.*

견종 간의 한 가지 차이

견종에 관한 문헌은 꽤 많지만 견종별 행동 차이를 과학적으로 비교한 자료, 즉 동일한 환경을 제공하고 동일한 개나 인간을 접촉하도록 하는 등의 통제된 조건 하에서 견종을 비교 실험한 자료는 지금껏 하나도 없었다. 그럼에도 우리는 마치 각 견종의 특성에 대해 훤히 알고 있다는 듯 대담하게 진술하곤 한다. 물론 견종 간 차이가 존재하지 않는다거나 크지 않다는 뜻은 아니다. 눈앞에 토끼가 달려간다면 분명 종마다 다른 반응을 보일 것이 분명하다. 하지만 어떤 개가 반드시 특정한 반응을 보이리라 장담할 수는 없다. 마찬가

* 유전자 지도가 밝혀진 이후 유전자 검사 및 분석도 가능해졌다. 약간의 비용만 들이면 혈액 샘플이나 구강 세포 샘플을 채취해 개의 혈통과 유전 정보를 확인할 수 있다. 단, 현재로선 검사의 정확도가 완벽하다고 할 수 없다.

지로 어떤 견종이 '공격적'이라고 해서 그 종을 기르지 못하도록 법으로 금한다면 이는 명백한 실수가 될 것이다.*

래브라도 레트리버와 오스트레일리안 셰퍼드가 각각 달려가는 토끼에 구체적으로 어떤 반응을 보일지 예측하기는 어려울지 몰라도 두 견종의 **행동 가능 범위**를 계산해볼 수는 있다. 자극에 대한 두 견종의 지각 및 반응 수준은 서로 다르다. 동일한 토끼를 보더라도 흥분하는 정도가 다를 것이다. 또한 분출되는 흥분 유발 호르몬의 양도 서로 다를 것이므로 나타나는 반응도 다를 것이다. 한쪽이 고개를 들고 약간의 관심을 보인다면 다른 쪽은 전속력을 다해 토끼를 쫓을지 모른다.

이러한 반응 차이는 유전적으로 설명할 수 있다. 인간은 다양한 사건과 환경에 대한 반응 양상을 보고 견종의 이름을 사냥감을 '찾아서 물어온다retrieving'는 뜻의 레트리버 혹은 '양을 몰다shepherding'라는 뜻의 셰퍼드라 붙였다. 하지만 한 가지 특정 유전자가 그러한 반응 양상을 유발하는 것은 아니다. 사냥감을 물어오는 행동을 유발하는 단일 유전자는 없다. 그 외 다른 어떤 행동도 마찬가지다. 여러 유전자가 집합적으로 기능할 때 특정 견종이 특정 방식으로 행

---

* '공격적'이라 간주되는 특징은 시대·문화별로 상대적이었다. 2차 세계대전 이후에는 셰퍼드를 가장 공격적인 견종으로 여겼다. 1990년대에는 로트와일러와 도베르만의 공격성이 가장 높다고 여겨졌다. 현재는 핏불이라는 이름으로 더 널리 알려진 스태퍼드셔 테리어가 가장 악명을 떨치고 있다. 견종의 공격성 순위는 내재된 기질보다는 시대별로 벌어진 사건이나 대중의 인식과 더 깊은 관련이 있다. 견종의 기질에 대한 최근 연구에 따르면 주인이나 낯선 사람 모두에게 가장 공격적인 견종은 닥스훈트라고 한다. 이전까지 닥스훈트의 공격적 기질이 잘 밝혀지지 않은 것은 닥스훈트가 으르렁대더라도 쉽게 들어올려 손가방 안에 가둘 수 있었기 때문인지도 모른다.

동할 가능성을 낳는다. 인간의 경우도 한 가지 유전적 차이는 단지 특정 행동의 다양한 성향으로만 나타날 뿐이다. 예를 들어 어느 정도의 자극이 주어졌을 때 뇌에서 쾌감을 느끼는지에 따라 자극성 약물에 얼마나 쉽게 중독될 수 있는지가 결정된다. 즉 중독 성향을 알아보려면 뇌를 구성하는 유전자를 분석하면 된다. 하지만 **중독 유전자**라는 건 존재하지는 않는다. 물론 환경도 중요한 역할을 한다. 어떤 유전자는 다른 유전자의 형질 발현 여부를 관장한다. 즉 유전자의 형질 발현 여부는 환경적 특성에 달려 있는지도 모른다. 만약 사람이 상자 속에 갇혀 약물이란 것은 구경도 못 해보고 성장한다면 중독 성향과는 상관없이 전혀 약물 문제를 일으키지 않을 것이다.

마찬가지로 어떤 견종은 다른 견종에 비해 특정 사건에 특정 반응을 보일 가능성이 높을 수 있다. 한 예로 개는 종류를 불문하고 모두 눈앞에서 하늘로 날아오르는 새를 볼 수는 있지만, 그중에서도 유난히 작고 빠른 움직임에 민감한 견종이 있을 수 있다. 즉 그 견종은 사냥개로 개량되지 않은 다른 견종에 비해 새의 동작에 대한 반응의 한계치가 낮다.

개와 비교하면 우리 인간의 반응 한계치는 꽤 높은 편이다. 즉, 비상하는 새를 볼 수는 있지만 때로는 바로 눈앞에 있는 새를 지각하지 못하기도 한다. 사냥개에게 날아가는 새는 쉽게 지각되는 대상일 뿐 아니라 다른 성향을 촉발하는 요인이기도 하다. 그들은 빠르게 날아가는 새를 먹잇감으로 여기고 추격한다. 비단 새뿐 아니라 새와 비슷한 사물이라면 무엇이든 그런 성향을 유발한다.

이번에는 일생 동안 양떼와 함께 지내는 양치기 개를 예로 들어 보자. 양치기 개는 집단 움직임에 주의를 기울이다가 어떤 개체가 무리에서 벗어나 잘못된 방향으로 움직이면 올바른 경로로 이동하게끔 몰아간다. 그 덕분에 양치기 개가 된 것이다. 하지만 양떼를 통제하는 행동은 수많은 단편적 경향성이 한데 모여 유발된 것이다. 양치기 개가 되려면 생애 초기에 양떼에 노출되어야만 한다. 그렇지 않을 경우 같은 경향성이 양떼가 아닌 어린아이, 공원을 조깅하는 사람, 마당의 다람쥐 등을 향해 마구잡이로 발현될 수 있다.

공격적이라 간주되는 견종은 위협적인 움직임에 대한 지각과 반응 한계치가 낮을지도 모른다. 그런 개는 자신에게 접근하는 위험해 보이지 않는 움직임도 위협으로 받아들일 것이다. 하지만 그러한 성향을 자제할 수 있게 훈련시킨다면 어떤 견종의 개든 악명 높은 **공격성**을 표출하지 않고 살 수 있다.

이렇듯 어떤 개의 견종을 알면 직접 만나보지 않더라도 그 성향을 이해할 수 있다. 하지만 견종을 알고 있다고 해서 개가 어떤 식으로 행동할지 장담할 수 있는 것은 아니다. 견종은 해당 개의 경향성만을 말해줄 뿐이다. 잡종견의 경우는 순종견에게서 나타나는 뚜렷한 기질이 많이 누그러져 나타난다.

기질이란 선조 개에게 나타난 성향의 평균치라 할 수 있는데, 이를 예측해내기란 쉬운 일이 아니다. 견종을 확인하는 것은 개의 움벨트를 이해하는 첫걸음에 불과할 뿐, 견종을 안다고 해서 그 개의 삶 전부를 이해할 수는 없다.

별표가 달린 특별한 동물

눈 오는 새벽, 동이 터오면 나는 3분 내로 옷을 입고 공원에 나가야만 한다. 다른 사람들이 쌓인 눈을 밟아대기 전에 펌프와 신나게 놀아야 하기 때문이다. 두툼하게 차려입고 밖으로 나간 나는 높이 쌓인 눈을 대충 치운다. 펌프가 껑충껑충 뛰어다니며 토끼 모양 발자국을 남긴다. 나는 털썩 드러누워 눈으로 천사 모양을 만든다. 옆에서 펌프는 바닥에 등을 문지르며 눈으로 천사개를 만드는 듯하다. 놀이에 흠뻑 빠져 충만한 즐거움을 느끼는 펌프의 모습이 무척이나 사랑스럽다. 그런데 별안간 펌프 쪽에서 고약한 냄새가 풍기고, 나는 곧 사태를 깨닫는다. 펌프는 자신의 몸으로 천사개를 만들던 것이 아니라 작은 동물의 썩은 시체 위를 굴렀던 것이다.

세상에는 개도 본질적으로 야생동물에 속한다고 여기는 사람이 있는가 하면 인간이 만든 생명체나 같다고 여기는 사람도 있는데 두 견해 사이에는 늘 긴장감이 감돈다. 전자의 사람들은 늑대의 행동을 통해 개의 행동을 설명할 수 있다고 생각한다. 최근에는 개에게 늑대의 특성이 있다고 인정하는 훈련사들이 폭넓은 인기와 존경을 누리고 있다. 이들은 개를 네 발 달린 진흙투성이 인간쯤으로 여기는 사람들을 비웃는다. 하지만 어느 쪽도 개에 대해 똑바로 알고 있는 것은 아니다. 개에 대한 진실은 양 입장의 중간에 놓여 있다. 당연히 개는 원시적인 성향이 있는 동물이지만 고작 거기서 멈춘다면 개의 자연사만을 고려하는 근시안적 시각에 머무르는 것이다. 개는 인간의 손에서 재창조되었다. 따라서 오늘날의 개는 별표 달린 동물, 즉 인간 삶에서 중요한 자리를 차지하는 동물이다.

개를 인간의 심리적 창조물이 아닌 동물로 여기는 시각은 본질적으로 나무랄 데 없이 타당하다. 혹자는 의인화를 피하기 위해 의식이나 선호, 감정, 개인적 경험 등의 주관성을 철저히 배제하고 객관적 생물학 쪽으로 돌아서기도 한다. 개는 동물에 불과하며, 동물이란 행동과 심리를 단순하고 범용적인 용어로 설명할 수 있는 생물학적 시스템에 불과하다는 것이 그들의 주장이다. 최근 나는 반려동물용품점에서 자신의 테리어에게 작은 신발 네 개를 신겨주던 여성을 본 적이 있다. 여성은 길거리 오물이 집 안에 묻어 들어가는 일을 막기 위해서라고 설명했다. 신발을 신은 개는 뻣뻣한 다리로 스케이트를 타듯 더러운 거리로 끌려 나갔다. 그가 개를 장난감 인형처럼 여기기보다 개의 동물적 본성을 조금 더 고려했더라면 좋았을 것이다. 앞으로 살펴보겠지만 개의 코가 얼마나 예민한지, 개가 무엇을 보거나 보지 못하는지, 무엇을 겁내는지, 또 꼬리를 흔드는 행동이 무엇을 의미하는지 이해하는 것은 개를 이해하기 위한 머나먼 여정의 시작에 불과하다.

반대로 개를 **단순한 동물**로 치부하고 모든 행동을 늑대의 행동으로 환원시켜 설명하려는 시각 또한 불완전하며 오해를 불러일으킬 소지가 있다. 개가 집 안에서 편안하게 살아가도록 도우려면 개는 늑대가 아니라는 사실을 명심해야 한다.

예컨대 개가 인간을 자신의 '무리'로 여긴다는 잘못된 생각을 바로잡아야 한다. 흔히 알파 늑대, 지배, 복종 등의 단어와 함께 사용하는 '무리'라는 단어는 개와 인간이 함께하는 가족을 설명할 때 가장 보편적으로 등장하는 은유적 표현이다. '무리'라는 단어는 개의 기원에서 비롯됐다. 개는 늑대와 비슷한 조상에서 유래했으며 늑대는 무리를 형성하므로 개도 무리를 형성한다는 것이다. 언뜻 자연스러워 보이는 이 논리의 흐름은 개와 늑대가 전혀 공유하지 **않는** 특성을 당연히 공유하는 것처럼 여기게끔 한다. 늑대는 사냥꾼이다. 하지만 개는 먹이를 얻으려 사냥하지 않는다.* 우리는 아기 방 문턱에 개가 앉아 있다 해도 별로 불안해하지 않는다. 하지만 겨우 3킬로그램 남짓의 아기가 홀로 잠들어 있는 방에 늑대를 들여놓는 무모한 짓은 결코 하지 않을 것이다.

그럼에도 개와 인간의 관계를 위계질서가 분명한 무리에(서열이 높은 쪽은 인간, 낮은 쪽은 개라고) 비유하는 것은 꽤나 설득력 있게 느껴진다. '무리' 개념을 도입하면 인간과 개 사이의 여러 상호작용을 꽤 그럴듯하게 설명할 수 있다. 개는 인간이 식사를 먼저 한 후에 먹이를 먹는다. 인간이 명령을 내리면 복종한다. 인간은 개를 산책시키지만 개는 인간을 산책시키지 않는다. 인간 사회 한가운데 있는 동물을 어떻게 다루어야 할지 모르는 우리에게 '무리' 개념은 구조적 설명 체계를 제공한다.

하지만 안타깝게도 '무리' 개념은 개와 인간 사이 상호작용과 그

---

* 일반적으로 개는 먹이를 얻고자 사냥하지 않을 뿐 아니라 사냥 능력도 '형편없다.' 늑대는 침착하고 조심스럽게 사냥물에 접근한다. 그 움직임에서 경박함이라고는 찾아볼 수 없다. 반면 훈련받지 않은 개는 천방지축으로 앞뒤를 오가며 불규칙적인 속도로 사냥 대상에 다가간다. 게다가 다른 소리나 움직임에도 쉽게 주의를 흐트러뜨린다. 나뭇잎이라도 떨어지면 신이 나서 한눈을 파느라 정신없다. 늑대는 사냥이라는 목적에만 집중하지만 개는 그 의도조차도 쉽게 잊는다. 개의 목적은 사냥이 아닌 인간이기 때문이다.

에 대한 이해를 제한할 뿐이다. 더군다나 그것은 잘못된 전제를 바탕으로 한다. 우리가 사용하는 '무리' 개념과 실제 늑대 '무리'의 특성은 상당한 차이를 보이기 때문이다. 늑대 무리에 대한 전통적인 학설은 알파 늑대 한 쌍이 다수의 '베타', '감마', '오메가' 늑대를 다스리는 수직적 위계를 가정한다. 하지만 최근 들어 늑대를 연구하는 생물학자들은 전통적인 학설이 지나치게 단순한 시각을 취하고 있음을 밝혀냈다. 기존 학설은 **포획한** 늑대를 관찰한 결과에 근거한다. 서로 처음 보는 늑대들은 축사 안에 갇힌 채 제한된 공간과 자원만을 이용해 권력 싸움을 치르고 그 안에서 수직 구조를 형성한다. 어떤 사회적 동물이든 작은 방 안에 갇혀 지내게 되면 동일한 행동 양상을 보일 것이다.

하지만 자연 상태의 야생늑대는 친족이나 배우자와 무리를 형성한다. 무리 내의 늑대들은 **한 가족**이기 때문에 굳이 지도자 자리를 놓고 다투지 않는다. 일반적으로 늑대 무리는 암수 한 쌍과 그 한 쌍이 낳은 여러 세대의 자손으로 구성된다. 무리라는 단위가 사회 활동과 사냥의 단위가 되는 것이다. 한 무리 안에서는 한 쌍의 암수만이 짝짓기를 하며 나머지 다 자란 늑대나 청소년 늑대는 새끼 양육에 참여한다. 그리고 개별적으로 사냥해 먹이를 나눈다. 홀로 사냥하기에 역부족인 큰 먹잇감을 쫓을 때만 여러 마리가 합동으로 나선다. 서로 친족 관계가 아닌 늑대가 무리를 형성하거나 다수의 암수가 짝짓기를 하는 사례도 있지만 이는 환경적 제약 때문에 발생하는 예외적 경우에 해당한다. 또 어떤 늑대는 무리에 전혀 가담하지 않기도 한다.

구성원 대부분의 부모인 암수 지도자는 무리의 진로와 행동을 결정한다. 따라서 지도자 자리를 얻기 위해 경쟁하고 다툰다는 의미가 담긴 '알파 늑대'라는 명칭을 이들에게 붙이는 것은 부정확하다. 인간 부모가 다른 가족 구성원을 지배하지 않듯 늑대 지도자도 구성원을 지배하지 않는다. 마찬가지로 피지배자인 어린 늑대의 지위 또한 엄격한 위계질서보다는 나이에서 비롯된다. '지배' 또는 '복종'으로 보이는 행위는 사실 권력 쟁탈이 아닌 사회적 협동을 목적으로 하는 것이다. 서열은 위계질서가 아닌 연령차를 나타낸다. 이는 서로를 반기거나 상호작용할 때 보이는 표현방식에서 잘 관찰할 수 있다. 어린 늑대는 나이 든 늑대에게 다가갈 때 꼬리를 낮추어 흔들고 몸을 낮게 구부림으로써 나이 든 늑대가 생물학적으로 상위에 있음을 표현한다. 새끼는 당연히 지위가 가장 낮다. 혼합 가족 무리의 새끼는 부모의 지위를 물려받기도 한다. 무리 구성원 간의 격하고 위험한 충돌로써 서열 관계가 강화되기도 하지만 대부분의 공격성은 외부 침입자를 대상으로 한다. 새끼는 강압적인 방식이 아니라 무리 구성원과 상호작용하고 다른 구성원을 관찰하는 과정을 통해 스스로의 위치를 학습한다.

늑대 무리의 행동은 개의 행동과 여러 면에서 현저히 대비된다. 집에서 생활하는 개는 일반적으로 사냥을 하지 않는다. 또한 대부분 태어난 가족에게서 떨어져 새로운 가족과 생활한다. 키우는 개의 짝짓기 시도는 (다행히도) 주인(이른바 지도자 암수)의 짝짓기 일정과 아무 관련이 없다. 인간과 생활해본 적 없는 야생 개라 할지라도 다른 개와 함께 떠돌아다닐지언정 결코 전통적인 의미의 무리를 형성하지는 않는다.

우리는 개의 무리가 아니다. 늑대 무리의 삶과 비교하면 인간의 삶은 훨씬 더 안정적이다. 늑대 무리의 크기와 구성원은 계절, 출산율, 먹이의 풍요도, 1년생 늑대의 독립 비율 등에 따라 가변적이다. 반면 개는 인간에게 입양된 후 보통 평생을 함께 살아간다. 인간 주인은 봄이 찾아왔다고 해서 키우던 개를 집 밖으로 내쫓거나 겨울철 사슴 사냥을 위해 갑자기 개를 들였다가 내치는 일도 없다. 하지만 가정에서 키우는 개도 늑대에게서 무리로 살아가기 위한 사회성, 즉 주변 구성원에 대한 흥미와 관심은 물려받은 듯 보인다. 사실 개는 다른 동물의 행동에 민감하게 반응하고 보조를 맞추는 사회적 기회주의자다. 그리고 개의 입장에서 인간은 보조를 맞추기에 매우 좋은 동물임에 틀림없다.

시대에 뒤떨어질 뿐 아니라 지나치게 단순하기까지 한, 무리에 관한 기존의 학설은 개와 늑대의 실제 행동 차이를 대충 얼버무리고 늑대 무리의 가장 흥미로운 특성을 놓치게 한다. 개가 인간 명령에 복종하고 따르고 응석부리는 이유는 우리가 알파 지도자이기 때문이 아니라 먹이를 제공하기 때문이라는 설명이 더 타당하다. 우리는 개가 완전히 복종하도록 만들 수 있다. 하지만 절대적인 복종은 생물학적으로 꼭 필요하지도 않거니와 개와 우리의 삶을 풍성하고 만족스럽게 만들어주지도 않는다. 무리 개념은 '의인화擬人化'를 '의수화擬獸化'로 대체한 것에 지나지 않는다. 의수화의 어리석은 논리는 "개는 인간이 아니므로 어떤 경우든 절대 개를 인간처럼 대해서는 안 된다"는 것이다.

사실상 인간과 개의 관계는 무리라기보다는 (둘, 셋, 넷 이상으로 구성된) 우호적인 동반자에 가깝다. 우리는 습관, 취향, 집을 공유하는 가족이다. 우리는 함께 자고 함께 일어난다. 늘 같은 길로 산책을 다니고, 걷다가 친한 개를 만나면 멈추어 반갑게 인사한다. 만약 이러한 관계가 무리라면, 우리는 오직 무리 자체의 유지에만 관심이 있는, 오직 그 한 가지만을 즐겁게 숭배하는 무리이다. 우리 무리는 행동에 관한 몇 가지 기본 전제를 공유함으로써 유지된다. 예를 들어 우리는 집 안에서 지켜야 할 행동 규칙에 동의한다. 어떠한 경우에도 거실 양탄자에 오줌을 싸지 않겠다는 데 동의한다. 이는 기꺼운 묵계다. 함께 지내려면 개도 이 전제를 배워야만 한다. 양탄자의 가치를 원래부터 깨친 개는 없다. 사실 방광을 비울 때 발에 닿는 양탄자의 감촉은 좋은 느낌을 선사할지도 모른다.

무리 개념을 신봉하는 훈련사들은 '위계' 요소를 찾아내는 데 급급한 나머지 사회적 맥락을 무시하는 오류를 저지른다(더 나아가 밀착 관찰이 어렵다는 사실을 고려하면, 야생에서의 늑대 행동에 대해 아직 인간이 알아내지 못한 부분이 많다는 점도 무시하는 셈이다). 개가 늑대와 유사하다는 생각에 사로잡힌 훈련사는 무리의 지도자격인 인간이 기강을 바로잡고 복종을 강요해야 한다고 주장한다. 이런 훈련사들은 개가 양탄자 위에 오줌을 싸면 벌을 줌으로써 가르친다. 고함을 치거나, 힘을 써서 몸을 바닥에 눌러 제압하거나, 화를 내거나, 목줄을 잡아당기는 것이다. 이때 개를 벌주기 위해 '범행 현장'으로 데려가는 것이 일반적인데, 사실 이는 특히 잘못된 방식이다.

이러한 접근법은 인간이 동물계를 다스리는 우두머리라는 케케

묵은 허상에 근거한 것일 뿐 늑대 무리의 현실과는 거리가 멀다. 늑대는 처벌이 아닌 서로에 대한 관찰을 통해 학습한다. 개도 마찬가지로 인간의 반응을 예민하게 관찰한다. 개에게 벌을 주는 대신 어떤 행동이 보상받으며 어떤 행동은 보상받지 못하는지 스스로 알아차리게 하면 학습 효과를 극대화할 수 있다. 집으로 돌아와서 바닥에 싸놓은 오줌을 발견하는 것 같은 바람직하지 않은 순간 어떤 일이 벌어지는가에 따라 개와 인간의 관계가 명확해질 수 있다. 언제 저질렀는지도 모르는 잘못된 행동에 대해 처벌을 가하는 일이 반복되다보면 개와 인간의 관계는 일방적인 괴롭힘에 가까워질지 모른다. 훈련사를 고용해 개를 처벌하면 문제 행동은 일시적으로 감소할지 모르지만 그 효과는 훈련사가 함께 있는 동안만 지속된다(훈련사가 집으로 이사 와 함께 살지 않는 한 훈련 효과는 지속되지 않을 것이다). 결과적으로 당신의 개는 과도하게 예민해지고 겁도 많아질 테지만, 당신이 애초에 훈련을 통해 전하려던 의도는 결코 이해하지 못할 것이다.

그러니 개가 관찰력을 발휘해 스스로 터득할 수 있게 해주어야 한다. 바람직하지 않은 행동을 저질렀을 때는 개가 가장 갈구하는 우리의 관심이나 먹이를 제공해주지 말고, 바람직한 행동을 했을 때만 원하는 것을 주면 된다. 어린아이도 그런 식으로 어른이 되는 법을 배운다. 그리고 인간과 개의 무리도 그 방법을 통해서만 완벽한 가족이 될 수 있다.

늑대의 후손이 아닌 개

다른 한편으로는 개가 늑대에서 갈라져 나오는 데는 단지 수만 년의 진화과정이 걸렸을 뿐이라는 사실을 잊지 말아야 한다. 침팬지에게서 인간 흔적을 찾아내려면 수백만 년 전으로 거슬러 올라가야 한다. 그리고 우리가 아이 양육법을 배우기 위해 침팬지 행동을 관찰하는 일은 당연히 없다.* 늑대와 개는 0.33퍼센트를 제외하고 모든 DNA를 공유한다. 우리는 때때로 키우는 개에게서 늑대의 일부를 발견한다. 좋아하는 공을 입에서 빼내려 할 때 으르렁거리는 소리, 상대를 동료라기보다 먹이로 보는 듯한 거친 신체 놀이, 고기와 뼈를 갈구하는 번쩍이는 야생의 눈빛 등.

개와 인간 사이의 질서정연한 상호작용은 보통 개의 원시적인 면과 충돌을 일으킨다. 이따금 원시적인 배반 유전자가 가축화된 개를 지배하는 듯 보이기도 한다. 주인을 문 개, 고양이를 죽인 개, 이웃을 공격한 개 이야기를 간혹 듣지 않는가. 우리는 이렇듯 예측하기 어려운 개의 야생성을 인식하고 있어야 한다. 개는 수천 년에 걸쳐 개량되었지만 인간 없이 진화했던 이전의 수백만 년을 잊지 말아야 한다. 개의 턱 뼈는 무척 단단하며 그 이빨은 살코기를 뜯어낼 목적으로 진화되었다. 개는 생각보다 행동이 앞서는 존재다. 본능적으로 자기 자신, 가족, 영역을 지키려 한다. 그러한 본능이 어느 순간 발동될지 항상 예측하기는 힘들다. 개는 문명화된 사회에

* 하지만 침팬지에 대한 과학적 연구가 늘어나면서 언어와 문화 이외에도 침팬지와 인간 행동에 공통점이 많다는 사실이 속속 밝혀지고 있다는 점은 주목할 만하다.

서 살아가는 데 필요한 규칙을 저절로 습득하지는 못한다.

결과적으로 옆에서 발맞추어 걷던 개가 갑자기 덤불 속의 보이지 않는 대상을 쫓아 미친 듯이 질주하는 모습을 처음 목격하게 되면 우리는 경악하고 만다. 하지만 시간이 흐르면 개와 인간은 서로에게 익숙해진다. 개는 인간이 자신에게 무엇을 기대하는지, 우리는 개가 어떤 행동을 하는지 알게 된다. 인간의 눈에는 **벗어난 산책 경로**가 개에게는 자연스러운 산책 경로일 뿐이다. 머지않아 개는 올바른 산책 경로를 학습한다. 우리는 몇 번의 산책을 거치면서 덤불 속에 보이지 않는 무언가가 있다는 사실과 개가 곧 돌아오리라는 사실을 배운다. 개와 함께하는 생활은 서로를 알아가는 기나긴 과정이다. 개는 두려움, 좌절, 고통, 불안 등의 다양한 정서를 무는 행위를 통해 표현한다. 사물의 특성을 파악하기 위해 실험적으로 입질해보는 것과 공격성을 담아 무는 행동은 다르다. 몸을 단장하기 위해 조심스럽게 털을 물어뜯는 것과 장난의 뜻으로 무는 행동도 분명 다르다.

간혹 야생성을 드러낼지라도 개가 늑대로 돌아가는 일은 없다. 인간과 함께 지내다 길을 잃거나 버림받은 유기견이나 인간에게 먹이는 공급받되 일정 거리를 두고 살아가는 떠돌이 개라 할지라도 늑대처럼 살아가지는 않는다. 떠돌이 개는 간혹 동료와 합류하거나 협력하기도 하지만 대개는 홀로 도시의 삶을 살아간다. 늑대처럼 짝짓기할 단일 배우자를 찾아 무리를 구성하지 않는다. 또한 늑대처럼 새끼를 위해 굴을 찾고 먹이를 제공하는 일도 없다. 떠돌이 개라면 다른 들개들과 사회 질서를 형성할 수는 있지만, 싸움과 투쟁보다는 나이로 서열이 정해질 것이다. 게다가 협력해서 사냥을 하는 경우도 없다. 그저 혼자 힘으로 작은 먹잇감을 사냥하거나 쓰레기를 뒤져 먹이를 구한다. 가축화는 개를 완전히 변화시켰다.

심지어 늑대는 늑대 무리가 아닌 인간들 사이에서 태어나 길러지면서 사회화가 되더라도 결코 개가 되지는 않는다. 기껏해야 개와 늑대의 중간 모습을 보여준다. 사회화된 늑대는 야생늑대에 비해 인간에게 더 깊은 관심과 흥미를 나타내고, 야생늑대와 비교했을 때 인간과 소통하려는 몸짓을 더 많이 보인다. 하지만 아무리 사회화된 늑대라도 개가 늑대의 가죽을 쓰고 있을 뿐이라고 말할 수는 없다. 사람 손에 길러진 개는 낯선 사람에 비해 주인의 지인에게 훨씬 우호적인 반응을 보인다. 반면 늑대는 어떤 사람에 대해서든 비슷한 반응을 보인다. 아무리 사회화된 늑대라도 인간의 마음과 기분을 읽는 능력은 개를 따라잡지 못한다. 목줄에 매인 채 '앉아'나 '누워' 같은 명령에 복종하는 늑대의 모습을 본 사람은 개와 사회화된 늑대 사이에 별다른 차이가 없다고 생각할지 모른다. 하지만 갑자기 토끼가 등장했을 때 늑대가 어떻게 반응하는지 본 사람은 사회화된 늑대라도 개와 크게 다르다는 사실을 깨닫게 될 것이다. 늑대는 인간을 깡그리 잊고 토끼를 쫓는 데만 열중한다. 반면 개는 토끼를 쫓아도 좋다는 명령이 떨어질 때까지 주인 얼굴을 바라보며 참을성 있게 기다린다. 개에게 인간의 우정은 고기 못지않은 정서적 동기가 된다.

'나만의 개' 만들기

한 배에서 태어난 여러 새끼 가운데 한 마리를 고르거나, 시끄러운 유기견 보호소에서 개를 입양하는 순간부터 우리는 '개를 만들기' 시작한다. 가축화의 역사를 재현하는 것이다. 매 순간의 상호작용을 통해 우리는 개의 세상을 제한하는 동시에 확장한다. 강아지 입장에서 우리와 함께하는 첫 몇 주간은(완전한 백지상태라고는 할 수 없을지라도) 신생아가 경험하는 '경이롭고 소란스러운 혼란blooming, buzzing confusion(1980년 미국의 철학자 윌리엄 제임스William James가 《심리학의 원리 Principles of Psychology》에서 신생아가 느끼는 감각을 설명하며 사용한 표현이다-옮긴이)'의 상태와 몹시도 흡사하다. 우리 안에 있는 자신을 들여다보는 사람과 처음 눈을 맞추는 것만으로 그 사람이 자신에게 무엇을 기대하는지 파악할 수 있는 개는 세상 어디에도 없다.

하지만 사람이 개에게 기대하는 바는 대부분 비슷하다. 사교적이고 충성스럽고 상냥하며, 나를 좋아하고 사랑할 것. 그리고 내가 자신을 돌봐주는 주인이라는 사실을 잊지 말 것. 집 안에 오줌 싸지 말 것. 손님이 오면 달려들지 말 것. 구두를 물어뜯지 말 것. 쓰레기는 뒤지지 말 것. 하지만 개가 단번에 이 모든 말을 알아들을 리 없다. 사람과 평생을 함께하며 한계가 어디까지인지 배워나가야 한다.

개는 우리가 그들에게 중요한 존재가 되고 싶어 한다는 사실과 우리에게 중요한 것이 무엇인지를 바로 우리를 통해 학습한다. 어떻게 보면 모든 인간은 개와 마찬가지로 길들여진 존재다. 우리는 타인에게 어떻게 행동해야 하는지, 어떻게 해야 성숙한 인간이 될 수 있는지 등과 같은 문화와 사상을 주입받았다. 이 과정은 언어로써 촉진될 수 있지만 반드시 음성 언어를 사용할 필요는 없다. 대신 개의 지각 과정을 주의 깊게 관찰하고 우리 이해를 명료하게 표현해주어야 한다.

1세기경 로마 시대에 등장한 최초의 백과사전 편집자인 플리니Gaius Plinius Secundus(AD 23/24~79)는 《자연의 역사Natural History》에서 곰의 출생 과정을 다음과 같이 묘사했다. "새끼 곰은 아무 형체 없는 흰색 덩어리에 불과했다. 크기는 생쥐보다 약간 컸으며, 털도 없고 눈도 뜨지 못한 상태였다. 오로지 발톱만이 눈에 띄었다. 어미 곰이 이 덩어리를 천천히 핥아 형체를 만들었다." 플리니는 곰이 순수한 미분화 물질로 태어나면 어미 곰이 그 덩어리를 핥아 곰으로 만든다고 주장하는 것이다.

우리 가족이 처음 펌프를 집으로 데려왔을 때, 나도 마치 어미 곰처럼 펌프를 핥아 그 고유의 특징을 만들어가는 듯한 느낌이 들었다(실제로 내가 펌프를 핥아주었다는 뜻은 아니다. 핥는 역할은 펌프의 것이다). 펌프를 지금의 펌프, 즉 대부분의 사람이 함께 살고 싶어하는 그 개의 모습으로 만든 것은 우리가 함께 상호작용한 방식이었다. 덕분에 펌프는 나와 함께 산책하는 걸 좋아하고, 나를 배려하며, 지나치게 방해하지 않으면서도 언제 놀면 좋은지 잘 아는 개가 되었다. 펌프는 함께 세상을 살면서 다른 존재의 행동을 관찰하고, 자신을 드러내는 과정을 통해 나름의 해석 관점을 발달시켰다. 즉 훌륭한 가족 구성원이 된 것이다. 함께하는 시간이 쌓여갈수록 펌프는 점차 지금의 모습에 가까워졌고, 우리 관계는 점점 더 깊어졌다.

3장

냄새 맡기

하루를 시작하는 킁킁거림. 아침 일찍 내가 먹이를 접시에 담는 동안 펌프는 어슬렁거리며 거실을 돌아다닌다. 졸린 표정이지만 코만은 활짝 열려 있고, 아침 운동이라도 하는지 온몸으로 기지개를 켠다. 펌프가 몸은 그대로 둔 채 코만 먹이 쪽으로 가져가더니 냄새를 맡는다. 그리고 나를 한 번 올려다본다. 또 킁킁댄다. 무언가 마음을 정한 모양이다. 접시에서 멀어지더니 뻗고 있는 내 손에 코를 갖다 댄다. 축축한 코가 손바닥을 킁킁대는 동안 까칠한 수염이 간질거린다. 우리는 함께 밖으로 나가고, 펌프의 코는 마치 체조선수가 손으로 잡아채듯이 빠르게 곁을 스쳐가는 모든 냄새를 행복하게 잡아서 맡기 시작한다.

인간은 냄새 맡는 것에 관해 그다지 주의를 기울이지 않는 경향이 있다. 냄새는 우리가 매일 받아들이고 강박적으로 몰두하는 시각 정보의 거대한 영역과 비교했을 때 매우 사소한 영역에 해당할 뿐이다. 지금 내가 앉아 있는 이 방은 작은 움직임과 그림자와 빛이 어울린, 표면 색조와 밀도가 현란히 뒤섞인 곳이다. 진지하게 주의를 기울인다면 옆에 있는 탁자에 올려놓은 커피 향을 맡을 수 있고 펼쳐놓은 책의 신선한 향기도 느낄 수 있을 테지만, 그러려면 나는 책 속에 거의 코를 박듯 가까이 다가가야 한다.

인간은 항상 냄새를 맡고 있지는 않다. 또한 냄새를 알아차리더라도 보통은 그것이 좋거나 나쁘기 때문이지, 그것을 정보의 원천으로 인식하는 것은 아니다. 우리는 대부분의 향기를 매력적이거나 혐오스러운 두 종류로 구분할 뿐 시각적 인식처럼 중립적 특징으로 나누는 경우는 없다. 향기는 즐기거나 피하거나 둘 중 하나다. 인간이 경험하는 세상에는 상대적으로 냄새가 없다. 하지만 절대로 냄새에서 자유로울 수는 없다. 인간의 약한 후각은 의심할 여지없이 세상의 냄새에 대한 우리의 호기심을 제한한다.

최근 과학자들은 이러한 경향을 변화시키고자 활발한 연구를 진행해서 후각이 발달한 여러 동물에 관해 다양한 사실을 알아냈고, 덕분에 우리는 코가 발달한 동물을 부러워하게 되었다. 개의 세계는 매우 복잡한 냄새의 층으로 구성된다. 그리고 후각 세계도 시각 세계만큼이나 풍부하다.

킁킁쟁이들

목장에서 풀을 뜯는 초식동물처럼 펌프는 푸른 잔디밭에 코를 깊숙이 찔러

넣은 채 고개를 들어 숨 한번 쉬지 않고 바닥을 샅샅이 조사하느라 열심이다. 내민 손이 무해한지 판단할 때 사용하는 조사용 킁킁거림, 얼굴 가까이 코를 들이밀고 수염으로 간질이며 아침잠에서 나를 깨울 때 사용하는 자명종 킁킁거림, 시원한 미풍에 코를 높이 치켜드는 관조적 킁킁거림, 이 모두를 거치고 나자 마치 금방 들이마신 정체를 알 수 없는 어떤 입자를 콧구멍에서 몰아내려는 듯, '에'는 없고 '취'만 나오는 재채기가 뒤따른다.

개는 사람처럼 손으로 물건을 다루거나 상대에게 눈을 부라리지 않는다. 또 손가락질도 하지 않고 겁쟁이 인간처럼 친구에게 대신 누군가를 손봐달라고 부탁하지도 않는다. 그 대신 새롭고 정체를 알 수 없는 대상 가까이로 용감하게 다가가 겨우 몇 밀리미터 떨어진 위치까지 민감한 코를 들이밀고는 상대의 냄새를 깊이 들이켠다. 개는 종과 상관없이 대부분 코가 예민하다. 주둥이에 붙은 코는 개가 어떤 장소에 도착하기도 전에 이미 새로운 대상을 몇 초간 킁킁거리며 미리 조사한다. 코는 주둥이에 붙은 촉촉한 장식품이 아니라 가장 먼저 등장하는 주인공이다. 그 돌출한 모습이나 모든 과학이 증명하는 바에 따르면 개는 '코의 동물'이라 해도 과언이 아니다.

킁킁거림은 냄새나는 물체로 개를 인도하는 주요한 매체이자, 코의 동굴 같은 통로에 분포돼 있는 수용체 세포까지 화학적 냄새가 빠르게 다가갈 수 있도록 해주는 기찻길과 같다. 냄새 맡기는 공기를 들이마시는 행위지만 단시간 내에 날카롭고 강렬하게 공기를 흡입한다는 점에서 훨씬 능동적이라 할 수 있다. 개나 인간이나 코를 깨끗이 하거나 저녁식사 냄새를 맡는 등 사전 호흡의 일환으로 코를 킁킁거린다. 인간은 심지어 멸시, 경멸, 놀라움 등의 감정을 표출하거나 어떤 의미를 전달하기 위해, 또는 문장이 끝났다는 사실을 알려주고자 콧소리를 내기도 한다.

우리가 아는 한 동물은 대부분 코를 킁킁댐으로써 세상을 조사한다. 코끼리는 기다란 '잠망경 코'를 공중으로 치켜들어 냄새를 맡고, 거북이는 천천히 다가가 콧구멍을 활짝 열고 코를 킁킁대며, 명주원숭이는 코를 문지르며 냄새를 맡는다. 생물학자들은 동물이 짝짓기를 시도하거나 사회적 상호작용을 하거나 공격성을 띨 때, 또는 먹이 활동을 할 때 어떤 식으로 킁킁대는지 관찰하면서 종종 메모를 한다. 그들은 어떤 동물이 전혀 접촉이 없는 상태로 바닥이나 특정한 대상에 코만 가져다대거나, 대상을 코 가까이로 가져간다면 그것이 바로 '냄새를 맡는 것'이라고 기록한다. 이러한 경우 그들은 그 동물이 매우 급하게 공기를 들이마신다고 가정하지만 콧구멍의 움직임이나 코앞 영역에서 흔들리는 공기의 미세한 소용돌이까지 확인할 수 있을 만큼 가까이 다가가지는 못한다.

지금껏 냄새 맡는 행위에 대해 체계적인 연구를 시행했던 사람은 거의 없었다. 그러나 최근 몇몇 과학자는 개가 언제 어떻게 냄새를 맡는지 알아내고자 공기의 흐름까지 보여주는 특수 사진 판독법을 이용했다. 그들은 킁킁거림이 콧방귀를 뀌는 행위와는 전혀 다르다는 사실을 밝혀냈다. 누구라도 그 행위가 단순히 숨을 들이마시는 행위가 아니라는 정도는 알 수 있다. 냄새 맡는 행위는 공기를 안으로 끌어들이기 위해 콧구멍의 근육을 긴장시키는 것에서 시작한다. 그렇게 함으로써 공기에 섞여 있는 많은 양의 냄새가 콧속으로 들어가게 하고, 동시에 이미 콧속에 있는 공기는 이동해간다. 그러면 다시 콧구멍은 약간의 진동을 이용해 이미 들어 있던 공기를 콧속 깊은 곳으로 들여보내거나, 코 측면과 뒤쪽으로 나 있는 긴 통로를 이용해 코 바깥으로 밀어낸다. 결과적으로 들이마신 냄새는 이미 들어가 있던 공기를 밀치고 코 안쪽으로 들어갈 필요가 없게 된다. 그렇다면 왜 이것이 특별한 방식일까? 사진 촬영으로도 이미 드러났지만 코에서 내뿜은 약한 바람이 그 위로 공기 기류를 만들어냄으로써 더 많은 새로운 냄새가 안으로 빨려 들어갈 수 있게 돕기 때문이다.

이러한 개의 행위는 '같은 콧구멍으로 숨을 들이마시고 내뱉는' 인간의 조잡한 냄새 맡기 능력과는 현저한 차이를 보인다. 어떤 대상의 냄새를 정확히 맡고자 하면 우리는 숨을 내쉬지 않고 반복적으로 강하게 숨을 들이마셔야 한다. 하지만 개는 숨을 내쉬면서 자연스럽게 작은 기류를 만들어내는데 그것이 들숨의 속도를 높여준다. 따라서 개의 경우에는 냄새 맡는 행위에 들숨만 관여하는 것이 아니라 날숨도 냄새 맡는 것을 돕는다. 이것은 눈으로도 확인할 수 있는데, 개가 바닥에 코를 가까이 대고 무언가를 조사할 때 바닥에서 작은 먼지바람이 피어오르는 것이 바로 날숨 덕분이다.

너무도 많은 냄새를 역겨운 것으로 분류하는 인간 성향을 고려하면 주변의 냄새에 적응해 둔감해지는 인간의 후각 체계는 그저 감사의 대상일 것이다. 한 장소에 계속 머무르다 보면 시간이 지날수록 모든 냄새의 강렬함이 우리가 전혀 인식하지 못할 때까지 감소한다. 아침에 처음 내린 커피 향, 그 환상적인 냄새도 몇 분 지나지 않아 사라지고 만다. 현관문 아래서 무언가 썩어가는 역겨운 냄새 역시 몇 분 후면 맡을 수 없다. 하지만 개의 냄새 맡는 방식은 그들이 세상의 냄새 지형학에 익숙해지는 것을 피하게 해준다. 개는 마치 그들 시선을 이쪽에서 저쪽으로 움직이는 것처럼 모든 향기를 계속 신선한 상태로 콧속에 유지할 수 있다.

코, 코

차에서 나는 딱 개의 머리 크기에 맞을 만큼만 펌프 쪽 창문을 열어준다. 언젠가 한 번 길가에 지나가는 다람쥐를 목격하고는 펌프가 완전히 창밖으로 몸을 날렸던 기억이 있기 때문이다. 밤길을 달려가는 동안 펌프는 팔걸이에 발을 올리고 서서 차창 밖으로 주둥이를 내민다. 눈은 가늘어지고, 얼굴은 바람을 맞아 유선형으로 바뀌며, 코는 달려드는 바람 속으로 깊숙이 잠겨든다.

일단 하나의 냄새가 진공 상태로 들어오면 엄청나게 많은 비강 조직으로부터 열렬한 환영을 받는다. 개는 순종, 잡종 가릴 것 없이 대부분 얼굴보다 주둥이가 길게 나와 있는데, 그 안에는 특수 피부 조직으로 덮인 미로 같은 통로가 있다. 안감 역할을 하는 이 특수 피부 조직은 인간의 코 내부와 마찬가지로 다양한 크기의 '화학물질' 분자, 즉 냄새를 운반하는 공기를 받아들이도록 준비된 것이다.

우리가 세상을 살아가며 마주치는 모든 물체, 예를 들어 카운터

위에 놓인 잘 익은 복숭아뿐 아니라 문간에 벗어 던져놓은 신발, 우리가 움켜잡는 손잡이에 이르기까지 모든 물체가 이러한 분자의 안개 속에 던져져 있다. 코 내벽 조직은 아주 미세한 세포 내 수용체로 완전히 덮여 있는데, 각각의 수용체마다 하나의 코털이 마치 병사처럼 지키고 서서 특정한 모양의 분자를 잡아 꼼짝 못하게 하도록 돕는다.

인간 코에는 거의 600만 개 정도의 감각 수용체가 있고, 양치기 개의 코에는 약 2억 만 개, 비글의 코에는 3억 만 개 이상이 포진해 있다. 개에게는 후각세포를 프로그래밍하는 훨씬 많은 유전자, 훨씬 많은 세포, 그리고 온갖 종류의 냄새를 감지할 수 있는 훨씬 많은 **종류**의 세포가 있다. 그것이 냄새를 경험하는 데 있어서 인간과 개의 차이를 기하급수적으로 증가시킨다.

만약 코가 문손잡이에서 특정한 분자를 감지한다면 단 하나의 수용체가 아닌 결합된 여러 수용체가 한꺼번에 활성화되어 뇌에 정보를 보낸다. 그리고 그 신호가 뇌에 도착해야만 냄새로 인식할 수 있다. 만약 우리가 킁킁거리는 당사자라면, **"아하! 냄새가 나는군"**이라고 말할 것이다.

물론 우리는 그 냄새를 맡지 못할 가능성이 훨씬 크다. 그렇지만 비글은 맡을 것이다. 그들 후각은 인간의 것보다 몇 백만 배는 발달해 있다고 추정된다. 그러니 비글 옆에 서면 우리는 완전히 후각상실자나 마찬가지다. 인간도 커피에 들어간 설탕 한 스푼 정도는 냄새로 알아차릴지도 모른다. 하지만 개는 올림픽 수영 경기장 두 개를 합쳐놓은 크기의 물웅덩이에 설탕 한 스푼을 풀어놓아도 냄새를 감지해낼 수 있다.*

그것은 어떤 느낌일까? 우리 눈에 보이는 모든 시각적 세부사항이 각각 특정 냄새와 일치한다고 상상해보자. 장미 한 송이에 달려 있는 여러 꽃잎의 향도 멀리 있는 꽃에서 날아와 꽃가루 발자국을 남겨놓고 간 곤충 냄새 때문에 각각 다르게 느껴질 것이다. 단 하나의 꽃가지에도 지금까지 그것을 손에 들었던 모든 사람의 흔적과 그것을 본 시간에 대한 단서가 남아 있다는 것은 어떤 의미일까. 나뭇잎이 떨어진 자리에 화학물질의 분출 흔적이 남아 있고, 나뭇잎보다 통통한 꽃잎이 한 장 한 장 서로 다른 향기를 품고 있다는 것은 또 어떤 의미일까. 나뭇잎의 접힌 부분에도 향기가 있고, 가시에 맺힌 이슬방울에도 향기가 있으며, 그 모든 향기 속에 **시간**의 흐름이 새겨져 있다. 우리가 꽃잎이 시들어 갈색으로 변해가는 모습을 눈으로 지켜보는 동안 개는 그 부패와 시간의 흐름을 냄새로 맡을 수 있는 것이다. 눈으로 보듯이 시시각각 모든 냄새를 맡을 수 있다고 상상해보자. 그것이 바로 개가 장미를 경험하는 과정일 것이다.

코는 정보를 뇌까지 가장 빠르게 전달하는 경로이기도 하다. 시각이나 청각 데이터가 정보를 처리하는 대뇌피질까지 전달되려면 중간대기 지점을 통과해야 하는 반면, 코의 수용체는 전구 모양으로 생긴 특수 후각 '망울'의 신경에 직접적으로 연결된다.

개의 뇌에 있는 후각 망울은 크기 면에서 여덟 번째로 큰 덩어리에 해당해 비율적으로만 봤을 때 인간 뇌의 중앙 시각처리센터라

---

* 그런 실험을 하기 위해 실제로 수영장을 이용한 적은 없다. 대신 연구자들은 극도로 적은 양의 무향 실험매체 샘플을 여러 개 준비하고 그중 하나에 미세한 설탕 샘플을 첨가한다.

할 수 있는 후두엽 돌출부보다도 크다. 하지만 개의 유난히 예리한 후각은 보습코기관vomeronasal organ(서비골기관이라고도 함-옮긴이)을 통해 냄새를 인식하는 추가적인 방식에도 힘입었을지 모른다.

보습코기관

그런데 혹시 '보습코vomeronasal'라는 단어를 들으면 당장 떠오르는 이미지가 있지는 않은가? 금방 토해놓은 축축한 토사물 냄새를 맡는 듯한 불쾌함('토하다, 게우다'의 의미인 'vomit'이라는 단어를 떠올리게 한다는 뜻이다-옮긴이) 말이다. 하지만 사실 'vomer'라는 단어는 콧속의 감각세포가 들어 있는 작은 뼛조각을 설명하는 말이다. 그럼에도 여전히 그 이름은 식분증(동물이 자신의 배설물을 먹는 증상-옮긴이)으로 악명 높은 동물에게나 어울릴 것 같은 느낌이 들고, 그 동물은 바닥에 있는 다른 개의 소변을 핥아 먹을 것만 같다. 하지만 이러한 행위는 개에게 전혀 불쾌감을 주지 않는다. 단지 그 지역에 사는 다른 개나 동물에 관해 더 많은 정보를 얻는 하나의 방법일 뿐이다. 파충류에서 처음 발견된 보습코기관은 입 위쪽에 있는 특수한 주머니이며 분자 감지에 이용되는 더 많은 수용체로 뒤덮여 있다. 파충류는 길을 찾아가고 짝을 찾는 데 그것을 이용한다. 도마뱀이 미지의 대상을 향해 혀를 던지듯 빼무는 것은 맛을 보거나 냄새를 맡기 위함이 아니다. 보습코기관으로 화학 정보를 끌어가기 위함이다.

이 화학물질을 페로몬이라 하는데, 한 동물이 방출하면 같은 종의 다른 동물에 의해 감지되며 일반적으로 짝짓기할 준비를 하게 한다든가 호르몬 수준을 바꾸는 등 특정 반응을 유발한다. 인간도 무의식적으로 페로몬을 감지한다는 몇 가지 증거가 있는데, 어쩌면 우리도 보습코기관을 통할지 모른다.*

개에게는 확실히 보습코기관이 있고 그것은 흔히 코중격이라 부르는 코의 바닥을 따라 입천장, 그러니까 경구개 위쪽에 자리 잡고 있다. 다른 동물과 달리 개의 수용체는 냄새 분자를 잡아내는 미세한 솜털로 덮여 있다. 페로몬은 종종 액체로 운반되는데, 특히 소변은 한 동물이 짝짓기 하고자 하는 열망에 관해 상대 이성에게 개인화된 정보를 보내려 할 때 대단히 뛰어난 매개체 역할을 한다. 몇몇 포유류는 소변에서 그러한 페로몬을 감지하고자 그 액체를 만지고 나서 일명 **플레멘 반응**이라 불리는, 입꼬리를 말아 올리며 미소 짓는 듯한 매우 독특하면서도 굴욕적으로 보이는 표정을 짓는다. 플레멘 반응을 일으키는 동물의 얼굴은 정말 봐줄 수 없을 만큼 흉측하기로 유명하지만 그것이 바로 사랑을 찾아다니는 동물의 표정이다. 플레멘 행위는 그 동물의 보습코기관으로 소변을 쏘아 보내고, 그곳에서 소변은 세포조직 속으로 들어가거나 모세관작용을 통해 흡수된다. 코뿔소나 코끼리 같은 유제류 동물(발굽이 있는 동물-옮긴이)이 규칙적으로 플레멘 반응을 한다. 박쥐와 고양이도 마찬가지

---

* 심리학자 마사 매클린톡이 처음으로 인간의 페로몬 감지에 대해 진지한 연구를 시행했다. 그는 우리 행동과 호르몬 비율이 어떻게 페로몬이나 유사 페로몬 호르몬의 영향을 받는지 매우 지적이고 재미있는 연구를 시행했다. 하지만 그 결과에 대해서는 아직 열띤 논쟁이 벌어지고 있다.

인데 각 종마다 나름의 차이는 있다.

인간에게도 보습코기관이 있을지는 모르지만, 우리는 플레멘 반응을 보이지는 않는다. 개들도 마찬가지다. 하지만 개를 주의 깊게 관찰해보면 다른 개의 소변에 상당히 관심을 기울인다는 사실은 쉽게 눈치챌 수 있다. 때로는 그 관심이 즉각적인 행동으로 표출되어 당장에 달려가 "기다려, 더럽잖아! 그거 핥지 마!"라고 해야 하는 상황이 벌어지기도 한다. 하지만 개들은 아무렇지도 않게 소변을 핥아 먹는데, 특히 아직 온기가 남아 있는 암컷의 소변일 경우 그 가능성이 커진다. 이러한 행동이 모르긴 해도 아마 개 특유의 플레멘 반응일 것이다.

플레멘 반응보다 괜찮은 개의 습성은 코 외벽을 촉촉하게 유지하는 것인데, 개의 코가 촉촉이 젖어 있는 것은 분명 보습코기관 때문일 것이다. 보습코기관을 가진 동물은 대부분 코가 젖어 있다. 그런데 공기로 운반되는 냄새가 보습코기관에 곧장 내려앉기는 사실상 힘들다. 얼굴의 안쪽, 어둡고 안전하고 움푹 들어간 장소에 위치해 있기 때문이다.

개의 원기 왕성한 킁킁거림이 냄새 분자를 비강 안으로만 끌고 들어가는 것은 아니다. 작은 분자 조각들이 축축한 코의 외부 조직에 들러붙기도 한다. 일단 그곳에 내려앉으면, 분자들은 용해되어 내부 운송관을 통해 보습코기관까지 여행을 떠난다.

당신 개가 당신에게 코를 킁킁거린다면 지금 그는 당신 냄새를 모으고 있는 중이다. 당신이 당신이라는 것을 확실히 하기 위해서. 개들은 냄새를 맡는 그들만의 방식으로 세상을 이해한다.

잔디 속에 있는 무언가에서 좋은 냄새를 감지했는지 말 그대로 땅을 코로 후벼 파고 있는 펌프를 보자 나는 다음에 무슨 일이 일어날지 짐작할 수 있었다. 펌프는 폴짝 뛰어 뒤로 돌더니 다른 각도에서 그 냄새를 찾아보기 시작했고, 그다음에는 잔디를 파헤쳐 냄새를 공격하려 했다. 더 깊이 냄새를 들이마시고, 핥아보고, 땅속에 코를 박아 넣더니 드디어 결정적인 순간에 도달했다. 거칠 것 없이 그 냄새 속으로 코부터 온몸을 던져 넣더니 등을 바닥에 대고 앞뒤로 맹렬히 몸을 비벼대기 시작한 것이다.

코는 개들에게 무엇을 냄새 맡게 해주는 것일까? 그 훌륭한 코로 바라보는 세상은 어떤 모습일까? 우선 '개들은 우리에게서, 그리고 서로에게서 무슨 냄새를 맡을까?'라는 쉬운 질문부터 시작해보자. 다음에는 그들이 시간, 강물 속 돌에 쓰인 역사, 그리고 다가오는 폭풍에서 어떤 냄새를 맡는지도 살펴볼 수 있을 것이다.

냄새나는 유인원

인간은 분명 냄새를 풍긴다. 그중에서도 인간의 겨드랑이는 동물이 내뿜는 가장 심오한 체취의 원천 중 하나라 할 수 있다. 호흡은 매우 혼동되는 냄새의 선율이고, 생식기에서는 악취가 난다. 몸을 감싸고 있는 기관인 피부는 인간의 특징적인 향취가 담긴 분비물과 기름을 꾸준히 내보내는 땀샘과 피지선으로 덮여 있다. 물체를 만질 때마다 우리는 그 위에 아주 미세한 우리 일부를 남겨놓는다. 그것은 끊임없이 먹고 배설하는 박테리아 무리와 함께 떨어져나간 피부 조직이다. 이것은 우리의 냄새이자 서명이다. 만약 만지는 대상이 작은 구멍이 난 부드러운 슬리퍼이고 우리가 그것을 여러 번 만진다면, 예를 들어 오랫동안 발에 신고 있거나 손으로 꽉 쥐거나 팔에 끼고 다닌다면, 그것이 코가 예민한 동물에게는 확장된 우리 냄새가 되는 것이다. 내가 기르는 개에게 내 슬리퍼는 나의 일부나 마찬가지다. 우리 눈에는 그 슬리퍼가 개들에게 그다지 흥미 있는 대상이 아닌 것처럼 보일지도 모르지만, 누구라도 집에 돌아와 넝마가 된 슬리퍼를 발견해본 적이 있거나, 슬리퍼가 남긴 냄새 탓에 추적당해본 적이 있는 사람이라면, 슬리퍼가 개들에게 얼마나 흥미로운 물건인지 잘 알고 있을 것이다.

우리는 개들이 우리 냄새를 맡을 수 있도록 일부러 물건을 만질 필요도 없다. 몸을 움직이기만 해도 피부에서 떨어져나간 세포가 뒤에 남기 때문이다. 공기도 지속적으로 증발하는 우리의 땀 냄새로 채워진다. 이것 말고도 우리는 오늘 먹은 음식, 키스한 사람, 문지른 대상들의 냄새를 온몸에 뒤집어쓰고 다닌다. 향수를 뿌려봤자 그 위에 불쾌함만 더할 뿐이다. 다른 무엇보다도 신장에서부터 아래로 흘러내리는 우리 소변은 다른 기관이나 분비샘, 예컨대 부신, 신장관, 그리고 생식기에서 나는 냄새 등을 함께 담아 나온다. 몸과 옷에 남아 있는 이러한 혼합물의 흔적이 우리에 대해 더 독특하고 특별한 정보를 제공하게 되는 것이다. 결론적으로 개는 냄새만으로 매우 쉽게 우리를 구분할 수 있다. 훈련된 개는 냄새로 일란성 쌍둥이도 구별해낸다고 한다. 그리고 우리 냄새는 우리가 떠난 후에도 남기 때문에 개들의 그 '마법 같은' 추적 능력이 효과를 나타내는 것이다. 훈련된 탐지견들은 우리가 남기고 떠난 분자 구름 속에서 우리 모습을 본다.

개들에게 우리는 냄새다. 사람을 후각으로 인지하는 것은 어떤 면에서 보면 우리가 시각으로 다른 사람을 인지하는 것과 거의 비슷하다. 대상을 바라볼 때 우리는 다양한 이미지 구성요소를 보게 된다. 다른 머리 모양을 하거나 새로운 안경을 쓴 얼굴은 우리 앞에서 있는 그 사람의 정체성을 적어도 잠시 동안 착각하게 할 수 있다. 나조차도 친한 친구를 생경한 장소에서 만난다거나 먼 거리에서 볼 때는 다른 사람으로 착각하기도 한다. 따라서 우리가 몸에 입고 다니는 후각적 이미지도 상황에 따라 다르게 나타날 것이 분명하다. 나는 친구가 강아지 산책 공원에 모습만 나타내도 미소를 짓게 된다. 하지만 펌프가 자기 친구를 알아보기까지는 한 박자가 더 필요하다. 체취는 부패하고 분산되는 단점이 있지만 빛은 그렇지 않다. 근처에 있는 대상이 뿜어내는 냄새라도 바람이 실어다주지 않으면 맡을 수 없고, 냄새 강도도 시간이 지날수록 약해진다. 나무 뒤로 숨지 않는다면 친구는 내 시야에서 사라지기 힘들다. 바람도 친구의 모습을 숨길 수 없다. 하지만 그것이 잠시 동안 개의 감지에서 벗어나게 할 수는 있다.

우리가 하루를 마치고 집으로 돌아가면 개들은 우리의 뒤섞인 체취를 즉각적으로 그리고 매우 사랑스럽게 반겨준다. 만약 우리가 생소한 향수를 뿌리고, 혹은 다른 사람 옷을 입고 집으로 돌아간다면, 개들은 아주 잠시 동안 우리가 더는 '우리'가 아니라고 당황해할지 모른다. 하지만 곧 자연스럽게 발산되는 체취가 우리의 정체를 드러낸다. 냄새를 보는 동물은 비단 개뿐만이 아니다. 상어는 상처 입은 물고기가 구불구불 앞서간 물길도 어렵지 않게 따라갈 수 있다. 피 냄새뿐 아니라 물고기가 물속에 남기고 간 호르몬 냄새를 통해 추적해가는 것이다. 하지만 개는 시각적으로는 오래전에 사라져 버린 사람을 추적하는 데 그의 체취를 이용하도록 격려받고 훈련된다는 점에서 매우 독특하다고 할 수 있다.

영국 경찰견인 블러드하운드는 개 중에서도 특히 후각이 발달한 종류에 해당한다. 단지 더 많은 코 조직 덕분에 더욱 발달한 후각을 가지고 있기 때문이 아니라, 몸의 많은 특징이 특별히 강한 후각을 키울 수 있게끔 도와주었기 때문이다. 블러드하운드의 귀는 대단히 길지만 머리 가까이로 떨어져 내리기 때문에 더 잘 듣게 해주는 기능을 하지는 않는다. 대신 머리를 약간만 흔들어도 귀가 펄럭이면서 더 많은 냄새가 콧속으로 들어가게 한다. 끊임없이 흘러내리는 침은 보습코기관으로 더 많은 액체가 흘러들게 하는 완벽한 역할을 한다. 블러드하운드와 같은 혈통이기는 하지만 바셋하운드는 그보다 한 발 더 나아간다. 다리가 짧아 머리가 거의 바닥에 닿아 있기 때문이다.

이러한 하운드 종은 선천적으로 냄새를 잘 맡는다. 특정한 냄새만 맡고 다른 냄새는 무시하도록 훈련받으면, 심지어 며칠 전에 누군가 남겨놓고 간 냄새까지도 추적할 수 있다. 더 나아가서는 어디서 두 명의 사람이 각자 갈라져갔는지까지 알아낼 수 있다. 냄새가 지독할 필요조차 없다. 몇몇 과학자들이 다음과 같은 실험을 한 적이 있다. 다섯 개의 깨끗한 유리 슬라이드를 준비하고 그중 하나에 만 지문을 찍어놓은 후 몇 시간에서 3주까지 치워놓은 것이다. 그러고 나서 개들에게 그 슬라이드를 냄새 맡게 한 후 인간 냄새가 나는 것을 고르도록 했다. 정확하게 찾아낼 경우 간식을 주어 개들이 유리 냄새를 맡게 하는 동기로 이용했다. 실험에 참여한 개 중 한 마리는 100번의 실험 중 단 여섯 번만 제외하고 정확한 답을 찾아냈다. 그런 다음 유리 슬라이드를 건물 지붕에 일주일 정도 내놓아 직사광선, 비, 그리고 온갖 종류의 먼지에 노출시킨 뒤 같은 개에게 냄새 맡게 했더니 여전히 거의 절반 이상의 확률로 정답을 맞혔다.

그들은 단지 냄새만 추적하는 게 아니라 냄새의 변화까지도 알아차린다. 각각 정도는 다르겠지만 우리 발자국에는 모두 체취가 찍혀 있을 것이다. 그렇다면 이론적으로 운동장을 앞뒤로 정신없이 뛰어다녀 무질서하게 체취를 남겨놓는다면 그 냄새를 추적하는 개는 내가 그곳에 있었다는 사실만을 알아낼 뿐 지나간 길까지 맞힐 수는 없을 것이다. 그렇지만 훈련받은 개는 단지 냄새만 감지하는 게 아니다. 시간의 흐름과 함께 냄새 속에서 일어나는 변화도 알아차린다. 예컨대 달려가면서 바닥에 남긴 발자국 냄새의 강도는 매초가 지날 때마다 현저히 줄어든다. 단 2초만 달려도 사람은 거의 네다섯 개의 발자국을 남길 수 있는데 훈련받은 개라면 첫 번째 발자국에서 다섯 번째 발자국까지 남아 있는 냄새의 차이만으로 그가 달려간 방향을 알아낼 수 있다. 우리가 방을 나가면서 마지막으로 밟은 자리에는 그 전에 지나온 길보다 훨씬 많은 냄새가 남는다. 바로 그렇게 우리의 길이 재건되는 것이다. 냄새는 시간을 표시한다.

보습코기관과 개의 코는 인간처럼 시간이 흐를수록 주변 냄새에 익숙해지는 대신 정기적으로 그 역할을 바꾸면서 콧속으로 들어오는 향기를 신선하게 유지한다. 사라진 사람의 체취에만 오롯이 집중해야 하는 구조견을 훈련할 때 이용하는 것이 바로 이 능력이다. 마찬가지로 범죄자를 추적하는 개는 정확히 말해 '개인이 발산하는 체취', 즉 우리의 자연적이고 일반적이며 전적으로 자신도 모르게 내뿜는 부티르산 생성물질의 냄새를 따라가도록 훈련받는다. 개에게는 이것이 그다지 어려운 임무도 아니고, 이 능력을 다른 지방산 냄새를 감지하는 능력으로까지 확장시킬 수도 있다. 범인이 냄새를 완전히 차단해주는 플라스틱 옷을 입고 있지 않는 한 하운드는 그를 찾아낼 수 있다.

두려움에도 냄새가 있다

범죄 현장에서 도망가는 중이거나 구조를 필요로 하는 상황이 아니더라도 우리는 개에게 얼마나 훌륭한 탐지능력이 있는지 절대 과소평가해서는 안 된다. 개는 냄새만으로 사람을 구분해낼 수 있을 뿐 아니라 그 사람의 특징까지 알아낼 수 있다. 개는 당신이 금방 섹스를 했는지, 담배를 피웠는지, 아니면 이 두 가지를 연달아 해치웠는지, 또는 금방 간식을 먹었는지, 달리기를 했는지 알 수 있다. 이것들은 개에게 무해하게 보일 것이다. 즉 간식을 제외한 나머지는 개에게 별다른 관심을 불러일으키지 않는다. 하지만 개는 냄새로 당신의 감정도 읽어낼 수 있다.

수세기에 걸쳐 어린아이는 길에서 낯선 개를 만나면 '겁먹었다는 내색을 하지 말라'는 주의를 들어왔다.* 그것은 개들이 조바심이나 슬픔뿐 아니라 두려움의 냄새를 맡을 수 있기 때문이다. 이것은 절대 신비로운 능력이 아니다. 두려움은 **냄새가 있다.** 그동안 과학자들은 벌에서부터 사슴에 이르기까지 많은 사회적 동물을 정의해왔다. 그들은 어떤 대상이 겁을 집어먹었을 때 방출하는 페로몬을 감지해 안전을 지키기 위한 행동을 취할 수 있다. 페로몬은 자신도 모르는 새 무의식적으로 다양한 수단을 통해 생성된다. 손상된 피부도 페로몬을 방출하고, 위험을 경고하는 화학물질을 발산하는 특별 분비샘도 있다. 게다가 놀람, 두려움, 그 외에도 심리적인 변화와 관련된 여러 가지 정서, 심장박동 변화와 호흡률부터 땀이나 신진대사 변화까지 전부 페로몬을 방출한다. 거짓말 탐지기가 바로 이러한 자율 신체 반응의 변화를 측정함으로써 작동한다. 어떤 이는 동물의 코도 역시 그런 신체 반응에 민감하게 반응함으로써 '작

---

* 이러한 사실, 즉 **낯선 개**와 마주친다는 그 사실 자체도 두려움을 불러일으킬 수 있다. 이것은 친근한 개는 예측한 대로 믿을 만하게 행동하고 낯선 개는 그렇지 않을 것이라는 결함 있는 전제에 근거한다. 하지만 지금껏 보아왔듯 인간이 자신들의 욕망에 맞춘, 틀에 박힌 방식으로 개의 행동을 제어하려 하면 할수록, 개들은 인간이 원하는 대로만 할 수는 없다는 사실을 더욱 확실히 알려줄 것이다.

동'한다고 말한다. 그 사실은 쥐를 이용한 실험에서 확인되었다. 만약 쥐 한 마리가 어떤 우리 안에서 충격을 받아 그곳이 두려운 곳이라는 사실을 알게 되면, 근처에 있는 다른 쥐들은 그 놀란 쥐에게 충격이 가해지는 장면을 목격하지 않고도 그 쥐의 두려움을 알아차리게 된다. 그러고는 겉보기엔 근처의 우리들과 전혀 구분이 되지 않는 그 우리를 피해다니기 시작한다.

그렇다면 그 낯설고 위협적으로 보이는 개는 어떻게 우리에게 다가오는 동안 걱정과 두려움의 냄새를 맡는 것일까? 인간은 스트레스를 받으면 무의식적으로 땀을 흘리고 땀은 냄새를 실어 나른다. 이것이 개에게는 첫 번째 단서가 된다. 인간의 코는 위험으로부터 멀리 달아날 수 있게 도와주는 아드레날린 냄새를 맡을 수 없지만 코가 예민한 개들은 맡을 수 있다. 그게 또 하나의 힌트다. 단순히 혈압만 상승해도 화학물질이 더 빨리 신체 표면으로 올라가 그곳에서 피부를 통해 퍼져 나간다. 이렇듯 우리가 불안하고 초초한 상태가 되면 그 심리적 변화가 반영된 체취와 페로몬이 방출되기에 개는 그 사실을 바로 감지할 수 있다. 그리고 나중에 살펴보겠지만 개는 우리 행동을 읽는 데도 뛰어난 재능을 보인다. 인간이 가끔 다른 사람의 얼굴 표정에서 두려움을 읽어낼 수 있듯 우리의 자세와 걸음걸이 속에도 개가 두려움을 읽어낼 만한 정보가 수도 없이 많다.

이러한 이유 때문에 개에게 추적당하는 도망자는 두 배로 불운하다 할 수 있다. 개는 특정한 사람의 냄새뿐 아니라 특정한 종류의 냄새에 근거해서도 추적할 수 있게끔 훈련받는다. 따라서 어떤 사람의 최근 냄새를 통해 그의 은신처를 찾아내거나, 두려움, 분노, 짜증 같은 감정적인 고뇌의 냄새를 좇아 경찰을 피해 달아나는 사람을 추적해낼 수도 있다.

질병의 냄새

만약 개가 문손잡이나 발자국에 남아 있는 화학물질의 양을 감지할 수 있다면 질병을 암시하는 화학물질도 감지할 수 있지 않을까? 만약 우리가 운이 좋다면, 진단하기 어려운 병에 걸렸을 때, 장티푸스에 걸린 환자에게서는 특유의 갓 구운 신선한 빵 냄새가, 결핵에 걸린 환자에게서는 호흡할 때 폐에서 결핵균이 뿜어져 나오는 탓에 상한 듯한 시큼한 냄새가 난다는 사실을 알아차리는 뛰어난 의사를 만나게 될 수도 있다. 많은 의사가 다양한 감염이나, 심지어는 당뇨병, 암 또는 조현병에서도 독특한 냄새를 맡을 수 있다고 한다. 이들 전문가가 개에 버금가는 코를 장착하고 있는 것은 아니지만, 이들에게는 질병을 식별할 수 있는 장비가 갖추어져 있다. 그럼에도 불구하고 몇 가지 소규모 실험은 우리가 의사 대신 잘 훈련된 개와 약속을 잡으면 훨씬 더 정교한 진단을 받을 수 있을지 모른다는 사실을 암시한다.

과학자들은 암이나 건강하지 않은 세포조직이 생산해내는 화학물질의 냄새를 인식할 수 있도록 개들을 훈련하기 시작했다. 훈련 방법은 간단하다. 개가 그 냄새가 나는 곳에 앉거나 누우면 보상을 받고 그렇지 않을 경우 보상은 없다. 과학자들은 암 환자와 그렇지 않은 사람에게서 소량의 소변 샘플을 받거나 튜브 안에 숨을 쉬게 해서 방출된 분자를 모으는 식으로 냄새를 수집했다. 훈련받은 개의 수는 매우 적었지만 그 결과는 대단했다. 암 환자를 감지해낼 수 있었던 것이다. 한 연구에서 1,272회의 실험이 행해졌는데 실수는 단 열네 차례에 불과했다. 두 마리 개를 데리고 시행한 또 다른 소규모 실험에서 개들은 흑색종을 거의 매번 구분해냈다. 최근 연구에 따르면 훈련받은 개는 피부암, 유방암, 폐암 등을 높은 비율로 구분해냈다고 한다.

그렇다면 당신 개도 당신 몸속에 작은 종양이 자라나고 있을 때 그것을 감지해낼 수 있다는 것일까? 아마도 아닐 것이다. 실험결과가 보여주는 것은 단지 개들에게 그런 **능력이 있다**는 사실뿐이다. 개에게 당신 냄새가 다르게 느껴지기는 하겠지만 냄새는 점진적으로 변해가기 때문에 쉽게 알아차리기는 힘들 것이다. 따라서 당신과 당신의 개 둘 다 훈련이 필요하다.* 개는 오롯이 그 냄새에 집중하고, 당신은 개가 무언가를 찾아내서 그 사실을 당신에게 알리고

---

* 다른 질병에 대한 연구도 역시 활발히 진행 중이다. 특히 놀랍게도 뇌전증 환자와 생활하는 개는 발작을 상당히 잘 예측해내기도 한다. 두 가지 연구를 통해 밝혀진 바에 따르면 개는 발작이 일어나기 전 환자의 얼굴이나 손을 핥으며 그를 보호하려는 듯 주변에서 낑낑거리며 돌아다니고, 어떤 경우에는 아이 위에 올라가 앉거나 아이가 발작을 일으키기 전에 계단을 오르지 못하도록 막아서기도 한다. 만약 이런 결과가 사실이라면 우리 눈에는 보이지 않지만 개들에게는 보이는 후각적, 시각적 단서들이 더 있을지도 모른다. 하지만 이러한 자료가 객관적으로 수집된 것이 아니라 일종의 '자기보고서'에 가까운 가족 설문지를 통해 모은 내용이기 때문에 좀 더 정확한 증거 자료가 필요하기는 하다. 하지만 우리는 그러한 능력의 가능성만으로도 감탄하지 않을 수 없다.

자 할 때 그 행동에 주의를 기울일 수 있어야 한다.

개의 냄새

개에게 냄새란 너무도 두드러지는 특징이라 사회적으로 매우 유용하다. 인간은 자신의 의지와는 상관없이 냄새를 남기지만 개는 의도적으로 남길 뿐 아니라 여기저기 엄청나게 많은 냄새를 뿌리고 다닌다. 개는 냄새라는 것이 심지어 우리가 그 자리에 없을 때조차도 얼마나 우리 자신을 잘 대변하는지 알고 있으며, 그것을 제대로 이용할 줄도 안다. 야생이든 집에서 기르든 모든 갯과 동물과 그 친인척들은 온갖 종류의 대상에 의도적으로 소변을 뿌려댄다. 소위 소변 표시라 불리는 이러한 방식을 통해 개는 서로 메시지를 전달하는데, 이는 대화라기보다는 일방적인 메모 전달에 가깝다. 한 마리 개가 엉덩이로 남긴 쪽지를 다른 개가 얼굴로 회수해가는 것이라 할 수 있다.

모든 개 주인은 자신의 개가 소화전, 가로등, 나무, 덤불, 그리고 가끔은 운 나쁜 개나 지나는 행인의 다리에까지 한쪽 다리를 들고 실례하는 모습을 자주 목격한다. 개들이 그렇게 소변을 보는 자리는 대부분 위치가 높거나 돌출돼 있어서 눈에 잘 띌 뿐 아니라, 소변에 섞여 나오는 페로몬과 여러 화학물질 냄새를 훨씬 잘 맡을 수 있게 돼 있다. 소변을 담아두는 용도 이외에는 아무런 목적이 없는 것으로 알려진 개의 방광은 한 번에 소량의 소변만 배출할 수 있게 하여 반복적으로 자주 소변 표시를 할 수 있게 해준다.

게다가 개는 걸어가는 동안 자신의 흔적에 냄새를 남기면서 다른 개의 냄새도 조사할 수 있다. 개는 소변에 포함된 화학물질 냄새를 통해 소변 주인이 암컷일 경우 짝짓기할 준비가 되어 있는지, 수컷일 경우 그들의 사회적 자신감은 어느 정도인지 감지해낼 수 있다. 널리 알려진 잘못된 믿음 중 하나는 개가 "여긴 내 꺼야"라고 말하기 위해 소변을 뿌린다는 것이다. 다시 말해 소변 표시의 목적이 '영역 표시'라는 믿음이다. 이러한 생각은 20세기 초반 위대한 생물학자인 콘라트 로렌츠Konrad Lorenz가 처음 소개한 것이다. 그는 개에게 소변이란 원하는 장소의 소유권을 주장하기 위해 꽂아두는 깃발과도 같다는 그럴듯한 가설을 세웠다. 하지만 그가 이론을 제안한 지 50년이 지나도록 어떠한 연구도 개의 소변 표시에 관한 그 지배적이고 유일하다시피 한 이론의 타당성을 증명해내지 못했다.

한 예로 인도의 길거리 개에 관한 조사는 개가 멋대로 살 수 있게 되면 어떤 행동을 하는지 보여주었다. 암컷, 수컷 모두 소변 표시를 했지만, 그중 단지 20퍼센트 정도만이 '영역 표시' 기능을 했다. 이들의 소변 표시는 계절에 따라 바뀌었고, 구애를 할 때나 먹이를 찾아 헤맬 때 더 잦아졌다. 우리는 몇몇 개가 집 안이나 아파트 내부의 구석진 모퉁이 주변에 주로 소변을 본다는 단순한 사실 때문에도 '영역' 표시 개념에 많이 현혹당한다. 하지만 소변 표시는 그 소변을 본 당사자가 누구이고 그가 얼마나 그 지점을 자주 지나다니는가에 관한 정보와 그가 최근 거둔 승리나 짝짓기에 관한 선호도 같은 것을 보여주는 증표로 판단하는 것이 옳을 듯하다. 그런 식으로 소화전 위에 남아 있는 보이지 않는 냄새의 층은 일종의 게시판 역할을 한다. 그 위에는 오래되어 너덜너덜한 공고와 요구사항이 가장 최근에 게시한 활동이나 성공담 아래 삐져나와 있고, 가장 자주 방문한 개가 그 게시물 더미의 가장 맨 윗자리를 차지한다. 그런 식으로 자연적인 위계질서가 드러난다. 하지만 가장 오래된 메시지도 여전히 읽을 수 있을 뿐 아니라 여전히 정보로서의 기능도 하는데, 그러한 정보 중의 하나가 바로 메시지를 남긴 당사자의 나이다.

동물의 소변 표시에 관한 연차보고서에 따르면 개가 가장 인상적인 소변 표시를 하는 것은 아니다. 하마는 꼬리를 흔들면서 소변을 보는데, 이때 꼬리가 스프링클러 역할을 해서 소변이 사방으로 더 멀리 퍼지게 하는 효과를 거두려고 한다. 코뿔소는 힘차게 소변을 본 후에 뿔과 발굽으로 소변이 묻은 덤불 지역을 마구 망가뜨려 자신의 소변이 더 멀리 넓게 퍼져나갈 수 있게끔 한다. 만약 당신 개가 힘차게 사방으로 퍼져나가는 소변의 위력을 이제야 처음으로 발견하게 됐다면 심심한 유감을 표하는 바다.

다른 동물들도 역시 엉덩이를 바닥에 눌러 배설물과 엉덩이 냄새를 배출해낸다. 몽구스는 아예 물구나무를 서서 높은 나무에 대고 엉덩이를 비벼댄다. 어떤 개는 체조선수나 할 만한 자세를 잡고 서기도 하는데, 의도적으로 커다란 바위나 튀어나온 장소에 용변을 보는 것 같다. 비록 소변 보기에 비하면 2차적이기는 해도 배변 역시 독특한 냄새를 풍긴다. 이는 노폐물 그 자체가 아니라 거기에 묻어 나오는 화학물질에서 나는 냄새다. 이것은 항문 바로 안쪽에 위치해 근처 분비샘에서 나오는 분비물을 담고 있는 콩알 크기만 한 항문낭에서 나오는 것이다. 그 냄새는 마치 '땀에 전 양말 속에 든 썩은 생선'에서 나는 악취와도 같은데, 각각의 개는 나름의 독특한 '땀에 전 양말 속에 든 썩은 생선' 같은 분비물 냄새를 풍긴다. 항문낭은 개가 두려워하거나 놀라면 의지와는 상관없이 분비물을 내보낸다. 대부분의 개가 동물병원에만 가면 자지러질 듯 겁을 집어먹는 것은 그리 놀랄 일도 아니다. 수의사들이 정기 검진을 할 때 개의 항문낭을 눌러 그 안에 꽉 차 있고, 간혹 세균에 감염되기도 한 분비물을 빼내는 경우가 많기 때문이다. 따라서 수의사가 사용하는 항생비누 향에 가려진 그 분비물 냄새가 병원을 가득 채우고 있을 수밖에 없다. 그리고 그것은 개의 두려움을 엄청나게 자극한다.

마지막으로 만약 이 냄새로도 충분치 않다면 또 하나의 방법이 있다. 용변을 본 후 바닥을 마구 파헤쳐놓는 것이다. 연구자들은 이러한 행위가 발바닥에 있는 분비샘에서 나온 물질과 대소변을 섞어놓음으로써 새로운 냄새를 더하는 효과와 함께 냄새가 나는 곳을 좀 더 자세히 살피게 하는 시각적 효과도 있는 것으로 본다. 바람 부는 날 개들은 이상하게도 기분이 들떠 있는 것처럼 보이고 바닥도 훨씬 많이 긁어대는 경향이 있다. 사실 그러한 행동은 그냥 흩어져버릴 수도 있는 자신의 냄새에 다른 개들의 관심을 불러모으는 효과가 있다.

나뭇잎과 잔디가 필요해

점잔을 빼느라 그런 것인지, 무관심하기 때문인지는 모르겠지만, 과학은 펌프가 고약한 냄새가 나는 잔디밭에서 왜 그리 미친 듯 몸부림을 치는지 정확한 설명을 내놓지 못한다. 그 냄새는 펌프가 관심 있어 하거나 서로 알고 지내는 개의 것일지도 모른다. 아니면 죽은 동물의 잔해일 수도 있는데, 펌프가 그 위에서 뒹구는 것은 자신의 냄새를 감추기 위해서라기보다는 오히려 그 지독한 냄새가 향기로운 부케라도 된다는 듯 즐기기 위함인 것 같다.

이런 경우 우리는 강경하게 비누로 대응한다. 개를 자주 목욕시키는 것이다. 우리 동네에는 애견 미용실이 많다. 뿐만 아니라 이동식 애견미용 차량까지 있어 집까지 방문해 강아지를 거품 목욕시키고, 털을 다듬어주고, 강아지를 강아지답지 않게 하는 모든 일을 수행해준다. 나는 집 안에 널린 개의 배설물과 먼지를 참지 못하는 다른 개 주인들에게 동정심을 느낀다. 산책을 자주 나가고, 밖에 나갔다 하면 제대로 놀고 들어오는 개들은 집 안에 엄청난 양의 먼지를 끌어들인다. 하지만 우리는 너무 자주 개를 목욕시킴으로써 그들의 더러워질 권리를 박탈하는 경향이 있다. 우리의 문화적 성향 자체가 집 안뿐 아니라 개 침대까지도 지나치게 열성적으로 청소하게끔 한다는 사실은 굳이 말할 필요도 없을 것이다.

하지만 우리에게 깨끗하게 느껴지는 냄새는 인공 화학 청결제의 냄새라서 전혀 생물학적이지 않다. 아주 약하게 남아 있는 세제 향기조차도 개에게는 후각적인 공격이나 마찬가지다. 우리가 시각적으로 깨끗한 공간을 좋아한다 할지라도 유기적 냄새가 모두 제거된 공간은 개에게 거의 불모의 장소나 마찬가지다. 가끔은 낡은 셔츠를 여기저기 던져두거나 한동안 바닥도 청소하지 않고 지내는 것이 개에게는 훨씬 쾌적한 환경이 된다. 개 자신은 인간이 깨끗하다고 표현하는 것에 아무런 관심도 욕망도 없다. 그러니 목욕을 싹 시켜놓으면 바닥 깔개나 잔디로 뛰쳐나가 몸을 이리저리 뒹굴어대는 개들의 행동은 그리 이상할 것도 없어 보인다. 우리가 코코넛 라벤더 향 샴푸로 개를 목욕시키는 것은 일시적으로 그에게서 중요한 정체성의 일부를 앗아가는 것이다.

마찬가지로 최근 연구에 따르면 개에게 과도한 항생제를 투여하면 체취가 바뀌어 개가 일반적으로 발산하는 사회적인 정보에 일시적으로 큰 혼란을 준다고 한다. 따라서 개에게 약을 쓸 때는 주의해서 적절하게 투여할 필요가 있다. 또한 개가 상처 봉합한 것을 물어뜯지 못하도록 목에 둘러주는 우스꽝스럽게 생긴 엘리자베스 여왕시대 옷깃 모양의 거대한 플라스틱 칼라도 마찬가지다. 그게 자기 손상을 막는 유용한 도구이기는 해도 그것을 차고 있음으로써 차단되는 모든 평범한 상호소통행위를 생각해봐야 한다. 예를 들어 공격적인 개의 시선을 피한다든가, 측면에서 성큼성큼 다가서는 누군가를 본다든가, 다른 개의 엉덩이로 다가가 냄새를 맡는 행위 같은 것 말이다.

냄새 자체가 질병을 유발한다는 과거 사회 전반에 퍼져 있던 두려움의 잔재에 시달리는 도시 개들은 그보다도 더 가엽다. 18세기와 19세기에 이르러 도시계획은 '냄새 제거'라는 조금 더 정교한 목표 쪽으로 기울기 시작했다. 냄새가 퍼지는 것을 막고자 보도블록을 깔고 웅덩이를 메웠다. 심지어 맨해튼에서는 격자 기반의 거리 체계를 활성화했다. 그렇게 하면 도시의 냄새를 거리의 후미진 곳이나 골목이 아닌 강물 쪽으로 몰아낼 수 있을 것으로 예상했기 때문이다. 두말할 필요 없이 이것은 나뭇잎 사이, 바닥을 덮은 풀잎 하나하나의 틈새에서 맡을 수 있는 모든 냄새를 개들에게서 앗아가는 것이 된다.

독특한 냄새로 구분되는 개의 세상

종종 밖에 나가 함께 앉아 있을 때면 나는 미동도 없는 펌프의 모습에 깜빡 속아 넘어가곤 했다. 그러다가 한번은 펌프의 모습을 유심히 살펴보았고, 전혀 움직임이 없는 몸에서 단 한 군데만 예외라는 사실을 알아차렸다. 바로 콧구멍이었다. 펌프는 코앞에서 벌어지는 광경을 쉼 없이 반추하며 콧구멍 속으로 계속 정보를 받아들이고 있었다. 무얼 보고 있던 것일까? 방금 길모퉁이를 돌아 사라진 낯선 개의 모습? 땀 흘리며 공놀이를 하던 사람들이 빙 둘러서서 고기를 굽고 있는 언덕 아래 바비큐 파티? 아니면 머나먼 곳에서 폭발하듯 굉음과 함께 다가오는 폭풍의 냄새?

반드시 감지하거나 이해할 필요가 없음에도 개의 코는 호르몬, 땀, 고기 냄새뿐 아니라 심지어는 뇌우보다 한 발 앞서 나타나는, 길목마다 보이지 않는 냄새 자국을 남기면서 위로 솟구쳐 오르는 기류에 이르기까지 모든 것을 감지할 수 있다. 그것이 무엇이든 간에, 펌프의 실체는 내 눈에 보이는 게으른 생명체와는 거리가 멀었다.

개의 세계에서 냄새가 얼마나 중요한지 알게 된 후로 나는 우리 집에 오는 손님의 가랑이로 곧장 돌진하는 것으로 반가움을 표현하는 펌프의 행동을 달리 생각하게 되었다. 입과 겨드랑이 다음으로 생식기는 정말 중요한 정보, 즉 냄새의 원천이 된다. 이러한 인사를 못하게 하는 것은 우리가 눈가리개를 하고 낯선 사람을 맞이하는 것이나 마찬가지라 할 수 있다. 하지만 우리 집에 오는 손님은 그러한 개의 행동을 그다지 반기지 않을 수 있기 때문에 나는 그들에게 손(의심할 여지없이 어떤 냄새라도 풍길 것이 분명한)을 내밀거나 무릎을 꿇어서 펌프가 머리와 몸 냄새를 맡을 수 있게 해달라고 부탁한다.

비슷한 예로 우리는 자신의 개가 동네에 나타난 낯선 개의 엉덩이 냄새를 맡으며 인사를 건네려 하면 꾸짖으면서 못하게 한다. 하지만 엉덩이 냄새 맡는 것을 불쾌해하는 인간의 사회적 관행을 개들에게 적용하는 것은 다소 부적절하다.

개의 주관적인 감각세계를 이해하고자 한다면 우리는 사물, 사람, 감정, 심지어는 하루 중의 특별한 시간까지 다 독특한 냄새로 생각해야만 한다. 인간의 언어에는 냄새를 표현하는 단어가 너무나도 적다는 사실은 브램비시brambish(추운 겨울날 마른 장작 때는 냄새-옮긴이)와 브렁키brunky(추운 겨울날 젖은 장작 때는 냄새-옮긴이) 같은 다양한 상상력을 제한한다. 어쩌면 개는 시인이 불러일으키는 모든 심상을 감지할 수 있을지도 모른다. '눈부신 물의 냄새! 용감한 바위 냄새! 이슬과 천둥의 냄새…….' (그리고 너무도 당연하게 '땅속에 묻힌 오래된 뼈 냄새') 그런데 개에게도 모든 냄새가 다 좋지는 않을 것이다. 시각적인 오염이 있듯이 후각적인 오염도 있을 테니 말이다. 아무튼 냄새를 볼 수 있으니 분명 냄새로 기억하기도 할 것이다. 따라서 개의 꿈과 몽상을 상상하려면 우리는 향기로 만들어진 꿈의 이미지를 마음에 그려보아야 한다.

펌프의 냄새나는 세상을 이해하기 시작한 이래, 나는 가끔씩 함께 밖으로 나가 가만히 앉아서 냄새를 맡게 해준다. 냄새 산책도 한다. 걸어가다가 펌프가 관심을 보이는 지점마다 멈춰 선다. 펌프는 '보는' 중이다. 밖을 거니는 시간은 펌프에게 하루 중 가장 냄새가 풍부하고 행복한 시간이다. 나는 그 시간을 줄이고픈 마음이 없다. 심지어 나는 사진 속의 펌프도 다르게 보기 시작했다. 예전에는 단지 먼 곳을 바라보며 곰곰이 생각에 잠겨 있다고만 생각했지만, 이제는 멀리서 다가오는 새롭고 신나는 공기를 냄새 맡고 있음을 알 수 있다.

알아봤다는 표시로 꼬리를 힘차게 흔들어대며 냄새 맡아대는 펌프의 인사를 받을 수 있는 나야말로 세상에서 가장 행복한 사람이다. 나는 지저분한 펌프의 목덜미에 코를 부비고 함께 킁킁거리며 그의 반김에 답한다.

4장

말 없는
인사

펌프가 가까이 다가와 앉더니 조용히 헐떡이며 나를 바라본다. 원하는 것이 있다는 뜻이다. 함께 산책하다가 충분히 멀리 왔다고 느껴지면 펌프는 돌아갈 준비가 됐다고 말한다. 껑충거리며 뒷다리로 방향을 틀고는 왔던 방향으로 곧장 나아간다. 내가 목욕물을 틀고 미소 지으면 펌프는 낮게 꼬리를 흔들며 귀를 납작하게 머리에 붙인다. 이 모든 것이 대화지만, 말 없는 대화다.

동물을 묘사할 때 '말 못하는 친구'라는 가슴 아픈 표현이 있다. 이는 당혹스러운 상황에서도 표정으로는 아무것도 드러내지 못하는 개의 특성이나 말로 소통할 수 없는 상태 등에 주목한 표현이다. 인간이 대화하는 방식으로는 결코 반응할 수 없는 개에 대한 매우 익숙한 언급 방식이기도 하다. 하지만 개가 조용히 우리를 관조할 때 우리가 느낄 수 있는 감정 이입이야말로 개의 가장 큰 매력이라 할 수 있다. 따라서 개를 이런 식으로 특징짓는 것이 나름 환기하는 이미지가 있기는 해도, 나는 그런 표현이 두 가지 면에서 전적으로 결함이 있다고 생각한다.

첫째, 개가 말을 하고자 하지만 할 수 없는 것이 아니라 우리가 그들이 말할 수 있기를 바라지만 그렇게 만들 수 없는 것이다. 둘째, 대부분의 동물, 그중에서도 대표적으로 개는 표현을 못하는 것도 아니고 언어 장애를 갖고 있는 것도 아니다. 개도 늑대처럼 눈, 귀, 꼬리, 특히 자세로 의사소통한다. 조용히 있는 것이 아니라 깩깩거리고 으르렁대며 앓는 소리를 내고 깨갱대거나 끙끙대며 낑낑거리면서 코를 킁킁대고 하품하고 하울링한다. 게다가 이 모든 것을 태어난 지 몇 주 만에 다 한다.

분명 개는 말한다. 의사소통하고 선언하고 자신을 표현한다. 이것은 전혀 놀랍지 않다. 놀라운 것은 그들이 매우 자주, 다양한 방법으로 의사소통한다는 사실이다. 개는 서로에게뿐 아니라 우리에게도 말하고 문 밖의 소음이나 높은 수풀 속에서 들리는 소음과도 대화한다. 이런 사교적인 모습은 우리에게도 친숙하다. 의사소통할 상대가 많다는 것은 개도 인간과 마찬가지로 사회적이라는 의미이다. 여우와 같은 비사회적 갯과 동물은 대화 범위가 훨씬 제한적이다. 여우가 내는 소리의 종류에서 우리는 무리지어 살지 않는 그들의 본성을 읽어낼 수 있다. 여우는 먼 거리를 여행할 때만 소리를 낸다. 하지만 개는 낮게 울부짖든 조용히 으르렁대든 늘 무언가 소리를 낸다. 우리가 알아들을 수 없을 뿐이지 개의 발성, 냄새, 서 있는 자세, 표정 등은 모두 다른 개와 소통하는 기능을 한다. 그리고 듣는 법만 배운다면, 우리도 개와 소통할 수 있다.

큰 소리로 소통하기

두 사람이 이야기를 나누며 공원을 산책한다. 그들은 따스한 공기에 관한 언급부터 권력에 대한 인간의 본성, 서로에 대한 애정, 옛 연인에 대한 추억, 그리고 앞에 있는 나무를 조심하라는 경고에 이르기까지 담소를 나누며 천천히 움직인다. 이들은 성대를 통해 공기를 밀어 넣고 입술을 모으거나 벌려서 입속 공간을 조금씩 비틀고 혀의 위치를 바꾸어 말을 한다. 이때 그들만이 대화하는 것은 아니다. 산책을 하는 동안 옆에 있는 개들도 서로를 꾸짖거나, 우정을 확인하거나, 구애를 하거나, 또는 자신의 우월성을 공표하거나, 구애에 퇴짜를 놓거나, 신경전을 벌이거나, 주인에 대한 충성심을 주장한다. 인간 이외의 다른 동물과 마찬가지로 개는 의사소통 수단으로 언어 이외의 무수히 많은 방법을 진화시켜왔다.

물론 인간의 언어적 재능은 유일무이하다. 우리는 다른 동물에게서는 찾아볼 수 없는 정교하고 상징적인 언어로 대화한다. 하지만 그 때문인지 종종 언어를 사용하지 않는 생물체도 폭풍에 대해 서로 이야기할 수 있다는 사실을 잊곤 한다.

동물은 발신자(화자)가 수신자(청자)에게 전달하는 정보를 얻기 위해 어떤 행동을 해야 하는지 알고 있다. 때로 의사소통은 청각이나 발성 범위 내에서 이루어지지만 가끔은 팔다리, 머리, 눈, 꼬리 혹은 몸 전체를 이용한 몸짓만으로도 가능하다. 또는 소변, 배변을 통해서, 심지어는 신체 크기를 늘리거나 줄이는 방식으로도 대화가 이루어진다.

우리는 어떤 동물이 소음을 내거나 행동을 취하면 다른 동물이 반응 행동을 보임으로써 의사소통하는 모습을 목격할 때가 있다. 정보가 전달된 것이다. 하지만 우리는 거미나 나무늘보의 언어를 모르기 때문에(현재 이런 의사소통 체계를 배우려는 연구원들이 있기는 하다) 이들의 발화는 우리에게 쇠귀에 경 읽기나 마찬가지다. 그래도 여전히 동물은 지속적으로 수다를 떤다. 지난 세기 자연과학은 이러한 수다가 발현되는 다양한 모습을 밝혀냈다. 새는 지저귀고 짹짹거리고 노래 부른다. 혹등고래도 마찬가지다. 박쥐는 고주파 음을 방출하고 코끼리는 저주파의 나직이 울리는 소리를 낸다. 꿀벌은 고유의 춤을 통해 먹이의 방향과 거리에 관해 의사소통하고 원숭이는 하품으로 상대를 위협한다. 반딧불이는 불빛으로 자신의 종이 어디 있는지 알려주고 독화살개구리는 몸 색깔로 유독성을 나타낸다.

이 모든 것 중에 우리가 가장 먼저 알아차리는 것은 우리 자신의 언어와 가장 상응하는 것이다. 즉, 큰 소리로 하는 의사소통이다.

접힌 귀와 쫑긋 세워진 귀

밖에 천둥이 친다. 펌프의 머리 옆에 정삼각형으로 완벽하게 접힌 보드라운 귀가 긴 이등변 삼각형 모양으로 쫑긋 선다. 고개를 들어 창문 쪽을 바라보며 펌프가 소리에 귀 기울인다. 폭풍, 두려운 것. 제자리로 돌아간 귀가 바람에 문이 닫히듯 머리에 납작하게 붙는다. 나는 다정하게 말을 걸며 펌프의 귀가 반응하길 기다린다. 귀 끝이 부드러워졌지만 우르릉하는 천둥소리에 귀가 바짝 붙는 걸 보니 여전히 긴장한 듯하다.

탁월한 귀가 없는 우리는 개의 뛰어난 귀가 부러울 수밖에 없다. 귓불이 긴 귀, 작고 부드러우며 쫑긋 선 귀, 얼굴을 따라 우아하게 접힌 귀 등 모양은 다양하지만 모두 똑같이 사랑스럽다. 개의 귀는 움직일 수도 있고 고정될 수도 있으며, 삼각형 모양일 수도 둥근 모양일 수도 있고, 축 늘어져 있거나 꼿꼿하게 서 있을 수도 있다. 대부분의 개 **귓바퀴**(귀의 바깥쪽, 눈에 잘 보이는 부분)는 소리가 나는 곳에서 귀 안쪽(내이)으로 연결되는 통로를 더 잘 열기 위해 회전한다. 귀와 귓바퀴를 잘라 축 늘어진 귀를 꼿꼿이 세우던 관행이 오랫동안 많은 견종의 표준에서 의무화되어왔지만, 오늘날에는 점차 사라지고 있다. 개의 귀를 자르는 행위는 종종 감염을 줄인다는 구실로 옹호되곤 했지만 실제로는 개의 청각에 좋지 않은 영향을 초래했다.

개의 귀는 그 모양에 따라 특정한 종류의 소리를 듣게끔 진화해왔다. 다행히도 그 소리는 우리가 듣고 만들어낼 수 있는 소리와 많은 부분에서 일치한다. 인간의 청각범위는 20헤르츠에서 20킬로헤르츠까지이며, 이는 가장 긴 오르간 파이프의 최저음에서 귀를 아프게 할 정도의 끽끽대고 삐걱거리는 소리까지에 해당한다.* 인간

---

* 실제로는 이 정도 범위까지 듣기는 힘들다. 나이가 들면서 인간은 11~14킬로헤르츠 정도의 고주파 소리를 잘 들을 수 없다. 이러한 사실은 상품 디자인에도 영감을 주어 청소년의 심리적 환경에 영향을 미치는 제품이 탄생하도록 했다. 그 장치는 17킬로헤르츠의 음을 낼 수 있는데, 이는 대부분의 성인 청각 범위를 벗어난다. 불쾌한 소리로 들리긴 해도 젊은이들은 들을 수 있다. 때문에 몇몇 상점 주인들은 자신의 가게에 어슬렁거리는 10대를 쫓기 위해 이 장치를 사용하기도 했다.

이 이해하기 위해 안간힘을 쓰는 흥미로운 이야기의 대부분은 100헤르츠에서 1킬로헤르츠 사이의 소리로 전달된다. 하지만 개는 우리가 듣는 것 이상을 듣는다. 개는 인간의 유모 세포有毛 細胞(일종의 청각 세포)로는 감지하기도 힘든 45킬로헤르츠 이상의 소리를 탐지할 수 있다. 따라서 개 호루라기(사람에게는 크게 들리지 않지만 개가 가장 잘 들을 수 있는 주파수를 내는 호루라기-옮긴이)는 특별한 소리를 내지 않는데도 멀리 있는 개의 귀를 쫑긋 서게 할 수 있기에 마법의 장치처럼 보인다. 이 소리는 우리의 인식 범위를 넘어서기 때문에 '초음파'라고 하지만 주변의 많은 동물이 이런 음역대의 소리를 감지한다. 가끔 들리는 개 호루라기 소리를 제외하고는 개가 들을 수 있는 고음역대의 소리가 이 세상에는 별로 없으리라는 생각은 한순간도 하지 말기를 바란다.

일반적인 방에서도 개들은 끊임없이 박동하는 고주파를 들을 수 있다. 아침에 눈을 뜰 때 침실이 조용하다고 생각하는가? 디지털 알람시계에 사용되는 크리스털 공명기는 갯과 동물의 귀에 끊임없는 고주파를 방출한다. 개는 벽 뒤에서 길을 찾는 쥐의 찍찍거림과 벽 사이에서 움직이는 흰개미의 소리도 들을 수 있다. 절전용으로 설치한 소형 형광등은 어떨까? 우리 귀에는 들리지 않아도 개의 귀에는 그 윙윙거림이 들릴 것이다.

우리는 대화에 사용하는 음역대에 가장 집중해서 말하고 듣는다. 개는 모든 대화 소리를 들을 뿐 아니라 우리만큼이나 음조 변화를 읽어내는 데 능숙하다. 이를테면, 끝을 낮추는 일반적인 진술과 끝을 높이는 질문의 차이를 우리만큼이나 잘 이해한다는 뜻이다.

따라서 "산책하러 갈래?"처럼 물음표가 붙은 문장은 인간과 산책을 해본 적이 있는 개를 신나게 한다. 하지만 물음표가 없다면 단순한 소음에 불과하다. 그러니 최근에 급속히 늘어난 높은 음조의 대화, 즉 모든 문장이 질문처럼 끝나는 대화가 개에게 얼마나 큰 혼란을 야기하는지 상상해보라.

이렇듯 개가 말의 강세와 음색, 즉 운율체계를 이해한다면, 그게 개가 언어를 이해한다는 사실을 암시하는 것일까? 이는 당연하지만 골치 아픈 문제다. 언어 사용은 인간과 다른 동물을 구분하는 가장 두드러지는 특징이기에 많은 사람이 이를 궁극적이고 비길 데 없는 지적능력의 평가 기준으로 삼아왔다. 하지만 동물의 언어적 능력을 증명해보이려 노력하고 있는 몇몇 동물 연구원은 이러한 사실에 분노를 느낀다. 언어가 지능에 필수적이라는 데 동의하는 연구원들조차도 동물의 언어적 능력을 증명하는 여러 연구 결과를 보태고 있다. 하지만 모두가 동의하는 한 가지는 인간의 언어(인간의 언어에는 단어를 의미 있는 문장으로 결합해주는 규칙이 있으며, 이 규칙을 이용해서 우리는 종종 여러 의미를 동시에 내포하는 단어들을 무한대로 결합해 문장을 만들어 쓴다)와 비슷한 의사소통 수단을 사용하는 동물은 없다는 것이다.

하지만 동물이 인간의 언어를 말할 수 없다고 해서, 우리의 언어 사용을 전적으로 이해하지 못한다고 할 수는 없다. 전혀 관련 없는 다른 종의 의사소통 체계를 이용하는 동물의 예가 적지 않기 때문이다. 원숭이는 근처 새들이 주변에 맹수가 나타났음을 서로 경고할 때 주고받는 메시지를 이용해 스스로를 보호한다. 뱀이나 나방, 심지어 파리 같은 동물은 모방을 통해 다른 동물을 속이기도 하는데,

이는 어떤 면에서 보자면 다른 종의 언어를 사용한다고 할 수 있다.

몇몇 연구 결과는 개가 어느 정도까지는 인간 언어를 이해한다는 사실을 보여준다. 하지만 개가 명확히 **단어**를 이해한다고 보기는 힘들다. 단어는 언어에 존재하고, 언어 자체는 문화의 부산물이다. 그리고 개는 매우 다른 수준에서 그러한 문화에 참여한다. 단어를 사용할 때 개가 이해할 수 있는 구조의 틀은 인간의 것과는 완전히 다르다. 게리 라슨Gary Larson은 〈저편Far Side〉이라는 만화에서 개의 세계에는 '먹어, 산책 가자, 물어 와'라는 단어만이 있다고 했지만, 그 이상의 단어가 있음은 두말할 필요도 없다. 하지만 그 단어가 개와 우리의 체계적인 상호소통 수단이 된다는 사실을 생각해보면, 라슨이 하고자 하는 말은 따로 있는 듯하다. 즉 우리는 개의 세계를 사소한 일련의 활동으로만 제한하고 있는 것이다.

작업견은 도시의 반려동물과 비교했을 때 놀랄 만큼 즉각적으로 반응하고 집중력도 뛰어나다. 하지만 이러한 특징은 타고난 것이 아니라 주인이 개의 할 일 목록 단어에 가짓수를 추가해 넣었을 뿐이다.

어떤 단어를 이해한다는 것은 그 단어를 다른 단어와 구분할 수 있게 된다는 의미다. 하지만 개는 언어의 운율에만 민감할 뿐 단어 구분 능력은 그리 뛰어나지 않다. 아침에 개에게 "**산책 가자**"고 이야기해보고, 다음 날엔 같은 톤의 목소리로 "**병원 가자**"고 말해보라. 주변 정황이 같다면 개는 어제와 같이 긍정적인 반응을 보일 것이다. 어쨌든 개의 인식에는 발화의 첫 음이 가장 중요해 보인다. 따라서 연접 음에는 묵음을 대입하고 단모음은 장모음으로 바꿀 경우 아무 뜻도 없는 그 표현에도 개는 혼란스러워한다.

만약 인간이 개에게 말을 할 때 **소리**에 좀 더 신경 쓴다면 훨씬 좋은 반응을 얻어낼 수 있을 것이다. 고음은 저음과 다른 의미를 전달하고, 끝이 올라가는 소리는 내려가는 소리와 대비된다. 우리가 흔히 아기용 말투라고 부르는, 바보처럼 들뜬 목소리로 아기에게 이야기하거나 역시 비슷한 아기용 말투로 꼬리를 흔드는 개에게 인사하는 것은 결코 우연이 아니다. 아기는 다른 말소리도 들을 수 있지만 엄마 말투에 훨씬 민감하다. 개도 아기용 말투에 적극적으로 반응한다. 어떤 면에서 이는 개가 주변의 여러 소리에서 자신에게 향하는 소리를 구별한다는 뜻이다. 개는 저음보다 고음으로 반복해 부르는 소리에 더 쉽게 반응한다. 이를 뒷받침하는 생태학적 이론은 무엇일까?

고음은 뒤엉켜 싸울 때의 흥분된 상황이나, 근처에서 상처입고 지르는 사냥감의 비명소리를 연상시켜 자연스럽게 개의 흥미를 끄는 듯하다. 개가 **지금 당장** 오라는 당신의 합리적인 제안에 반응하지 않는다면, 소리를 낮추어 날카롭게 부르고 싶은 충동은 내려놓는 게 좋다. 개가 듣기에 주인의 낮고 날카로운 목소리는 협조하지 않은 데 따르는 벌칙을 의미한다. 개에게는 길게 내려가는 톤으로 **앉으라고** 명령하는 것이 올라가는 톤으로 반복해 말하는 것보다 훨씬 효과적이다. 편안함을 유도할 뿐 아니라 '수다스러운' 인간 주인의 다음 명령에도 잘 대비할 수 있게 해주기 때문이다.

인간이 사용하는 단어를 예외적으로 잘 알아듣는 유명한 개가 한 마리 있다. 보더콜리인 리코는 200개가 넘는 장난감을 이름으로 구분할 수 있다. 리코는 이전에 본 적 있는 장난감을 수북이 쌓아 놓은 더미에서 주인이 요구하는 물건을 정확하게 꺼내서 물어온다. 개에게 왜 200개나 되는 장난감이 필요한지는 일단 논외로 하더라도 리코의 능력은 대단히 인상적이다. 아이들의 경우에는 같은 일을 반복시키면 엄청난 스트레스를 받을 뿐 아니라 물건을 가져오라고 시켜봐야 잘 따르지도 않지 않는가. 게다가 리코는 장난감을 하나씩 제외시켜나가는 과정을 통해 새로운 물건의 이름을 훨씬 빨리 배울 수 있다. 실험자들은 익숙한 장난감 사이에 새로운 장난감을 두고 리코가 한 번도 들어본 적 없는 단어를 이용해 가져오라고 시켜봤다. **"가서 스나크를 가져와, 리코."** 만약 리코가 곰곰이 생각한 후에 가장 좋아하는 인형을 입에 물고 왔다면 측은한 느낌이 들었을지도 모른다. 하지만 리코는 정확하게 새 장난감을 골라왔다. **자, 이름만 대보시라!**

물론 리코가 인간의 방식으로, 또는 어린아이들처럼 언어를 사용하는 것은 아니다. 또한 상황을 정확히 **이해했는지** 혹은 그저 새로운 물건을 좋아할 뿐인지에 관해서도 논란의 여지가 있다. 어쨌든 리코는 소리가 지시하는 대상을 제대로 집어올림으로써 그 소리를 만들어낸 인간을 만족시키는 기민한 능력을 보여주었다.

물론 모든 개에게 이러한 능력이 있는 것은 아니다. 리코가 단어 사용에 특히 비범한 능력을 보이는지도 모른다.* 또한 리코는 장난

---

* 2004년 리코의 성공 사례가 발표된 후, 다른 개-대부분은 보더콜리-도 80개에서 300개 정도의 장난감 이름을 구별할 줄 안다고 보고되었다. 당신 개에게도 이렇게 엄청난 어휘 능력이 잠재되어 있을지 모른다.

감을 제대로 찾아왔을 때 칭찬해주면 특히 큰 동기부여를 받는 듯했다. 결과적으로 이 실험은 리코가 단어를 구별할 수 있는 유일한 개는 아니며, 안정적이고 올바른 상황이라면 얼마든지 언어를 이해할 수 있을 만큼 개의 인지능력이 뛰어나다는 사실을 보여준다.

발화된 내용이나 소리만이 의미를 실어 나르는 것은 아니다. 유능한 언어 사용자가 되려면 언어의 화용론, 즉 말하는 방법, 형태, 문맥 등이 의미에 어떤 영향을 주는지 이해해야 한다.

20세기 철학자 폴 그라이스Paul Grice는 우리가 대략적으로 알고 있는, 언어 사용을 규제하는 다양한 '대화공리('공리'란 증명할 필요도 없이 자명한 진리이자 기본 전제를 의미한다-옮긴이)'에 대해 설명했다. 사실 대화공리를 위반해도 의미는 통하지만 대화공리를 잘 사용하면 능숙한 언어 사용자가 될 수 있다. 대화공리에는 다음 네 가지가 있다. 관련성의 공리-화제와 관련 있는 말만 하라, 태도의 공리-간단하고 명료하게 말하라, 질의 공리-진실만을 말하라, 양의 공리-꼭 필요한 만큼만 말하라.

컨디션이 좋을 때는 개도 그라이스의 공리를 제법 잘 따른다. 우리 개가 거리에서 사나워 보이는 동네 개를 만났다고 가정해보자. 우리 개는 아마 사나운 개를 보자마자 짖을지 모른다(관련성의 공리-동네 개는 사나워 보인다). 그것도 아주 날카롭게(태도의 공리-명백하다). 하지만 그 개가 주변에 있을 때만 짖는다(질의 공리-따라서 이때 경고성의 짖음은 옳다). 그리고 많이 짖지는 않는다(양의 공리-비교적 간결하고 함축적이다). 개가 유능한 언어 사용자가 아닌 것은 확실하다. 하지만 그것이 의사소통의 화용론을 위반했기 때문은 아니다. 단지 사용하는 어휘 수가 적고 단어 조합도 제한적이기 때문이다.

많은 사람이 자신의 개는 왜 청각범위가 넓음에도 리코와 달리 뛰어난 청각 재능을 보이지 못할까 애통해한다. 공평하게도 갯과 동물은 청각을 주요감각으로 이용하지 않는다. 인간과 비교했을 때 소리의 출처를 정확히 찾아내는 능력은 부족하다. 그저 막연하게 떠다니는 소리를 들을 뿐이다. 따라서 우리와 마찬가지로 잘 들으려면 소리에 주의를 기울여야 한다. 우선은 익숙한 자세로 머리를 기울이고 소리 나는 쪽으로 귀를 쫑긋 세운 후 귓바퀴를 조정해서 레이더로 이용한다. 소리의 출처를 '보는' 데 귀를 이용하는 것이 아니라, 청각은 단지 부수적인 기능을 하는 듯 보인다. 즉, 청각은 소리의 일반적인 방향을 찾을 수 있게 도와줄 뿐인데, 이때 좀 더 면밀한 조사가 필요하면 시각이나 후각 같은 예리한 감각을 곤두세운다.

아무튼 개는 넓은 음역에 걸쳐 다양한 소리를 내는데, 이는 속도나 주파수의 미묘한 변화만으로도 의미가 달라진다. 개들은 정말로 시끄럽다.

무언(無言)의 반대말

느리고 가벼운 헐떡임, 반쯤 벌어진 입, 축축한 자줏빛의 혀. 펌프의 헐떡임은 그 자체로 대화였다. 그 아이가 나를 보며 헐떡일 때면, 늘 내게 말을 걸어오는 것만 같았다.

강아지 산책 공원에서 들려오는 불협화음은 다 그 소리가 그 소리 같다. 하지만 주의를 기울여보면 울부짖음과 비명, 짖음과 깨갱 소리, 위협과 놀자는 요구를 구별할 수 있다. 개는 고의로, 또는 우연히 소리를 낸다. 두 경우 모두 입에서 나오는 소리를 단순히 '소음'이 아닌 '의사소통'이라고 부르는 데 필요한 최소한의 정보를 담고 있다. 과학자들의 관심은 바로 그 정보의 의미를 알아내는 데 있다. 개가 이러한 소음을 이용한다는 사실을 보면 그 소리에 다양한 의미가 깃들어 있음은 의심할 여지가 없다.

으르렁대고, 어르고, 끽끽거리고, 끙끙거리고, 울부짖는 동물의 소리를 들으며 무수한 시간을 보낸 연구자들 덕분에 우리는 소리 신호의 보편적인 특징 몇 가지를 발견해낼 수 있었다. 동물은 소리를 통해 어떤 발견이나 위험, 또는 자신의 정체성, 성별, 위치, 무리의 수, 두려움, 즐거움 등을 표현한다. 또한 다른 동물을 변화시키기도 한다. 다른 동물을 가까이 부름으로써 서로 간의 사회적 거리감을 줄이기도 하고, 겁을 주어 쫓아버림으로써 사회적 거리감을 넓히기도 한다. 소리로 단결을 유도해 반역자나 침입자로부터 무리를 방어할 수 있게끔 돕기도 하고, 모성애나 성적인 관심을 이끌어내기도 한다. 궁극적으로 이러한 모든 소리는 진화론적 의미를 만들어낸다. 그것이 자신은 물론 일족의 생존을 보장하는 데 도움을 주기 때문이다.

그렇다면 개는 무엇을 말하고 어떻게 전달할까? 소리를 만들어내는 맥락을 살펴보면 그에 대한 해답을 얻을 수 있다. 맥락에는 그 주변 소리뿐 아니라 수단도 포함된다. 어떤 단어를 비명으로 지르면 관능적으로 속삭이는 것과는 다른 의미를 전달한다. 같은 개가 내는 소리라도 신나게 꼬리를 흔들어대며 내는 것과 이를 드러내고 으르렁대며 내는 소리는 완전히 다른 의미를 전달한다.

발화된 소리의 의미는 그 소리를 들은 자가 취하는 행동을 보고도 구별할 수 있다. 물론 인간은 **"잘 지냈어요?"**라는 질문에 **"그럼요, 고마워요"**라는 적절한 반응을 보이기도 하고, 가끔은 아예 엉뚱한 느낌이 드는 **"그래요, 바나나가 없네요"**라는 반응을 보이기도 하지만, 개를 포함한 인간 이외의 모든 동물이 질문에 대해 솔직한 대답을 한다고 믿을 만한 이유가 있다. 사실상 대부분의 소리는 주변에 있는 이에게 영향을 미친다. **"불이야!"** 혹은 **"공짜다!"**라는 소리를 들었다고 생각해보라.

개가 소리 신호를 전달하는 방법은 단순하다. 개의 소리는 대부분 입에서 나온다. 입을 사용하거나 입에서 만든다는 의미다. 최소한 그것이 우리가 아는 소리의 종류다. 입에서 나오는 소리는 호흡에 사용되는 기도, 즉 후두의 떨림이 목소리로 나타나거나 숨을 내쉴 때 만들어진다. 그 외 소리는 이를 딱딱 부딪쳐서 내는 기계적인 소리처럼 입을 사용하기는 해도 목을 사용하지는 않으므로 목소리로 분류되지는 않는다.

목소리는 네 가지 범주로 구분할 수 있다. 가장 먼저, 음 높이(주파수)에 따라 달라진다. 낑낑거리는 소리는 거의 고음이고 으르렁대는 소리는 저음이다. 으르렁거림을 꽥하고 내지르면 음의 높이가 또 달라질 것이다. 두 번째로 지속 시간에 따라서도 달라진다. 어떤 소리는 0.5초도 안 되는 시간 동안 짧게 한 번 발화되고, 어떤 소리는 오래 지속되며, 또 어떤 소리는 반복해서 낼 수 있다. 다음으로 그 형태에 따라서도 구분된다. 어떤 소리는 깨끗하고, 어떤 소리는 갈라져서 올라갔다 내려가기를 반복한다. 긴 하울링 소리는 오랫동안 거의 변화가 없지만 짖는 소리는 시끄럽고 변화가 많다. 마지막으로 강도와 크기에 따라서도 달라진다. 낮게 그르렁거리는 소리는 크게 나오지 않고 깨갱대는 소리는 속삭이듯 나올 수 없다.

끙끙, 으르렁, 깩깩, 헥헥

펌프는 내가 거의 준비된 것을 본다. 머리는 앞발 사이 바닥에 고정해놓은 채, 시선은 방에서 가방, 책, 열쇠를 챙기는 나를 따라 옮겨다닌다. 나는 위로의 표시로 귓가를 긁어주고 문을 연다. 펌프가 고개를 들고 소리를 낸다. 애처롭게 깨갱거린다. 발이 떨어지지 않는다. 뒤돌아보자 펌프가 꼬리를 흔들며 급히 나오려 한다. "좋아, 그럼. 같이 가도 괜찮을 거야."

개가 내는 전형적인 소리는 짖는 소리다. 하지만 그것이 대부분의 개가 매일 시끄럽게 내는 고음과 저음, 부수적으로 내는 소리, 길게 하울링하는 소리, 헥헥거림 등을 대표한다고는 할 수 없다. 울부짖거나 깩깩거리거나 낑낑거리거나 끙끙거리거나 깨갱거리거나 혹은 비명을 지르는 듯한 고주파 소리는 개가 갑작스레 고통을 느끼거나 주의를 끌 필요가 있을 때 낸다. 이는 또한 새끼 강아지가 처음 내는 소리에 해당하며 우리는 이 소리를 통해 강아지가 원하는 게 무엇인지 짐작해볼 수 있는데 주로 어미의 주의를 끌려는 의도가 강하다.

'낑' 하는 소리는 강아지가 방향을 잃고 헤맬 때 나온다. 이들은 눈도 안 보이고 소리도 안 들리기 때문에 어미가 새끼를 찾아나서는 편이 그 반대 상황보다 훨씬 효율적이다. 어미 품에 안기면 지금까지 낑낑대던 기세는 어느 정도 진정될 테지만 그래도 어떤 강아지는 계속 낑낑댄다. 낑낑대는 것은 **비명**과는 다르다. 새끼 늑대가 이런 소리를 내면 어미 늑대는 털을 핥아주는데 이러한 접촉은 정상적인 발달을 위해 반드시 필요하다. 가끔 어미는 새끼의 **울부짖음**이나 **낑낑대는 소리**를 무시하기도 한다. 그 소리가 별 의미 없는 발화이거나 단순히 다른 대상이 어떻게 반응하는지 보고 싶어서 내는 소리이기 때문이다.

낮게 **신음**하거나 **그르렁거리는 소리**도 강아지에게서 자주 들을 수 있다. 이는 고통의 신호가 아니라 기분이 좋아 내는 소리인 듯하다. 신음에는 두 종류가 있는데, 코를 킁킁거리며 내는 것과 한숨을 쉬며 내는 소리다. 이런 것을 '만족스러운 그르렁거림'이라고 하며 대부분 같은 의미를 내포하는 듯하다. 강아지는 한 배에서 나온 형제나 어미, 혹은 자신을 돌봐주는 인간과 가까이 접촉할 때 신음한다. 때로 그것은 단지 무겁게 천천히 숨을 내쉬는 결과일 뿐 일부러 내는 소리는 아닐 수도 있다. 개가 일부러 신음을 낸다는 증거는 없다. 물론 그렇지 않다는 증거도 없다. 두 경우 모두 증명되지 않았기 때문이다. 하지만 의도적이든 그렇지 않든, 낮은 공명으로 들리든 신체 접촉을 통해 느끼든, 개의 신음은 가족 간의 유대감을 강화하는 기능을 할 것이다.

반면 낮은 **으르렁거림**이나 지속적인 **크르렁거림**은 두말할 필요도 없이 공격적인 소리다. 강아지는 먼저 공격하지 않는 성향이 있기 때문에 이런 소리를 내지 않는다. 으르렁거림이 공격적으로 느껴지는 이유 중 하나는 바로 그 낮은 음 때문이다. 그것은 작은 동물이 내는 고음의 깩깩거림이 아닌 덩치가 큰 동물에게서 나오는 소리다. 생물학에서 소위 **세력투쟁행위**라 부르는 적대적인 마주침에 직면하면, 개는 실제보다 더 크고 강한 생물로 보이고자 덩치 큰 개가 내는 소리를 낸다. 반대로 더 높은 음조의 친근하거나 달래는 듯한 소리를 내는 동물은 실제보다 더 작아 보인다. 비록 의도 자체는 공격적일지라도, 으르렁거림 역시 여전히 **사회적인** 소리이다. 개가 두려움이나 분노를 느꼈을 때만 내는 소리가 아니기 때문이다. 대부분의 경우 개는 무생물, 즉 물건을 향해서는 으르렁대지 않는다.* 또 살아 있는 생명체라도 마주보고 있지 않거나 그를 향해서 있지 않다면 마찬가지로 으르렁대지 않는다. 개는 우리가 생각하는 것보다 훨씬 미묘하다. 꾸르륵 소리부터 거의 포효하는 소리에 이르기까지 으르렁거리는 소리는 다양한 상황에서 사용된다. 주도권 다툼을 하며 낮게 으르렁거리는 소리가 아무리 무시무시하다 해도 보물과 같은 뼈다귀를 앞에 두고 소유를 주장하며 으르렁대는

* 물론 이 물건이 움직일 때는 이야기가 달라진다. 거리에서 바람에 날리는 비닐봉지를 보고도 개는 놀라 으르렁거리며 주의를 하거나 공격한다. 물론 개도 만물에 영혼이 있다고 믿는다. 인간도 아기 때는 그렇지 않은가. 처음 보는 대상에 익숙한 자질을 대입함으로써 세상을 이해하려 시도한다. 비닐봉지를 보고 낮게 으르렁거리는 것 정도는 그리 걱정할 만한 일이 아니다. 다윈도 자신의 개가 바람에 날아가는 파라솔을 보고 살아 있는 것으로 여겨 마구 짖으며 따라가는 것에 대해 설명한 일이 있다. 제인 구달은 침팬지가 뇌운(雷雲)을 향해 위협적인 몸짓을 한다는 것을 관찰했다. 나도 뇌운을 향해 맹렬한 비난을 쏟아낸 적이 있다.

소리에는 댈 것도 아니다. 그 으르렁거림을 먹음직스러운 뼈다귀 바로 앞에 설치된 스피커로 틀어주면 실제로 으르렁대는 개가 눈에 보이지 않더라도 근처에 있는 개들은 그 뼈다귀에 다가오지 못한다. 하지만 놀이용 으르렁거림이나 이상하게 으르렁대는 소리를 스피커로 틀어주면 근처의 개들은 서슴없이 나아가 그 임자 없는 뼈다귀를 물어올 것이다.

개가 효과적으로 의사소통하는 확실한 상황에서는 우연히 내는 소리도 매우 신뢰할 만하다. 두 앞발이 동시에 착지할 때 나는 '털썩' 소리는 **털썩 놀이**play slap에 없어서는 안 될 부분이다. 그 소리만 내도 개에게 같이 놀자는 의미를 전달할 수 있다. 어떤 개는 불안감으로 흥분해 있을 때면 이를 '딱딱' 부딪치는데, 그 소리는 내가 경계하고 있으니 조심하라는 의미를 상대 개에게 전달한다. 심지어 놀면서 거칠게 밀리거나 물렸을 때 내는 과장된 비명소리는 개가 미심쩍은 사회적 상호작용에서 벗어나기 위해 의례적으로 사용하는 속임수에 해당한다. 머리를 수직으로 세우고 인간의 입 주변에서 음식 냄새를 맡을 때 내는 킁킁거림은 먹이를 찾는 행위일 뿐 아니라 그것을 요구하는 것일 수도 있다. 다른 개나 사람의 몸에 코를 대고 누르면서 가까이 누워 있을 때 내는 시끄러운 호흡 소리는 만족스럽고 편안한 상태임을 나타낸다.

사냥개와 사는 사람은 **하울링**에 익숙하다. 짧게 으르렁거리는 소리부터 구슬피 길게 내는 울음소리에 이르기까지 개가 내는 모든 하울링은 무리지어 살던 조상 때부터 내려온 행동이다. 늑대는 무리에서 떨어졌을 때, 무리와 사냥을 시작할 때, 나중에 다시 무리로 돌아왔을 때 하울링한다. 혼자 있을 때 하울링은 동료를 찾는 의사소통이다. 무리와 함께 긴 울음소리를 내는 것은 단지 모여 있음을 알리거나 무리를 찬양하는 것일 수도 있다. 하울링은 전염성이 있어서 주변에 있는 다른 늑대가 그 소리를 듣게 되면 즉시 흉내라도 내듯이 하울링에 동참한다. 그들이 서로에게 혹은 달을 향해 무엇을 말하는지 우리는 알 수 없다.

인간이 내는 가장 사회적인 소리는 방 안 가득 흘러넘치는 웃음소리다. 그렇다면 개도 웃을까? 글쎄, 개는 정말로 재미있는 일이 있을 때만 웃는 것 같다. 우리가 웃음이라고 부르는 것이 개에게도 있기는 하다. 그러나 인간의 웃음처럼 재밌거나 놀랍거나 심지어는 무서운 상황에 대한 반응으로 저절로 나오는 것은 아니다. 키득이거나 낄낄거리거나 재잘대는 등 다양한 소리가 있지도 않다.

개의 웃음소리는 흥분해서 마구 헐떡이는 것처럼 숨을 내쉬는 소리다. 우리는 이것을 **사회적인 헐떡임**이라고 부른다. 이런 헥헥거리는 소리는 개가 놀이에 몰두하거나 같이 놀자고 다른 개를 끌어들일 때만 들을 수 있다. 개들은 결코 혼자 웃지 않는다. 방구석에 혼자 앉아서 아침에 공원에서 만났던 황갈색 개가 자기 주인을 재치 있게 속여넘기던 모습을 떠올리며 웃는 일 같은 건 없다. 오직 사회적으로 교류할 때만 웃는다. 개와 어울려 놀아본 적이 있는 사람이라면 누구라도 그 헐떡거림을 들어봤을 것이다. 사실 개에게 당신만의 사회적인 헐떡임을 들려주는 게 개를 놀이로 이끌어내는 가장 효과적인 방법이다.

사람의 웃음이 우연하고 반사적인 반응일 때가 많은 것처럼 개의 웃음도 마찬가지다. 우리가 온몸을 던져 놀 때 내쉬는 헐떡임과 별로 다르지 않다. 개가 헐떡임을 조절할 수 있는 것은 아니지만 어쨌든 그것은 즐거움의 신호다. 헥헥대는 소리는 상대의 즐거움을 끌어내거나 최소한 스트레스를 완화시킬 수 있다. 녹음한 개의 웃음소리를 동물 보호소에 틀어주면 그곳에 있는 동물의 짖는 소리, 쉼 없이 앞뒤로 오가는 행동, 그 외에도 여러 스트레스 징후 등이 감소한다는 사실이 보고되었다. 하지만 개가 느끼는 즐거움이 인간의 것과 비슷한지는 아직 연구 중에 있다.

멍멍!

나는 펌프가 세 살쯤 되어 처음으로 짖었던 순간을 기억한다. 그때까지 펌프는 매우 조용했는데, 어느 날 잘 짖는 셰퍼드 친구와 시간을 보내고 난 후부터 갑자기 짖기 시작했다. 짖는 소리라기보다는 그와 비슷한 소리였다. 아니, 짖고는 있었지만 진짜 짖는 것은 아니었다. 앞다리를 살짝 들어 올리고 꼬리를 사정없이 흔들어대면서 내는 분명한 왈! 소리. 펌프는 이 인상적인 쇼를 몇 년에 걸쳐 자신의 것으로 다듬어 나갔는데, 내 눈에는 펌프가 항상 새로운 것을 시도하는 듯 보였다.

개 짖는 소리가 너무 큰 소리라는 점은 안타깝기 그지없다. 그것은 거의 고함과 비슷하다. 공원에서 산책하는 두 사람이 조용하게 대화하는 소리가 60데시벨 정도라면 개 짖는 소리는 70데시벨에서 시작해 거의 최고조에 달할 때는 130데시벨까지 간다. 소리 측정 단위인 데시벨의 증가는 지수로 나타낸다. 10데시벨이 증가하면 우리가 경험하는 소리의 강도는 100배 정도 증가한다. 130데시벨은 천둥소리나 비행기 착륙소리에 맞먹는다. 아무리 잠깐이라도 짖는 소리는 우리 귀에 불쾌하게 들린다. 하지만 대부분의 연구원이 동의하듯 그 짖는 소리에는 상당히 많은 정보가 포함되어 있다. 상대적으로 늑대는 거의 짖지 않는다는 사실을 들어 개는 사람과 의사소통하기 위해 좀 더 정교한 짖는 언어를 발달시켰다는 이론을 제시하는 사람도 있다. 하지만 인간은 개의 짖는 소리가 하나같이 똑같다고 생각하기 때문에 이를 의사소통이라고 여기기보다는 짜증나는 소리로 간주하는 경우가 많다.

반면 연구원은 짖는 소리를 '짜증난다'고 표현하지 않고 '혼란스럽다', '시끄럽다'고 표현한다. '혼란스럽다'는 말은 짖는 소리의 다양함을 잘 묘사했다고 할 수 있다. '시끄러운' 소리란 **불쾌할 정도로 큰** 소리일 뿐 아니라, 그 **구조에 변동이 있는** 소리를 의미한다. 짖는 소리는 클 뿐 아니라 상황에 따라 다양한 의미를 나타낸다.

개가 내는 소리 중 짖는 소리는 인간의 말소리와 가장 가깝다. 말소리와 마찬가지로 성대 주름을 진동시키거나 그 주름을 따라, 그리고 입의 빈 공간을 통해 새어나오는 공기의 흐름으로 만들어진다. 말하는 소리와 짖는 소리의 주파수는 10헤르츠에서 2킬로헤르츠 사이에서 겹치기 때문에 우리는 짖는 소리에서 말과 같은 의미를 찾으려고 한다. 우리는 인간이 사용하는 언어 음소(더 이상 작게 나눌 수 없는 음운론상의 최소 단위-옮긴이 주)로 짖는 소리를 표현한다. 개는

'컹컹', '멍멍', '월월' 혹은 '바우와우'(물론 내가 아는 한 이런 소리를 내는 개는 없지만) 하고 짖는다. 개 짖는 소리를 프랑스 사람은 **우아우아**, 노르웨이 사람은 **보프보프**, 이탈리아 사람은 **바우바우**라고 한다.

몇몇 생태학자는 짖는 소리가 근본적으로 의사소통 역할을 하지는 않는다고 생각한다. 그것은 '모호'하고 '무의미'하기 때문이다. 이러한 관점이 더 힘을 얻는 이유는 짖는 소리의 의미를 해독하는 데 어려움이 있기 때문이다. 때로 개는 분명한 신호나 청중이 없어도 짖고, 원하는 메시지를 전달한 후에도 오랫동안 계속 짖어댄다. 다른 개 앞에서 수십 번씩 계속해서 짖는 개를 생각해보라. 만약 의미를 전달하기 위한 짖음이라면 한두 번 정도만 반복해도 되는 게 아닐까?

연구자들은 동물이 하는 행동의 의미를 밝혀내기 위해 매 순간 세심히 관찰한다. 인간의 행동은 그런 식으로 세심하게 살펴볼 수도 없을 뿐더러 정확한 평가를 내릴 수도 없다. 내가 집에서 개를 앞에 앉혀놓고 연설 대본을 읽는 모습을 누군가 동영상으로 녹화한다면 다음과 같이 결론 내릴지도 모른다. ① 나는 개가 내 말을 이해한다고 믿는다. ② 나는 혼잣말을 하고 있다. ①, ②의 어떤 경우든 내가 내는 소리는 일반적인 의사소통 수단이 아니다. 내 말을 이해하는 청중이 하나도 없기 때문이다. 마찬가지로 개가 의사소통에 능하지 않다고 주장하는 것은 개의 의사소통 능력 자체를 폄하하는 것이다. 대부분의 연구원은 짖는 소리에는 분명 의미가 있다고 생각한다. 짖는 소리, 특히 경고의 짖음은 개와 다른 갯과 동물 사이의 가장 분명한 차이점 중 하나다. 흔치는 않지만 늑대도 경고하기 위해 짖는다. 그리고 인간과 어울려 사는 개는 길게 짖기보다 '컹' 소리를 내는 경우가 많다. 개가 늑대보다 많이 짖는다고 해서 무조건 짖기만 하는 것은 아니다. 그들은 주제에 따라 수많은 소리를 발전시켜왔다.

인간이 구분할 수 있는 짖음의 종류는 많지 않지만, 꽤 믿을 만한 근거를 바탕으로 한다. 개는 위험이나 두려움을 경고하고 주의를 끌고 인사를 하거나 놀거나 심지어 외로울 때, 혹은 불안하고 혼란스럽고 괴롭고 불편할 때 짖는다. 그 의미는 매번 상황에 따라 다르다. 하지만 상황에만 달려 있지는 않다. 짖는 소리를 분광 사진으로 찍어보면 으르렁거림, 끙끙거림, 깨갱거림 등 모든 음색이 다 섞여 있다. 이때 하나의 음색이 다른 음색보다 더 우세하게 변해가면 짖는 소리는 점차 어떤 요점을 전달하게 된다.

개의 발성에 관한 초기 연구는 모든 개가 관심을 끌기 위해 짖는다고 결론 내렸다. 어떤 면에서 보면 개의 짖는 소리는 모두 '관심 끌기' 요소를 포함한다고 할 수 있다. 사실 누군가 그 소리를 들을 정도로 가까이 있다면 개가 관심을 끌기 위해 짖는다는 결론은 옳다. 하지만 최근 과학자들은 짖는 소리에 좀 더 미묘한 차이점이 있다고 주장한다. 인간 역시 관심을 끌기 위해 말하지만 그것이 말하는 의도의 전부는 아니지 않은가. 예를 들어 실험자들은 '낯선 사람이 현관 벨을 누를 때, 문이 잠겨 갇혔을 때, 놀고 있을 때 개가 짖는 소리'를 수천 장의 분광 사진으로 찍어 분석해서 세 가지 고유한 짖는 소리를 찾아냈다.

낯선 사람에게 짖는 소리는 가장 낮고 귀에 거슬렸다. 거의 내지르는 소리였다. 다른 유형보다 다양하지 않은 이 소리는 위협적인 상황에 몰렸을 때 멀리까지도 메시지가 전달되도록 하는 특징을 보였다. 또한 '크게 짖는 소리'와 결합하면 지속시간이 그 어떤 상황에서보다도 길어진다. 결론적으로 짖는 소리는 많은 인간에게 공격적으로 들린다.

갇혔을 때 짖는 소리는 주파수가 좀 더 높고 폭이 넓었다. 큰 소리에서 부드러운 소리로, 다시 큰 소리로 옮겨가는가 하면 어떤 소리는 높은 주파수에서 낮은 주파수로 곧장 이동했다. 이러한 소리 간의 간격은 때로 엄청났고 차례로 공기 중에 퍼져나갔다. 이게 바로 소위 사람들이 '두렵다'고 표현하는 짖는 소리다.

놀이용 짖는 소리 역시 고주파지만 고립됐을 때 짖는 소리보다는 빈도수가 높다. 고립된 경우에는 특정 상대가 아닌 불특정 다수를 향해 짖는다. 물론 개마다 차이가 있기에 모든 짖음이 다 비슷한 것은 아니다. 작은 개가 낯선 상대에게 짖는 소리는 **멍멍**에서 시작해 **왈왈** 정도로 변해가겠지만, 큰 개들은 우렁찬 소리로 **컹컹** 하고 짖을 것이다.

짖는 소리 간의 차이는 진화의 차이에서 온다고도 볼 수 있다. 낮은 소리는 위협적인 상황에서(주로 큰 개가) 내는 소리이며, 높은 소리는 친구나 동료에게 경고가 아닌 간청을 할 때 주로 쓰이며 순종의 의미를 담고 있다. 개마다 짖는 소리가 다르다는 점은 짖는 소리로 개의 정체성을 확인할 수도 있고, 무리와의 관계를 드러낼 수도 있는데, 이때 무리란 심지어 **함께 뛰어 노는 개들**이 아니라 **내 목줄을 잡고 있는 사람과 나**(**개 자신**)를 의미할 수도 있다.

또한 개들이 함께 짖는 것은 사회적 응집의 한 형태일지도 모른다. 짖는 행위는 하울링과 마찬가지로 전염성이 있다. 어떤 개가 짖으면 다른 개도 짖는 소리로 화음을 넣음으로써 모든 개가 그들이 함께 공유하는 소음에 합류하는 것이다.

몸통과 꼬리의 언어

거리에서 사람을 마주치면 펌프는 모든 감각을 보는 활동에만 집중한다. 아는 사람일 경우 머리를 약간 낮추어 마치 안경 너머로 보는 것처럼 부끄러운 듯이 올려다보고 꼬리를 낮게 흔들어댄다. 이는 미워하는 개를 마주쳤을 때 자세를 꼿꼿이 하고 꼬리를 높이 들어 흠잡을 데 없는 자세를 취하면서 마치 군인처럼 리듬에 맞춰 꼬리를 흔드는 모습과는 영 대조적이다. 하지만 친한 개를 마주쳤을 때는 좀 유순하고 조심스럽게 접근하고 심지어는 얼굴을 자근거리거나 친구의 몸통을 따라 가볍게 엉덩이를 부딪히기도 한다.

당신은 지금 사무실의 편안한 의자에 몸을 웅크리고 앉아 있을 수도 있고 지하철 안에서 다른 사람 등에 책을 가볍게 부딪히며 손잡이를 잡고 서 있을 수도 있다. 앉아 있든 서 있든 걸어가든 벌렁 드러누워 있든, 이는 단지 편리하거나 편안한 자세일 뿐 다른 **의미**는 없다. 하지만 상황이 달라지면 이런 자세가 어떤 정보를 전달할 수도 있다. 포수가 몸을 웅크리고 있다는 것은 투수가 던질 공을 기다리고 있다는 뜻이다. 부모가 쪼그리고 앉아 팔을 활짝 벌리는 것은 아이를 안아주겠다는 뜻이다. 달리던 중에 아는 사람과 마주치면 당신은 멈춰 서서 그에게 인사할 것이다. 가만히 서 있는데 멀리서 아는 사람이 다가온다면 당신은 반갑게 달려갈지도 모른다. 활기 넘치든 축 늘어져 있든 그 자세에는 나름의 의미가 있다. 한정된 소리만 낼 수 있는 동물에게 자세는 더욱 중요하다. 개는 구체적인 발언을 하기 위해서 구체적인 자세를 이용하는 것 같다.

엉덩이, 머리, 귀, 다리, 꼬리 등으로 음소를 만드는 몸의 언어라는 게 있다. 개는 이런 언어를 어떻게 해석해야 하는지 직관적으로 아는데, 나는 개가 서로 상호작용하는 모습을 오랜 시간 관찰하고 난 후에야 이 사실을 알게 되었다. 놀고 싶든 공격하고 싶든, 혹은 짝짓기를 하고 싶든 원하는 의도에 따라 몸의 모양과 높이를 바꾸어 표현하는 개의 눈에 인간은 참으로 뻣뻣한 종족일 것이다. 인간은 개처럼 등을 꼿꼿이 편 채 거의 정지한 듯이 바닥에 쪼그려 앉아 있거나, 과도한 움직임 없이 앞으로 갑자기 튀어나갈 수 없다. 세상에나, 인간은 겨우 고개나 팔을 옆으로 돌릴 수 있을 뿐이다.

찰스 다윈은 다음과 같이 말했다.

> 인간은 사랑이나 겸손을 외적인 신호만으로 명백하게 표현할 수 없다. 하지만 개는 숨김없이 귀를 축 늘어뜨리고 입을 헤 벌린 채 몸을 배배 꼬거나 꼬리를 흔들면서 사랑하는 주인을 맞이한다.

개는 자세로 공격적인 의도나 겸손을 드러낼 수 있다. 단지 다리를 쭉 펴고 똑바로 서서 당당하게 머리와 귀를 세우는 것만으로도 전투 준비가 되어 있으며 어쩌면 싸움의 주동자가 될지도 모른다는 사실을 알릴 수 있다. 심지어 이때 집중하면서 어깨 사이나 엉덩이 부근의 털이 곤두서게 되는데 이는 각성의 시각적 효과를 줄 뿐 아니라, 모근의 피부샘 냄새를 배출해 후각적인 위협감도 줄 수 있다. 전체적인 효과를 과장하기 위해 개는 그냥 서 있는 것이 아니라 다른 개의 머리 **위에** 자신의 머리나 앞발을 올려놓는다. 그렇게 함으로써 개는 자신이 더 우세하다고 선언하는 효과를 얻는다. 그 반대 자세, 즉 고개를 숙이고 웅크리거나 귀를 내리고 꼬리를 집어넣는 행위는 복종을 의미한다. 심지어 벌렁 드러누워 배를 드러낸다면 그때는 두말할 필요도 없다.*

이렇듯 상반된 자세로 상반된 감정을 의사소통한다는 점은 개가 지닌 표현력의 범위를 잘 보여준다. 입이나 귀를 사용해 나타내는 표정이 이와 관련돼 있다. 개는 입으로 다양한 표정을 짓는다. 입을 닫았다 열고 다시 편안히 힘을 풀거나 입 꼬리를 올린 채 입을 벌리기도 하고 주둥이를 모으거나 이를 드러내기도 한다. 개가 입을 다물고 '미소' 짓는 것은 복종의 의미다. 반면 흥분했을 때는 입을 벌리고 '미소' 짓는다. 이때 이까지 드러냈다면, 훨씬 공격적으로 보인다. 이는 전혀 드러내지 않고 하품하듯 입만 크게 벌리는 것은 인간의 하품과는 달리 지루함의 표현이 아니다. 이는 불안, 초조, 스트레스 등을 나타내고, 개가 자기 자신이나 다른 개를 진정시키

* 놀랍게도 개는 키보다 서로의 자세에 더 신경 쓴다. 키가 우세함이나 자신감을 나타낸다고 생각하지도 않는다. 나중에 살펴보겠지만 용감하게 앞으로 나서는 작은 개는 '자신을 큰 개라고 생각한다.' 실제로 크다는 것이 아니라 자신의 자세가 당당함을 아는 것이다.

고자 할 때 주로 짓는 표정이다. 귀도 역시 쫑긋 세우거나 편안하게 내리거나 머리 옆에 바짝 붙여 두는 등 여러 모양으로 감정을 드러낸다. 다른 개를 정면으로 응시하는 것은 위협이나 공격의 몸짓이다. 반대로 눈길을 돌리는 것은 복종을 의미하는데, 자기 자신의 불안을 잠재우거나 다른 개의 흥분을 가라앉히기 위한 시도다. 다시 말해서, 각각의 표정이나 몸짓 모두 한 극단에서 다른 극단까지의 감정을 모두 보여주는데, 편안함을 주기도 하고 두려움을 불러일으키기도 하면서 매우 다양한 범주를 넘나든다.

위 그림 중 어떤 것도 정지된 상징이 아니다. 만약 그렇다고 하면 정지된 상태 자체에도 의미가 있다. 꼬리를 곧게 세운 채 움직임이 없다는 것은 자세에 느낌표를 찍은 것이다. 이는 의사소통의 긴장감을 과장한다. 대부분의 경우 자세를 취하면 움직임이 뒤따른다. 특히 꼬리는 움직이는 팔다리와 같다.

어린 강아지였을 때 펌프의 꼬리는 부드러운 까만 털이 난 얇은 화살 모양이었다. 하지만 그것은 펌프의 꼬리가 가진 운명의 전부는 아니었다. 펌프의 꼬리는 쉽게 엉키고 나뭇잎을 긁어모으는 화려한 깃털처럼 근사한 깃발 모양으로 자라났다. 어릴 때 차 문에 끼어 끝이 휘어지기까지 했다. 펌프는 신이

나거나 기분이 좋으면 꼬리 끝이 등 쪽으로 향하게 낫처럼 구부리고 마구 흔든다. 누워 있을 때 내가 다가가면 기뻐서 꼬리로 땅을 계속 두드린다. 꼬리를 곧게 뻗어 늘어뜨리면 기진맥진했다는 뜻이다. 마구 짖어대는 개에게 관심이 없을 때는 꼬리를 다리 사이로 집어넣는다. 우리가 같이 산책할 때는 꼬리 끝을 둥글게 말아 아래로 늘어뜨리고 기분 좋게 앞뒤로 휙휙 소리를 내며 흔든다. 내가 몰래 천천히 다가가면 펌프는 살살 흔들던 꼬리를 세차게 흔들어대는데, 나는 그 모습이 너무도 좋다.

꼬리 언어를 해독하기 어려운 점은 개의 꼬리 종류가 정말 다양하다는 데 있다. 화려한 깃털 같은 골든 레트리버의 꼬리와 코르크 마개처럼 엉덩이에 딱 붙은 퍼그의 꼬리는 굉장히 대조적이다. 개의 꼬리는 길고 단단하거나 뭉툭하게 말려 있기도 하고 무겁게 늘어져 있거나 바짝 서 있기도 하다. 늑대의 꼬리는 길고 숱이 많지는 않으며 자연스럽게 살짝 내려간 모양인데, 이는 갯과 동물의 일반적 꼬리 모양이라고 할 수 있다. 초기 생태학자들은 늑대의 꼬리 자세를 최소 열세 가지 정도로 구분해낼 수 있었다.

여러 논문을 종합해보면 개든 늑대든 꼬리를 높게 세우는 것은 자신감, 자기 확신, 관심이나 공격성을 나타내는 반면, 낮게 내리는 것은 우울, 스트레스, 불안 등을 나타낸다. 대담한 개는 꼬리를 곧게 세워 항문 부위를 드러내 자신의 냄새를 공기 중에 퍼뜨린다. 반대로 복종과 두려움을 나타내고자 할 때는 긴 꼬리를 다리 사이에 말아 넣어 엉덩이를 차단한다. 개가 그저 별일 없이 어슬렁거릴 때는 꼬리의 긴장을 풀고 낮게 아래로 늘어뜨린다. 부드럽게 올린 꼬리는 가벼운 흥미 혹은 조심성을 나타낸다.

하지만 개는 꼬리를 가만히 들고 있는 것이 아니라 흔들기도 하기 때문에 그 높이만으로는 꼬리 언어를 완전히 이해할 수 없다. 꼬리를 흔드는 것이 단순히 행복하다는 표현만은 아니다. 곧게 선 자세로 꼬리를 높이 치켜세우고 흔든다면 위협이 될 수 있기 때문이다. 낮게 떨어뜨린 꼬리를 빠르게 흔드는 것은 복종의 또 다른 신호다. 주인의 신발을 한참 물어뜯다가 걸린 개의 꼬리가 이렇다. 활기 넘치는 꼬리 흔들기는 감정의 강도를 고스란히 드러낸다. 적당히 가볍게 흔드는 것은 관심이 있기는 해도 주저하고 있음을 나타낸다. 꼬리를 편안하고 활기차게 휙휙 움직인다면 길게 자란 잔디 속에서 잃어버린 공을 찾거나 땅에 남아 있는 냄새의 흔적을 따라가는 것이다. 우리에게 익숙한, 행복해서 신나게 흔드는 꼬리 모양은 지금까지 설명한 꼬리 언어와는 또 다르다. 이때는 꼬리를 높이 치켜들거나 몸 밖으로 빼내 공중에서 강하게 둥근 원을 그리는데, 이것은 오해의 여지없는 기쁨의 표현이다. 심지어 꼬리를 흔들지 않는 것도 의미가 있다. 주인 손에 있는 공을 유심히 바라본다거나 다음 명령을 기다릴 때 꼬리를 가만히 두는 경우가 많다.

개의 뇌 활동에 관심을 두고 연구하던 몇몇 과학자가 연구 도중에 꼬리와 관련된 매우 흥미로운 점을 발견했다. 개는 비대칭적으로 꼬리를 흔든다는 사실이다. 개는 보통 예기치 않게 주인을 만나거나 사람이든 고양이든 무언가 흥미로운 대상을 발견하면 오른쪽으로 꼬리를 강하게 흔드는 경향이 있다. 처음 보는 개를 만나도 꼬리를 흔들기는 하지만 기분 좋을 때보다는 주저하는 태도를 보이며 왼쪽으로 더 강하게 흔든다. 비록 개를 키운다고 해도 꼬리 흔드는 모습을 비디오 영상으로 천천히 돌려보지 않는다면(관심이 있다면 시도해보길 적극 권한다), 혹은 기르는 개가 앞뒤로 꼬리를 흔들기보다는 옆으로 기울여 빙글빙글 흔드는 성향이 강하지 않다면 이런 경향을 눈으로 구분해내기는 힘들다. 아무튼 키우는 개가 그렇게 열과 성을 다해 꼬리를 흔든다면 당신은 행운아다.

펌프가 온몸을 부르르 턴다. 흔들림이 머리에서 시작해 몸통을 따라 내려와 꼬리를 관통한다. 그건 마치 지금까지 발견되지 않았던 구두점을 보는 느낌이다. 펌프는 확신이 서지 않을 때나 느긋하게 걸어가던 중에 하나의 에피소드를 끝내고 싶어지면 몸을 부르르 턴다.

개는 자신의 몸을 표현적으로 사용한다. 움직임을 통해 의사소통을 하는 것이다. 상호작용의 매 순간이 움직임으로 표시된다. 개가 피부까지 출렁대며 온몸을 털어대는 것은 한 가지 행동이 끝나고 다른 행동으로 넘어간다는 신호다. 불쾌감으로 곤추서는 목털이나 호사스럽게 흔들 수 있는 긴 꼬리, 흥미 있는 일에 쫑긋 세우는 귀가 모든 개의 공통된 요소는 아니다. 마구 헝클어진 풍성한 털이 특징인 코몬도르는 우리가 얼굴이라고 가정은 하지만 긴 털에 가려 눈코입도 구분하기 힘든 머리를 다른 개에게 들이미는 것으로 자신을 표현한다.

결국 우리 눈에 예뻐 보이라고 개에게 이런저런 치장을 해주는 것은 개들의 의사소통 가능성을 제한하는 것이다. 꼬리를 바짝 잘린 개는 꼬리로 전할 수 있는 이야기를 빼앗긴 것과 마찬가지다. 우리는 이를 알아도 진실을 직면하고 싶어 하지 않는다.

과학자들은 신체조건이 다른 10여 종의 개가 사용한 신호의 범위와 비율을 연구해 다음과 같은 사실을 발견했다. 카발리에 킹 찰스 스패니얼부터 프렌치 불도그나 시베리안 허스키의 행동을 비교해보니 품종의 외모와 그들이 사용하는 신호 수 사이에 분명한 관계가 있었다. 인간에게 사육되기 시작하면서 외모상으로 늑대와 가장 큰 차이(극단적으로는 킹 찰스)를 보이게 된 이 개들은 신호를 가장 적게 보냈다. **유형성숙**, 또는 **유태성숙**(성적으로는 완전히 성숙했지만, 비생식 기관은 미성숙한 현상을 의미한다-옮긴이)에 해당하는 개들, 즉 성견이 되어서도 어린 강아지의 특징을 가장 많이 보유하는 견종은 성숙한 늑대와 가장 적게 닮았다. 늑대와 비슷한 특징이 많고 유전적으로도 **갯과 동물**과 가장 가까운 허스키는 두말할 필요 없이 늑대와 매우 유사한 신호를 보낸다.

많은 몸짓 신호가 개의 지위나 힘, 의도에 대한 정보를 제공한다고 보았을 때, 개가 이러한 신호를 보내야 하는 필요성은 인간과 함께 살아오는 동안 줄어들었을 것이다. 과거에는 우세한 동물에게 적의가 없음을 확신시키려고 사용하던 신호를 지금은 인간과 의사소통하기 위해 사용하는 듯하다. 언젠가 길을 걷다가 모퉁이를 막 돌았을 때 나는 긴 줄에 매어 있는 낯선 개를 거의 밟을 뻔했다. 나를 발견하자 그 개는 몸을 웅크리고 꼬리를 세차게 흔들며 내 얼굴을 핥으려고 했다. 이는 과거 순종적인 몸짓으로 시작되었을지는 몰라도 이제는 사랑스러워 보인다.

우연과 의도, 개의 '정체성'

늦잠을 자고 늘 하던 대로 천천히 준비를 끝낸 후 함께 밖으로 나가면 펌프의 첫 움직임은 항상 똑같다. 문 밖으로 두어 발자국만 나서면 예의고 뭐고 없이 쪼그리고 앉는다. 가능한 한 몸을 낮추고 그 자세에 온전히 집중하는데 오직 꼬리만이 돌돌 말린 채 위로 향해서 몸을 위로 당겨 준다. 소변 줄기가 세차게 쏟아져 나온다(이번에는 신기록 감이다). 얼굴 근육의 긴장이 풀리는 듯하다. 이런 모습을 보면 펌프를 오래 기다리게 했다는 사실에 죄책감이 든다. 아무튼 그러고 나면 펌프는 자신의 소변 줄기가 주변을 맴돌다가 보도 틈 사이로 스며들어 깔끔하게 방향을 틀어 가는 것을 지켜본다.

짖는 소리, 으르렁거리는 소리, 꼬리 흔들기에 관해 살펴보았지만 개가 의사소통 수단으로 발성과 자세만을 이용하는 것은 아니다. 그중에서도 냄새가 제공하는 정보의 양은 대단하다고 할 수 있다. 앞에서 보았듯 개가 소변을 보는 행위는 인간이 보기에 가장 '냄새나는' 의사소통 수단이다. 믿기 어려울지 모르지만 이는 인간이 친구 간에 예의바른 대화를 나누거나 정치인이 유권자 앞에서 연설하는 것처럼 일종의 품격 있는 '의사소통 행위'다. 다시 말해 어느 정도는 개의 평범한 사회성의 일부이기도 하고 소화전에 커다랗게 써놓은 자기 홍보가 될 수도 있다.

소화전에 소변으로 남아 있는 하찮은 메시지가 사람들이 사용하는 의사소통과 같은 것이라고 말한다면 거부감이 느껴질지도 모른다. 개가 얼굴이 아닌 엉덩이로 이야기를 나눈다는 사실 때문만은 아니다. 결정적으로 인간의 의사소통에는 대부분 의도가 있다. 우리는 자신의 왼손에다 대고 의미 없이 큰 소리로 떠들어대기보다는 다른 사람과 의사소통하려는 경향이 강하다. 우리의 말을 들을 수 있을 만큼 가까이 있고, 달리 산만하게 정신이 팔려 있지 않으며, 우리의 언어를 알아듣고, 우리가 하는 말을 이해할 수 있는 사람 말이다. 갑자기 배를 공격당했을 때 저절로 새어나오는 '어이쿠' 소리, 얼굴을 붉히게 하는 칭찬, 끊임없이 윙윙거리는 모기 소리, 신호등이나 반쯤 들어올린 깃발로 전달되는 교통 정보, 이 중에서 의도가 포함된 정보만이 의사소통 역할을 할 수 있다.

소변 표시는 의도가 포함된 정보다. 아침에 소변보는 일은 그 어느 것과 비교할 데 없이 행복한 일이지만 개는 나중을 위해 소변의 일부를 남겨둔다. 그렇다고 그 소변 종류가 다른 것은 아니다. 소변에서 나는 냄새를 바꾸기 위해 특별한 수단이나 방법을 사용한다는 증거는 없다. 개가 소변을 보는 행위의 주요 특징은 다음과 같다.

첫째, 다 자란 수컷과 수컷 같은 암컷의 경우 대부분 한쪽 다리를 들어 올려 소변을 본다. 소위 '다리 들어올리기'는 개체나 상황에 따라 다양한 양상을 보이는데, 뒷다리를 약간 구부리고 몸 쪽으로 끌어와서 들어 올리거나 다리를 엉덩이 위쪽으로 수직이 되게 들어

올리기도 한다. 이는 주변에 있는 다른 개에게 시각적으로 과시하는 효과가 있다. 어떤 자세로 소변을 보든 그 목적은 눈에 잘 띄는 장소에 소변이 떨어지도록 조준하는 것이다. 어떤 개는 웅크리고 앉아 소변을 보기도 하는데 이는 소리에 비유하자면 비명을 지르는 것이 아니라 속삭임으로 의사를 전달하는 것에 가깝다.

둘째, 방광은 한 번에 완전히 비우지 않는다. 냄새를 분산하기 위해 걸어가는 동안 여러 번에 걸쳐 한 번에 조금씩 소변을 배출한다. 개가 바깥으로 나가 소변을 보기까지 너무 오랫동안 실내에 붙잡아두면 점차 나중의 표시를 위해 소변을 약간 남겨두는 능력에 손상을 입게 된다. 간혹 우리는 덤불이나 가로등, 쓰레기통 주변에서 무의미하게 다리만 들어 올리는 소변 표시 행위를 목격하기도 한다.

마지막으로 개는 주변을 킁킁거리면서 냄새를 맡은 후 소변 표시를 한다. 이는 로렌츠가 언급했듯 다른 개의 흔적을 확인하고 나서 자신도 다녀갔다는 흔적을 남김으로써 냄새 교환 가능성을 높이고자 함이다. 오랜 기간에 걸쳐 개의 소변 표시 행동을 연구한 과학자들은 개의 소변 표시 활동이 누가, 어디에, 언제 표시를 했는지에 영향 받는다는 사실을 알아냈다.

흥미롭게도 이런 다양한 메시지는 결코 무분별하게 남겨놓는 것이 아니다. 때와 장소를 가리지 않고 아무렇게나 소변을 보지 않는다는 의미다. 우리 눈에는 아무 데나 소변을 보는 것 같아도 개는 매우 신중하게 킁킁거리며 냄새를 맡아 위치를 찾는다. 이는 모든 소변이 같은 메시지를 전달하는 것이 아님을 나타낸다. 특정한 개가 남기는 메시지는 특정한 대상을 염두에 둔 것이다. 다른 개의 소변 위에 새로 소변을 보아 부가 각인을 찍는 것은 수컷 개의 공통적인 행위다. 단, 이전의 소변이 덜 우세한 수컷 개의 것일 때만 해당한다. 주변에 새로운 개가 있으면 소변 표시는 증가한다.

그런데 소변 표시가 영역 표시가 아니라면 개가 소변을 통해 진정 전달하고자 하는 메시지는 무엇일까? 첫 번째 힌트는 어린 강아지는 소변을 표시 용도로 사용하지 않는다는 점이다. 의사소통은 성견의 경우에만 해당한다. 항문 분비샘의 위치와 소변의 혼합물을 통해 개는 자신의 존재를 알리려 한다. 다시 말해 개의 냄새는 그 자체로 개의 정체성이다. 이는 매우 섬세한 메시지에 해당하지만 결코 의도적인 것은 아니다. 인간은 방에 들어서는 행위 자체만으로 자신이 누구인지에 관해 다른 사람과 의사소통할 수 있을지 모른다. 하지만 존재 자체가 정체성에 대한 지속적이고 의도적인 의사소통이 되지는 않는다.

개의 의사소통이 의도적으로 보이는 것은, 주변에 아무도 없으면 개는 자신의 정체성을 드러내는 데 그다지 신경 쓰지 않는다는 사실 때문이다. 혼자 지내는 개는 거의 소변 표시를 하지 않는다. 혼자 지내는 수컷은 다리를 들어 올려 소변을 보는 경우가 드물며, 수컷이든 암컷이든 나중을 위해 소변을 남겨두는 일도 없다. 하지만 비슷한 크기의 개를 함께 두면 소변 표시를 훨씬 더 자주, 정기적으로 남긴다. 또한 암수는 서로에게 소변으로 표시를 남기는데 아마도 그 내용에 성적인 메시지가 담겨 있는 듯하다. 즉, 짝을 찾거나 자신을 찾아달라고 공표하는 것이다. 다른 개가 주변에 있을 때는 소변을 보지 않더라도 다리를 들어 올리는 경우가 많다. 다리를 들어 올리는 행위는 주변에 다른 개가 있어야만 효과를 얻을 수 있다.

소변 표시가 언급이나 견해, 굳건한 신념 같은 것을 전달하는 의사소통 수단이라는 견해도 맞는 것 같다. 확실히 그렇다는 과학적인 증거는 없지만 소변 표시가 누군가를 향한 의사소통 시도라는 점에는 변함이 없다. 과학자들은 혼자 자란 개는 여러 마리가 함께 자란 개들보다 의사소통을 목적으로 하는 소음을 덜 낸다는 사실을 밝혀냈다. 하지만 주변에 다른 개가 나타나면 사회화된 개와 마찬가지 비율로 짖거나 소음을 만들어낸다. 다시 말해 개는 대화 상대가 있을 때만 다양한 의사소통 방식을 시도한다.

개는 서로의 소변에서 의도를 읽어내듯 인간의 몸짓에서도 의도를 읽는다. 그에 대해서는 다음 장에서 다룰 텐데, 개는 서로를 관찰할 때와 마찬가지로 주의를 기울여 인간의 몸짓 언어를 해석한다. 어린아이가 소중히 여기는 장난감을 향해 아장아장 걸어가면 개는 아이가 어디로 향하는지 짐작하고 먼저 그곳에 도착한다. 우리가 생각에 잠겨 고개를 돌릴 때는 아무런 의도가 없지만 문을 보면서 고개를 돌린다면 의도가 있는 것이다. 개는 그것을 알아본다. 문을 응시하는 것과 벽에 걸린 시계를 보려고 고개를 돌리는 것 사이에는 차이가 있음을 아는 것이다. 간식을 감춰놓고 손가락으로 가리키는 것과 손목시계를 보기 위해 한쪽 팔을 올리는 몸짓도 구분할 수 있다. 인간은 몸으로 시끄럽게 말한다.

솔직히 고백하자면 이번 장에서 나는 어느 개가 해주는 말을 고스란히 받아쓰기만 했다. 내가 그 친구의 말을 글로 번역하려고 고군분투하는 동안 그는 내 의자 옆에 앉아 내 발에 머리를 올리고 참을성 있게 기다려주었다. 이 책의 통찰력을 제공한 것도, 옛 기억을 떠올리게 한 것도, 모든 장면과 심상과 환경을 발현시킨 것도 바로 그 친구, 나의 개였다.

물론 꼭 그런 것만은 아니다. 하지만 시중에 개가 썼다고 주장하는 책이 엄청나게 많이 출판돼 있는 것을 보면 우리가 그런 것, 즉 인간의 언어로 쓰이긴 했지만, 개의 입에서 직접 나온 이야기를 원하고 있다고 짐작할 수 있지 않을까. 19세기 말에 독특한 종류의 자서전이 서점에 등장하기 시작했다. 집에서 기르던 고양이, 개, 겨울 폭풍에 사라진 동물 등의 '회고록'이었다. 말하는 동물이 이야기를 하는 이러한 형태의 책은 동물 시각에서 세상을 바라보려는 첫 번째 시도였다. 루디야드 키플링Rudyard Kipling이나 버지니아 울프Virginia Woolf 등의 작가가 이러한 책을 쓴 대표적 인물이었는데 나는 그 책을 읽고 이상하게도 불만스러운 느낌이 들었다. 그것은 엉터리다. 그 속에는 개의 관점이라는 것이 없다. 그건 인간의 후두를 이식해 넣은 개의 이야기나 다름없다.

개의 사고가 인간 담화의 조잡한 형태일 뿐이라고 간주하는 것은 개를 모욕하는 일이다. 개의 의사소통 범위와 규모가 경이로울 만큼 다양함에도 우리는 개가 언어를 사용하지 않는다는 사실 때문에 그들을 폄하하는 경향이 있다. 하지만 나는 그 사실 때문에 개가 더 사랑스럽다. 그들의 침묵은 그 무엇보다도 소중한 특징이다. 말을 못하는 것이 아니라 언어적인 소리를 내지 않을 뿐이다. 개와 공유한 침묵의 순간에는 어색함이 끼어들 여지가 없다. 방 저편에서 조용히 나를 바라보는 시선을 느낄 때도, 나란히 누워 꾸벅꾸벅 졸 때도.

언어가 멈추는 순간 우리는 가장 온전히 연결된다.

5장

개의 눈

영리한 펌프가 바보가 되는 데는 6초면 충분하다. 처음 5초 동안 그 아이는 쏜살같이 날아가는 테니스공을 잡기 위해 숲속 빈터에서 들판까지 거미줄처럼 얽혀 있는 가시나무, 관목, 아름드리나무들 사이를 상처 하나 입지 않고 누빈다. 나무에 맞고 튄 공을 거의 진공청소기처럼 빨아들여 입에 물려는 순간, 느닷없이 하얀 개 한 마리가 나타나 공을 물고 재빨리 달아난다. 상황을 파악한 펌프가 곧바로 이 테니스공 도둑을 뒤쫓기 시작한다. 마지막 6초째의 순간, 펌프가 멍해진 듯 갑자기 움직임을 멈춘다. 내 흔적을 놓쳐서 그러는구나. 나는 펌프가 곧은 자세로 머리를 높이 쳐들고 두리번거리는 모습을 지켜보다가 그 아이의 시야로 들어서서 미소를 지어 보인다. 펌프는 흘낏 쳐다보더니 나는 안중에도 없다는 듯 그대로 지나쳐 버린다. 대신 아까 그 흰 개를 데리고 절뚝이며 다가오는, 두꺼운 코트를 입은 덩치 큰 남자를 발견하고 그쪽으로 내달리는 중이다. 펌프를 잡으려면 나도 달려야 한다. 좀 전까지만 해도 세상을 꿰뚫어 보던 아이가 6초 만에 바보가 되었다.

인간이 세상을 지각하는 방식에는 본질적인 순위가 있다. 그중 1위는 단연 시각이다. 눈은 심리학자들이 중요하게 생각하는 연구 대상이다. 물리적 형태만으로도 우리가 상상하는 것 이상으로 많은 것이 드러나기 때문이다. 뇌에 아무리 가까이 있다 해도 예쁜 코나 이마, 뺨, 귀는 눈만큼 중요한 역할을 하지 못한다.

인간은 시각적 동물이다. 그리고 시각에 비해 한참 뒤처진 청각이 2위다. 우리가 겪는 거의 모든 경험에는 청각적 경험이 포함된다. 후각과 촉각은 공동 3위, 미각은 저 아래 5위다. 특정 상황에서 각각의 감각이 중요하지 않은 것은 아니다. 아무리 아름다운 웨딩케이크라도 한입 먹었더니 신맛이 난다면 더 이상 아름다워 보이지 않을 것이다. 케이크에서 향긋한 빵 냄새가 아닌 다른 냄새가 나도, 질감이 부드럽거나 말랑하지 않거나 푸석하고 끈적끈적해도 마찬가지다.

그럼에도 불구하고 거의 모든 상황에서 제일 먼저 예민하게 작동하는 감각은 시각이다. 외투 소매에 묻은 무언가 낯설고 새로운 얼룩을 발견하면 우리는 제일 먼저 그것을 눈으로 관찰한다. 하지만 코를 가까이 대고 냄새를 맡거나 대담하게 혀로 맛보지 않고 그저 눈으로만 수집한 정보는 결코 정확할 수 없다.

그런데 개의 경우 이 서열이 정반대다. 후각이 시각보다 앞서고 미각이 청각보다 앞선다. 개가 예민한 코로 열심히 냄새를 맡는 동안 눈은 장식품이나 마찬가지다. 개가 당신 쪽으로 고개를 돌렸다면 그것은 눈으로 당신을 보려는 것이 아니라 코로 보려는 것이다. 눈은 그냥 덩달아 코와 같은 곳을 향하고 있을 뿐이다. 당신 개가 지금 저렇게 애처로운 눈빛으로 당신을 쳐다보고 있는데 무슨 말이냐고? 하지만 개들이 정말 우리가 하는 일을 바라볼 수 있기는 할까?

여러 가지 면에서 개의 시각 체계(개가 세상을 인식하는 보조수단)는 우리의 시각 체계와 흡사하다. 사실 시각이 다른 감각에 비해 서열이 뒤처지는 덕분에 개가 인간의 눈이 놓치는 자잘한 것을 볼 수 있는지도 모른다.

어떤 이들은 개에게 눈이 필요하기는 하냐고 묻는다. 개는 놀라운 코로 길도 찾고 먹이도 찾는다. 자세한 조사가 필요한 일은 혀가 맡는다. 서로를 확인하는 것은 코와 입천장 사이에 있는 보조 후각기관인 보습코기관의 임무다. 이 과정이 끝난 뒤 눈은 최소한 두 가지 중요한 역할을 한다. 다른 감각을 통해 얻은 정보를 확인하는 역할과 우리를 바라보는 역할이다. 개의 조상인 늑대의 이야기를 통해 알 수 있는 개의 자연사는 우리에게 개 눈의 진화 과정을 설명해준다. 이런 진화의 행복하고도 혁신적인 부작용 덕분에 개들은 훌륭한 인간 관찰자가 되었다.

늑대의 삶에서 오직 한 가지 요소, 즉, '먹잇감'만으로도 개 눈의 진화를 설명하는 데 큰 도움이 된다. 늑대의 먹잇감은 대개 도망을 다닌다. 그냥 도망만 다니는 것이 아니라 안전을 위해 무리지어 다니거나 위장해서 숨기 일쑤다. 또 활동시간도 주로 땅거미가 질 무렵이나 새벽녘, 밤 시간대다. 그래서 늑대도 여느 포식자처럼 먹잇감의 행동 패턴에 적응하는 방향으로 진화했다. 사실 냄새가 중요하기는 하지만 그것만으로는 먹잇감이 나타났다는 사실을 인식하기 어렵다. 바람 때문에 먹잇감 냄새보다 온갖 다른 냄새가 늑대 코에 먼저 와 닿기 때문이다. 냄새는 휘발성이다. 땅에서 냄새가 나면 그 냄새를 추적해 곧장 먹잇감이 있는 곳에 도달할 수 있겠지만 바람에 실려 오는 냄새를 좇는 것은 세상 어느 곳에서라도 올 수 있는 구름의 근원지를 찾는 것과 다를 바 없다.

움직임이 재빠른 먹잇감들은 자기가 남긴 냄새가 사라질 때까지 한 번 지나간 곳은 교묘히 피해 다닌다. 그에 반해 빛의 파동은 탁 트인 공간에서 먹잇감의 모습을 정확히 전달한다. 그래서 늑대는 먹잇감의 냄새를 맡은 뒤 눈으로 그 위치를 확인한다. 본디 동물은 포식자로부터 몸을 숨기기 위해 주변 환경에 섞여든다. 하지만 이런 위장술도 움직일 때는 소용이 없다. 그래서 늑대는 움직임을 감지하는 시각 능력이 매우 뛰어나다. 마지막으로 피식 동물은 대개 땅거미 질 무렵이나 새벽녘, 밤 시간대에 활동한다. 밝을 때보다 몸을 숨기기가 쉽고 늑대 눈에 잘 띄지 않기 때문이다. 늑대는 피식 동물의 이런 행동 패턴에 맞추어 특히 조도가 낮은 빛 속에서 움직이는 대상을 잘 알아챌 수 있도록 눈을 발달시켰다.

펌프의 눈은 갈색과 검은색의 깊은 연못 같다. 눈동자 색이 얼마나 짙은지 응시하는 방향을 가늠하기가 어려울 정도다. 하지만 그래서 홍채에 반짝 빛이 어리면 펌프의 영혼이 기뻐하는 듯 보이기도 한다. 속눈썹은 나이가 들어 하얗게 새고 나자 보이기 시작했다. 눈썹도 원래는 보이지 않았다. 하지만 얼굴을 바닥에 대고 방을 가로질러가는 나를 눈으로만 좇을 때는 어디가 눈썹인지 알 수 있다. 꿈나라를 헤매고 있을 때 펌프의 눈은 눈꺼풀 아래 세상을 유심히 살피는 듯하다. 눈을 감고 있어도 눈꺼풀 속의 분홍빛이 살짝 엿보인다. 마치 근처에서 중요한 일이 생기면 당장에라도 눈을 뜰 준비를 하고 있는 것 같다.

언뜻 보기에 개의 눈은 인간의 눈과 흡사하다. 둘 다 눈구멍에 꼭 맞는, 점성이 있는 구체로 이루어져 있다. 안구 크기도 거의 같다. 품종에 따라 머리 크기가 제각각이지만(울프하운드 입에는 치와와 머리 네 개가 들어간다) 눈 크기에는 별다른 차이가 없다. 갓 태어난 새끼나 강아지들은 머리 크기에 비해 비교적 눈이 큰 편이다.

하지만 개의 눈과 우리 눈의 사소한 차이는 쉽게 드러난다. 우선 우리 눈은 얼굴 정면에 있다. 그래서 우리는 앞을 본다. 눈으로 들어오는 주변 이미지들은 귀 주변에서 사라진다. 반면 개의 눈은 약간의 차이는 있지만 대부분 머리의 약간 옆쪽에 있다. 다른 네 발 짐승처럼 주변의 전경을 볼 수 있도록 진화한 것이다. 이 차이로 인해 인간의 시야각은 180도인 반면 개의 시야각은 250~270도다.

개의 눈과 인간 눈을 좀 더 자세히 비교해보면 또 다른 중요한 차이를 알 수 있다. 겉에서 보이는 우리 눈의 해부학적 구조는 우리가 어디를 보고 어떻게 느끼는지, 얼마나 관심을 보이는지 등의 정보를 제공한다. 우리 눈과 개의 눈은 크기가 비슷하지만 우리의 동공(빛을 받아들이는 눈 중앙의 검은자위)은 캄캄한 방에 있을 때나 흥분했을 때 혹은 두려움에 떨 때는 9밀리미터까지 확장되고, 밝은 태양 아래 있거나 아주 편안한 상태일 때는 1밀리미터까지 수축한다. 반면 개의 동공은 빛의 강도나 흥분 정도와 상관없이 3밀리미터에서 4밀리미터로 비교적 고정적이다. 동공 크기를 조절하는 근육인 홍채의 경우, 인간의 홍채는 동공과 대조되는 파란색, 갈색, 녹색을 띠는 경향이 있다. 하지만 대부분의 개는 동공과 같은 색으로, 너무 어두워서 바닥을 알 수 없는 깊은 호수를 떠올리게 한다. 우리가 개를 순수하다거나 애처롭게 느끼는 이유가 여기에 있다.

또한 인간의 홍채는 공막, 즉 흰자위 정중앙에 위치한 반면 개는 대부분(전부는 아니다) 공막이 거의 없다. 눈의 해부학적 구조상 우리는 언제나 다른 사람이 어디를 보는지 알 수 있다. 동공과 홍채가 방향을 가리키고 공막의 양이 그 방향을 강조해주기 때문이다. 반면 개의 눈은 동공과 홍채를 부각시키는 공막이 없고 동공이 뚜렷이 구분되지 않기 때문에 관심을 보이는 방향이 어느 쪽인지 알기 어렵다.

자세히 비교해보면 종 간의 차이도 확실히 알 수 있다. 개는 우리보다 빛을 더 많이 받아들인다. 개의 눈으로 들어간 빛은 망막 안쪽에 신경세포로 이루어진 젤 같은 덩어리를 통과한다(뒤에서 곧 살펴볼 것이다). 망막을 통과한 빛은 망막 조직에 삼각형 모양으로 반사된다. 개 사진을 찍으면 눈이 밝게 나오는 이유가 **타페텀 루시둠** tapetum lucidum이라는 이 반사판 때문이다. 개의 눈으로 들어간 빛은 최소한 두 번 망막에 부딪히는데, 그 결과 상이 더 또렷해지는 것이 아니라 상을 보이게 해주는 빛의 양이 증대된다.

이런 시각 체계 덕분에 개는 밤이나 조도가 낮은 빛 아래서 더 잘 볼 수 있다. 우리는 밤에 멀리 있는 밝은 조명만 분간하는 반면, 개는 은은한 촛불을 감지할 수 있다. 북극 늑대들은 일 년의 절반을 완전한 어둠 속에서 지낸다. 이 늑대들은 지평선 위의 불꽃도 볼 수 있다.

공잡이의 눈

개 고유의 습성은 눈의 해부학적 구조—빛을 두 번 받아들이는 망막—에서 차례로 찾을 수 있다. 안구 후면의 얇은 세포막인 망막은 빛 에너지를 전기 신호로 전환해 뇌로 보낸다. 뇌에 전기 신호가 도달하면 무언가를 보았다고 느끼게 된다. 물론 우리가 보는 대상은 대부분 뇌를 통해서만 의미를 부여받는다. 망막은 단지 빛을 인식할 뿐이다. 하지만 망막이 없다면 우리는 암흑 속에 살 수밖에 없다. 심지어 망막 형태가 아주 약간만 달라져도 실제로 보이는 장면은 굉장히 다를 것이다.

갯과 동물의 망막에는 두 가지 작은 차이점이 있다. 광수용세포의 분포와 그 세포의 작업 속도다. 광수용세포의 분포는 개가 먹이를 쫓고 날아간 테니스공을 물어오는 능력에 영향을 미치며, 거의 모든 색을 구분하지 못하고 코앞에 있는 사물을 보지 못하는 것과 관련이 있다. 광수용세포의 작업 속도는 주인이 외출하면서 틀어놓고 간 TV 연속극에 개가 전혀 관심을 보이지 않는 것과 관련이 있다. 이 두 가지 차이를 좀 더 자세히 살펴보기로 하자.

가서 공 물어 와!

인간이 보는 가장 중요한 것들 중 하나는 얼굴에서 몇 미터 안 떨어진 가까운 거리에 있는 사람들이다. 우리 눈은 앞쪽을 향해 있고 망막에는 광수용세포가 풍부한 중심부인 **중심와**foveae가 있다. 망막 중앙에 이 수많은 세포가 밀집해 있다는 것은 우리가 정면에 있는 대상을 아주 자세히, 굉장히 집중해서, 선명한 색깔로 잘 볼 수 있다는 의미다. 연인이나 철천지원수가 다가올 때 그 형태와 색을 확인하기에 완벽하다. 오직 영장류만이 중심와를 가지고 있다.

한편 개에게는 **중심역**area centralis이라는 것이 있다. 중심역이란 수용체가 중심와보다는 적지만 눈의 주변부에 있는 것보다는 많은 중앙의 넓은 영역을 일컫는다. 개는 얼굴 정면에 있는 물체를 볼 수는 있지만 우리가 보는 것만큼 초점이 정확하지 않다. 망막에 빛을 집중시키기 위해 곡률을 조정하는 수정체는 가까운 광원을 수용하지 못한다. 사실 개는 자기 코앞(대략 30~40센티미터 거리)에 있는 자잘한 것들을 못 보고 지나치는 경우가 많다. 시야에서 그 부분의 빛을 받아들이는 데 관여하는 망막 세포가 상대적으로 적기 때문이다.

이제 당신 개가 거의 발에 밟힐 듯이 가까이 있는 장난감을 찾지 못하는 모습을 보고 의아해할 필요가 없다. 개는 장난감에서 한 걸음 멀어지기 전에는 그걸 볼 수가 없기 때문이다.

개는 견종마다 망막 모양이 굉장히 달라서, 짐작컨대 보이는 세상도 아마 가지각색일 것이다. 주둥이가 짧은 품종은 중심역이 발달되어 있다. 예를 들어 퍼그의 중심역은 거의 중심와 수준으로 발달해 있다. 하지만 이들은 '시각 띠visual streak(움직이는 물체를 빠르게 보고 정확하게 초점을 맞출 수 있게 하는 망막에 있는 두꺼운 시세포이다-옮긴이)'의 밀도가 낮다. 시각 띠의 밀도가 높은 것은 주둥이가 긴 종(그리고 늑대)이다.

예를 들어 아프간하운드와 레트리버는 중심역이 덜 발달되어 있고, 망막의 광수용세포가 눈의 중앙을 가로지르는 수평 띠를 따라 더 밀집해 있다. 즉, 주둥이가 짧은 종일수록 시각 띠의 밀도가 낮고 주둥이가 긴 종일수록 밀도가 높다. 시각 띠의 밀도가 높은 개는 더 멀리까지 볼 수 있고, 시야도 훨씬 선명하며, 인간보다 주변 시야도 넓다. 중심역이 발달된 개는 얼굴 정면에 있는 물체를 더 정확하게 볼 수 있다.

이 차이는 사소하지만 의미심장한 방식으로 일부 견종 특유의 행동 경향성을 설명한다. 일반적으로 '공잡이 개'라는 별명은 래브라도 레트리버같이 주둥이가 긴 종에는 붙여도 퍼그같이 짧은 종에는 잘 붙이지 않는다. 주둥이를 길게 타고나서 그렇게 부르는 것이 아니다. 수백만 개의 후각 세포를 잘 활용하는 능력 외에도, 래브라도는 눈길을 돌리지 않고도 지평선을 가로질러 날아가는 테니스공을 시각적으로 지각하는 능력이 있다. 반면 주둥이가 짧은 개들(그리고 주둥이 길이에 상관없이 모든 인간의 경우)은 머리를 돌려 눈으로 쫓지 않으면 금세 시야에서 공이 사라진다. 대신 퍼그는 가까운 물체, 이를테면 자기를 무릎에 앉혀놓은 주인 얼굴에 훨씬 더 초점을 잘 맞춘다. 개를 연구하는 일부 학자들은 퍼그같이 주둥이가 짧은 개들은 비교적 시야가 좁기 때문에 인간의 감정 표현에 더 민감하고 그래서 우리가 그들을 더 다정하게 느끼는 것이라고 주장하기도 한다.

가서 녹색 공 물어 와!

우리의 생각과 달리 개는 색맹이 아니다. 하지만 색이 갖는 의미가 우리에게보다 훨씬 적은 것은 분명하다. 원인은 망막에 있다. 인간에게는 세부 인식과 색 구별에 관여하는 세 종류의 추상체, 즉 광수용세포가 있다. 세 종류의 추상체는 각각 빨간색, 파란색, 초록색 파장에 반응한다. 반면 개의 추상체는 두 종류뿐이다. 하나는 파란색, 다른 하나는 녹황색에 민감하게 반응한다. 게다가 두 종류 세포의 양도 우리보다 적다. 그래서 개들은 파란색이나 초록색 범위 안에 있는 색을 가장 강렬하게 경험한다. 아, 그래도 야외에 있는 수영장 물은 반짝이는 것처럼 보일 것이다.

이 추상체의 차이 때문에 우리에게 노랑, 빨강, 주황색으로 보이는 빛이 개에게는 다르게 보인다. 그러니 개에게 자몽을 가져오라는 심부름이 통할 리 없고, 대신 귤을 가져오는 것을 보며 짜증을 내도 소용이 없다.

하지만 개도 우리와 방식만 다를 뿐 노랑, 빨강, 주황색 사물을 인식한다. 각 색상의 명도 차이를 이용하는 것이다. 개의 눈에 빨간색은 흐릿한 초록색처럼 보이고 노란색보다는 진해 보일 것이다. 만약 개가 빨강과 노랑을 구별한다면, 그것은 이 두 색이 반사하는 빛의 양 차이를 인식한 것이다.

개의 눈에 이 형형색색의 세상이 어떻게 비칠지 이해하기 위해 우리의 색 체계가 쓸모없어지는 시간대를 한번 상상해보자. 짙은 어둠이 깔리기 직전 하늘에 땅거미가 지고 있다. 당신은 지금 공원이나 집 앞 마당, 혹은 자연이 살아 숨 쉬는 탁 트인 들판에 서 있다. 주위를 둘러보라. 우거진 나무에 무성한 초록 잎사귀들이 미묘한 차이로 조금 부드러워진 것을 눈치챘는가? 아직 땅이 보이기는 하지만 풀잎이나 겹쳐 난 꽃잎의 모양처럼 세세한 것까지 보이지는 않는다. 피사계 심도(depth of field: 선명하게 보이는 가장 가까운 상과 가장 먼 상 사이의 거리-옮긴이)는 약간 줄어든 상태다. 회색 돌이 짙은 땅 색깔에 섞여들어 눈에 잘 띄지 않는다. 덕분에 튀어나온 돌부리에 걸려 비틀거리는 일이 보통 때보다 많아진다.

이런 시각 정보 손실의 원인은 눈의 해부학적 특징에 있다. 망막 중심부에 몰려 있는 추상체는 낮은 조도에 민감하게 반응하지 않는다. 그래서 해질녘이나 밤에는 낮에 비해 반응 횟수가 줄어든다. 즉 색을 감지하는 세포 수가 더 적어지고, 따라서 뇌에 신호를 전달하는 세포 수도 더 적다. 가까운 주변 세계는 약간 납작해 보인다. 여전히 어떤 색들이 있다는 것은 알고 빛과 어둠도 인식할 수 있지만 다채로운 색의 향연은 음미하지 못한다. 색들 간의 차이가 줄어들고 선명함도 덜해진다. 개들에게 세상은 이렇게 항상 어둑한 오후처럼 보인다.

개들은 다양한 색을 경험하지 못하기 때문에 특정한 색을 선호하는 일도 드물다. 당신이 전혀 어울리지 않는 빨간 끈과 파란 목줄을 골랐다고 해도 개는 전혀 불평하지 않을 것이다. 그래도 순도가 아주 높은 색은 개의 주의를 끌 수 있다. 대비되는 색 옆에 있는 물체도 마찬가지다. 생일 파티가 끝난 뒤 바닥에 이리저리 굴러다니는 빨간색 혹은 파란색 풍선을 볼 때마다 당신 개가 달려들어 공격하는 데는 다 이유가 있다. 온통 흐릿한 개의 시야에서는 그 두 가지 색이 유난히 눈에 띄기 때문이다.

통통 튀는 저 녹색 공 물어 와, TV에 나오는!

개는 부족한 추상체 수에서 비롯된 약점을 다수의 간상체(망막 안에 있는 다른 종류의 광수용세포)로 메운다. 간상체는 대개 빛이 부족하거나 빛의 밀도에 변화가 생길 때 반응한다. 우리 눈에 있는 간상체는 주변부에 밀집해 있고, 시야 가장자리에서 움직이는 물체를 인식하거나 해질녘이나 밤에 추상체의 반응이 느려질 때 도움을 준다. 개 눈에 있는 간상체는 밀도가 다양하다. 하지만 보통 인간의 간상체보다 세 배 정도 높다. 그러니 개가 바로 눈앞에 있어서 인지하지 못하는 공을 아주 살짝 옆으로 밀어주는 것만으로도 개의 눈에 마법처럼 공이 보이게끔 할 수 있다. 가까이 있는 물체가 튕길 때는 간상체의 예리함이 더 증가한다.

개의 지각, 경험, 행동에서 나타나는 이 모든 차이는 갯과 동물의 안구 뒤쪽에 있는 세포 분포의 작은 변화에서 비롯된다. 그리고 큰 차이를 불러오는 또 다른 작은 변화가 있는데, 이는 잠재적으로 초점 영역이나 색각色覺의 변화보다 훨씬 광범위한 차이를 낳는다. 모든 포유동물의 간상체와 추상체는 세포 안에 있는 색소 변화를 통해 빛의 파동을 전기 신호로 바꾼다. 이 전환 과정에 걸리는 시간은 굉장히 짧다. 하지만 어쨌든 그 시간 동안은 세포가 외부에서 더 이상의 빛을 받아들일 수 없다. 외부에서 들어온 시각 정보의 깜박거림 정도를 감지하는 '점멸 융합률flicker-fusion rate(1초 동안 눈이 인식할 수 있는 외부 세계의 단편적인 영상 수)'이 여기서 나온다.

대개 우리는 세계가 자연스럽게 전개되는 것처럼 경험한다. 하지만 사실 우리 눈에 세계는 1초 동안 연속하는 60개의 고정 이미지가 깜박거리는 것처럼 비친다. 이때 60/sec가 인간의 점멸 융합률이다. 이 속도는 일반적으로 꽤 순식간이다. 하지만 우리는 문이 닫히기 전에 얼른 그 문을 잡을 수 있고, 상대방이 무안해하며 손을 거둬들이기 전에 그 손을 잡아 악수할 수 있다. 말 그대로 '움직이는 그림'인 영화를 만들 때는 인간의 점멸 융합률보다 아주 약간만 빠르게 필름을 제작한다. 그래야 그것이 순서대로 투사된 정지 화면의 연속일 뿐이라는 사실을 우리가 알아차리지 못하기 때문이다. 하지만 디지털 시대 이전에 만들어진 영화에서는 그것을 알아차릴 수 있다. 일반적인 영화 이미지는 우리가 시각적으로 처리할 수 있는 속도보다 빠르게 넘어간다. 하지만 속도를 늦추면 우리 눈이 프레임과 프레임 사이의 검은 화면을 인식하기 때문에 전체적으로 깜박거리는 것처럼 보인다.

이와 비슷하게, 형광등 불빛이 그토록 신경에 거슬리는 것은 형광등의 깜박거림이 인간의 점멸 융합률에 매우 근접하기 때문이다. 형광등은 빛을 만들어내기 위해 전류를 정확히 1초에 60회 흘려보내도록 조정되어 있다. 인간의 점멸 융합률은 그것보다 약간 빠르기 때문에 형광등이 깜박거리는 것처럼 보이는 것이다. 인간과 극단적으로 다른 눈을 가진 집파리에게는 모든 실내등이 형광등처럼 깜박이는 듯 보인다.

개의 점멸 융합률 역시 우리보다 훨씬 높은 70~80/sec다. 개들이 텔레비전 화면을 넋 놓고 보는 사람들의 독특한 행동을 따라 하지 않는 이유가 아마 이 때문일 것이다. 영화와 마찬가지로 (디지털이 아닌) 텔레비전 영상은 우리가 연속 화면을 본다고 착각할 정도로 빠르게 전송되는 일련의 고정 이미지이다. 하지만 그 속도는 개의 눈을 속일 정도로 빠르지 않다. 개는 텔레비전을 볼 때 마치 섬광 촬영 장치를 통해 보는 것처럼 낱낱의 프레임과 프레임이 하나씩 넘어갈 때마다 따라 나오는 검은 화면을 본다. 이것(그리고 텔레비전이 냄새를 풍기지 않는 것)이 아마 개를 TV 앞에 앉아 있도록 훈련시키기 힘든 이유일 것이다. 그들에게는 TV 속 화면이 전혀 생생하게 보이지 않으니까.*

혹자는 개들이 우리보다 세상을 더 빨리 본다고 말할지도 모르겠지만, 실은 그렇지 않다. 매초마다 우리보다 약간 더 많은 세상을 볼 뿐이다. 개가 쏜살같이 날아올라 허공에서 플라스틱 원반을 정확히 잡아채거나 굴러가는 공을 재빨리 따라가는 기술을 선보이면 우리는 그 모습에 감탄한다. 마이크로 비디오 녹화 화면과 궤적 분석을 통해 보고된 것처럼, 개가 원반을 잡는 과정은 야구에서 외야수가 날아오는 공을 잡을 때 무의식적으로 쓰는 방향 결정 전략과 흡사하다. 실제로 개들은 움직이는 플라스틱 원반이나 공의 새로운 위치를 인간보다 더 빨리 예측해낸다. 원반이 우리 머리를 향해 날

* 디지털 텔레비전 방송으로의 전환은 점멸 융합률 문제를 없애줄 것이다. 후각적으로 흥미롭지 않기는 마찬가지겠지만 TV 속 화면을 더 생생하게 느낄 수는 있을 것이다.

아오는 그 찰나의 순간 우리 눈은 내부적으로 깜박인다.

신경과학자들은 인간에게서 '동작맹akinetopsia(움직이는 물체를 시각적으로 인식하지 못하는 증상-옮긴이)'이라는 특이한 뇌질환을 확인했다. 동작맹을 앓는 환자는 움직이는 물체를 보지 못한다. 연속되는 이미지를 평범한 움직임으로 통합하는 데 어려움을 겪는다. 가령 이들이 컵에 차를 따른다면 차가 흘러넘칠 때까지 그 중간 과정에 전개되는 수많은 이미지 변화를 인식하지 못한다. 개의 관점에서 볼 때 우리는 동작맹을 앓는 사람과 비슷하다. 개들은 우리가 보지 못하는 세상의 틈새를 본다. 그들에게 우리는 항상 약간 천천히 움직이는 것처럼 보일 것이다. 인간은 개보다 세상에 약간 느리게 반응한다.

시각적 움벨트

나이가 들자 펌프는 갑자기 엘리베이터 타기를 꺼려하게 되었다. 아마 밖에 있다가 어둑한 실내에 들어서면 잘 보이지 않아서일지 모른다. 그럴 때면 나는 펌프를 달래거나, 내가 먼저 엘리베이터에 타거나, 엘리베이터 바닥에 밝은색 물건을 던진다. 그러면 펌프는 재빨리 내달려 바닥의 틈새를 훌쩍 뛰어넘어서 엘리베이터를 탄다. 용감한 녀석 같으니.

개는 우리가 보는 것을 똑같이 보지만 보는 방식이 다르다. 그런 시각적 능력의 구조 자체가 개의 넓은 행동반경을 설명해준다. 우선 개는 시야각이 넓어서 주변은 잘 보지만 정면은 잘 보지 못한다. 자기 발은 아마 그리 선명하게 보이지 않을 것이다. 그러니 우리가 손에 의지하는 것에 비하면 개는 앞발을 거의 사용하지 않는 것이나 마찬가지다. 시야에 변화가 적다는 건 뻗고, 잡고, 만지는 행위도 덜하게 된다는 의미이다.

또 개는 사람 얼굴에 초점을 맞출 수는 있지만 눈의 위치는 잘 찾지 못한다. 다시 말해 의미심장한 눈빛보다 얼굴 전체에 드러나는 감정을 더 잘 이해하고, 곁눈질로 보내는 비밀스러운 눈빛보다 손가락으로 가리키는 것을 더 잘 따른다. 개의 시각은 다른 감각이 채우지 못하는 부족한 부분을 보완한다. 예를 들어 트인 공간에서 어떤 소리가 들리면 먼저 귀로 대체적인 위치를 파악하고, 눈으로 정확한 위치를 확인한 다음, 코로 세밀하게 검사하는 식이다.

개는 우리를 냄새로 인지한다. 하지만 분명 시선도 우리를 향해 있다. 과연 그들이 보는 것은 무엇일까? 바람이 불거나 향수 냄새가 강해서 냄새로 주인을 알아볼 수 없는 경우 개는 오로지 시각적 단서에 의존할 수밖에 없다. 자기를 부르는 주인 목소리만 듣고는 선뜻 달려오지 않을 것이다. 목소리는 당신 얼굴이나 특유의 걸음걸이 혹은 자기 이름을 부르는 입술의 움직임이 아니기 때문이다.

최근 한 연구가 이 사실을 입증했다. 연구자들은 대형 모니터를 통해 개에게 주인 얼굴 또는 낯선 사람의 얼굴을 보여주면서 동시에 주인 목소리 또는 낯선 사람의 목소리를 들려주었을 때 개가 어떻게 행동하는지 알아보았다.

개들은 사람 얼굴과 목소리가 일치하지 않을 때, 즉 주인 얼굴을 보여주고 낯선 목소리를 들려주었을 때와 낯선 얼굴을 보여주고 주인 목소리를 들려주었을 때 화면을 더 오래 쳐다봤다. 만약 개들이 주인 얼굴을 더 좋아해서 화면을 오래 쳐다본 것이었다면 어떤 경우에도 주인 얼굴을 제일 오래 쳐다봤을 것이다. 하지만 그들은 무언가 놀랄만한 요소가 있을 때, 즉 얼굴과 목소리가 일치하지 않을 때 화면을 제일 오래 쳐다봤다.

시각의 물리적 요소는 개의 경험을 정의하고 제한한다. 그리고 이렇게 정의되고 제한된 경험에는 그 이상의 요소가 있는데, 바로 다른 감각들의 시각 역할 놀이다. 인간을 비롯한 시각적 동물은 어떤 경험을 비시각적 감각을 통해 먼저 지각하게 되면 특별한 기쁨을 느낀다. 예를 들어 집 앞에 도착해 좋은 냄새를 맡고, 문을 열고 들어가 냄비 끓는 소리와 식기 달그락거리는 소리를 듣고, 눈을 감은 채 요리 맛을 보는 것은 익숙한 경험을 낯설게 해준다. 그런 다음 눈으로 확인하는 순간 익숙한 장면이 나를 반긴다. 연인이 정성스럽게 차려놓은 저녁 식탁, 그리고 엉망이 된 주방.

먼저 부차적인 감각을 통해 무언가를 경험하게 되면 처음에는 당황스럽지만 곧 평범한 것이 참신하게 느껴진다. 개의 감각에도 그들만의 서열이 있기 때문에, 나는 개들 역시 코 이외의 감각으로 무언가에 다가가는 신비를 느낄 수 있으리라 생각한다. 이것은 우리가 처음으로 개에게 어떤 명령을 하면 그것을 이해하는 데 어려움을 겪는 것(우리 집 새 식구가 된 강아지에게 **"소파에서 내려와!"**라고 말했더니, 녀석은 어리둥절한 표정으로 나를 쳐다봤다)이나 개가 우리 시각 세계의 차이를 배우는 데 자부심을 갖는 듯 보이는 것을 설명해줄지도 모른다.

개는 우리와 같은 세상을 보지만 우리와 다른 의미를 부여한다. 시각장애인 안내견은 인간의 환경을 익혀야 한다. 자기에게 흥미로운 것이 아니라 시각장애인에게 중요한 것을 학습해야 한다. 심지어 보도의 갓돌도 구별할 줄 알아야 한다. 개에게 갓돌이 무슨 의미가 있겠는가. 끈질기게 노력하면 개도 갓돌 구별하는 법을 배울 수는 있지만 대부분은 갓돌을 전혀 인식하지 못한다. 눈에 보이지 않아서가 아니라 그들에게 아무런 의미가 없기 때문이다. 그들이 발로 딛고 다니는 땅바닥은 거칠 수도 부드러울 수도 있다. 매끈할 수도 있고 바위투성이일 수도 있다. 개 냄새를 풍길 수도 있고 사람 냄새를 풍길 수도 있다. 하지만 어쨌든 보도와 차도는 사람의 구분이다. 갓돌은 단지 흙과 그 위에 덮어놓은 단단한 돌덩어리의 높이에 약간 변화를 준 것뿐이다. 그것은 단지 **도로, 보행자, 교통량** 같은 개념을 사용하는 인간에게만 의미가 있다. 따라서 안내견은 자기가 안내하는 사람에게 갓돌의 의미가 갖는 중요성을 배워야 한다. 빨리 달리는 차, 우편함, 다가오는 행인들, 문손잡이 등의 중요성을 알아야 한다. 시각장애인 안내견은 건널목 특유의 줄무늬, 갓돌과 나란히 뻗어 있는 어둡고 냄새나는 하수구, 콘크리트에서 아스팔트로 바뀔 때 생기는 밝기의 변화를 갓돌과 연관시킬 수 있다.

개는 우리가 그들의 시각 세계에서 중요해 보이는 것을 이해하는 것보다 훨씬 빨리 우리의 시각 세계에서 중요한 게 무엇인지 배운다. 나는 오래전 산책 중에 펌프가 모퉁이 근처에 나타난 에스키모개를 보고 흥분한 이유를 아직까지도 잘 모른다. 더군다나 십몇 년이 지나서야 나는 펌프가 그때 흥분했었다는 사실을 깨달았다. 반면 펌프는 특정 물건의 특정 위치가 나에게 중요하다는 것을 재빨리 인식했다. 예를 들어 펌프는 낡아빠진 소파에 앉아 있을 때는 상관없지만 팔걸이의자에 앉아 있을 때 내가 나타나면 비켜야 한다는 것, 슬리퍼를 가져오면 내가 한바탕 웃고 운동화를 가져오면 화를 낸다는 것 등의 차이를 안다.

개의 시각적 경험에는 의외의 특성이 하나 있다. 개는 우리가 보지 못하는 세세한 것들을 본다. 개의 시각이 다른 감각에 비해 상대적으로 발달하지 않은 것이 오히려 개에게는 이득이 된다. 개는 세상을 눈으로만 인식하려 하지 않기 때문에 우리가 보지 못하는 세세한 것까지 볼 수 있는지도 모르겠다. 인간은 전체gestalt(주로 '형태'라고 번역되지만 정확하게는 사물이 배치되는 방식을 의미하는 독일어이다-옮긴이)를 본다. 우리는 방에 들어갈 때마다 전체적으로 한번 슥 훑어본다. 모든 것이 대체로 예상하는 자리에 있으면 더 이상 주의를 기울이지 않는다. 사소한 장면은 눈여겨보지 않고 큰 변화조차 놓칠 때가 많다. 벽에 구멍이 나도 못 보고 지나칠 수 있다. 무슨 말도 안 되는 소리냐고? 실제로 우리는 삶의 매 순간 눈앞에 존재하는 구멍을 인식하지 못한다. 그 구멍은 우리 눈의 구조에서 비롯된다. 망막 세포에서 뇌세포까지 정보를 전달하는 신경 경로인 시신경은 뇌로 돌아가는 길에 망막을 곧장 관통한다. 따라서 눈동자를 고정시키고 앞을 보면 망막에 상이 맺히지 않는 부분이 있다. 그 부분을 포착할 망막이 없기 때문이다. 그곳이 바로 망막의 맹점이다.

우리는 눈앞에 있는 이 구멍을 결코 인식하지 못한다. 상상력을 발휘해 그곳에 있을 법한 장면을 채우기 때문이다. 우리는 눈에 보이는 장면을 더 완벽하게 만들기 위해 시선을 무의식적으로 끊임없이 이리저리 움직인다. 이것을 안구의 **단속 운동**saccade이라고 한다. 그래도 우리는 결코 그 구멍을 보지 못한다. 이와 비슷하게 우리는 우리가 보고 싶어 하는 것과 약간 다른—하지만 충분히 비슷한—것들에 대해서도 맹점을 가지고 있다. 그러나 진화를 거듭하며 적응한 시각적 생명체인 우리의 뇌는 시각 정보에 구멍이 있고 정보가 불완전해도 부족한 부분을 채워 온전히 이해할 능력이 있다.

어쩌면 우리는 너무 잘 적응한 것인지 모른다. 그런데 동물은 우리가 이렇게 놓치는 부분을 볼 수 있다. 가령 자폐증 환자였던 템플 그랜딘Temple Grandin 박사(도살하는 가축을 인도적으로 다룰 것을 주장하고 동물에 스트레스를 주지 않는 가축시설을 설계하는 등 동물 복지에 헌신해온 미국의 과학자이자 동물행동학자이다-옮긴이)는 소를 통한 실험으로 이 사실을 입증했다. 활송 장치를 따라 도살장으로 인도되는 소들은 보통 뒷걸음치고, 발로 차고, 앞으로 나아가지 않으려고 버틴다. 우리가 아는 한 이런 행동은 소들이 도살장에서 일어날 일을 이해하기 때문이 아니다. 소를 놀라게 하거나 겁먹게 하는 사소한 시각적 세부사항들 때문이다. 얼핏 봐서는 전혀 중요한 것 같지 않은, 물웅덩이에서 반사되는 빛, 소들 사이에서 눈에 띄는 노란색 비옷, 갑작스러운 어둠, 바람에 펄럭이는 깃발 같은 것 말이다. 우리도 분명 이런 시각적 요소들을 볼 수 있다. 다만 소들이 인식하는 것과 다르게 인식한다.

개는 인간보다 소에 가깝다. 인간은 성급히 장면을 분류하고 범주화한다. 맨해튼 거리를 따라 걸어가는 출근길, 선형적인 직상인은 지금 자기가 걸어가고 있는 세계에 전혀 관심이 없다. 걸인어든, 연예인이든 무심히 지나친다. 구급차나 사람들 행렬이 지나가도 아랑곳없다. 놀란 표정으로 모여 있는 군중도 멀찌감치 비켜간다. 무슨 일인지 보려고 걸음을 멈추는 일은 거의 없다. 출근길에서 중요한 것은 목적지까지 제시간에 도착하는 것이다. 그 외에 관심을 기울여야 할 것이 전혀 없다. 하지만 개는 이런 식으로 생각하지 않으리라고 믿을 만한 충분한 이유가 있다.

각자의 기억을 더듬어보라. 공원까지 가는 길은 시간이 지나면 익숙해지지만 당신의 개가 그 길을 무심히 지나친 적이 있는가? 개는 앞으로 보게 되리라 예상되는 것보다 실제로 지금 이 순간 눈에 보이는 사소한 것들에 훨씬 관심이 많다.

그렇다면 개는 자신의 시각적 능력을 어떻게 사용할까? 답은 '영리하게'다. 즉 그들은 우리를 본다. 일단 개가 우리를 향해 눈을 뜨면 놀라운 일이 벌어진다. 그때부터 개들은 우리를 응시하기 시작한다. 하지만 우리와의 시각적인 차이 덕분에 우리가 보지 못하는, 우리에 관한 것도 볼 수 있는 것 같다. 금방이라도 우리 마음을 꿰뚫어볼 듯이.

6장

개가 '본다'는 것

일을 하다 고개를 들었을 때 펌프가 내 시선을 똑바로 받으며 날 물끄러미 바라보는 것을 발견하면 놀랍기도 하고 약간 당황스럽기도 하다. 사람의 눈을 똑바로 쳐다보는 개의 시선에는 강력한 힘이 있다. 내가 펌프의 감시망 안에 있는 것이다. 그럴 때면 마치 펌프가 나를 바라보기만 하는 게 아니라, 나를 돌보고 내 안을 들여다보는 것처럼 느껴진다.

개의 눈을 마주 보면 개도 나와 눈을 맞춘다는 사실을 확실히 알 수 있다. 우리의 시선에 반응을 보이는 것이다. 그리고 그 시선은 단지 우리에게 눈길을 고정시키는 것으로 끝나지 않는다. 우리가 그들을 바라보는 시선 그대로 우리를 바라본다. 그 순간이 정말 중요한 이유는 그 시선이 개의 마음 상태를 함축해 보여주기 때문인데, 그것은 바로 관심이다. 대상이 누구이든 상대를 바라보는 주체는 시선을 통해 관심을 표명할 뿐 아니라 상대가 보이는 관심에도 주의를 기울인다.

가장 기본적인 수준에서 **관심**이란 한순간 누군가에게 쏟아지는 모든 자극의 일부 양상을 밖으로 드러내는 과정이다. 시각적인 관심은 **보는 것**으로, 청각적 관심은 **듣는 것**으로 시작하며 눈과 귀를 가진 동물이라면 그 두 가지가 모두 가능하다. 하지만 우리가 일반적으로 **관심을 기울인다**고 말할 때는 단지 그 감각기관을 가지고 있다는 뜻이 아니라 고개를 돌려 바라보거나 듣게끔 이끌어가는 게 무엇인지 생각한다는 의미다.

심리학자들은 관심이란 단지 자극을 향해 고개를 돌리는 행위만이 아니라 그 외 무언가를 더 포함한다고 말한다. 그것은 바로 흥미를 보이는 마음 상태, 즉 의지다. 무언가를 향해 고개 돌리는 사람에게 관심을 보이는 것은 우리가 다른 사람의 심리상태를 이해한다는 뜻이다. 이것은 분명 인간의 기술이다. 우리가 다른 사람의 관심에 주의를 기울이는 것은 그렇게 함으로써 그가 다음에는 무엇을 하고, 무엇을 보며, 무엇을 알게 될지 예상하는 데 도움이 되기 때문이다. 자폐증 환자에게 결여된 능력 중 하나가 바로 다른 사람과 시선을 맞추고 관심을 보이는 것이다. 결과적으로 그들은 다른 사람이 관심을 보일 때 본능적으로 그것을 이해할 수 없으며, 따라서 타인의 관심에 어떤 식으로 대응해야 할지도 모른다.

주변의 다른 것은 모두 무시하고 한 가지에만 관심을 기울이는 것은 언뜻 단순해 보일지는 몰라도 모든 동물에게 없어서는 안 될 중요한 능력이다. 우리가 보고 냄새 맡고 소리를 듣는 대상은 정도의 차이는 있어도 거의 생존과 관련돼 있기 때문이다. 따라서 나머지 풍경이나 혼란스러운 소음은 무시하고 오직 그러한 대상에만 관심을 기울이는 것이 옳다. 비록 인간에게는 생존 자체가 절박한 관심의 대상이던 시기는 지났지만 그래도 우리는 지속적으로 관심을 전달하고, 돌리고, 끌기 위해 노력한다. 누군가의 말을 들어주고, 회사까지 걸어가는 경로를 정하고, 심지어는 방금 전에 무슨 생각을 하고 있었는지 기억해내는 것 같은 우리 시대의 모든 평범한 행위를 해나가기 위해서도 어느 정도 관심 기제가 필요하다.

인간과 마찬가지로 사회적 동물이며 역시 생존 압박감에서 조금은 자유롭다고 할 수 있는 개에게도 확실히 세상에 주의를 기울이게끔 하는 흥미로운 심리 기제가 있다. 남다른 감각 덕분에 개는 시간에 따른 냄새 변화 같은, 우리가 전혀 감지하지 못하는 것들을 알아차릴 수 있다. 반대로 인간은 개가 전혀 감지할 수 없는 언어상의 미묘한 차이 같은 것을 알아차린다.

하지만 개가 다른 포유류, 심지어는 길들여진 다른 동물과 구분되는 것은 그들의 관심이 우리와 겹친다는 데 있다. 우리와 마찬가지로 개는 **인간**에게, 즉 우리의 위치, 미묘한 움직임, 기분, 그리고 무엇보다도 얼굴에 관심을 기울인다. 동물에 관해 사람들이 일반적으로 믿는 사실 한 가지는 그들이 우리를 쳐다보는 것은 두려워서, 혹은 우리를 잡아먹고 싶어서라는 것이다. 우리를 포식자나 먹잇감으로만 본다는 말이지만 사실 그것은 터무니없는 소리다. 개는 매우 특별한 감정으로 인간을 바라본다.

그리고 근래 개의 인지능력에 관해 급증한 연구 주제가 바로 그 특별한 감정에 관한 것이다. 체계적으로 정리된 이러한 연구는 인간 유아가 성인으로 발달해가는 과정을 연구 지표로 이용한다. 성인이 되면 우리는 관심을 기울인다는 것이 어떤 의미인지 잘 안다. 개에 관한 연구를 통해 알아낸 바는 그들의 능력도 상당 부분 우리와 비슷하다는 것이다.

아이의 눈

개든 인간이든 몇 가지 타고난 행동 경향으로 삶을 시작한다. 무언가에 관심을 보이고 이해하는 과정은 저절로 일어나는 것이 아니라 이러한 본능으로부터 자연스럽게 발달한다. 대부분의 동물과 마찬가지로 인간의 아기도 기본적인 정향반사를 한다. 할 수 있는 한 최선을 다해 온기나 음식이 있는 쪽 또는 안전한 곳으로 움직이는 것이다. 신생아는 따뜻한 쪽으로 고개를 돌려 빠는데, 이를 포유반사라고 한다. 그 시기 유아들은 포유반사 외에도 조금 더 많은 것을 할 수 있다. 새끼 오리들은 인간의 아기보다 더 조숙해서 태어나자마자 처음 본 성인 개체를 끊임없이 따라다닌다.* 새끼 오리와 인간 아기의 이러한 반사작용은 다른 대상이 가까이에 존재한다는 사실을 알아차리는 초기 인식능력에 의존한다. 그것이 바로 생후 몇 년에 걸쳐 다른 사람의 관심이 중요하다는 사실을 배워갈 수 있게끔 도와주는 능력이다.

인간이라면 다른 사람을 이해하기 위해 누구나 거치는 발달 단

* 1930년대 생물학자 콘라트 로렌츠는 어린 물새류에 공통적으로 나타나는 이러한 습성을 증명해냈다. 그는 회색 기러기 새끼 떼가 태어나자마자 맨 처음 자신을 보게끔 했다. 그러자 새끼들은 즉각 로렌츠를 따라다녔고, 결국 그는 기러기들의 아빠가 되어 양육을 책임져야 했다.

계가 있다. 세상의 옳은 것(사람)에 관심을 보이는 법을 배우고, 다른 사람도 관심을 보이고 있음을 이해하기 시작하는 것이다. 이것은 아기가 눈을 뜨자마자 시작된다. 대단치 않지만 신생아도 볼 수는 있다. 물론 지독한 근시라 자신을 바라보며 소곤대는 얼굴이 코앞까지 다가와야만 볼 수 있다. 그것이 그들이 명확히 보는 세상의 범위다. 사실 인간 뇌에는 얼굴이라는 자극에 반응하는 신경단위가 있다. 아기는 얼굴이나 얼굴 비슷하게 생긴 것을 감지하고 보는 것을 좋아한다. 심지어는 세 개의 꼭짓점이 있는 V자 모양을 다른 이미지보다 훨씬 좋아한다.

아기는 생의 초기부터 관심 대상을 오랫동안 바라보는데,* 그중에서도 엄마 얼굴은 가장 큰 관심거리다. 머지않아 아기는 자신을 바라보는 얼굴과 고개를 돌리고 있는 얼굴을 구분할 수 있게 된다. 이는 간단한 기술이지만 사소하다고는 할 수 없다. 세상의 시각적 불협화음 속에서도 눈앞에 어떤 대상이 있고, 그중 몇몇은 살아 있으며, 살아 있는 대상 중 일부는 특별한 관심을 기울일 만하고, 또 그 특별한 관심 대상 중 일부가 얼굴을 가져다대는 것은 관심의 표명이라는 사실을 배워야만 하기 때문이다.

그러한 구분을 할 수 있게 되면 시력도 향상되고 다가오는 얼굴에 집중할 수 있게 된다. 아기들은 일종의 시선 맞추기 게임이라 할 수 있는 까꿍 놀이에 자지러진다. 심리학자들이 아기들을 바라보며

---

* 발달심리학자들은 아기들이 자기 생각을 표현할 수 없다 하더라도 관심이 가는 대상에게 매우 오랫동안 시선을 고정시킨다고 믿는다. 심리학자들은 이 특성을 이용해 아기들이 무엇을 보고 구분하고 이해하며 선호하는지 자료를 수집한다.

혀를 내밀고 인상을 찌푸려 보임으로써 증명했듯 매우 어린 아기도 단순한 표정은 흉내 낼 수 있다. 물론 이러한 표정은 아기들이 성장한 후 짓게 될 표정의 의미와는 아무 상관이 없다(일부 기대와 달리 아기가 심리학자를 향해 혀를 내민 것은 짓궂은 의도에서 비롯된 것이 아니다). 아기는 단지 얼굴 근육을 이용하는 법을 배우고 있을 뿐이다. 생후 석 달쯤 되면 아기는 표현하는 법을 배우고 인상 쓰는 표정에 반응을 보이며 사교적인 미소도 짓는다. 그들은 근처에 있는 다른 사람의 얼굴을 보기 위해 고개를 돌린다. 9개월쯤 되면 다른 사람의 시선을 따라가서 그것이 머무는 곳을 볼 수도 있다. 그 시선을 통해 자신이 원하는 대상을 찾기도 하고, 그곳에 숨겨진 것을 발견하기도 한다.

머지않아 아기는 손가락이나 주먹, 팔 등을 이용해 자신의 시선을 연장시킴으로써 원하는 대상을 요구하고, 첫돌을 맞을 때쯤이면 대상을 직접 보여주어 공유할 수도 있게 된다. 이러한 행동은 다른 사람도 흥미로운 대상(병, 장난감, 또는 아기)에 관심을 나타낸다는 사실에 대한 이해가 싹트고 있음을 보여준다. 12개월에서 18개월 사이의 아기는 다른 이들과의 **공동 관심사**에 몰두한다. 서로 눈을 맞추고 다른 대상을 보다가 다시 눈길을 맞춘다. 이것은 하나의 돌파구라 할 수 있다. 아기가 완전한 '결속감'을 얻으려면 자신과 상대가 서로 마주 보고 있을 뿐 아니라 같은 대상에 **관심을 두고 있다**는 걸 어느 정도 이해해야 하기 때문이다. 아기는 다른 사람과 자기 눈앞에 보이는 대상들 사이에 눈에 보이지는 않아도 진정한 연관관계가 있다는 사실을 이해한다. 일단 이 사실을 깨닫는 순간, 지옥문이 열려버린다. 이제 아기는 단순히 어딘가를 바라보는 것만으로 다른 사람의 관심을 마음대로 조작할 수 있게 된다. 다른 사람이 어디를 바라보고 가리키는지 확인하고, 자신이 남들과 공유하고 싶은 활동을 하는 동안, 또는 숨기고 싶은 활동을 하는 동안 어른들이 자신을 바라보고 있는지 알아차리기 시작한다. 스스로를 가리키거나 보여주기 전에 어른들을 향해 기대하는 눈길을 보내기도 한다. 관심을 끌기 위해 매우 열심히 노력하기도 한다. 그리고 슬슬 관심을 피하기 시작할 것이다. 중요한 순간에 방을 나가버리거나 어른들 시야에서 물건을 감춰버리기도 한다. (이것이 어린아이가 다루기 힘든 청소년으로 자라게끔 만반의 준비를 갖추게 해준다.)

우리는 모두 이 동일한 발달과정을 거쳐 개성 있는 인간이 된다. 몇 년 지나면 막연하던 아기의 시선이 의미 있는 것으로 바뀌고 다른 사람을 향하며 다른 사람의 시선을 따르게 된다. 즐겁게 다른 사람과 시선도 맞춘다. 그리고 머지않아 정보를 얻기 위해, 다른 사람의 시선을 조작하기 위해(집중을 방해하고, 시선을 피하거나 손가락질하는 등의 방식으로), 그리고 관심을 얻기 위해 시선을 이용한다. 어느 시점이 되면 다른 사람의 시선에는 의도가 있다는 사실도 깨닫게 된다.

동물의 '관심'

펌프가 코앞까지 다가와 헐떡이기 시작한다. 눈을 크게 뜨고 깜빡이지도 않으며 무언가가 필요하다고 말한다.

근래 인지심리학자들은 '인간 이외의 동물'이라는 새로운 주제로 이 발달과정을 단계적으로 추적하는 중이다. 그렇다면 동물은 인간 성장 궤적을 어느 정도나 따르고 있을까? 태어나 처음 눈을 뜨면 의지대로 사물을 바라볼 수 있을까? 처음부터 상대 시선을 알아차리는 걸까? 관심의 중요성을 이해할까?

이것은 동물 인지연구의 한 측면으로 동물이 상대의 '정신 상태'에 대해 무엇을 이해하고 있는지 살펴보기 위한 것이다. 동물을 피실험 대상으로 하는 모든 실험은 신체적 혹은 사회적 인지능력처럼 인간이 동물을 능가한다고 확신하는 분야를 테스트한다. 연구자들은 민달팽이부터 비둘기, 다람쥐과 포유류인 프레리독, 침팬지에 이르기까지 손에 넣을 수 있는 동물이란 동물은 모두 미로 속에 들여보내 수치로 나타내고, 범주화하고, 이름을 붙인다. 또한 그림이나 숫자를 구분하고 외우고 기억하게 한다. 이러한 과제는 동물이 다른 대상을 인지하고 모방하고 속일 수 있는지 알아보기 위해 고안된 것이며, 심지어는 그들 스스로를 인지하는지 알아보고자 하는 것이다.

몇몇 실험에 이용되는 어떤 질문은 지극히 인간적인 것으로, 동물이 같은 종은 물론이고 다른 종의 동물과 상호 소통할 때 어떤 사회적인 생각을 하는지 묻기도 한다. 우리에 갇힌 침팬지가 연구자를 바라본다면 그것이 연구자에 관해 생각하고 있다는 의미일까? 어떻게 하면 연구자가 우리 문을 열게 할 수 있을지 생각하는 중일까? 아니면 생각이라는 것을 하기는 하는 걸까? 근처의 그 알록달록한 존재가 하는 행동이 자신에게 의미 있거나 흥미로워지기를 기다리고 있는 것일까? 고양이는 쥐가 생명과 자유의지가 있는 존재라는 생각을 할까? 아니면 단지 움직이는 먹이에 지나지 않으니 잡아서 먹어치워야 한다고 생각할까?

앞에서도 이미 논의했지만, 동물의 주관적인 경험을 과학적으로 밝혀내기란 결코 쉬운 일이 아니다. 어떠한 동물도 그 경험을 말이나 글로 설명할 수 없다.* 따라서 행동이 우리에게 정보를 전달하는 유일한 수단이다. 물론 두 사람이 똑같은 행동을 하더라도 그것이 반드시 똑같은 심리 상태를 의미하는 것이 아님을 감안하면 행동에도 뜻하지 않은 함정이 있다는 것을 알 수 있다. 한 예로 나는 행복할 때 미소 짓지만 걱정이나 불확실한 느낌이 들 때, 혹은 놀라는 순간에도 미소 지을지 모른다. 누군가 내게 미소로 화답할 때 그것은 행복의 표현일 수도 있지만 비웃음일 수도 있다. 당신의 '행복'이 나의 것과 똑같은 느낌이라는 것을 결코 확신할 수 없음은 따로 언급할 필요조차 없다.

그럼에도 불구하고, 행동은 우리가 타인의 정신 상태를 지속적으로 확인하는 것 없이도 얼마든지 평화롭고 생산적으로 상호 소통

---

* 물론 대부분의 경우 그렇다는 것이다. 꼬리 없는 원숭이 칸지와 양무(아프리카 회색 앵무새) 알렉스는 질문을 받으면 대답을 한다. 알렉스는 연구자들이 하는 말을 엿들어 배운 단어를 이용해 논리 정연한 세 단어짜리 문장을 만들어냈다. 칸지는 수백 개의 그림문자(상징적인 그림)를 알아서 손가락질해가며 대화할 수 있다. 그리고 소피아라는 개는 산책 가자, 차 타고 나가자, 배고프다, 장난감 줘 등 이미 학습한 여덟 개의 행위가 표시된 키보드를 쓸 수 있다. 적절한 상황에서 적당한 자판을 눌러 원하는 것을 요구하는 것이다. 하나의 의사소통 행위로서 이러한 행동은 온전한 언어라기보다는 빈 그릇을 주인 앞으로 끌고 가 배고픔을 표현하는 것에 가깝다고 하겠다. 좀 더 난해한 언어활동이나 키보드를 이용한 의사소통 행위는 아직 보고된 바가 없다.

할 수 있도록 동물의 미래 행동을 잘 예측하게 해주는 훌륭한 지침서다. 그래서 우리는 동물의 행동, 특히 우리와 비슷한 행동을 연구한다. 인간의 사회적 소통에서 관심을 이용하고 따르는 것은 매우 중요한 역할을 하기에 동물 인지를 연구하는 학자들도 동물이 관심을 이용하고 있음을 보여주는 행동을 찾아내려 노력한다.

최근 들어 관심을 이용하는 개의 능력에 관한 정보를 얻고자 실험실이나 통제된 외부시설로 개를 불러들이고 연구 자료집 등을 살펴보는 일이 잦아졌다. 개가 통제된 외부시설에 들어가면 보통 한 명 이상의 실험자가 동반해 장난감이나 간식 등 개가 원하는 물건을 숨겨놓고 실험을 진행한다. 실험자는 간식이 숨겨진 장소를 알려주는 단서를 다양화해서 어떤 단서가 개에게 의미 있는지 결정하게 된다.

연구자들이 궁금해하는 것은 개의 발달과정이 인간 유아가 거치는 과정과 어느 단계까지 일치하는가 하는 점이다. 관심은 응시로 시작하고, 응시는 시각적인 능력을 요한다. 우리는 이미 개가 무엇을 보는지 확실히 인지했다. 의지를 가지고 본다는 사실도 확인했다. 그렇다면 개가 관심을 이해하는 것일까?

서로를 본다는 것

응시하는 행위에는 많은 의미가 담겨 있다. 누군가를 응시하는 것만으로도 우리는 상대에게 영향력을 행사할 수 있다. 나의 학생들이 현장실습을 통해 발견한 사실에 따르면 시선을 맞추는 행위가 직집적인 신체 접촉만큼이나 친근감을 불러일으킨다고 한다. 타인과 눈을 맞출 때는 지켜야 할 규칙들이 있는데 그것을 어기면 공격적으로 보이거나 반대로 친밀해 보이는 효과를 얻는다. 우리는 누군가를 굴복시키고자 할 때 경멸스러운 시선으로 그를 내려다본다. 혹은 길고 지속적인 시선을 보내 성적 관심을 드러내기도 한다.

약간의 차이는 있을지언정 이는 얼마나 많은 인간 이외의 동물이 시선 맞추기를 이용하는지 쉽게 보여준다. 유인원 사이에서 시선 맞추기는 상당히 중요한 행위다. 이는 공격적인 행위로 이용될 수 있다. 예를 들어 그 시선이 무리 중 순종적인 대상을 향하고 있다면 그 대상은 이 시선을 피하려 할 것이다. 지배적인 위치에 있는 동물을 노려보는 것은 공격받을 위험을 감수하는 것과 마찬가지다. 침팬지는 누군가를 노려보는 것을 피할 뿐 아니라 시선 받는 것도 싫어한다. 순종적인 침팬지는 주로 바닥이나 자신의 발을 바라보며 실의에 빠진 듯 행동하고 간헐적으로만 주변을 둘러볼 뿐이다. 늑대 무리에서도 직접적으로 노려보는 행위는 위협으로 간주된다. 그러니 눈 맞추기의 '공격적'인 요소는 인간을 상대로 할 때도 마찬가지라 할 수 있다. 차이점이 있다면 다음과 같다. 인간 이외의 동물 중에서 의미 있는 시선을 던질 수 있는 동물은 관심 대상에게 눈길을 돌리지만 그 대상이 같은 종이라면 사회적 압력의 부담감 때문에 그 시선을 회피하게 된다.

따라서 상호 응시의 경우 우리는 개와 인간의 반응이 약간 다르리라고 예상할 수 있다. 개는 본디 상대를 응시하는 행위를 위협으로 간주하는 종이기 때문에 개가 눈길을 피할 경우 시선을 맞출 능력이 없어서라기보다 진화의 결과 때문이라고 보아야 한다. 하지만 잠깐! 개도 우리의 얼굴을 바라본다. 정면을 바라보기도 한다. 물론 같은 눈높이에 있을 경우에 한해서다. 대부분의 개 주인은 자신의 개가 눈을 똑바로 응시한다고 말한다.*

그러므로 개도 과거 어느 시점에서 변화를 겪었음을 알 수 있다. 늑대나 침팬지, 원숭이의 경우에는 공격 위험 때문에 응시를 회피하는 경향이 있다. 하지만 인간 눈을 응시해서 얻을 수 있는 정보는 상당히 가치가 높기에 개는 상대 눈을 응시하는 것이 공격을 초래할 수도 있다는 과거의 두려움에 맞서고 있다. 따라서 우리에게 시선을 맞추는 개에게 호의적인 반응을 보이는 것은 긍정적 효과를 낼 뿐 아니라 유대감도 강화할 수 있다.

그런데 여기서 확실히 하고 넘어갈 것이 있다. 개의 시선을 받아주는 것은 '시선 맞춤'이라기보다는 '얼굴 맞춤'에 가깝다는 사실

---

* 이러한 행동이 인간을 바라봄으로써 얻을 수 있는 생존가치 때문이라고 주장할 수도 있다. 아기의 경우에서 볼 수 있듯 성인의 얼굴에는 다음번 식사가 어디서 올지를 비롯해 많은 정보가 담겨 있다. 20세기 초 생물학자 니코 틴버겐은 새끼 갈매기가 어른 갈매기의 붉은 점 부리에 열렬히 반응할 뿐 아니라 붉은 점이 찍혀 있는 막대만 내밀어도 지대한 관심을 보인다는 사실을 밝혀낸 바 있다.

이다.* 홍채가 뚜렷하고 흰자위 구분이 힘든 개 눈의 해부학적 구조 때문에 시선 방향을 확인하려면 과학자들의 비디오카메라가 접근할 수 있는 거리보다 훨씬 가까운 거리에서 개의 눈을 바라봐야만 한다. 과거부터 개를 기르는 사람은 개의 눈이 검은 것을 선호했다. 밝은색 홍채는 종종 변덕스럽고 교활한 것으로 간주되곤 했는데, 역설적이게도 그 이유는 개가 시선을 피하는 것을 확실히 구분할 수 있기 때문이었다. 하지만 품종개량을 통해 밝은 홍채의 눈을 지속적으로 제거해나간다고 해서 교활한 개를 제거할 수 있다고 생각한다면 오산이다. 단지 개가 시선 돌리는 것을 우리가 인식하지 못하게 될 뿐이다. 우리는 개가 불안한 시선으로 이리저리 눈길을 던지기보다 침대 발치에서 얌전히 누워 있을 때 더 편안히 잘 수 있다. 하지만 모든 면에서 우리는 개와 인간이 서로 마주 볼 때 '상호 응시'를 한다고 말할 수 있다.

그래도 여전히 응시의 원시적인 두려움이 개의 행동에 지대한 영향을 미친다. 만약 눈도 깜박이지 않고 당신의 개를 바라본다면 개는 시선을 회피할 것이다. 지극히 공격적이거나 너무 흥분한 개가 접근해올 때도 역시 당신 개는 다른 곳으로 시선을 돌려 그 흥분을 분산시키려 할 것이다. 또한 눈을 빤히 바라보면서 혼낼 때도 개

---

* 개가 보이는 또 다른 습성이 있다. 사람에게서도 발견되는 이것은 얼굴을 바라볼 때 왼쪽, 그러니까 상대의 오른쪽 얼굴을 먼저 바라보는 것이다. 심지어 어린아이들도 얼굴의 오른쪽을 먼저, 더 오래 바라보는 '편향된 응시' 경향을 보인다. 과학자들은 개가 인간의 얼굴을 응시할 때도 이러한 편향성이 나타난다고 한다. 하지만 다른 개를 바라볼 때는 이런 경향을 보이지 않는다. 그 이유는 아직도 확실히 밝혀지지 않았다. 어쩌면 우리 인간은 얼굴 양쪽에서 서로 다른 감정을 표현하지만 개는 그렇지 않을지도 모르는 일이다. 어쨌든 개는 인간이 인간을 바라보는 방식대로 우리를 바라보는 법을 배웠다.

는 부끄럽다는 듯이 시선을 돌려버린다. 죄를 지은 사람은 고소인의 눈을 똑바로 쳐다보지 못하는 경향이 있기에 우리가 눈길을 피하는 개도 마찬가지로 죄책감 때문이라 추측하는 것은 사실 놀랄 일도 아니다. 특히 개가 죄책감을 불러일으킬 만한 짓을 했다고 우리가 이미 확신하고 바라볼 때는 더욱 그러하다.

하지만 개들이 우리와 시선을 맞추리라는 사실이 우리가 개를 좀 더 인간적으로 대하게끔 해준다. 인간의 대화과정에 수반되는 규칙을 은연중에 개에게도 적용하게 되는 것이다. 개 주인이 개의 얼굴을 자신의 얼굴 쪽으로 돌린 후 '나쁜 강아지'라고 야단치는 장면을 우리는 심심치 않게 볼 수 있다. 우리는 사람과 대화를 나눌 때 청자가 화자의 얼굴을 더 몰두해서 바라보는 것처럼 개와 이야기할 때도 그들이 우리 눈을 바라보기를 원한다(사실 우리는 대화 중에 서로의 얼굴을 끊임없이 바라보지는 않는다. 누군가 그렇게 할 경우 오히려 불안감을 느끼기도 한다). 사람들이 대화를 나눌 때는 훨씬 친밀하고 정직한 시선 교환이 이루어지는데 우리는 그러한 대화의 역학을 개에게까지 연장시키고 싶어 하는 경향이 있다. 따라서 개가 뚱하게 있다면 대화를 시작하기 전에 이름을 불러서 적극적인 대화상대로 만들려 한다.

시선 따라가기

처음 성견이나 새끼 강아지를 집으로 데려오면, 즉시는 아닐지라도 머지않아 우리는 무언가를 깨닫게 된다. 집 안에 안전한 물건이 하나도 없다는 사실이다. 개는 인간을 갑자기 깔끔하게 만든다. 우리는 신발과 양말을 벗자마자 치워 놓고, 쓰레기가 높이 쌓이기 전에 밖으로 내다 놓아서 이제 막 이갈이가 시작된 천방지축 새끼 강아지 입에 딱 맞을 물건은 아무것도 바닥에 놔두지 않는다. 그러면 일시적인 평화가 찾아올지도 모른다. 하지만 결국에는 모든 물건을 닫힌 문 뒤로, 벽장 안으로, 높은 선반 위로 치워버려야 한다. 그러면 개는 신발, 먹이, 포장지, 모자 할 것 없이 모든 물건이 홀연히 사라져버린 공간을 절망적인 시선으로 바라본다. 하지만 우리는 곧 개가 무언가 새로운 것을 배웠음을 알게 된다. 즉 우리가 그 신기한 실종의 주범이라는 사실을 알아챈다는 것인데, 알고 보면 그 단서를 흘리는 것도 우리 자신이다.

어떻게? 시선이 말해준다. 양말을 집어 빨래 통에 넣을 때, 우리는 단지 손으로만 그것을 집는 게 아니다. 눈으로도 본다. 즉 가고자 하는 곳을 먼저 바라보는 것이다. 그리고 나중에 그 개가 일찍이 저지른 양말 도난 사건을 이야기하면서 다시 한번 양말이 놓여 있는 안전한 장소를 바라본다. 그러면 양말이 있는 장소가 다시 노출된다. 우리는 소위 '시선 따라가기'를 통해 다른 사람의 시선 방향을 이용하는 능력에 대해 이미 살펴본 바 있는데, 이는 첫돌을 맞기 직전의 아기들에게 발견되는 능력이지만 개의 경우는 그보다 훨씬 빠르다.

정보 공유를 목적으로 하는 응시는 손을 사용하지 않고 단지 시선으로만 한곳을 가리키는 것이다. 가리키는 지점을 따라가는 것은 비교적 단순한 능력이다. 확실히 개는 인간을 관찰할 때 많은 가리킴과 몸짓을 보게 되는데, 이는 그들의 시선 따라가기 능력에 좋은 원천 역할을 할 것이다. 아니면 그것이 우리 행동을 보고 가능한 모든 정보를 얻어내는 개의 타고난 능력을 이끌어내는지도 모른다. 천부적이든 후천적으로 배운 것이든 개 능력의 한계를 실험하기 위해 연구자들은 사람이 가리키면 개가 정보를 얻을 수 있는 상황을 만들었다. 예를 들어 개가 밖에 있는 동안 양동이 두 개를 뒤집어놓고 그중 하나에 비스킷이나 다른 맛있는 간식을 감춰놓는다. 단서가 될 만한 냄새는 모두 제거된 상태이므로 개는 양동이만 보고 어느 하나를 선택해야 한다. 제대로 선택한다면 먹이를 먹을 수 있고 그렇지 못할 경우 아무 보상도 받지 못한다. 어느 쪽에 과자가 들어 있는지 아는 사람이 그 근처에 서서 힌트를 준다. 침팬지로도 비슷한 실험을 했다. 놀랍게도 침팬지는 손가락이 가리키는 곳은 잘 따르는 듯하지만, 시선만 따르게 할 경우에는 그다지 좋은 결과를 보이지 않는다.

그 점에 있어서 개는 매우 뛰어나다. 그들은 가리키는 곳, 즉 가리키는 사람의 몸을 가로지르는 지점이나 그 사람 뒤에 있는 지점 등을 모두 눈으로 바라보고, 심지어 손가락까지 가세해서 간식이 들어 있는 양동이를 가리킬 경우에는 더욱 잘 따른다.* 개는 쭉 뻗

---

* 개들이 손가락을 따라 간식을 발견할 가능성은 '단순한 우연 이상'이라고 결론 내려졌다는 점을 확실히 언급하고 넘어가야겠다. 이 결론이 의미하는 바는 그들이 임의로 양동이를 골라 조사하지 않는다는 사실이다. 거의 70~85퍼센트 정도 손가락이 가리키는 대로 양동이를 선택한다. 이는 상당한 확률이기는 하지만 그래도 여전히 15~30퍼센트 정도는 잘못된 판단을 내렸다는 뜻이다. 아이는 세 살만 되어도 양동이를 100퍼센트 정확히 골라낸다. 따라서 개의 이해 방식은 인간의 것과는 정확히 일치하지 않는다는 것을 알 수 있다.

은 팔의 중요성을 배운 적이 없지만 팔꿈치, 무릎, 다리 등으로 가리키는 것 역시 개에게는 정보 역할을 한다. 심지어는 아주 짧은 순간의 시선만 주어도 정보를 인식한다. 그들은 주인 모습과 똑같은 실물 크기의 비디오 화면이 가리키는 단서도 따를 수 있다. 심지어 주인의 머리 방향, 시선이 향하는 방향만 보고도 정보를 얻는다.

개가 관심을 이용하는 방식은 좀 더 애매모호한 상황에서 더욱 흥미롭게 나타난다. 우리가 가리키고 개들이 바라보는 상황에서 뿐 아니라, 개가 산책하고 싶다는 사실을 우리에게 알리고 싶을 때, 혹은 공놀이하고 싶다는 사실을 알려야 할 때도 그렇다. 또는 우리가 방을 나가 있는 동안 어딘가에 그들이 가장 좋아하는 간식이 떨어져 있지만 자기 힘으로는 집어 올릴 수 없다는 매우 중요한 사실을 알려야 할 때도 마찬가지다. 인간과 함께 노는 것은 이러한 능력 일부가 발현될 수 있는 매우 값진 환경이다. 종합해볼 때, 개는 어떻게 관심을 얻고, 그 관심을 이용해 어떻게 우리로부터 원하는 것을 얻어내며, 우리가 **관심을 보이지 않을 때** 어떤 식으로 나쁜 짓을 해도 무사히 넘어갈 수 있는지 안다고 볼 수 있다.

관심 끌기

아이들에게서도 볼 수 있는 위와 같은 능력 중 첫 번째는 '관심 끌기'다. 비공식적으로 이는 개가 주인이 하려는 일을 방해하기 위해 하는 모든 짓이라고 설명할 수 있을 듯하다. 그리고 보다 공식적으로는 다른 사람의 시야 안으로 들어가 식별 가능한 정도의 소음을 내거나 접촉을 시도함으로써 그의 관심 초점을 바꾸는 행동이라 하겠다. 키우는 개가 갑자기 무릎 위로 뛰어오르는 것도 관심 끌기 행동이다. 물론 평소 무릎에 뛰어오르는 행동을 유난히 좋아하지 않았을 경우에 한해서다. 짖는 것도 마찬가지다. 하지만 그들의 관심 끌기 수단은 평범한 것에 그치지 않는다. 덜 알려져 있는 수단으로는 부딪히기, 바닥 긁기, 혹은 내가 개 놀이행동 데이터에서 소위 **들이대기**라 지칭했던, 누군가의 앞에 자리 잡아 얼굴을 들이대는 행동 같은 것이 있다. 시각장애인 안내견은 앞을 보지 못하는 주인의 관심을 끌어야 할 경우 '소리 내어 입 주변 핥기'를 이용한다.

즐거운 놀이를 하다 보면 참신한 기술이 만들어지기도 한다. 내가 가장 즐겁게 관찰하는 순간은 신나게 놀고 싶은데 그러지 못해서 당황해하는 개가 그의 놀이에 관심을 보이지 않는 상대 개의 행동을 그대로 따라 하는 것이다. 상대 개가 물을 마시면 그곳에 다가가 같이 물을 마시고 나서 그 순간을 상대 개의 얼굴을 핥는 기회로 이용하기도 하고, 상대 개가 놀잇감으로 적당한 막대를 가지고 있으면 자기도 막대를 찾아 잡기도 한다.

개는 주기적으로 관심 끌기 행위를 이용해 우리의 관심을 얻는다. 하지만 이러한 행위를 신중하고 정교하게 하지 않는 한 우리의 관심을 전적으로 이해했다는 것을 증명할 수 없다. 오히려 우리가 돌아봐주길 바라면서 단순히 이용 가능한 모든 수단을 마구잡이로 던져 대는 것밖에는 안 된다. 아이가 소리를 지른다고 해서 무조건 달려간다면, 아이는 훌륭한 관심 끌기 수단 하나를 갖게 되는 것이다.

개가 사람과 노는 모습을 관찰해보면 그들이 이러한 행동을 얼마나 조악하게, 혹은 얼마나 섬세하게 이용하는지 알 수 있다. 간혹 주인들이 이야기를 나누는 동안 물고 온 테니스공을 앞에 놓고 지속적으로 짖어대는 개들이 있다. 사실 짖기가 효과 좋은 관심 끌기 수단이기는 해도 관심을 끄는 데 실패한 이후에도 계속 사용될 경우 별다른 효과를 얻지 못한다. 반면 분산된 주인의 관심을 돌리기 위해 개가 이용하는 매우 섬세한 시각적 관심 끌기도 있다. 자세를 바꾸는 것이다. 앉아 있던 자세에서 몸을 일으킨다든가, 일어서 있던 자세에서 가까이 다가감으로써 개는 주인이 공을 다시 던져주거나 장난치듯 덤비게 만들 수 있다.

우리는 개가 관심을 끌기 위해 보여주는 융통성을 자주 목격한다. 가까이 갔는데도 당신이 읽고 있던 소설을 내려놓고 일어나지 않는다면 그는 잠시 사라졌다가 신발 한 짝이나 물어뜯기 금지 품목 중 하나를 물고 나타날 것이다. 분명 이럴 경우 당신은 가볍게 꾸짖고 다시 책으로 눈길을 돌릴 게 뻔하다. 이제 더 강력한 조치가 필요하게 됐다. 그러면 낑낑거림과 주저하는 듯 낮은 컹컹거림이 뒤따르고 그다음에는 접촉을 시도한다. 축축한 코로 슬쩍슬쩍 당신을 건드리다가 밀어대기도 하고 간혹 펄쩍펄쩍 뛰기도 한다. 심지어는 땅이 꺼져라 한숨을 쉬며 당신 발밑에 털썩 몸을 뉘어버릴지도 모른다. 지금 당신의 개는 최선을 다해 할 수 있는 모든 것을 시도해보는 중이다.

보여주기

지금까지 개는 응시하고, 손가락과 시선이 가리키는 곳을 따라가고, 관심 끌기 수단을 이용하는 등 인간의 아기와 비슷한 발달과정을 보였다. 그렇다면 개도 최선을 다해 몸으로 무언가를 가리킬 수 있을까? 당신에게 무언가를 **보여주기** 위해 머리로 가리킬 수 있을까?

연구자들은 개에게 그런 능력이 있다고 가정하고 그 행위를 촉발시킬 상황 하나를 설정했다. 시선 따라가기라는 과제는 동일하나 역할은 바뀌었다. 이 실험에서 개는 무지한 대상이 아니라 정보는 있되 수행 능력이 없는 존재다. 즉 실험자가 간식을 숨겨놓은 장소를 보아 알고는 있지만 그 장소에 다가갈 수 없다. 그때 개 주인이 방 안으로 들어오고 실험자들은 카메라로 개의 모습을 촬영한다. 개는 주인을 도구로 이용해 자신을 돕게 만들 수 있을까? 만약 그렇다면 간식이 숨겨진 장소에 대해 주인과 소통할 수 있을까?

이 경우 인간은 개의 행동이 잠재적으로 그들에게 무언가를 보여주지 못한다고 생각할 수 있는데, 그렇다면 방 안에서 가장 둔감한 동물은 바로 인간일 것이다. 개의 행동은 짖기 같은 다양한 관심 끌기 행위로 구성돼 있다. 개는 주인과 간식이 숨어 있는 장소 사이에서 앞뒤로 왔다 갔다 하며 정보를 주려 노력한다. 다시 말해 가리켜 보여주는 것이다.

이는 비실험적인 일상 환경 속에서도 매일 확인할 수 있다. 공 물어오기를 즐기는 개는 보통 자기가 물어온 공을 주인 뒤가 아니라 얼굴 앞에 가져다 놓으려 한다. 만약 실수로라도 주인이 반응할 수 없는 뒤쪽에 공을 떨어뜨렸을 경우 개는 주인의 관심을 끄는 방식을 동원한다. 즉 주인 얼굴과 공을 끊임없이 번갈아가며 쳐다봄으로써 주인의 관심을 끄는 것이다. 일반적으로 관심에 목마른 개는 찾아낸 양말을 당신 뒤에 가져다 놓는 것만으로는 절대 만족하지 않는다. 양말을 당신 무릎에 얌전히 올려다 놓거나 적어도 당신 시선이 닿는 반경 안에 가져다 놓고야 만다.

관심 조작하기

개는 다른 사람의 관심을 자신이 원하는 무언가를 얻기 위한, 혹은 놀랍게도 벌을 피해가기 위한 정보로 이용한다.

위와 같은 사실을 밝혀낸 실험이 있다. 먹이를 줄 수 있는 사람이 여럿 있을 경우 개가 지능적으로 누군가를 선택할 수 있는지가 실험의 주제였다. 만약 모든 이가 동일하게 먹이를 줄 수 있다면 개는 모든 사람에게 같은 태도로, 즉 반쯤은 애원하고 반쯤은 기대감을 품은 듯한 표정으로 접근하리라고 대부분 예상할 것이다. 물론 그렇게 하는 개들도 있다.* 그리고 정육점 주인이나 주머니에 간식을 잔뜩 채워 넣고 있는 사람에게만 그렇게 하는 개들도 있다. 하지만 대부분의 개는 무언가를 간절히 원할 때 중요한 것이 무엇인지 안다. 즉 애원해서 통할 상대와 그렇지 않은 상대를 구별하는 것이다. 우리는 상대의 지식과 능력에 적합한 요구를 한다. 제빵사에게 끈 이론을 설명하라고 요구하지도, 물리학자에게 빵을 만들어달라고 요구하지도 않는다.

개, 실험자, 먹이, 지식, 이 네 가지 같은 요소가 개입된 실험에서 개는 자기에게 도움이 될 사람과 그렇지 않은 사람을 구분해내는 듯이 보인다. 샌드위치를 들었지만 눈가리개를 하고 있거나 고개를 돌리고 있는 사람을 보면 개는 샌드위치에 가까이 다가가려는 욕구를 최대한 억누른다. 대신 근처에 눈가리개를 하지 않은 사람이 있다면 그 사람에게 간청하는 태도를 보인다. 그러니 식탁 앞에서 응석을 부리는 개가 있다면 그것은 당신이 개를 바라볼 때 그럴 만한 여지를 남겨놓았기 때문이라는 답을 얻을 수 있다. 심지어 "안 돼!"라고 하는 그 짧은 순간에도 개에게 충분한 여지를 줄 수 있다. 번갈아가면서 한 사람씩 애원만 하면 뭐든 들어줄 듯이 즉각적인 반응을 보인다면(아이들이야말로 이런 역할에 제격이다) 모든 개의 관심은 그에게로 향할 것이다.

또한 개들은 눈가리개를 한 사람에게 매우 조심스럽게 접근한다. 그 사람이 자신이 실험 대상이라는 사실을 모르는 경우 더욱 그

* 특히 주인에게 더 집착해서 소위 '사람 개'라 불리는 개들이 그렇다.

렇다. 심리학 실험은 전형적으로 별 반응을 보이지 않거나 상황에 맞지 않게 이상한 차림을 한 사람들을 많이 이용한다. 이것은 실험 대상이 앞으로 마주칠 상황에 대한 사전 경험이 있을 가능성을 피하는 데 어느 정도 유용하다. 달리 말해 이 실험의 목표는 눈가리개를 하고 있는 사람을 보면 어떻게 해야 하는지 개가 배운 것을 알아내는 것이 아니라, 개가 사람의 지식 정도에 대해 본능적으로 무엇을 이해하는지 알아내는 것이었다. 어쨌든 개는 정말 이상한 몇 시간을 직면하게 될 것이다.

먼저 침팬지를 대상으로 다양한 애원 실험을 실시했다. 실험 속 상황에서 인간의 주의력 상태는 그 사람의 지식, 즉 그 사람이 알고 있는 것에 관해 무언가를 나타내는 것으로 받아들여졌다. 즉, 두 개의 양동이 중 어느 하나에 먹이를 집어넣는 것을 목격한 사람은 '알고 있는 사람'이 되고, 같은 방에 있어도 양동이를 뒤집어쓰고 아무 생각 없이 있는 사람은 '알지 못하는 사람'이 되었다. 그렇다면 침팬지는 '알고 있는 사람'에게 애원할까, '알지 못하는 사람'(먹이가 든 양동이를 우연히 한 번씩 알아맞힌 사람)에게 애원할까? 시간이 흐르면서 침팬지는 점차 '알고 있는 사람'에게 간청하는 법을 배우지만 그것도 단지 '알지 못하는 사람'이 방을 나가 있거나 먹이를 숨기는 동안 등을 돌리고 있을 때뿐이었다. '알지 못하는 사람'이 양동이나 종이봉투, 혹은 눈가리개로 눈을 가리고 있을 때 침팬지는 그 사람에게도 애원했다.

개도 양동이나 눈가리개, 혹은 책으로 눈을 가려 시야가 차단된 다양한 사람과 실험을 했다. 그들은 침팬지보다 높은 성적을 보였다. 개는 시선을 맞출 수 있는 사람에게 우선적으로 애원한다. 이는 인간의 행동방식과 같다. 우리는 시선을 맞출 수 있는 사람과 이야기하고, 유혹하고, 제안하고, 애원하기를 선호한다. 눈은 관심을, 관심은 지식을 나타내기 때문이다.

개는 자기 목적을 위해 그 어떤 동물보다 이러한 지식을 이용한다. 동물 연구자들은 개가 인간이 언제 관심을 쏟는지 이해할 뿐 아니라 주인의 다양한 관심 수준을 이용하는 방법에도 매우 민감하다는 사실을 밝혀냈다. 한 실험에서 주인이 개에게 **'누워'**라고 명령한 후 개가 순종적으로 그 말을 따르면, 곧이어 주인이 다른 세 가지 과제를 수행하게 했다. 첫 번째는 주인이 선 채로 자신의 개를 바라봤다. 결과는? 개는 그대로 누워 있었다. 완벽하게 순종적인 모습이었다. 두 번째는 주인이 자리에 앉아 TV를 시청했다. 그러자 개는 잠시 기다리다가 곧 명령을 무시하고 자리에서 일어났다. 세 번째는 주인이 개의 존재를 무시했을 뿐 아니라 아예 방을 나가버렸다. 개의 귀에는 아직 주인의 명령이 메아리로 남아 있는 상태였다. 하지만 그 메아리는 오래 지속되지 않았다. 이 실험에서 개들은 주인이 주변에 있을 때는 잘 지키던 명령을 주인이 사라지면 재빨리 무시해버렸다. 놀라운 점은 개가 주인이 떠났을 때 명령을 무시했다는 사실이 아니라, 두 살 먹은 침팬지나 원숭이, 또는 그 어떤 다른 동물도 하지 않는 행동을 했다는 것이다. 다시 말해 상대가 얼마나 자신에게 집중하고 있는가에 따라 자기의 행동을 결정했다는 사실이다. 개는 주인의 관심 정도를 체계적으로 이용해 어떠한 상황에서 주인의 규칙을 어겨도 되는지 결정하는 데 활용했다. 그것은 놀이를 할 때 상대 개의 정보를 이용해 관심을 자기에게 향하게 만드는 것과 마찬가지였다.

하지만 관심을 읽어내는 개의 능력은 다분히 전후 맥락과 관련이 있다. 개에게 가장 강력한 동기인 먹이를 주의 분산 도구로 이용했을 때 주인의 명령을 어길 가능성이 더 높아졌다. 이때 개는 주인의 관심이 조금만 분산돼도 즉시 명령을 어겼다. 주인이 다른 사람과 대화를 나눈다거나 눈을 감고 조용히 앉아 있어서 관심 정도를 알아내기 힘들 때면 개는 종잡을 수 없이 행동했다. 어떤 개는 참을성 있게 앉아 있었지만 주인이 방을 나가기만 하면 즉시 일어설 태세가 되어 있었다. 또 어떤 개는 주인이 아예 밖으로 나가버렸을 때보다 방에 있기는 해도 다른 데 정신이 팔려 있을 때 더 제멋대로였다.

이러한 불합리성은 각각의 개가 성장해온 발달 요인을 통해 설명할 수 있을 것이다. 어떤 주인은 명령 순서를 정해놓는다. **앉아! 기다려!** (길고 고통스러운 멈춤) **먹어!** 이렇듯 정해진 순서를 적용하면 개는 먹이를 먹어도 좋다는 신호를 받기까지 매우 길고 끔찍한 기다림의 시간을 보내야만 한다. 개는 존경스러울 만큼 인내심 있게 인간이 제시하는 게임을 참아낸다. 하지만 만약 주인이 다른 사람과 대화하기 시작한다면 그 게임을 지속할 이유가 어디 있겠는가. 게임은 끝났다.

혹시 '이러한 지식을 이용해 밖에 있는 동안에도 스피커폰이나 비디오를 이용해 집 안에 있는 척해서 개가 얌전히 행동하게끔 할 수는 없을까?'라고 생각한 적이 있는가? 그렇다면 매우 실망스러운 소식을 전해줄 실험을 하나 소개할까 한다. 집에 아무도 없는 상태에서 디지털 장비를 이용해 주인 모습을 실물 크기의 비디오 이미지로 보여주었더니 개들은 여러 단계에서 불복종하는 모습을 보였다. 주인 영상이 주는 힌트를 이용해 먹이가 있는 곳을 찾아냈으면서도 다른 명령은 거의 다 무시했다. 본래 충성스러운 개도 주인이 영상으로 변했을 때는 선택적으로 충성심을 보인 것이다. 그러니 집에 혼자 있는 개에게 각종 장비를 이용해 간식이 숨겨져 있는 곳을 알려줄 수 있을지는 몰라도 그것이 개의 외로움까지 해소해주리라 기대할 수는 없다.

다음번에 동물원에 놀러간다면 원숭이 우리를 한번 살펴보자. 어쩌면 꼬리를 흔들고 재빠르게 움직이며 찢어질 듯 날카로운 비명을 지르는 흰목꼬리감기원숭이가 있을지도 모른다. 또는 몸집이 작고 꼬리가 긴 아프리카콜로부스 원숭이도 있을지 모르는데, 나뭇잎을 먹고 사는 그들은 느리게 움직이며 가끔은 희고 검은 털 속에 새끼를 숨기고 있다. 수컷 일본원숭이가 엉덩이가 빨간 암컷 주변을 어슬렁거리는 것도 지켜보자. 진화론적인 관점에서 인간의 먼 친척뻘 되는 이들의 세상에는 우리가 알아볼 만한 것이 많이 있다. 우리는 그들의 관심사, 두려움, 욕망을 본다. 그들은 대부분 멀리 달아나거나 고개를 돌려 시선을 피하는 것으로 당신의 존재를 알아챘음을 표현하고 반응할 것이다. 놀라운 사실은 영장류와 비교했을 때 인간과 닮은 점이라고는 거의 없는 개가 우리 시선에 무엇이 숨어 있는지, 그것으로 어떻게 정보를 얻어 자신들에게 유리하게 사용할 수 있는지 훨씬 잘 알아차린다는 사실이다. 개는 우리의 영장류 사촌들이 볼 수 없는 방식으로 우리를 본다.

7장

개는 인간을 관찰하는 인류학자

내 작은 개가 나를 알기 때문에 나는 나다.

-거투르드 스타인Gertrude Stein

개의 응시는 고찰이자 평가다. 그리고 또 다른 생명체를 향한 주시다. 개가 우리를 바라본다는 것은 곧 우리에 관해 생각하고 있다는 뜻일 수 있다. 우리는 다른 이들이 우리를 생각하는 것을 좋아한다. 따라서 우리는 개와 시선을 교환하는 순간에 이런 의문을 품는다. 우리가 개에 관해 생각하는 것처럼 개도 우리에 관해 생각할까? 개는 우리에 관해 무엇을 알고 있을까?

개는 분명 우리를 알고 있다. 어쩌면 우리가 그들에 대해 아는 것보다 훨씬 더 많이 알지도 모른다. 그들은 유능한 도청꾼이자 염탐꾼이다. 그들은 마음대로 방을 들락거리며 조용히 우리의 모든 움직임을 관찰한다. 우리가 들어오고 나가는 것을 안다. 우리 버릇에 대해서도 속속들이 안다. 화장실에서 얼마나 오래 머무는지, 텔레비전 앞에서 얼마나 시간을 보내는지. 그들은 우리가 누구와 함께 잠을 자는지 안다. 무엇을 먹는지도 안다. 그리고 무엇을 너무 많이 먹는지, 또 누구와 너무 많이 자는지도 안다. 개만큼 우리를 유심히 관찰하는 동물은 없다.

우리 집에 살고 있는 생물은 수없이 많다. 쥐, 발이 많이 달린 징그러운 벌레들, 진드기 등. 하지만 이들 중 우리를 쳐다보는 것은 없다. 문을 열어보라. 비둘기, 다람쥐, 수많은 날벌레들이 보이는가. 하지만 그것들은 우리를 거의 알아채지 못한다. 반면 개는 방 맞은편 구석에서, 창문 너머로, 그리고 곁눈으로 언제나 우리를 보고 있다. 이러한 관찰은 무엇보다 강력한 시력을 통해 가능한 일이다. 개의 시력은 시각적으로 관심을 기울이는 데 사용되고 그들의 시각적 관심은 **우리**가 주의를 기울이는 일을 보기 위해 쓰인다. 어떤 면에서 이것은 우리와 매우 흡사하나 또 다른 면에서는 인간 능력을 훌쩍 뛰어넘는다.

시각장애인과 청각장애인은 때로 보고 듣는 역할을 대신해줄 개를 기르곤 한다. 일부 장애인에게 개란 혼자 여행할 수 없는 세상을 돌아다닐 수 있게 도와주는 존재다. 몸을 자유자재로 움직일 수 없는 이들에게 눈과 귀와 발이 되어주는 것처럼 개는 일부 자폐증 환자들에는 인간 행동을 읽어주는 역할을 하기도 한다. 정도의 차이는 있지만, 자폐증 환자에게 공통으로 나타나는 증상은 다른 사람의 표현과 감정, 사고방식 등을 이해하지 못하는 것이다. 신경학자 올리버 색스Oliver Sacks의 말처럼 자폐증 환자가 개를 키우는 경우 이 개는 그들을 대신해 인간의 마음을 읽어줄 수 있다. 자폐증 환자는 다른 사람이 걱정으로 눈썹을 찌푸린다든가, 겁이 나 목소리가 커진다든가 하는 것을 잘 이해하지 못하는 반면 개는 그러한 행위

뒤에 숨겨진 인간 마음을 매우 민감하게 알아차린다.

사실상 개는 우리 사이를 걸어 다니는 인류학자다. 그들은 인류학자가 인간을 관찰하는 방식으로 우리를 바라보는 인간 행동의 연구자다. 성인인 우리는 남을 자세히 보지 않고 또한 남들에게 속내를 잘 드러내지 않도록 사회적으로 훈련되어 있다. 친한 사람과 있을 때도 우리는 그들의 표정, 기분, 생각 등에 일어나는 세세한 변화에는 주의를 잘 기울이지 않는다.

스위스의 심리학자 장 피아제Jean Piaget에 따르면 우리는 어린 시절 마치 과학자처럼 세상에 관한 나름의 이론을 세우고 그것을 증명하기 위해 다양한 행동을 한다. 이 말이 사실이라면 우리는 자라면서 이 대단한 기술을 갈고 닦기는커녕 무시하는 셈이다. 다른 이들이 어떻게 행동하는지 배우면서 성장하지만 결국에는 다른 이들이 매 순간 어떻게 행동하는지 점점 주의를 기울이지 않게 되어 관찰이라는 좋은 습관을 버린다는 말이다.

호기심 많은 아이는 절뚝거리며 길을 걸어가는 낯선 이에게 매료되어 그 사람을 뚫어져라 쳐다보곤 한다. 하지만 곧 그러한 행동이 무례하다는 말을 듣기 십상이다. 도로 위로 떨어진 나뭇잎이 소용돌이를 그리며 날아다니는 것을 넋 놓고 바라보던 아이도 어른이 되면서 그것을 무시하게 된다. 아이는 우리가 우는 모습을 보며 호기심을 갖고, 우리 미소를 주의 깊게 관찰하며, 우리가 보는 것을 똑같이 쳐다본다. 나이가 들어도 우리는 여전히 이러한 일을 할 수는 있으나, 그 습성을 던져 버리게 된다.

그러나 개는 다르다. 개는 절뚝거리며 길을 가는 사람이나 보도에 흩어진 낙엽, 우리 얼굴을 보는 일을 멈추지 않는다. 도시에 사는 개는 자연에서 일어나는 다양한 현상을 놓칠 수 있지만 다른 면에서 풍부한 시각적 자극을 즐긴다. 군중 속을 휘청거리며 걸어가는 술 취한 남자, 길가에 서서 큰 소리로 행인들에게 설교하는 사람, 장애가 있거나 가난한 사람, 누구든 가리지 않고 곁을 지나쳐가는 이라면 다 관찰 대상이 된다.

개가 훌륭한 인류학자인 이유는 그들이 인간 행위에 매우 익숙하기 때문이다. 그들은 인간 행위 중에서 무엇이 전형적이고 무엇이 색다른지 잘 안다. 그리고 무엇보다도 그들은 우리처럼 우리에게 익숙해지지도 않고, 자라서 우리가 되지도 않는다.

개에게 초능력이 있을까?

개들이 우리에게 얼마나 동화되어 있는지 생각하면 거의 마법처럼 신기하다. 개는 우리의 행동을 예측할 수 있고, 우리에 관한 필수적인 무언가를 알고 있는 것처럼 보인다. 이것은 과연 투시력일까? 아니면 육감일까?

유명한 말 이야기가 하나 떠오른다. 20세기 초엽, 아이러니하게도 '영리한 한스'라는 별명으로 불리던 말 한 마리의 행동이 두 가지 사실을 상징하게 되었다. 첫째는 말이 할 수 없는 행동이 있다는 것, 둘째는 말의 능력에 한계가 있다는 것이다. 결과적으로 이 사건은 동물을 지나치게 과대평가해서는 안 된다는 일종의 경고로 향후 100년간 계속된 동물 인지 연구의 기반이 되었다.

주인의 주장에 따르면 영리한 한스는 수를 셀 줄 알았다. 칠판에 산수 문제를 써서 보여주면 발을 굴러 숫자로 답을 한다는 것이었다. 비록 간단한 훈련으로 발 구르는 행위가 격려받고 강화되기는 했지만, 한스의 행동은 미리 정해진 질문에 대한 기계적인 반응이 아니었다. 한스는 모든 덧셈에 우수했고, 특이한 문제도 풀 수 있었으며, 심지어 주인이 아닌 다른 사람이 문제를 낼 때도 어려움 없이 정답을 내놓았다.

말의 잠재적 인지능력에 대한 이 새로운 발견은 당시 작지만 열광적인 반응을 일으켰다. 동물 조련사나 학자들 모두 한스가 어떻게 그런 일을 해내는지 짐작조차 하지 못했다. 실제로 셈을 할 수 있다는 것 말고는 다른 해석이 전혀 없는 것 같았다.

그러다가 마침내 주인조차 모르고 있던 이 깜찍한 속임수가 오스카 풍스트Oskar Pfungst라는 심리학자에 의해서 밝혀졌다. 풍스트가 보아하니 문제를 내는 사람이 정답을 알지 못하는 경우에는 한스의 계산이 정답을 크게 벗어나는 것이 아닌가. 한스는 수를 세는 것도, 초능력으로 답을 맞히는 것도 아니었다. 단순히 질문을 하는 사람의 행동을 읽어낸 것이었다. 사람들은 자신도 모르는 사이 무의식적으로 작은 움직임을 통해 한스에게 답을 알려주고 있었다. 한스가 정답 수만큼 발을 굴렀을 때 몸을 앞으로 혹은 뒤로 기울인다든가, 어깨와 얼굴 근육에서 힘을 뺀다든가, 답이 나올 때까지 아주 조금씩 몸을 굽히는 등의 행위 말이다.

영리한 한스의 사례는 동물의 능력을 지나치게 확대 해석하는 행위를 조심하라는 교훈으로 오늘날까지 남아 있다. 그러나 한스의 이러한 기술은 개의 주의력을 논하는 데도 참고가 될 수 있다. 알려진 것처럼 수학적으로 똑똑한 것은 아니었지만 한스는 질문을 내는 사람이 자기도 모르게 보내는 신호를 읽는 데 놀라운 능력을 보였다. 수백 명의 사람이 지켜보는 가운데 오직 한스만이 주인이 몸을 기울인다거나 몸이 긴장되었다가 풀렸다 하는 것을 알아챈 것이다. 게다가 한스는 이것이 발 구르기를 멈춰야 하는 신호라는 것을 혼자 힘으로 알아냈다. 그는 정보를 품고 있는 신호에 주의를 집중했고, 이러한 주의 집중력은 그 자리에 있던 인간 관객보다 훨씬 훌륭했다.

한스의 초자연적인 민감함은 역설적이게도 다른 능력 부족에서 나왔을 수도 있다. 숫자나 셈에 관해 아는 것이 전혀 없는 덕분에 다른 자극에 주의가 흐트러지지 않을 수 있었던 셈이다. 반면 언뜻 두드러지게 보이는 부분, 즉 숫자와 셈에 주의를 집중하고 있던 우리는 정답을 암시하는 그 분명한 행위를 놓치고 만 것이다.

연구에 비둘기를 이용하는 실험심리학자 한 명이 학부 학생들을 가르치면서 이러한 현상을 입증한 바 있다. 그는 흰색 바탕에 다양한 길이의 푸른색 막대그래프가 그려진 여러 슬라이드를 학생들에게 보여주었다. 그리고 각각의 슬라이드는 두 가지 범주 중 하나씩에 속하는데 첫 번째 범주는 명시되지 않은 'X요인'을 포함하고 있으나 다른 하나는 그렇지 않다고 설명했다. 그런 다음 어느 슬라이드가 X요인 범주에 속하는지 알려주고 주어진 슬라이드들을 이용해 이 X요인이 무엇인지 알아내라고 했다.

학생들은 한참 다양한 의견을 제시했지만 모두 오답이었다. 마침내 교수가 말했다. X요인을 포함한 일련의 슬라이드로 훈련받은 비둘기들은 새로운 그래프를 보여줄 때마다 단 한 번도 틀리지 않고 그것이 이 아리송한 범주에 속하는지 아닌지 알아맞혔다고 말이다. 이제 학생들은 안절부절못하기 시작했다. 하지만 여전히 정답을 맞히는 학생은 하나도 없었다. 결국 교수가 정답을 알려주었다. 단지 푸른색으로 거의 채워진 슬라이드가 X요인 범주에 들어가고, 흰색이 많은 것은 그렇지 않다고 말이다.

학생들은 펄쩍 뛰었다. 자신들이 비둘기보다도 못하다는 말 아닌가. 나 역시 내가 가르치는 심리학 수업에서 같은 실험을 해보았다. 그들 또한 문제가 형편없다고 성화를 했다. 정답을 맞힌 학생은 없었고, 입을 모아 이런 문제를 내는 것은 불공평하다고 투덜거렸다. 학생들은 모두 그래프에 숨겨진 복잡한 관계를 찾고 있었다. 보통의 막대그래프가 표현하는 상관관계 같은 것 말이다. 하지만 그러한 관계는 없었다. 'X요인'이란 단순히 '파란색이 더 많음'을 뜻했다. 막대그래프라는 것이 무엇인지 모르는 비둘기들만이 그 색깔을 인식해 올바른 범주를 알아본 것이다.

개가 하는 것은 한스와 비둘기들이 하는 행위와 비슷하다고 할 수 있다. 이와 유사한 이야기는 차고 넘친다. 어느 수색 구조견 훈련사는 개들이 엉뚱한 길을 갈 때마다 답답해하며 양손을 허리춤에 올리는 버릇이 있었다. 또 다른 조련사는 불편한 표정으로 턱을 긁적였다. 훈련사의 이러한 모습을 본 개들은 이것이 자신이 길을 찾지 못하고 있음을 뜻하는 표시라 여기기 시작했다. 차후 훈련사들은 이렇게 힌트를 주는 행위를 삼가는 법을 배워야 했다. 어떤 사건이나 다른 이의 행위에서 조금 더 복잡한 설명을 찾다 보면 우리는 개가 자연스럽게 알아차리는 신호를 보지 못하기도 한다. 이것은 개가 초감각적인 인지능력을 갖추었기 때문이라기보다 일반적인 감각을 잘 합쳐 이용하는 덕분이라고 해야 한다. 개는 우리를 향한 관심에 이러한 감각적 기술을 덧붙여 사용한다. 우리에게 관심이 없다면 우리의 걸음걸이나 자세, 스트레스 수준 등에 발생하는 미세한 차이를 중요한 정보로 여기지 못할 것이다. 이러한 것을 통해 개는 우리 행동을 예측하고 우리의 진의를 밝혀낸다.

인간의 행동을 읽는 개

개는 인간을 관찰하고, 인간에 대해 생각하고, 인간을 **안다**. 그렇다면 그들은 우리에게 주의를 기울이고 우리 주의를 끌어 우리에 관해 특별한 정보를 얻는가? 물론 그렇다.

말 없이도 개는 우리가 누구인지, 무엇을 하는지 안다. 그리고 우리 자신조차 모르는 것을 알고 있다. 보이는 것을 통해, 그리고 어쩌면 냄새를 통해 더욱 우리를 잘 알 수 있지만 무엇보다도 중요한 요소는 바로 행동방식이다. 내가 펌프를 알아보는 것은 외모를 통해서만이 아니다. 한쪽으로 살짝 기운 몸, 걸을 때마다 위아래로 움직이는 축 처진 귀, 의기양양한 걸음걸이를 통해 나는 펌프를 알아본다. 개 역시 사람을 알아보는 것은 그 사람의 냄새와 모습 때문만이 아니다. 움직이는 방식도 중요한 요소다. 그들은 행동을 통해 우리를 알아본다.

심지어 가장 평범한 행동, 그러니까 자기만의 걸음걸이로 방 안을 가로지르는 것 같은 단순한 행동도 개에게는 풍부한 정보의 원천이 된다. 개를 키우는 사람이라면 누구나 개가 자라면서 소위 '산책'*이라 부르는 행위를 시작하기 전에 반드시 거치는 일련의 행위에 점점 민감해진다는 것을 안다. 개들은 우리가 신발 신는 것을 금세 알아차리게 된다. 우리 또한 목줄이나 윗옷을 꺼내오는 행위가 그들에게 힌트를 줄 것이라 기대하게 된다. 규칙적으로 시간을 정해두고 산책하는 것 역시 왜 그들이 선견지명이 있는 것처럼 보이는지 설명해줄 수 있다. 그런데 당신이 한 일이라고는 단지 일을 멈추고 고개를 들거나 자리에서 일어난 것뿐이었는데, 개가 흥분하고 펄쩍펄쩍 뛰기 시작한다면 왜일까?

---

* 물론 이 말을 소리 내어 하는 대신 종이에 적는 것은 아무 소용이 없다. 개들은 산책이라는 단어를 소리 내어 말할 때 쓰이는 어조와 그 뒤에 이어지는 산책 행위 사이의 관계를 배운다. 설사 그 말을 하고 바로 산책을 가지 않는다 해도 말이다. 반면 가능성이 낮아 보이는 상황, 예를 들어 주인이 욕조에 물을 가득 채우고 앉아 있는 상황이라면 산책이라는 말을 꺼내도 별다른 흥미를 보이지 않을 것이다. 당신이 옷을 모두 벗고 거품투성이가 되어 있을 때 곧장 산책하러 나갈 가능성은 희박하기 때문이다.

만약 당신의 행동이 갑작스럽다면, 혹은 당신이 무언가 목적이 있는 듯한 걸음걸이로 방을 가로지른다면 민감한 개에게는 이미 필요한 정보를 모두 내준 것이나 마찬가지다. 습관적으로 당신 행동을 관찰하는 개는 아무런 힌트가 없는 것처럼 보일 때조차 당신의 의도를 꿰뚫어 본다. 지금까지 살펴본 것처럼 개는 시선에 민감하고 따라서 우리 시선에 생기는 변화에도 매우 민감하다. 그러므로 고개가 올라가거나 내려가는 것, 그들을 향하거나 등지는 등의 행동은 개에게 엄청나게 큰 행위로 보일 수 있다. 심지어 조그만 손짓이나 자세 변화 또한 그들의 주의를 끈다.

컴퓨터 앞에 앉아 양손을 키보드 위에 올린 채 세 시간을 보냈다고 치자. 갑자기 고개를 들고 양팔을 위로 올려 스트레칭 하는 것은 그들 눈에 변신이나 마찬가지다. 당신의 주의가 다른 곳을 향하는 게 분명하므로 산책을 가고 싶어 하는 개라면 이것을 쉽사리 산책의 전조라 여길 것이다.

사람이라도 예리한 관찰자라면 아마 이러한 변화를 눈치채겠지만 우리는 보통 다른 이들이 우리 일상을 가까이에서 관찰하게 두지 않는다. 설사 관찰하게 두더라도 그러한 관찰이 꽤나 흥미롭다고 여길 사람은 별로 없을 것이다.

우리 행동을 예측하는 개의 재주는 반은 해부학적이고 반은 심리적인 것이다. 그들의 신체해부학적 구조, 즉 몸속에 지니고 있는 그 모든 광수용세포는 상대의 움직임을 알아채는 데 1,000분의 1초쯤 앞서갈 수 있게 해준다. 그러기에 개는 인간의 눈이 무언가 반응해야 할 거리를 보기도 전에 미리 반응할 수 있다.

다음으로 중요한 심리적 요소는 기대(과거에서 미래를 예측하는 것)와 연상작용이다. 개가 당신의 행동을 예측하려면 먼저 전형적인 움직임에 익숙해야 한다. 공을 던지는 척하면서 던지지 말아보라. 새로 데려온 강아지라면 아마 속지 않겠지만, 그 개도 점차 나이가 들면서 깜빡 속아 넘어가게 될 것이다. 설사 상대에게 익숙하지 않더라도 개들은 여러 사건을 연관 짓는 능력이 뛰어나다. 예를 들어 어머니가 등장하면 음식이 나온다든가, 당신 주의가 흐트러지면 곧 산책을 하게 될 것이라든가.

개는 우리의 일상적 습관에 어떤 공통점이 있는지 쉽게 알아내고 그 변화에 특히 민감하게 반응한다. 주차된 차를 가지러 갈 때, 출근할 때, 지하철 타러 갈 때 늘 같은 길로 가는 것처럼 개를 산책시킬 때도 우리는 늘 비슷한 경로를 이용한다. 시간이 흐르면 그들도 이 길을 알게 되고 덕분에 울타리를 지나면 왼쪽으로 튼다든가, 소화전이 있는 길모퉁이에서는 오른쪽으로 돈다든가 하는 것을 예측할 수 있다. 집으로 돌아오는 길에 새로운 우회로를 시도한다면, 예를 들어 돌았던 블록을 그저 한 바퀴 더 도는 것처럼 불필요한 걸음을 더한다고 할지라도 개는 몇 번만 더 산책을 하면 그 새 경로에 적응하게 된다. 그러고는 주인이 그 방향으로 채 움직이기도 전에 먼저 그 길로 향하기 시작한다. 이런 재능 덕분에 개는 좋은 산책 친구가 된다. 때로는 사람보다도 낫다. 사람은 서로 좋아하는 방향으로 가려다가 부딪치기 일쑤니까.

이렇듯 놀라운 개의 예측 능력을 완성해주는 것은 소위 사람의 성격을 읽는 능력이다. 많은 이가 자신의 연애 상대를 고르는 데 개를 이용한다고 한다. 이들 말고도 개가 사람의 성격을 판단할 줄 알고, 거짓말을 하거나 질 나쁜 사람을 첫눈에 골라낼 줄 안다고 주장하는 이도 많다. 이들 눈에는 개가 믿을 수 없는 사람을 알아보는 것처럼 보일 수도 있다.* 그러나 이러한 능력은 단순히 개가 우리의 반응을 자세히 관찰하는 데서 오는 결과일 수 있다.

낯선 사람이 다가올 때 거부감이 든다면 우리는 의도하지 않아도 자연스레 그 마음을 드러내기 마련이다. 이미 살펴본 대로 개는 스트레스와 함께 발생하는 후각적 변화에 민감하다. 사람의 근육이 경직되거나 호흡이 가빠지는 것, 헐떡거리는 것 또한 느낄 수 있다 (이러한 생리적 변화는 거짓말 탐지기로도 측정할 수 있다. 따라서 잘 훈련된 개라면 이론상으로는 거짓말 탐지기나 그것을 사용하는 기술자 역할을 대신할 수 있다).

하지만 개는 낯선 사람을 판단하거나 문제를 해결할 때 이러한 감각 대신 시각을 우선시한다. 누구나 화가 나거나 불안하거나 흥분했을 때 보이는 특정한 행동양식이 있다. '믿지 못할' 사람들은 대화할 때 종종 눈을 잘 맞추지 못하고 다른 곳을 힐끔거린다. 개는 그러한 시선을 알아챈다. 공격할 의도가 있는 낯선 사람은 실제 공격을 해오기 전에 우리와 과감히 눈을 맞추거나, 지나치게 천천히 혹은 빨리 움직이거나, 일자로 다가오지 않고 희한하게 방향을 바

---

* 실제로 개가 보통과 미묘하게 다른 행동을 하는 사람들을 구분해낼 줄 알긴 하나, 이러한 식으로 개를 이용하는 사람들은 심리학에서 소위 확증 편향(confirmation bias)이라 부르는 것에 당할 여지가 많다. 즉, 상대방에 대한 자신의 생각을 뒷받침하는 개의 반응만을 선택적으로 받아들인다는 것이다. 예를 들어 지금 앞에 있는 남자가 못 믿을 사람 같아 보이는가? 게다가 지금 개가 그를 보고 단번에 으르렁거리는 것을 보라. 그럼 그 생각이 옳다. 이때 개는 우리의 생각을 더욱 크게 소리 내어 들려주는 확성기가 된다. 즉, 우리 스스로 생각하는 바를 그들 것으로 돌린다는 말이다.

꾸기도 한다. 개들은 이러한 행위를 알아본다. 그리고 그들의 눈 맞춤에 본능적으로 반응한다.

어느 겨울, 우리는 북쪽의 매우 추운 지역으로 여행을 갔다가 엄청난 폭설을 만나는 행운을 누렸다. 거대한 언덕을 발견한 우리는 썰매를 끌어냈고, 구불구불한 비탈을 썰매를 타고 내달렸다. 펌프는 갑자기 제정신을 잃은 듯 썰매가 내려갈 때마다 으르렁거리고, 앞발로 할퀴는 시늉을 하며 물어뜯을 것처럼 전속력으로 우리를 쫓아왔다. 눈으로 뒤범벅이 된 내가 쏜살같이 언덕을 내려가자 펌프는 나를 알아보지 못하고 공격해왔다. 하지만 나는 허리가 끊어지도록 웃느라 펌프를 막지 못했다. 펌프는 노는 중이었다. 내가 이전에 본 적이 없는, 진정한 공격성이 배어 있는 놀이였다. 썰매에서 내린 뒤 겨우 웃음을 멈추고 언덕을 내려오며 뒤집어쓴 눈을 털어내자 펌프는 언제 그랬냐는 듯 즉각 차분해졌다.

개가 마치 예지력을 갖춘 듯 보인다는 것은 우리가 개를 속일 수 없다는 말일까? 아니다. 그들이 예리한 관찰자이긴 해도 남의 마음을 읽을 줄 아는 것도 아니고, 의도적인 속임수에 넘어가지 않는 것도 아니다. 썰매를 탄 나는 펌프에게 다른 사람이었다. 나는 반쯤 누운 상태였고, 두터운 겨울옷과 눈에 덮여 있었으며, 무엇보다도 평소와 완전히 다른 방식으로 움직이고 있었다. 펌프의 눈으로 볼 때 나는 똑바로 선 채 느릿느릿 걸어 다니는 자신의 동반자가 아니라 미끄러지듯 빠른 속도로 움직이는 낯선 맹수가 되어 있었다.

펌프가 썰매나 썰매 타는 사람에게 특이한 관심을 보인 것일 수도 있다. 하지만 펌프의 그러한 행동은 다른 개가 보이는 추격 습성과 매우 유사하다. 개는 자전거나 스케이트보드, 롤러스케이트 등을 탄 사람이나 조깅하는 사람을 쫓아다니는 경향이 있다. 이러한 행위는 보통 먹잇감을 쫓는 본능이 남아 있기 때문이라는 말로 설명된다. 이 말이 완전히 틀린 것은 아니지만 매우 불완전한 답임에는 틀림이 없다. 개들이 이러한 물체나 사람들을 정확히 '먹잇감'으로 보는 것은 아니다.

당신 움직임은 당신의 또 다른 면을 드러낸다. 예를 들어 몸을 굴려보라. 그것도 아주 빨리! 이것은 개가 당신을 다르게 인식하는 원인이 된다. 개의 눈은 특정 행위에 유난히 민감한 반응을 보인다. 자전거를 타고 달린다고 당신이 먹잇감으로 돌변한 것은 아니다. 자전거에서 내리면 개가 당신을 먹어치우는 대신 당신을 알아보고 반가워하는 것만 보아도 알 수 있다. 개의 민감한 감각과 반응력은 아마도 먹잇감을 알아보고 찾아내는 전술의 하나로서 진화했겠지만 그것이 적용되는 경우와 정도는 때와 장소에 따라 다르다. 주변 환경에 있는 다른 물체와 동물을 알아보고 해석하는 데는 개의 경험 말고도 부가적인 판단 요소가 필요하다. 그 요소가 바로 움직임의 특성이다.

썰매와 자전거, 조깅 같은 움직임에는 공통점이 있다. 미끄러지듯 유연하고 빠른 속도로 움직인다는 점이다. 걷는 사람 역시 움직이지만 그렇게 빠르지는 않다. 따라서 개들이 쫓아오지 않는다. 펌프가 썰매를 탄 나를 알아보지 못한 이유는 따로 있다. 사실 그리 믿고 싶지 않지만 나는 평소에 딱히 유연하고 빠르게 움직이는 사람이 아니다. 내 걸음걸이는 지나치게 위아래로 오르내리는 움직임이 많다. 걸을 때 쓸데없이 앞뒤 좌우로 몸이 흔들린다. 몸짓도 많이 한다. 이 모두는 앞으로 나아가는 데 불필요한 행동이다.

따라서 섬뜩한 맹수의 눈빛을 하고 자전거를 쫓아가는 개를 멈추려면 단순히 개의 오해를 풀어주면 된다. 자전거를 세우는 것이다. 그러면 상대 행위를 인지한 시각 세포로 인해 발동된 추격 충동은 곧 사라질 것이다. 단, 그런 유연하고 빠른 행동을 향해 짖거나 그것을 뒤쫓고자 하는 충동을 다스리는 호르몬은 아직 왕성하게 솟구치고 있을지도 모르니 주의해야 한다. 적어도 잠시 동안은.

과학은 정체성에서 행동이 얼마나 중요한지 확인시켜주었다. 우리의 정체성, 즉 우리가 누구인가 하는 것은 우리 행동으로 일부 정의내릴 수 있다. 그러면 행위가 어떻게 개인의 정체성을 파악하게 해주는지 살펴보자. 한 실험에서 개들은 우호적인 낯선 이와 적대적인 낯선 이, 그러니까 서로 다른 정체성을 보여주는 이들을 구별하는 데 아무 어려움이 없음을 증명한 바 있다. 연구자들은 참가자를 두 그룹으로 나누어 정해진 대로 행동하게 했다. 우호적인 행동에는 일반적인 속도로 걷기, 밝은 목소리로 개에게 말 걸기, 부드럽게 쓰다듬기 등이 있었다. 적대적인 행동에는 위협적이라고 여겨질 만한 행동, 즉 아무 말도 하지 않고 개를 노려보면서 불쑥불쑥 움직이거나 머뭇거리며 다가오기 등이 포함되었다.

이 실험에서 나타난 결과는 그리 놀랍지 않았다. 당연히 개들은 우호적으로 구는 이들에게 접근한 반면 적대적인 이들은 피했다. 하지만 이 실험에는 숨은 진주가 하나 있었다. 만약 우호적으로 행동하던 사람이 갑자기 위협적으로 변하면 어떻게 반응할 것인가? 개들의 반응은 제각각이었다. 어떤 개에게 그 사람은 이제 완전히 다른 사람이었다. 적대적인 사람으로 변하면서 정체성이 달라진 것이다. 하지만 어떤 개들은 우호적으로 행동하던 사람의 냄새를 알아보았다. 냄새가 이 새롭고 기이한 행동보다 우선한 것이다.

처음에는 낯설었던 이 사람들도 실험이 반복되면서 개들과 친숙해져 '덜 낯선' 이가 되었다. 따라서 그들의 정체성은 반은 냄새로, 그리고 반은 행동으로 정의되었다.

개는 당신의 모든 것을 안다

우리를 향한 개의 관심과 그들의 감각적 능력을 합쳐놓으면 그 결과는 대단하다. 개들은 우리의 건강과 진의, 심지어 다른 이들과의 관계조차 알아볼 수 있다. 그리고 지금 이 순간에도 우리조차 설명할 수 없는 우리 자신에 관한 것들을 알고 있을지 모른다.

한 연구에 따르면 개는 우리의 호르몬 수치가 어떻게 달라지는지도 알아낼 수 있다고 한다. 민첩성 실험에 참가한 주인과 개들을 관찰하던 연구자는 남성의 테스토스테론 호르몬 수치와 개의 코르티솔 호르몬 수치 사이에서 상관관계를 발견했다. 코르티솔은 스트레스 호르몬으로, 예를 들어, 굶주린 사자를 만났을 때 코르티솔의 분비가 빠른 도주를 가능하게 한다. 또한 목숨이 달린 위기 상황보다는 심리적으로 긴박한 상황에서 더 많이 생성된다. 테스토스테론 수치가 증가하면 많은 행동요소가 동반되는데, 특히 성적 충동이나 공격성, 지배욕 등이 밖으로 표출된다.

실험 결과, 주인의 남성 호르몬 수치가 높을수록 개의 스트레스 상승도가 높았다. 어떤 면에서는 개가 주인의 호르몬 수치가 높음을 느꼈다는 뜻이다. 아마도 개가 주인의 행동을 관찰했을 수도 있고 냄새를 맡았을 수도 있다. 아니면 둘 모두를 이용했을 수도 있다. 결론은 주인으로부터 개에게로 감정이 '옮은' 것이다. 또 다른 실험에서는 개가 인간 놀이친구의 놀이 '방식'에 민감하다는 사실을 개들의 코르티솔 수치가 드러내 주었다. 놀이 중에 '앉아', '누워', 혹은 '물어 와' 같은 명령어를 사용하는 사람과 함께 논 개들은 실험이 끝난 뒤 코르티솔 수치가 높게 나타났다. 반면 조금 더 자유롭게 논 개들은 놀이가 끝난 뒤 낮은 코르티솔 수치를 보였다. 개는 노는 중에도 우리의 의도를 파악하고 그것의 영향을 받는다는 것이다.

개가 우리를 알고 우리 행동을 예측하는 것은 우리가 그들을 사랑하는 큰 이유이기도 하다. 아기가 태어나 처음으로 나를 알아보고 활짝 웃는 것을 경험해본 적이 있는가? 그렇다면 아기가 나를 알아보는 것이 얼마나 흥분되고 기쁜 일인지 잘 알 것이다. 개가 인류학자인 까닭은 그들이 우리를 연구하고 알기 때문이다. 그들은 우리의 일상 속 상호작용의 상당 부분을 관찰한다. 우리의 관심, 우리의 초점, 그리고 우리 시선이 어디를 향하는지 보고 있다는 말이다. 그 결과, 우리 마음을 읽지는 못해도 우리를 알아보고 행동을 예측할 수 있게 되었다. 아기를 인간이라 할 수 있는 이유가 바로 이것이다. 그러니 개 역시 막연하게나마 인간과 비슷하다고 할 수 있다.

8장

개의
고귀한 마음

새벽녘에 나는 펌프를 깨우지 않고 방을 몰래 빠져나가려고 한다. 펌프의 눈을 볼 수는 없다. 까만 털에 가려 어찌나 위장이 잘 되었는지 전혀 알아볼 수가 없다. 머리를 다리 사이에 두고 누워 있는 모습이 평화롭다. 문까지 간 나는 성공했다고 생각한다. 펌프에게 들키지 않으려고 발끝을 들고 숨을 멈추었다. 하지만 그때 보인다. 눈썹이 들리고 점점 커지는 펌프의 눈이 나를 따라다니고 있다는 것을. 들켜버렸다.

앞에서 살펴보았듯 개는 보는 데 아주 뛰어나고 관심을 이용하는 데 능숙하다. 그렇다면 개의 시선에는 생각하고 구상하고 사색하는 마음이 있는 것일까? 어린 아기가 단지 보는 것에서 벗어나 관심을 이용하는 쪽으로 성장 발달하는 것은 드디어 성숙한 인간이 된 것임을 보여준다. 그렇다면 개의 시선은 개의 마음에 관해 무엇을 알려주는 것일까? 다른 개, 혹은 자기 자신, 아니면 우리에 관해 생각하는 것일까? 개의 마음에 대해서는 많은 이들이 오랫동안 궁금해하지만 아직도 답이 밝혀지지 않았다. 과연 그들은 영리한가?

개는 분명 영리하다

개 주인은 막 부모가 된 사람처럼 자기 개가 얼마나 영리한지 자랑이 그칠 날이 없다. 개는 주인이 언제 나가고 들어오는지, 우리를 어떻게 속이고 구슬려야 하는지 안다고 하는 사람도 있다. 뉴스 보도는 개의 지능에 관한 최신 발견이나 단어를 사용하고, 숫자를 세고, 응급 상황 시 119에 전화하는 개의 능력에 관한 소식으로 연일 넘쳐난다.

이런 일화들이 전하는 인상의 진위를 증명하기 위해 개 지능 검사가 고안되었다. 우리는 인간의 지능을 테스트하는 검사에 익숙하다. 수능 문제를 풀 듯이 펜과 종이를 이용해 단어 선택, 공간 관계, 추론 문제 등을 해결하게끔 하는 검사이다. 이외에도 기억력, 어휘력, 수학 실력, 간단한 패턴 찾는 능력, 세부 내용에 대한 집중력 등을 알아보는 질문이 있다. 이런 검사가 지능을 평가하기에 타당한지 아닌지의 문제는 일단 제쳐두기로 하자. 분명한 것은 그 검사를 개의 언어로 번역할 수 없다는 점이다.

따라서 수정 버전이 만들어졌다. 큰 소리로 숫자 목록을 반복해 읽는 대신, 개는 간식을 숨긴 장소를 기억하는지 질문 받게 된다. 복잡한 덧셈 능력을 요하던 문제는 새로운 요령을 배우려는 개의 의지를 확인하는 것으로 대체된다. 질문은 실험적인 심리 패러다임을 대략 흉내 낸다. 대상 영속성(컵으로 간식을 덮으면 간식은 여전히 거기에 있는 것일까), 학습(당신이 어떤 속임수를 쓰려고 했는지 개가 알아챘는가), 문제 해결(당신이 가지고 있는 간식을 개가 어떻게 입으로 가져갈 수 있을까?) 등에 관한 것이다.

일단의 개들을 모아 이러한 능력(주로 물리적인 사물과 환경에 대한 인지 능력)을 갖추었는지 여부를 판단했던 공식적인 연구는 처음에는 별로 놀라워 보이지 않는 결과를 산출해냈다. 연구자들은 간식으로 개를 유인해 들판으로 데려가서는 개가 간식을 찾아내는 속도를 측정함으로써 개가 방향을 읽고 지름길을 찾기 위해 이정표를 사용한다는 점을 확인했다. 이런 행동은 개의 조상이 길을 찾거나 먹이를 찾을 때 했으리라 짐작되는 행동과 일치한다.

물론 개는 먹이를 구하는 일과 관련된 모든 임무를 꽤나 잘 해낸다. 먹이 두 무더기가 있으면 양이 많은 무더기를 주저 없이 선택한다. 양의 차가 클수록 더욱 그렇다. 먹이를 컵에 넣어 숨기면 바로 달려가 컵을 넘어뜨리고 그것을 찾아낸다. 손이 닿지 않는 곳에 매달린 과자를 얻기 위해 줄 당기기 등과 같은 간단한 도구를 이용하는 방법도 습득한다.

하지만 개가 모든 시험에 통과하는 것은 아니다. 과자를 세 개와 네 개 두었을 때 혹은 다섯 개와 일곱 개 두었을 때 전형적으로 많은 실수를 범한다. 더 적은 개수를 고르는 경우가 더 많은 개수를 고르는 경우와 거의 비슷하다. 그리고 왼쪽 혹은 오른쪽 무더기에 대한 선호도 발달한다. 이는 그들이 더욱 노골적인 실수를 하도록 만든다. 마찬가지로 숨겨진 먹이를 찾는 기술은 먹이가 복잡하게 숨겨질수록 엉망이 된다.

시험이 복잡해질수록 도구 사용 능력 또한 덜 인상적으로 보이기 시작한다. 두 개의 줄을 설치하고 멀리 있는 줄에만 맛있어 보이는 과자를 매달아 놓을 경우에도 그저 가까운 줄만 건드려본다. 아무것도 달려 있지 않은데도 말이다. 따라서 줄을 목적을 이루기 위한 수단으로 인식하는 것처럼 보이지는 않는다. 그러니 어쩌면 처음에 해결했던 문제도 성공할 때까지 계속 발로 건들이고 입질을 함으로써 우연히 해결했던 것일 수도 있다.

이 개 지능 검사에서 자기 개의 점수를 매긴 주인 중에는 자기 개가 '순종적인 그룹의 최상위권'이라기보다는 '멍청하지만 행복한 그룹'에 가깝다는 사실을 알게 될지도 모른다. 그러면 그걸로 끝일까? 그 개는 전혀 영리하지 않은 것일까?

지능 검사와 심리 실험을 조금 더 자세히 들여다보면 하나의 결함이 드러난다. 의도하지는 않았지만 실험은 개에게 불리하게 조작되었다. 그 결함은 실험 대상인 개가 아니라 방법에 있다. 즉 실험은 사람들, 즉 연구자나 개 주인이 참관하고 있는 상태에서 진행되어야 한다. 그렇다면 전형적인 실험 설정을 한번 자세히 살펴보자. 실험은 다음과 같이 시작되었을 것이다. 개는 모두의 주목을 받은 채 앉아 목줄에 묶여 있다. 실험자가 개 앞으로 와서 멋진 새 장난감을 보여준다. 이 개는 새로운 장난감을 좋아한다.* 실험자는 장난감과 양동이를 개에게 보여주고 장난감을 양동이에 넣은 뒤 그것을 들고 두 개의 가림막 중 한쪽으로 사라진다. 그런 다음 양동이를 들

---

* 개는 새로운 사물을 선호한다. 한 연구에 따르면 익숙한 장난감과 새로운 장난감 더미에서 아무거나 가져오게 시키면 4분의 3 이상이 자연스럽게 새 장난감을 고른다. 새것에 대한 이러한 선호는 막대를 문 개 두 마리가 공원에서 만났을 때 상대 막대를 잡으려고 자신의 막대를 떨어뜨리는 이유를 설명해준다.

고 다시 나타난다. 이번에는 양동이가 비어 있다. 이는 짓궂은 장난이 아니라 **보이지 않는 이동**의 일반적인 실험이다. 즉 어떤 사물이 이동되어 다른 장소로 옮겨져서 시야에서 사라져 **보이지 않게** 된다는 것이다.

이 실험은 유아가 구제 불능의 십대가 되고 그 다음에는 스스로 유아를 낳을 수 있는 성인이 되는 과정에서 일어나는 개념적인 도약을 나타낸다고 피아제Piaget, Jean가 제안하고 난 이래 어린아이를 대상으로 정기적으로 시행되어 왔다. 이 경우에 개념적 이해란 사물이 눈에 보이지 않을 때도 계속 존재하는 것(**대상 영속성**이라고 함)과 사물의 궤적과 세상에서 계속되는 존재의 개념에 관한 것이다. 누군가 문 뒤로 사라지더라도 우리는 그 사람이 여전히 존재할 뿐 아니라 문 뒤에 있다는 것을 안다. 아이들은 대상 영속성에 대한 개념을 첫돌이 되기 전에, 보이지 않는 이동에 대한 개념은 두 돌이 되기 전에 깨우친다. 피아제가 영아의 인지 발달 단계를 이렇게 구체화한 이래 이 실험은 다른 동물이 인간의 유아와 어떻게 비교되는지 보기 위해 기본적으로 시행되었다. 햄스터, 돌고래, 고양이, 침팬지(침팬지는 쉽게 시험에 통과했다), 닭 모두에게 이 실험을 했다. 개도 마찬가지다.

개의 성적은 들쭉날쭉했다. 물론 실험이 설명대로 간단하게 진행되면 커튼 뒤에 있는 장난감을 찾는 데 아무런 어려움이 없었다. 시험에 합격한 듯이 보였다. 하지만 시나리오를 조금만 복잡하게 하면 개들은 실패했다. 예를 들어 양동이를 두 개의 가림막 뒤로 가져가되, 첫 번째 가리개 뒤에서 장난감을 꺼낸 뒤 **개들에게 빈 양동**

이를 보여주어 실험자가 가림막 뒤에서 무엇을 했는지 깨닫게 한 뒤 두 번째 가림막 뒤로 양동이를 가져가면 개는 실패했다. 두 번째 가림막으로 먼저 달려간 것이다. 장난감이 없다는 게 명백했음에도 그랬다. 변화를 준 다른 실험 몇 가지 역시 개가 갑자기 덜 영리해 보이는 결과를 낳았다. 여기서 내릴 수 있는 결론은 개가 결코 천재는 아니라는 점이다. 일단 장난감이 시야에서 사라지면 재빨리 마음에서도 사라진다.

하지만 개가 성공한 적이 있다는 것만으로도 그런 결론이 어딘가 의심스러워지는 것은 사실이다. 그들 행동은 다음 두 가지로 설명할 수 있다. 첫째, 개는 장난감을 기억하긴 하지만 장난감이 사라질 때 어떤 길로 가는지 세부적인 사항에는 집중하지 않는다. 물론 장난감의 흔적을 따라가는 데 대단히 관심이 많은 개도 있지만 개는 인간과 매우 다른 방식으로 사물을 관찰한다. 중요한 것은 늑대와 개가 사물을 대하는 방식은 제한적이라는 점이다. 어떤 사물은 먹는 것, 어떤 사물은 가지고 노는 것일 뿐 두 가지 상호작용 모두 사물에 대한 복잡한 심사숙고가 필요하지 않다. 이전에 소중했던 물건이 사라진 것을 깨달아도 그 물건에 어떤 일이 일어났는지 숙고할 필요는 없다. 대신 그 물건을 찾기 시작하거나 그 물건이 나타나길 기다린다.

두 번째 설명은 첫 번째보다 더욱 중요하다. 인간의 동반자가 될 수 있게 한 바로 그 기술, 즉 사회적 인지능력 덕분에 개는 이 실험을 비롯해 다른 물리적 인지 과제에서 실패할 수밖에 없었다. 개에게 공을 보여준 뒤 그것을 엎어놓은 두 개의 컵 중 하나 속에 숨긴다. 개가 냄새를 맡을 수 없다고 가정하면 개는 두 개의 컵 중 하나를 무작위로 살펴볼 것이다. 달리 할 수 있는 일이 없는 상황이라면 이는 합당한 접근이라 할 수 있다. 컵 하나를 들어서 그 아래 있는 공을 보여준 다음 수색을 계속하게 하면 당연히 개는 그 컵 아래를 먼저 살필 것이다. 하지만 공이 들어 있지 않은 컵을 들어 그 속을 보게 하면 개는 돌연 논리를 모두 잃어버리고 빈 컵 속부터 들여다보기 시작한다.

이때 개는 자기의 기술에 오히려 당했다고 할 수 있다. 문제를 맞닥뜨리면 영리하게도 개는 우리에게 눈길을 돌린다. 우리 행동은 정보의 출처가 된다. 세월이 흐르면서 개는 거의 모든 일에 우리 행동이 관련되어 있고, 우리 행동이 때로는 흥미로운 보상이나 먹이로 이어질 것이라고 믿게 되었다. 따라서 실험자가 두 번째 칸막이 뒤에 숨어서 눈에 보이지 않는 이동을 하면 그 칸막이 뒤에 무언가 흥미로운 것이 있을 거라고 생각한다. 실험자가 빈 컵을 들어 올리면 사람이 그 컵에 관심을 보이기 때문에 개도 그 컵에 더 흥미를 갖게 된다.

이 실험에서 사회적 단서가 줄어들면 개의 성적은 훨씬 좋아진다. 개에게 빈 컵을 보여줄 때 두 컵을 모두 건드리면 개는 현혹되지 않는다. 빈 컵을 보면 추론을 통해 숨겨진 공이 있는 다른 컵을 탐색한다. 마찬가지로 **마당에서 키우는 개**처럼 대부분의 시간을 바깥에서 보내 사회화가 덜 된 개는 문제에 바로 집중한다. 반면 집 안에서 키우는 개는 주인에게 도와달라고 조용히 간청하는 경우가 많다.

늑대가 개보다 훨씬 우수한 능력을 보였던 실험을 다시 생각해 보면 개의 성적이 나빴던 것도 인간에게 의존적인 성향 때문이라고 할 수 있을 것이다. 뚜껑이 닫혀 있는 용기에서 먹이를 꺼내도록 시키면 늑대는 포기하지 않고 계속 시도한다. 용기가 열리지 않게 되어 있는 것만 아니라면 늑대는 시행착오를 거듭하다 결국 성공한다. 반대로 개는 쉽게 열리지 않을 것 같아 보이면 포기하는 경향이 있다. 그런 다음 방 안에 있는 어떤 사람이라도 쳐다보고 다양한 관심끌기와 조르기 행동을 시작한다. 결국 그 사람이 마음이 약해져서 상자를 열어줄 때까지.

표준 지능 검사에 따르면 이 개들은 퍼즐을 통과하지 못했다. 하지만 나는 그들이 훌륭하게 성공해냈다고 믿는다. 그들은 과제에 새로운 도구를 사용했다. 우리가 바로 그 도구다. 개는 이 사실을 학습하고는 우리를 훌륭한 만능 도구라고 보는 것이다. 우리는 개를 보호해주고, 먹이를 주고, 우정을 제공하는 유용한 도구다. 닫힌 문은 열어주고 물그릇이 비면 채워준다. 개의 눈으로 보면 절대 풀 수 없을 것처럼 보이는 나무에 얽힌 목줄을 빼낼 정도로 똑똑하다. 마술처럼 자기를 높은 곳에서 낮은 곳으로 옮겨줄 수도 있다. 씹을 것과 먹을 것을 끊임없이 만들어내기도 한다.

개의 눈에는 우리가 얼마나 재주꾼 같아 보일까. 그러니 결국 우리에게 의지하는 전략은 매우 영리하다고 할 수 있다. 따라서 개의 인지능력에 대한 결론은 다음과 같이 바뀐다. 문제 해결을 위해 인간을 이용하는 데는 우수하지만 우리가 주변에 없을 때 문제를 해결하는 능력은 그다지 우수하지 않다고.

다른 상대에게서 배우다

어제 펌프는 반려동물용품점 자동문에서 재미있는 것을 배웠다. 벽을 향해 걸어가면 그것이 열리고 자신을 통과시켜준다는 것이다. 하지만 오늘 벌어진 사태로 이러한 배움은 잊어야 했다. 그것도 아주 요란뻑적지근하게.

사람의 도움이 있든 없든 숨겨진 간식을 찾아내고 닫혔던 문이 열리는 등 일단 문제가 해결되면 개는 같은 문제가 생겼을 때 같은 방법을 되풀이해서 적용하는 법을 금세 배운다. 사태를 파악하고, 적절한 반응을 모색해두고, 문제와 해결책 사이의 연결고리를 깨닫는다. 이는 개의 큰 업적인 동시에 때로는 우리의 불행이기도 하다. 맛있는 치즈 냄새의 출처를 찾아 식탁 위로 풀쩍 뛰어오르는 데 성공하면 앞으로도 계속 그럴 테니 말이다. 얌전히 앉아 있는 대가로 비스킷을 주면 계속 앉아 있는 자세로 감당 못할 정도의 많은 비스킷을 기대할 것이다. 이를 명심하면 개를 훈련시킬 때 개에 대한 보상은 그 개가 바라는 행동을 되풀이했을 때만 해야 한다는 경고를 이해하기 쉬울 것이다.

심리학에서는 이렇게 개가 통달한 것에 **학습**이라는 용어를 붙였다. 개가 학습할 수 있다는 데는 의심의 여지가 없다. 이것은 시간이 지나면서 경험에 반응해 자신의 행동을 조정하는 자연스러운 신경계 작용이다. 신경계가 있는 동물은 모두 이런 식으로 학습한다. **학습**한다는 말에는 동물 훈련에 사용하는 연상 학습부터 셰익스피어의 독백을 외우고 양자역학을 이해하는 것까지 모든 의미가 포함된다.

물론 개가 새로운 행동과 개념을 쉽게 배우는 것은 과학 영역에 해당하는 일은 아니다. 개의 학습은 학문적이지도 학구적이지도 않다. 그럼에도 우리가 개에게 배우라고 요구하는 것은 대부분 우리가 임의로 선택한 것들이다. 최근까지 야생으로 산 동물이라면 주린 배를 채우는 방법은 쉽게 배울 것이다. 하지만 우리가 일반적으로 개에게 가르치는 것, 복종하라고 시키는 것은 먹이와 거의 관계가 없다. 우리가 개에게 바라는 것은 자세를 바꾸고(앉고, 뛰어오르고, 일어서고, 눕고, 구르고), 사물에 대해 매우 구체적으로 행동하고(신발을 가져오고, 침대에서 내려오고), 현재 행동을 시작하거나 멈추고(기다려, 안 돼, 좋아), 기분을 바꾸고(진정해, 잡아와), 우리 쪽으로 오거나 우리에게서 멀어지도록(이리 와, 저리 가) 하는 것이다. 이것은 양자역학은 아니지만 사슴 사냥꾼을 조상으로 둔 개들에게는 황당한 일이 아닐 수 없다. 야생동물로 살 때는 땅에 엉덩이를 붙인 채 누군가 기분 좋게 "**좋아!**"라고 말하며 놓아줄 때까지 그 자세를 유지할 필요가 없었다. 이런 면에서 개가 이렇게 사람이 시키는 일을 배울 수 있다는 점은 너무나도 놀랍다.

강아지는 모방으로 배운다

어느 날 아침 나는 엎드려 자다가 깨어나 팔을 머리 위로 들고 다리를 발끝까지 쭉 뻗으며 팔꿈치로 바닥을 짚고 몸을 일으켰다. 옆에 있던 펌프가 뒤척이더니 한 동작 한 동작 나를 따라 했다. 앞다리를 쭉 뻗고 뒷다리도 쭉 펴더니 몸을 일으켜 세웠다. 요즘 우리는 아침마다 나란히 누워 똑같이 스트레칭을 하며 아침 인사를 나눈다. 다른 것이 있다면 우리 중 하나만 꼬리를 흔든다는 점이다.

명령어를 배우는 것보다 더 흥미로운 개의 재주는 단지 다른 개나 사람을 바라봄으로써 무언가를 배우는 것이다. 개가 인간의 지시에 따라 학습할 수 있다는 것은 이미 알고 있다. 그렇다면 인간을 본보기 삼아 배울 수도 있을까? 개와 같은 사회적 동물이 세상과 협상하는 방법을 다른 이들에게서 보고 배우는 것은 어쩌면 당연해 보인다. 하지만 이런 질문에 분명히 **'아니다'**라고 답할 수밖에 없는 경우도 많다.

개는 우리가 식탁에 앉아 예의바르게 먹는 모습을 수없이 많이 보지만 결코 자발적으로 칼과 포크를 들고 우리와 함께 식탁에 앉을 수는 없다. 우리가 얘기하는 것을 아무리 엿들어도 말하는 것은 불가능하다. 옷에 대한 유일한 관심은 입는 것이 아니라 씹는 것이다. 우리 인간의 활동에 충분히 노출되어 있음에도 개는 우리를 어떻게 모방해야 하는지 알고 있는 것 같지 않다.

하지만 이것이 개의 모자란 점은 아니다. 다만 이것은 능숙한 모방자인 인간과 개를 구분해준다. 어른이 되는 과정에서 우리는 눈을 크게 뜨고 상대가 무엇을 입었는지, 무엇을 하는지, 어떻게 행동하는지, 어떻게 반응하는지 본다. 우리 문화는 행동양식을 배우기 위해 서로의 행동을 관찰하고자 하는 열의에 기반한다. 깡통따개로 깡통을 열기 위해서는 남이 그렇게 하는 모습을 한 번만 보면 된다(적어도 내가 기대하기로는 그렇다). 하지만 보기보다는 많은 것이 걸려있다. 모방에 성공하면 열린 깡통의 내용물을 획득하게 될 뿐 아니라, 복잡한 인지능력이 있음을 암시하기도 하기 때문이다. 진정한 모방을 하려면 다른 사람이 무엇을 하는지 보고, 그 행동이 어떻게 문제를 해결하는지 이해하는 것뿐 아니라, 다른 사람의 행동을 자신만의 것으로 받아들여야 한다.

이런 면에서 개는 진정한 의미의 모방자라 할 수 없다. 깡통따개로 수천 번 시범을 보여도 관심을 보이지 않기 때문이다. 따개의 기능적인 쓰임새는 그들에게 소용이 없다. 개에게는 엄지손가락이 없어 손을 쓸 수도 없고 따개나 나이프를 사용할 수 없기 때문에 이런 비교는 불공평하다고 불만을 표할지도 모른다. 마찬가지로 개에게는 정교한 발성에 필요한 후두도 없고 옷을 입을 필요도 없다. 문제는 개를 사람의 축소판처럼 생각해도 되느냐가 아니다. 중요한 것은 시범으로 개에게 무언가를 가르치면 그들이 정말 배울 수 있느냐다.

개들의 상호작용을 10분 정도만 봐도 당신은 진정한 모방이 무엇인지 보게 될 것이다. 어떤 개가 크고 멋진 막대를 과시한다면 옆의 개도 자신만의 막대를 찾아 과시한다. 어떤 개가 땅을 파헤치기 시작하면 옆의 개도 합류할 것이다. 어떤 개가 우연히 물에 들어갔다가 자신이 수영할 수 있다는 것을 깨닫게 되면 다른 개도 스스로 물에 몸을 던져 자신도 수영을 할 수 있다는 것을 알게 된다. 관찰을 통해 개는 진흙탕에서 뒹굴고 덤불 속으로 길을 만들며 나가는 특별한 즐거움을 알게 된다. 펌프도 자주 어울리는 개가 다람쥐를 보고 짖는 것을 보기 전까지는 찍 소리도 하지 않았었다. 하지만 그 이후로 펌프는 다람쥐만 보면 짖게 되었다.

그렇다면 문제는 이것이 진정한 모방이냐, 다른 무엇이냐다. 여기서 다른 무언가는 모호하게 **자극 증강**stimulus enhancement이라고 불리는 것이다. 20세기 중반 영국에서 일어난 우유와 새 사건이 이 현상을 가장 잘 보여준다. 당시 영국 사람들은 흔히 배달 우유를 마셨고, 새벽녘이면 현관마다 호일 뚜껑으로 된 병에 담긴 비균질 우유, 즉 병의 윗부분에 크림층이 있는 우유가 놓인 것을 쉽게 볼 수 있었다. 우유 배달부가 오는 새벽녘은 새들도 잠에서 깨어 지저귀기 시작하는 시간이다. 그러던 어느 날, 작은 푸른박새 한 마리가 병 위의 호일을 쪼아 뚫으면 풍부한 크림 같은 액체가 바로 아래 있다는 것을 알아냈다. 그 후 갑자기 우유병이 훼손되는 사건이 벌어지기 시작하더니 곧 그 빈도가 높아졌고 얼마 지나지 않아 심각한 수준에 이르렀다. 수백 마리 새가 우유 뚜껑의 비밀을 알게 된 것이다.

화가 난 영국 사람들은 오래지 않아 범인을 찾았다. 여기서 문제는 범인이 누구냐가 아니라 범행 수법이었다. 어떻게 이런 소식이 푸른박새들 사이에 퍼졌을까? 급속도로 퍼진 것을 보면 몇몇 새가 다른 새들이 크림을 얻는 것을 보고 그들이 하는 행동을 모방한 것 같다. 작은 새가 참 영리하기도 하다.

실험자들은 비슷한 설정에 박새를 풀어놓고 이 현상을 단계적으로 관찰했다. 연구 결과 모방보다 더 그럴듯한 설명을 내놓을 수 있었다. 새들은 크림을 조금씩 빼돌리는 새를 주의 깊게 관찰하고 처음부터 모든 것을 완전히 이해한 것이 아니라 처음에는 그 새가 병 위에 앉아있는 모습만 봤다. 아마도 이것 때문에 그 새들이 병에 관심을 보이게 된 것 같다. 새들은 일단 병 위에 앉으면 본능적으로 호일을 쪼았고 이것이 쉽게 뚫린다는 사실을 스스로 알아냈다. 다시 말해, 그들은 처음 크림을 먹었던 새를 보면서 우유병, 즉 자극에 이끌린 것이다. 처음 그 새의 존재가 다른 새들도 크림 도둑으로 만들 가능성을 높이긴 했지만 그 새는 어떻게 그렇게 했는지를 보여주지는 않았다.

별것 아닌 일에 흠을 잡는 듯 보이지만 여기에 중요한 차이가 있다. 자극 증강의 예를 들어보자. 당신이 문에다가 어떤 행동을 하자 문이 열렸고 그 모습을 내가 관찰한다고 치자. 그런 다음 내가 문으로 다가가 문을 차고 때리고 혹은 난폭하게 다룬다면 나도 문을 열 수 있을지 모른다. 모방을 한다면 나는 당신이 문에서 하는 행동을 정확하게 보고 그대로 그 행동을 재연했을 것이다. 즉 문고리를 잡고, 돌리고, 미는 등의 행동으로 원하는 결과를 얻었을 것이다. 내가 그렇게 할 수 있는 것은 당신이 하고 있는 일이 문을 통해 방을 나서는 당신 목표와 관련 있다고 상상할 수 있기 때문이다. 반면 푸른박새는 처음에 우유병을 연 새의 목표에 대해 생각할 필요가 없었고 아마 생각하지도 않았을 것이다.

새보다는 인간에 가까운

개를 연구하는 학자들은 막대를 과시하는 개가 푸른박새와 인간 중 누구와 더 비슷한지 밝히고자 했다. 첫 번째 실험은 원하는 물건을 얻고자 하는 상황에서 개가 인간을 모방할 수 있느냐 없느냐를 알아보는 것이었다. 학자들은 본질적으로 개가 사람의 행동 기능을 이해할 수 있는지, 즉 개가 원하는 물건을 스스로 얻는 방법을 모른다면 사람의 행동을 본보기로 삼을 수 있는지 궁금했다.

실험은 간단했다. V 모양으로 세운 울타리의 푹 파인 곳에 장난감이나 먹이를 놓아두었다. 개는 V 지점 바깥에 앉아 있었고 먹이를 가져올 기회는 한 번 주어졌다. 곧장 울타리를 통과하거나 넘어갈 수는 없었고, 울타리를 돌아가는 길은 오른쪽이든 왼쪽이든 거리와 상태가 똑같았다. 울타리 돌아가는 방법을 시범으로 보여주기 전까지 개는 두 길 중 하나를 무작위로 선택했다. 특별히 선호하는 쪽은 없었지만 결국 먹이 둔 곳으로 가는 길을 찾았다. 하지만 어떤 사람이 울타리 **왼쪽**으로 돌아가는 것을 본(그 사람은 가는 내내 적극적으로 개에게 말을 건다) 개는 곧바로 방향을 바꾸어 왼쪽을 선택했다.

이는 그 개들이 모방을 하는 것처럼 보인다. 그리고 그들은 모방을 통해 배운 것을 고수했다. 나중에 지름길을 알려주었음에도 그것을 무시하고 처음에 사람을 따라갔던 길을 고수했던 것이다. 연구원들은 이 행위가 정확히 무슨 의미인지 분명히 하기 위해 시범적으로 몇 번 다른 시도를 했다. 개들은 단순히 냄새로 길을 찾지 않았다. 울타리 왼편에 남겨둔 냄새 흔적은 그들을 유인하지 못했다.* 대신 다른 사람의 행동을 이해하고 그것을 이용했다. 울타리 주변을 조용히 걷는 사람을 지켜보게 하는 것만으로는 개들이 그 사람이 가던 길을 따라가게끔 하지 못했다. 그 사람은 개의 관심을 끌고, 개의 이름을 부르고, 시끄러운 소리를 내야만 했다. 왼쪽 길로 가서 보상을 받는 훈련을 받은 **개**를 보는 것 또한 유인 요소가 되었다.

이러한 결과는 개가 목표 달성을 위해 다른 대상의 행동을 시범으로 여긴다는 것을 알려준다. 하지만 우리는 개와 함께한 경험을 통해 우리가 하는 모든 행동이 '시범'으로 보이지 않는다는 것을 안다. 나는 부엌으로 향할 때 의자, 책, 옷더미 등을 피해 가지만 그 모습을 본 펌프는 가장 빠른 길을 택해 옷더미를 밟고 지나갈 것이다. 우리가 어디로 가든 '**저 사람을 따라가자!**'가 아니라 정말로 우리를 따라 하는 것인지 알아보려면 다른 실험도 필요하다.

오직 이 모방 이해력을 판단하기 위해 두 가지 실험이 시행되었

---

* 지금까지 이야기한 모든 것을 고려할 때 이러한 모순은 놀라워 보일지도 모른다. 하지만 단순히 흔적을 냄새 맡을 수 있다고 해서 그들이 항상 이 능력을 '사용한다'는 의미는 아니다. 개도 특정한 냄새에 관심을 기울이는 연습이 필요할 때가 많다.

다. 첫 번째는 개가 다른 이들의 행동에서 방법과 결과 중 정확하게 무엇을 보는지 알아보는 실험이다. 모방을 잘하는 개라면 둘 모두를 보는 데 그치지 않고 특정 방법이 결과에 이르기에 가장 편리한 방법인지 아닌지도 볼 수 있을 것이다. 인간의 유아는 어릴 때부터 이를 할 수 있다. 아이들은 하나부터 열까지 어른을 모방한다. 때로는 극단적이기까지 하다.* 하지만 아이들은 또한 약삭빠를 수도 있다. 예를 들어 한 가지 실험에서 어른이 특이한 방법으로(머리로) 불을 켜는 것을 본 아이는 이 새로운 행동을 모방했다. 하지만 그 어른이 손에 무언가를 들고 있어 부득이하게 손을 쓸 수 없는 경우라면 아이는 그것을 모방하지 않고 자연스럽게 손을 썼다. 어른이 손에 아무것도 들고 있지 않았다면 오히려 아이는 머리로 불을 켜려고 했을 것이다. 아이는 누군가의 손이 모자란다는 사실을 인지할 뿐 아니라 이러한 새로운 방식에는 나름의 타당한 이유가 있음이 틀림없다고 추론하는 것 같다. 아이들은 어른의 행동이 모방 가능하며 그렇게 해야 할 필요가 있어 보일 때만 선택적으로 그 행동을 모방했다.

같은 실험을 개에게 적용했을 때는 나무 막대가 불 켜는 것을 대신했다. '시범' 개는 용수철이 달린 통에서 간식을 얻으려면 앞발로

---

* 아이의 과도한 모방의 예로 사탕이 든 상자를 이용한 심리학자 앤드류 화이튼의 실험을 들고 싶다. 그는 3~5세 아이들이 잠긴 상자를 여는 시범을 보고 그것을 모방할 수 있는지 궁금했다(상자를 열려면 막대를 구멍에 넣었다가 돌린 후 빼야 했다). 아이들은 빨려들어갈 듯 시범을 관찰한 다음 잠긴 상자를 건네받았다. 아이들은 거의 모두 모방했는데 그중에서도 가장 어린아이들이 '과도하게' 모방했다. 막대를 빼기 전에 두세 번 정도가 아니라 때로는 수백 차례 돌린 것이다. 그들이 이해하지 못했던 점은 결과(사탕이 나옴)를 얻는 데 방법(돌림)이 어떤 역할을 하느냐였다.

막대를 누르면 된다는 것을 배웠다. 그러고 나서 연구원들은 다른 개들 앞에서 이 시범을 보이게 했다. 단 관찰하는 개들은 시범 개를 볼 수만 있지 만지거나 다가올 수는 없었다. 처음 시도에서 시범 개는 막대를 누르는 동안 입에 공을 물고 있었다. 다음번에는 공을 물지 않았다. 드디어 관찰하던 개들이 장치 앞에 섰다.

개는 본래 기계로 작동되는 용기 같은 것에 매력을 느끼지 않는다는 점에 주목해야 한다. 손잡이나 버튼이 나무로 만들어져 있어도 마찬가지다. 그리고 문제에 당면했을 때 처음부터 손잡이 등을 누르는 개는 거의 없다. 개들은 앞발을 자유자재로 사용할 수 있지만 늘 그렇듯 입을 먼저 쓰고 발은 그다음에 사용한다. 물건을 밀거나 누르는 것을 배울 수는 있지만 이런 문제는 본능적으로 이해할 수 있는 성질의 것이 아니다. 개는 일단 그것을 들이받고, 물고, 달려들 것이다. 할 수만 있다면 밀어 쓰러뜨리고, 파고, 그 위에 뛰어오를 것이다. 하지만 실험에 참가한 개들은 잠시 쳐다보지도 않고 침착하게 막대를 눌렀다. 따라서 관찰하던 개들이 처음으로 한 행동이 손잡이를 누르는 것이었다는 점은 상당히 흥미롭다. 앞선 개의 시범이 그들의 행동을 바꾼 것일까?

이들 개는 불을 켜는 스위치 실험의 아기들과 똑같이 행동했다. 공을 입에 물지 않은 개의 시범을 본 그룹은 충실히 그 개를 모방해 발로 막대를 눌렀다. 입에 공을 물고 시범을 보인 개를 본 그룹 역시 간식을 얻는 방법을 습득했지만 앞발 대신 (공이 없는) 입을 사용했다.

개들이 그런 식으로 모방했다는 사실은 실로 놀랍다. 그들의 모방은 단순한 모방, 즉 모방을 위한 모방이 아니었다. 시범 개의 행동에 끌렸던 것도 아니었다. 그것은 다른 동물이 무엇을 하고 있는지 세심히 관찰하는 행위처럼 보였다. 즉, 다른 동물이 그 행위를 하는 의도는 무엇이고, 만약 그들에게 같은 의도가 있다면, 어떻게, 또는 얼마나 많이 그 행동을 재생산해낼 수 있는지 말이다.

이 실험이 모든 개의 수행 능력을 대표해서 보여준다면 개는 적어도 특정한 사회적 맥락(예를 들어 먹이 획득이 달려 있는 상황)에서 다른 대상을 관찰함으로써 학습할 수 있다고 말할 수 있을 것 같다.

마지막으로 훨씬 인상적인 결과를 추출해낸 실험이 한 가지 더 있다. 이 결과에 따르면 개가 실제로 모방의 **개념**을 이해했을지도 모른다. 이 실험은 보상과 장려를 통해 누워, 한 바퀴 돌아, 병을 상자에 가져다 넣어 같은 일련의 명확하지 않은 행동들을 수행하도록 학습한 시각장애인 안내견 한 마리를 대상으로 했다. 실험자들이 궁금했던 것은 개가 명령을 듣지 않고 다른 이의 행동을 보는 것만으로도 모방을 할 수 있을지의 여부였다. 물론 그 개는 '한 바퀴 돌아'라는 명령을 받지 않고도 사람의 시범을 보인 후 그대로 모방하라는 의미인 '해봐!'라는 명령을 듣자 그렇게 할 수 있었다. 그런 다음 실험자들은 인간이 새롭고 완전히 이상한 행동(달려가 그네 밀기, 병 던지기, 다른 사람 주변을 한 바퀴 돌아 제자리로 오기 등)을 하는 것을 보면 개가 어떻게 할지 알아보았다.

개는 따라했다. 마치 **모방** 개념을 이미 학습하고 그것을 어떤 식으로든 적용할 수 있는 것처럼 말이다. 이를 위해 개는 자기 몸을 인간의 것에 대응시켜야 했다. 사람이 손으로 병을 던지면 개는 입을 사용했고, 그네를 미는 데는 코를 썼다. 이것으로 개의 모방 능력을 단정 지을 수는 없다(당신 개에게 그네 미는 것을 따라 하라고 해보라. 그 결과를 가지고 모든 개에 적용할 수는 없을 것이다). 하지만 이러한 개의 능력을 보면 기계적인 모방 외에 다른 무언가가 있음을 짐작할 수 있다. 개는 행동하는 법을 배우기 위해 우리에게 의지하는 바로 그 본능과도 같은 능력을 통해 모방을 하는 듯 보인다. 그것이 바로 아침마다 나와 나란히 스트레칭을 하는 펌프의 능력이다.

마음 이론

몰래 문을 여니 펌프가 보인다. 두 발짝도 떨어지지 않은 곳에서 입에 뭔가를 물고 깔개를 향해 걸어가고 있다. 가던 길에 펌프는 잠시 멈춰서 귀를 늘어뜨리고 눈을 크게 뜬 채 어깨너머로 나를 바라본다. 입에는 정체를 알 수 없는 둥근 물체가 물려 있다. 천천히 다가가자 펌프는 낮게 꼬리를 흔들며 머리를 홱 숙이고 그 물체를 다시 잘 물려고 순간적으로 입을 벌린다. 순간 나는 그것이 무엇인지 알아본다. 내가 녹이려고 식탁에 꺼내둔 치즈였다. 브리 치즈. 둥그렇고 거대한 브리 치즈 덩어리였다. 꿀꺽꿀꺽 두 번 베어 먹자 그 큰 치즈가 펌프의 목구멍 아래로 사라졌다.

식탁에서 음식을 훔치다가 딱 걸리거나 밖으로 나가자고, 먹을 것을 달라고, 긁어달라고 애원하며 당신 눈을 똑바로 쳐다보는 개를 생각해보자. 브리 치즈를 입안 가득 문 채 나와 시선이 마주친

순간 펌프는 다음 동작을 실행에 옮기려 하고 있었다. 자신을 바라보는 나를 발견했을 때, 펌프는 내가 치즈를 못 먹게 하려 한다는 걸 알아챈 것일까? 분명히 알아챘다고 나는 강하게 확신한다. 내가 문을 여는 순간 펌프는 나를 보았고 우리는 서로 상대편이 무엇을 하려는지 알고 있었다.

오직 이러한 장면을 다루는, 즉, 동물이 다른 이들을 독립적인 존재로 생각하는지에 대한 의문을 제기하는 동물 인지 연구 성과는 현재 절정에 이르러있다. 이러한 능력이야말로 그 어떤 기술, 습관, 행동보다도 인간이 된다는 것이 어떤 것인지 포착해낸다. 다시 말해, 우리 인간은 다른 사람이 무슨 생각을 하고 있는지에 관해 생각하는데, 이것이 바로 마음 이론이다.

마음 이론에 대해 한 번도 들어본 적 없는 사람이라도 매우 진보된 마음을 가졌을 가능성이 있다. 마음 이론을 통해 당신은 다른 사람은 나와 다른 관점을 가졌으며, 따라서 그들만의 신념이 있음을 알 수 있다. 나와는 다른 것을 알 수도 모를 수도 있으며, 그들만의 세계관을 가졌을 수도 있다. 마음 이론이 없다면 타인의 아주 단순한 행동도 알 수 없는 동기에서 비롯되어 예기치 못한 결론으로 이어지는 완전히 불가사의한 것으로 여겨질 것이다.

다음 같은 상황을 상상해보자. 어떤 사람이 입을 헤 벌리고, 팔을 높이 들고 미친 듯이 손을 흔들며 당신을 향해 다가온다고 생각해보자. 이럴 때 마음 이론이 있다면 큰 도움을 받을 수 있다. 이것을 이론이라 하는 까닭은 마음을 직접적으로 관찰할 수 없기 때문이다. 따라서 우리는 행동이나 발화로 돌아가 그 행동이나 발언을

야기한 마음을 추정한다.

물론 우리가 다른 사람 마음에 관해 생각하도록 타고난 것은 아니다. 심지어는 우리 자신의 마음에 관해 생각하도록 타고난 것 같지도 않다. 하지만 보통 아이라면 결국 마음 이론을 발달시킨다. 이제까지 논의된 바에 따르면 이것은 다른 사람에게 관심을 기울이고 그들의 관심을 알아차리는 과정을 통해서 발달되는 것 같다. 자폐증을 앓는 아이는 대개 마음 이론을 갖추는 데 필요한 선행 기술을 거의, 혹은 전혀 개발하지 못한다. 눈을 마주치거나 무언가를 가리키거나 공동 관심사에 동참하지 못하기 때문이다. 대부분의 사람에게 이것은 시선과 관심의 역할에 대한 인식에서부터 마음이 있음을 깨닫는 데 이르는 하나의 커다란 이론적 단계에 불과하다.

마음 이론을 다루는 표준 실험은 **잘못된 믿음** 실험이라고 부른다. 우선 피험자(주로 어린이)에게 꼭두각시 인형으로 미니 드라마를 보여준다. 첫 번째 인형이 피험자와 두 번째 인형이 보는 앞에서 구슬을 자기 앞에 있는 바구니에 넣는다. 그러고 나서 첫 번째 인형이 방을 나간다. 두 번째 인형은 바로 심술궂게 그 구슬을 자기 바구니로 옮긴다. 첫 번째 인형이 돌아오면 어린이 피험자는 질문을 받는다. 첫 번째 인형은 자기 구슬을 찾으려고 어디로 갈까?

네 살 정도 아이들은 자신과 인형이 알고 있는 것이 다르다는 사실을 이해하고는 정확한 답변을 한다. 하지만 놀랍게도 그보다 어린아이들은 백이면 백 틀린다. 그들은 첫 번째 인형이 실제로 구슬이 있는 곳인 두 번째 바구니에서 구슬을 찾을 것이라고 말한다. 이는 첫 번째 인형이 진짜로 알고 있는 것이 무엇인지 이 아이들이 생각하지 않는다는 것을 보여준다.

말로 대답을 할 수 없는 것은 물론이고 인형이 구슬을 바꿔치기 하는 이런 드라마에 관심을 보일 수도 없는 동물에게 언어적 잘못된 믿음 실험을 하는 것은 거의 불가능하다. 따라서 현재는 말이 필요 없는 실험이 개발되었다. 대개 학자들은 야생에서 볼 수 있는 속임수나 교묘한 경쟁 전략 같은 동물들의 행동에서 힌트를 얻고 있다. 침팬지는 단골 실험 대상이다. 인간과 가장 가까운 종이어서 인간과 가장 비슷한 인지능력을 가졌다고 여겨지기 때문이다.

침팬지 실험 결과가 불확실해 인간만이 완전하게 발달된 마음 이론을 가질 수 있다는 개념에 힘이 실리긴 했지만 이런 결론에는 예상치 못한 복병이 있었다. 그 복병은 바로 개다. 사람의 관심에 관심을 보이고, 마치 사람 마음을 읽을 수 있는 것 같은 그들의 능력은 우리가 마음 이론이라 부르는 것을 갖추고 있는 듯 보인다. 누구나 자기 개를 보면서 떠올릴 수 있는 생각을 과학적 이론으로 확립하기 위해, 연구원들은 침팬지에게 했던 실험을 개에게도 시도하고 있다.

개의 마음 이론

여기 자신이 실험 대상인지 전혀 모르는 개 한 마리가 어느 날 집에 돌아와서는 자신을 기다리고 있는 상황을 발견하게 된다. 집 안 여기저기 굴러다녀서 언제든 가지고 놀 수 있었던 좋아하는 테니스공은 모두 사라지고 많은 사람이 자신을 바라보고 서 있었다. 여기까진 좋다. 다행이 세 살 먹은 벨기에 테뷰런 종 필립은 놀라서 흥분을 하지는 않았다. 하지만 누군가 모아놓은 공을 하나씩 보여주더니 세 개의 상자 중 하나에 집어넣고는 상자를 다시 잠가버렸을 때는 아마도 혼란스러웠을 것이다. 이건 분명 새로운 경험이었다. 이것이 재미난 놀이든 불길한 전조든 간에 확실한 것은 공이 필립이 가장 좋아하는 장소, 즉 필립의 입속이 아니라 다른 곳으로 차근차근 옮겨졌다는 점이다.

주인에게서 풀려난 필립은 자연스럽게 공이 든 상자로 가서 상자에 코를 비벼댔다. 사람들이 기쁘게 탄성을 지르고 상자를 열어 그에게 공을 주는 걸 보니 잘한 일이었다. 그런데 주변 사람들이 방금 입에 문 공을 계속해서 빼앗아가 이 상자 저 상자에 넣는 것이 아닌가. 그래서 필립은 장단을 맞춰주었다. 하지만 다음번에는 사람들이 상자를 잠그고 열쇠를 다른 곳에 두었다. 그래서 올바른 상자를 골라도 공을 꺼내주는 데 시간이 훨씬 더 오래 걸렸다. 누군가 열쇠를 찾아 상자로 가지고 와서 열어야 했으니까. 마지막에는 난관이 하나 더 보태졌다. 상자를 잠그고 열쇠를 숨긴 사람이 방을 나가버린 것이다. 그리고 다른 사람이 들어왔다. 분명 이 사람도 주변의 다른 사람들처럼 잠긴 것을 여는 데 열쇠 같은 것을 사용할 줄 알 터였다.

이것이 바로 실험자들이 기다리는 순간이었다. 개는 이 사람이 열쇠 위치를 모른다는 사실을 알까? 만약 안다면 필립은 좋아하는 공이 어떤 상자에 들었는지 그 사람에게 알려줄 뿐 아니라 그 사람이 열쇠를 찾도록 도와줄 수 있어야 한다.

반복된 실험에서 필립은 계속 비슷하게 행동했다. 참을성 있게 열쇠가 숨겨진 장소를 보거나 그 방향으로 갔다. 그렇지만 필립이 직접 열쇠를 찾거나 그것으로 상자를 열지 않았다는 점에 주목하자. 그렇게 했다면 정말 대단한 재주였을 것이다. 하지만 제아무리 개를 열정적으로 찬양하는 사람이라 하더라도 개가 그리 할 가능성이 별로 없다는 점은 인정할 것이다. 대신 필립은 눈과 몸으로 의사소통했다.

필립의 행동은 실용, 의도, 보수, 이 세 가지 관점으로 해석할 수 있다. 실용적 해석은 개가 의도했든 아니든 개의 시선이 사람에게 정보를 제공했다는 것이다. 의도적 해석은 개가 실제로 의도를 가지고 행동했다는 것이다. 즉 필립은 그 사람이 열쇠 장소를 모르고 있다는 것을 알고 있었다. 보수적 해석은 필립이 열쇠가 있는 곳을 바라본 이유는 최근까지 어떤 사람이 그 장소에 있었기에 반사적으로 바라봤다는 것이다.

데이터가 나왔으니 해석을 할 차례다. 실험을 통해 얻은 자료를 보면 실용적 해석이 분명 옳다는 것을 알 수 있다. 개의 시선이 주변에 있는 사람에게 정보를 주었기 때문이다. 하지만 의도적인 해석 또한 옳다. 방에 있는 사람이 열쇠가 어디 있는지 모를 때 개는 열쇠 위치를 더욱 자주 보았다. 이것은 보수적 해석과 대치된다. 필립은 이 이상한 실험자의 마음에 대해 생각하는 듯 보였으니까.

이 결과는 단지 한 마리 개, 어쩌면 아주 영리한 개의 사례에 불과하다. 침팬지와 개에게 행한 애원 실험을 기억하는가? 침팬지와 달리 실험에 참여한 모든 개는 어떤 상자에 먹이가 들어 있는지 '아는 사람(눈을 가리지 않거나 양동이를 쓰지 않은 사람)'의 충고를 바로 따랐다. 안에 있는 먹이를 결국 모두 찾아낸 이러한 개들에게 박수를 보내고 싶다. 이는 개에게도 마음 이론이 있음을 뒷받침하는 것처럼 보인다. 개는 앞에서 무언가를 가리키는 낯선 사람들의 정보 유무에 대해 생각하는 것처럼 굴었다. 하지만 인지적 차원의 대성과처럼 보이는 이 사건 후에 이상한 일이 일어났다. 같은 실험을 계속하자 개들이 전략을 바꾼 것이다. 그들이 택하는 '모르는 사람'의 수가 '아는 사람'의 수와 비슷해졌다. 개가 선견지명이 있다가 점점 바보가 되었다는 의미일까? 비록 먹이를 위해서라면 개들은 꽤나 인상적인 곡예도 얼마든지 해내겠지만, 이것은 그들이 전략을 바꾼 설명으로는 부족하다. 어쩌면 첫 번째 실험이 요행이었다는 뜻일지도 모른다.

가장 훌륭한 해석은 개들의 이러한 성적이 방법론적으로 시사하는 바가 있다는 것이다. 개들이 결정을 내리기 위해 사용하는 다른 단서들이 있을 수 있는데, 그것은 우리에게 '모르는 사람'의 유무만큼이나 개들에게도 강력한 단서들이다. 예를 들어 개의 관점에서 인간은 대체로 먹이의 출처를 매우 잘 알고 있다. 우리는 주기적으로 음식을 먹고, 음식 냄새를 풍기고, 음식으로 가득 찬 차가운 냉장고 문을 온종일 여닫으며, 때로 주머니에서 음식을 흘리기도 한다. 이는 개들이 우리에 관해 너무나도 잘 학습한 사실이기에 반나절 몇 차례 실험한 것을 근거로 뒤집기는 어려울지도 모른다. 이 가설은 개들이 결정을 내리기 위해서 사람을 이용한다는 사실에서 기인한다. 개들은 '아는 사람'도, '모르는 사람'도 선택하지 않은 세 번째 상자는 결코 고르지 않았다.

결과를 어떻게 해석하든 개는 자신에게 마음 이론이 있다는 것을 증명하려고 노력하지 않는다. 동물 실험 고안의 난점 중 하나는 특정 기술을 시험하기 위해 실험 과정을 복잡하게 만들수록 동물에게는 대단히 이상한 시나리오가 된다는 점이나. 피험 동물에게 엄청난 혼란을 주는 것은 옳지 못하다고 하는 사람도 있다. 개들은 매우 기이한 상황, 즉 의도적으로 만든 낯선 상황에 처해질 때가 많다. 예를 들어 사람이 머리에 양동이를 쓰고 나타난다거나 실험이 수없이 반복되는 것, 이 모두가 모든 면에서 비정상적이다. 그럼에도 개들은 주어진 과업을 종종 잘 수행해낸다.

하지만 자연스런 상황에서 나온 자연스런 행동이 개들에 대한 더 자연스런 이해를 제공한다. 만약 미끼, 잠긴 상자, 비협조적인 사람들과 같은 특이한 점이 없다면 개들은 머리를 짜내기 위해서 무엇을 할까? 가장 전형적인 행동은 다른 개나 사람들과 자연스럽게 어울릴 때 나타날 것이다. 다른 개의 생각을 고려하는 것이 사회적으로 도움이 되었다면 그 능력이 진화해서 여전히 사회적 상호작용에서 나타날 것이다. 이것이 내가 일 년 동안 거실, 동물병원, 복도, 오솔길, 해변, 공원에서 놀이를 하는 개들의 모습을 지켜본 이유다.

놀이로 본 개의 마음

펌프는 모든 비디오 구석구석에 출연한다. 어떤 장면에서는 너무 빨리 다가오는 개와 충돌을 피하기 위해 껑충 뛰더니 그 개를 뒤쫓아 가느라 화면에서 서둘러 나가는 모습이 보인다. 또 다른 장면에서는 무는 척하면서 다른 개와 나란히 엎드려 있다. 놀고 있는 다른 두 마리 개 사이에 끼려고 노력하다 실패하는 장면도 있다. 다른 두 마리 개는 달아나버리고 펌프만 남아 꼬리를 흔들고 있다.

나는 **운 좋게도** 일 년 동안 개들이 노는 모습을 지켜보았다. 튼튼한 두 마리 개가 벌이는 '거친 신체 놀이'를 보면 놀라움을 금치 못할 것이다. 그런데 이를 드러내고 서로를 공격하고, 아무렇게나 구르고, 엎치락뒤치락 달려들고, 몸이 이리저리 뒤엉키도록 놀기 전에 개들은 반드시 인사를 나눈다. 신나게 놀던 개들이 주변의 소음에 갑자기 멈춰서면 마치 평화로운 그림 속 주인공이 된 것만 같다. 그러다가 다시 개판을 벌이려면 그저 시선을 한 번 주거나 앞발을 한 번 들기만 하면 된다.

놀이를 그저 **개들이 하는 일**이라고 볼 수도 있지만 놀이에는 매우 특정한 과학적인 정의가 있다. 과학에서 말하는 동물들의 놀이는 과장되고 반복적인 행위가 연속적으로 혹은 드문드문 다양한 강도로 발생하는 자발적 활동으로, 이는 모든 상황에서 확인 가능한 기능적인 행동 패턴이다. 하지만 놀이를 이리 딱딱하게 규정하고 싶지는 않다. 우리가 놀이를 규정하는 이유는 그 안에 담긴 즐거움을 빼앗아가기 위해서가 아니라 언제든지 수월하게 그것을 알아보기 위해서다. 놀이는 또한 협력, 순서 지키기, 그리고 필요하다면 놀이 짝꿍 수준에 맞추기 위한 자가 핸디캡 등 훌륭한 사회적 특징을 모두 갖추고 있다. 놀이에 참여하는 동물은 각각 상대의 능력과 행동을 고려한다.

그런데 놀이의 기능은 조금 수수께끼다. 동물의 행동은 대부분 각 개체나 종의 생존 가능성을 향상시키기 위한 활동이라 설명된다. 하지만 놀이는 역설적이게도 아무런 기능이 없는 행동처럼 보인다. 놀이 후 먹이가 생기는 것도, 자기 영역이 지켜지는 것도 아니며, 짝짓기 상대가 나타나는 것도 아니다. 결과라고는 헐떡거리며 땅에 드러누워 서로에게 혀를 흔드는 개 두 마리뿐이다. 따라서 누군가는 놀이의 기능이 **재밌게 지내는 것**이라고 할 수도 있겠지만 그러기에는 위험부담이 너무 크기 때문에 진짜 기능으로 선뜻 발표하기에는 꺼려지는 것이 사실이다. 많은 에너지가 필요한 놀이는 상처를 유발할 수도 있고, 야생에서는 동물의 포식 위험을 증가시킬 수도 있다. 놀이 싸움이 진짜 싸움으로 악화되면 부상뿐 아니라 사회적인 혼란도 야기할 수 있다. 이러한 놀이의 위험성은 실제적이고 아직 밝혀지지 않은 놀이의 기능에 관한 주장을 더욱 설득력 있게 만든다. 즉, 놀이가 진화 과정에서도 도태되지 않고 살아남았다면, 그것은 동물에게 정말로 유용해야만 한다. 그렇다면 놀이는 육체적, 사회적인 기술 연마 상황에서 일종의 훈련 역할을 할 수도 있다. 하지만 이상하게도 연구에 따르면, 성인의 경우에는 놀이를 통해 훈련한다고 기술 숙련도가 반드시 좋아지는 것은 아니다.

그것은 놀이가 예상치 못한 사건에 대한 훈련 역할을 하기 때문일 수도 있다. 즉, 놀이는 변덕스럽고 예측할 수 없는 것이 의도적으로 더 선호되는 듯하다. 실제로 동물은 변덕스럽고 예상할 수 없는 놀이를 일부러 찾아서 하는 것처럼 보이기도 한다. 인간에게 놀이는 사회적, 육체적, 인지적으로 정상적인 발달과정에서 나타나는 행위다. 하지만 개에게 놀이는 남는 에너지와 시간, 그리고 구르며 노는 개를 통해 대리 만족을 느끼는 주인 때문에 생겨난 결과일지도 모른다.

개들의 놀이가 특히 흥미로운 이유는 늑대를 포함한 다른 갯과 동물보다 개가 더 많이 놀이를 하기 때문이다. 그리고 개는 어른이 된 후에도 놀이를 하는데 이는 사람을 포함한 대부분의 동물에게서는 거의 일어나지 않는 현상이다. 팀 스포츠나 혼자 하는 비디오 게임을 놀이라고 정해놓은 우리들은 술이 취하지 않은 이상 갑자기 상대를 기습 공격하지도, 때리고 도망가지도, 서로에게 혀를 내밀며 우스꽝스러운 표정을 짓지도 않는다. 우리 동네에 다리를 절며 천천히 움직이는 열다섯 살짜리 노견은 어린 강아지들이 열정적으로 자신에게 다가가면 조금 몸을 사리는 듯 보이지만, 그도 가끔은 철썩 치는 놀이를 하거나 장난으로 어린 개의 다리를 물기도 한다.

개들의 놀이를 연구하기 위해 비디오카메라를 들고 개 주변을 그림자처럼 따라다니던 시절, 나는 몇 초에서 몇 분에 이르는 그들의 노는 모습을 녹화하는 동안 터져 나오는 웃음을 애써 참아야 했다. 몇 시간에 걸친 재미난 놀이가 끝나면 주인들은 각자 개들을 차에 태웠고, 나는 그날 일을 생각하면서 집으로 걸어오곤 했다. 그런 다음 컴퓨터 앞에 앉아 1초에 30장 정도 되는 장면을 하나씩 확인할 수 있을 정도로 느리게 비디오를 재생했다. 이 정도 속도여야 정확히 무슨 일이 있었는지 제대로 볼 수 있었다. 내가 본 것은 공원에서 지켜보던 장면의 단순한 되풀이가 아니었다. 이 속도면 맹렬한 추격이 시작되기 전 개들이 상호간에 고개를 끄덕이는 것을 확인할 수 있었다. 실시간으로는 알아볼 수 없게 흐려지는, 개들이 머리로 다투고 서로 입을 벌려 맞받아치는 모습도 보았다. 물린 개가 반응하기 전 2초라는 시간 동안 몇 번이나 물렸는지 셀 수 있었고, 잠시 멈춘 싸움을 재개하기 위해 몇 초가 걸리는지도 알 수 있었다.

그리고 가장 중요한 것은 개들이 어떤 행동을 언제 하는지 볼 수 있었다는 점이다. 1초도 안 되는 순간으로 해체된 놀이를 지켜봄으로써 나는 각 개의 행동을 기록해서 놀이를 글로 옮길 수 있었다. 나는 또한 그들의 자세, 서로간의 거리, 그들이 매 순간 바라보는 방향에 주목했다. 그런 다음 이러한 해체를 통해 어떤 행동이 어떤 자세와 부합하는지 재구성할 수 있었다.

나는 특히 두 가지 종류의 행동에 관심이 있었다. 그것은 놀이 신호와 관심 끌기다. 앞에서 살펴보았듯 관심 끌기는 매우 명백하게 나타난다. 관심을 얻는 것이 목적이니까. 구체적으로 말하면 이 행위는 간절히 관심 받기를 바라는 다른 누군가의 감각 경험을 변화시키는 행동이다. 나와 내가 들고 있는 책 사이로 머리를 들이미는 펌프의 행동은 내 시야에 방해가 된다. 듣는 주체의 청각적인 환경을 방해할 수도 있다. 예를 들어 자동차 경적 소리나 개 짖는 소리가 그렇다.

이러한 방법이 실패하면 신체적인 상호작용으로 관심을 얻을 수 있다. 어깨 위에 손을 올린다든지, 무릎 위에 앞발을 올리는 것, 혹은 개들 사이에서 엉덩이끼리 부딪히거나 볼기를 살짝 무는 것처럼 말이다. 분명 우리가 하는 많은 행동은 관심을 얻는 방법으로 쓰일 수 있지만 모든 행동이 언제나 효과적인 것은 아니다. 대개 이름을 부르면 상대의 관심을 얻을 수 있지만 양키 스타디움에서 9회말 경기를 보는 중이라면 그렇지 못할 것이다. 그런 경우라면 아마 오르간 연주자를 동원하는 등의 극단적인 방법이 필요할 것이다.

개의 관심을 끌기는 비교적 쉽다. 다른 개의 얼굴에 매우 가깝게 자기 자신을 드러내는, 앞서 내가 **들이대기**라고 칭했던 행위는 관심 끌기에 효과적이지만 개가 다른 사람과 신나게 놀고 있다면 그렇지 못하다. 그때는 더 강력한 방법이 필요하다. 놀이에 몰두한 한 쌍의 개 주변을 몇 분째 돌면서 짖고 또 짖어대는 개들의 행동에서 그 예를 찾을 수 있다.(정말로 그 놀이를 끝내고 싶다면 짖는 동시에 엉덩이를 무는 것이 더 효과적일 것이다).

놀이 신호는 놀아달라고 요청하거나 놀이에 관심이 많음을 알리는 것으로 **'같이 놀자'**, 혹은 **'놀고 싶어. 준비됐어? 이제 너랑 놀 거거든'** 같은 말이라고 할 수 있다. 여기에서 구체적인 단어의 존재는 그 단어의 기능적인 효과만큼 중요하지 않다. 놀이 신호는 다른 상대와 놀기 시작할 때와 놀이 중간에 사용된다. 이런 신호는 사회적인 요구사항이지 사교적인 예의가 아니다. 개들은 함께 놀 때 대개 제멋대로 굴고 정신없이 빠른 속도로 움직인다. 서로의 얼굴을 깨물고, 뒤에서 혹은 앞에서 올라타고, 다른 개 아래로 들어가 다리를 간질이는 등의 오해 사기 쉬운 행동 때문에 그들의 장난기는 매우 두드러져 보인다.*

놀이 상대를 물고, 뛰어오르고, 엉덩이로 밀고, 밟고 올라서기 전에 신호를 보내지 않으면 놀이를 하는 것이 아니라 상대방을 괴롭히는 것이다. 또한 한편만 그것이 놀이라고 생각한다면 그것은 더 이상 재미있는 놀이가 아니다. 여러 개들 사이에서 자신의 개를 산책시키는 모든 주인은 그럴 때 어떤 일이 생기는지 안다. 놀이가 공격이 되는 것이다. 놀이 신호가 없다면 무는 것은 증오나 보복을 부른다. 하지만 놀이 신호만 있으면 무는 것은 놀이의 일부일 뿐이다.

거의 대부분 놀이는 신호와 함께 시작된다. 전형적인 신호는 놀이 인사인데 이는 같이 놀고 싶은 상대 앞에서 무릎을 꿇는 것이다. 개는 앞다리를 굽히고 입을 벌리고 긴장을 푼 채, 엉덩이를 하늘로 들고 꼬리를 높이 세워 흔드는 등 다른 상대를 놀이로 이끌기 위해 온갖 노력을 다 한다. 꼬리가 없는 당신도 이 자세를 흉내 낼 수 있다. 그러면 개가 똑같이 반응해오거나, 친근하게 물거나, 최소한 한 번 더 바라봐줄 것이다.

자주 어울려 노는 두 마리 개는 빠르고 간편한 인사법을 사용한다. 사람과 마찬가지로 개도 친숙함을 느끼면 형식적 절차는 간략하게 줄이는 듯하다. **'안녕하세요?'** 대신 **'안녕?'**이라고 인사하듯, 놀

---

* 놀이가 싸움으로 바뀌지 않았는지 주기적으로 확인하는 것이 매우 중요하다는 사실을 고려하면 세 마리가 성공적으로 거친 신체 놀이를 할 가능성이 두 마리일 때보다 훨씬 적다는 점은 당연하다. 대화와 마찬가지로 모두가 한 번에 말을 하면, 즉 여기서는 놀이 신호를 보내고 저기서는 관심 끌기를 시도하면 놓치는 것이 생기기 마련이다. 일반적으로 서로에게 매우 익숙한 개들만이 셋이 함께 놀 수 있다.

이 인사는 앞에서 언급했던 **털썩 놀이**(두 앞발로 땅을 치면서 인사를 시작함), **입 벌려 보이기**(입은 벌리나 이는 드러내지 않음), **머리 숙이기**(입 벌린 채 머리를 까딱임) 등으로 간소화된다. 빠르게 연속적으로 헐떡이는 것 또한 놀이 신호가 될 수 있다.

개에게도 마음 이론이 있다는 사실을 드러내기도, 혹은 반박하기도 하는 것이 바로 놀이 신호와 관심 끌기 행동을 함께 쓰는 방식이다. '잘못된 믿음' 실험의 과제가 어떤 아이들은 다른 사람이 아는 것에 대해 생각하지만 어떤 아이들은 그렇지 않다는 사실을 보여준 것처럼 의사소통에서 관심을 이용하는 것도 의미가 있다. 개들이 노는 모습을 담은 자료를 모으며 내가 품었던 의문이 바로 이것이었다. '개들이 의도적으로(상대의 관심에 관심을 기울이며) 놀이 신호를 사용해서 의사소통했는가?' 그렇다면 '그들이 놀이 상대의 관심을 얻지 못하면 관심 끌기 행동을 했는가?' 그리고 '부딪히기, 짖기, 놀이 인사가 어떻게 사용되었는가?'

목격한 놀이에서 무슨 일이 일어났는지 제대로 설명하기는 꽤 어렵다. 물론 두 마리 개 사이에서 벌어진 이야기를 간략하게 지어

낼 수는 있다. **베일리와 다시가 함께 뛰어다녔다… 다시는 베일리를 쫓아가며 짖었다… 그들은 서로의 얼굴을 물었다… 그러곤 헤어졌다.** 하지만 이 이야기에서 자세한 내용은 얼버무려졌다. 다시와 베일리가 자가 핸디캡을 얼마나 자주 주었는지, 의도적으로 바닥에 드러누워 상대가 물게 했는지, 아니면 일부러 살살 상대를 물었는지 같은 자세한 내용은 없다. 그들이 차례대로 물고 물렸는지, 쫓고 쫓겼는지, 그리고 무엇보다도 서로 신호를 보냈을 때 함께 놀았는지, 줄행랑을 쳤는지, 그에 반응을 보였는지도 마찬가지다. 이것을 확인하려면 몇 초 사이의 순간을 살펴봐야 한다.

내가 여기서 찾아낸 것은 놀라웠다. 개들은 아주 특별한 때에만 놀이 신호를 보냈다. 놀이를 시작할 때, 그리고 자신을 바라보고 있는 개에게는 항상 신호를 보냈다. 일반적으로 한 차례 노는 도중에는 열두 번도 넘게 주의를 빼앗길 수 있었다. 어떤 개는 발밑의 고약한 냄새에 주의가 분산되기도 하고, 노는 개들 주변에 제3의 개가 나타나기도 하고, 어떤 때는 주인이 다른 곳으로 가버리기도 했다. 이때 당신이 알아차릴 수 있는 것은 놀이가 다시 시작하기까지 아주 잠깐 동안만 개들이 멈춘다는 것이다. 사실 이런 경우에는 몇 가지 일련의 단계가 필수적으로 뒤따른다. 놀이가 완전히 끝나지 않으려면 흥미를 잃지 않은 개가 상대방의 관심을 다시 얻은 다음 다시 놀자고 요청해야만 한다. 내가 관찰했던 개들 역시 놀이가 잠시 멈추고 다시 놀이를 재개하고 싶을 때는 놀이 신호를 보냈다. 물론 이때도 이 신호를 볼 수 있는 것은 거의 개뿐이었다. 다시 말해 그들은 자신을 볼 수 있는 상대와 의도적인 의사소통을 한다.

개들이 바라보는 방향까지 녹화한 덕분에, 나는 놀이를 멈춘 개가 다른 곳을 바라보거나 다른 상대와 노는 등 주의가 분산되었다는 것을 밝혀낼 수 있었다. 이때 잠시 무시당한 개가 할 수 있는 일은 미친 듯 놀이 인사를 하는 것이다. 하지만 그들이 그 전에 한 일이 한 가지 있다. 인사를 하기 전 관심 끌기 행동을 한 것이다. 그리고 더욱 중요한 것은 놀이 상대의 관심 정도에 따라 관심 끌기를 달리 했다는 것이다. 즉 그들이 '관심'이라는 것에 대해 어느 정도 이해했다는 것이다. 심지어 놀이 중간에도 개들은 상대방의 주의가 살짝 분산되었을 때 **들이대기**나 다른 개를 보면서 뒤로 뛰는 **과장된 후퇴**와 같은 가벼운 관심 끌기 행동을 이용했다.

함께 놀고 싶은 상대가 자신을 바라보며 가만히 서 있다면 이러한 관심 끌기는 그를 고무시키기에 충분하다. 마치 멍하니 앉아 있는 친구 얼굴 앞에 대고 **안녕?**이라고 손을 흔드는 것처럼 말이다. 하지만 상대 개의 주의가 상당히 분산되어 아예 다른 곳을 쳐다보거나 다른 개와 놀고 있을 때면 물기, 부딪히기, 짖기 등과 같은 적극적인 관심 끌기를 사용했다. 이런 경우에는 가벼운 안녕? 같은 것으로는 부족했을 것이다. 그래도 어떻게든 관심을 끌려고 막무가내식 방법을 사용하는 대신, 그들은 지나치지 않고 딱 적당한 관심 끌기를 택했다. 이는 상당히 민감한 행동이다. 이러한 관심 끌기가 성공한 후에야 개들은 놀이에 대한 흥미를 신호로 보낸다. 다시 말해 작전 순서를 따른다는 것이다. 우선 관심을 끌고, 그 다음에 함께 뒹굴어보자고 초대한다.

이것이야말로 훌륭한 마음 이론가들이 하는 일이다. 상대방의 관심 상태에 대해 생각하고, 자신의 말을 듣고 이해할 수 있는 사람에게만 이야기 하는 것. 개의 행동은 마음 이론과 닿을 듯 말 듯 가까워 보인다. 하지만 그들 능력이 우리 능력과 다르다고 생각해야 할 근거가 있다. 한 가지는 실험과 나의 놀이 연구 모두에서 모든 개들이 똑같이 의식적으로 행동하는 것은 아니었다는 점이다. 어떤 개들은 관심 끌기 행동을 할 줄 몰랐다. 그저 짖고, 반응이 없으면 또다시 짖고, 짖고, 또 짖을 뿐이다. 관심을 이미 끌었는데도 관심 끌기 행동을 하거나, 놀이 신호를 이미 보냈는데도 연거푸 놀이 신호를 보내는 개들도 있었다. 이러한 통계는 곧 대부분의 개들이 이런 것을 의식하며 행동하지만 예외도 많다는 것을 보여준다. 단지 그들의 능력이 조금 모자란 것인지, 해당 종 전체의 이해력이 부족한 것인지는 아직 밝혀내지 못했다.

어쩌면 둘 다 조금씩 해당될지도 모른다. 개들은 상대 내면에 숨겨진 마음을 심사숙고하기보다 대부분 단순한 상호작용을 하는 것 같다. 주의와 놀이 신호를 이용하는 기술로 보아 **가장 기본적인** 마음 이론을 가지고 있다는 것은 짐작할 수 있다. 다른 개들과 그들 행동을 이어주는 요소가 있다는 것쯤은 알고 있다는 것이다. 가장 기본적인 마음 이론은 그럭저럭 쓸 만한 사교 기술을 지닌 것과 비슷하다. 이것은 다른 이들 관점에 대해 생각하게 해서 그들과 더 잘 어울릴 수 있게 돕는다. 이 기술이 얼마나 단순하든 개들 사이에서 이는 공정성을 의미한다. 인간 사회에서 상대 입장이 되어보는 것은 상호 이로운 행위 원칙의 기반이라고 할 수 있다. 개들의 놀이를 보면서 나는 관심 끌기와 놀이 신호에 대한 암묵적 규칙을 위반하는, 즉 적합한 절차를 따르지 않고 다른 개들의 놀이에 무작정 끼어들려고 하는 개들은 놀이 상대로 받아들여지지 않는다는 것을 알아냈다.*

이는 당신 개가 지금 당신이 무슨 생각을 하고 있는지 알고 그에 관심을 보인다는 뜻일까? 아니다. 그렇다면 당신 생각이 당신 행동에 드러난다는 사실 정도는 깨달았다는 뜻일까? 그렇다. 이것은 개들이 인간과 비슷하게 행동하는 것처럼 보이는 이유 중 하나다. 때로 개들은 너무도 인간스러워 버릇없어 보이기도 한다.

치와와에게 일어난 일

이 책을 시작했을 때 만났던 울프하운드와 치와와 이야기로 되돌아가보자. 그들 만남과 놀이는 이제 더 이상 놀랍지 않지만 여전히 종에 따른 행동의 유연성과 다양성을 잘 보여준다. 이들 놀이에 관한 설명은 선조인 늑대에서부터 찾을 수 있다. 인간과 개가 친구가 되어온 시간 속에, 개를 길들여온 몇 만 년의 기간 속에, 그리고 개와 우리 사이 대화와 행위 속에 그 설명이 담겨 있다. 이는 또한 코와 눈으로 정보를 얻는 개의 감각 중추에도, 자신을 반추하는 개의 능

* 공정성에 대한 개의 인식을 나타내는 또 다른 증거는 다음 실험에서 볼 수 있다. 다른 개가 어떤 행동(명령에 따라 앞발을 흔드는 것)에 대해 보상받는 것을 보았지만 정작 같은 행동에 보상을 받지 못한 개는 결국 더 이상 앞발을 흔들지 않게 된다(하지만 보상받은 개 중에 이 불쌍한 친구에게 상을 나누어준 개는 없었다).

력과 그들만의 세상에도 담겨 있다.

그리고 개가 서로 사용하는 특정한 신호에도 이들 놀이에 관한 해석이 담겨 있다. 엉덩이를 들고 다가가는 울프하운드를 살펴보자. 울프하운드는 인사 놀이로 상대를 게임에 초대한다. 같이 놀자는 것이지, 먹겠다는 것이 아니라는 열정적인 의도를 작은 개에게 분명하게 표현하는 것이다. 그러면 치와와는 인사로 그 제안을 받아들인다는 표시를 한다. 개의 언어를 보면 그들이 동등하게 서로를 대한다는 것을 알 수 있다. 전혀 다른 몸집은 상관이 없다. 땅에 납작 주저앉은 울프하운드를 보면 알 수 있지 않은가. 그는 스스로를 불리하게 만들었다. 자신을 작은 개의 키(치와와의 시점)에 맞추고 치와와의 공격에 자신을 노출시킴으로써 놀이를 공평하게 한 것이다.

그들은 서로의 몸이 거칠게 밀리는 것을 참아낸다. 온몸이 부대끼는 것도 개에게는 적당한 사회적 거리다. 개들은 아무렇지 않게 서로를 문다. 무는 행위는 늘 놀이 신호로 설명되고, 그 강도도 스스로 제어하게 되어 있다. 울프하운드가 치와와를 너무 세게 쳐서 뒷걸음치게 만들면 그 순간 치와와는 도망가는 작은 먹잇감으로 보일 수 있다. 하지만 개와 늑대의 차이점이 있는데, 바로 개는 포식성의 본능을 제쳐둘 수 있다는 것이다. 울프하운드가 사과 표시로 인사의 가벼운 버전인 '털썩 놀이'를 한다. 이것은 효과가 있다. 치와와가 다시 울프하운드의 얼굴로 달려든다.

마침내 울프하운드가 주인에게 이끌려 멀어져 가면 치와와는 떠나가는 놀이 친구를 향해 짖는다. 우리가 그들 모습을 계속 지켜보았다면, 울프하운드가 뒤를 돌아보았다면, 치와와가 입을 벌리거나 그 작은 몸으로 폴짝폴짝 뛰면서 덩치가 큰 친구에게 계속 놀자고 부르는 모습을 보았을지도 모른다.

개의 인지능력에 대한 연구는 상대심리학의 맥락에서 나왔다. 정의상 상대심리학은 인간의 능력과 동물의 능력을 비교하는 것을 목표로 한다. 이러한 비교는 종종 거의 차이가 없는 듯한 결과를 내놓는다. 즉 동물도 인간의 언어라는 요소가 부족할 뿐 역시 의사소통을 한다. 또한 학습도 하고, 모방도 하고, 속이기도 한다. 단지 우리가 하는 **방식대로**가 아니라는 차이밖에 없다. 동물의 능력에 대해 알면 알수록 인간과 동물 사이의 벽은 낮아질 뿐이다. 그러나 다른 종을 연구하는 데 조금이라도 시간을 들이는, 최소한 이에 대해 책을 읽거나 글을 쓰는 데 시간을 투자하는 종은 인간이 유일하다는 점은 흥미롭다고 할 수 있다. 하지만 그렇다고 해서 그렇게 하지 않는 개들이 어딘가 부족하다는 뜻은 아니다.

실험을 통해 드러난 것이 있다면, 오직 인간만이 가지고 있다고 생각했던 사회적 능력을 측정하는 실험에서 개들이 어떻게 성과를 거두고 있는가 하는 것이다. 그 실험의 목적이 우리가 개와 얼마나 비슷한지 증명하는 것이든, 얼마나 다른지 증명하는 것이든, 모두 개와 우리 관계에 큰 연관성을 지닌다. 우리가 개에게 무엇을 바라는지, 개에게서 무엇을 기대해야 하는지 고려할 때, 우리와 개의 차이점을 이해하는 것은 도움이 될 것이다. 차이를 밝히려는 과학의 노력이 드러낸 것은 단 하나, 즉 비교하고 차이점을 평가해서 인간의 우월성을 입증하고자 하는 우리의 열의뿐이다. 고귀한 마음을 지닌 개들은 이렇게 하지 않는다. 얼마나 다행인가.

9장

개의 머릿속

펌프의 성격은 어디에서나 선명하게 드러난다. 공원 밖으로 나오는 가파른 계단을 오르기는 싫어해도 그곳을 나오기만 하면 언제 그랬냐는 듯 앞장서서 씩씩하게 걸어가는 모습에서, 어렸을 때 갑자기 뛰기 시작하거나 데굴데굴 몸을 굴리며 온몸에 냄새를 묻히던 모습에서, 내가 긴 여행에서 돌아와도 오랫동안 집을 비웠다고 삐치지 않고 반갑게 맞아주는 모습에서, 그리고 산책을 나가면 항상 뒤돌아보며 나를 확인하면서도 언제나 몇 걸음 앞서 걷던 모습에서. 사실상 내게 전적으로 의존하는 것치고 펌프는 언제나 놀라울 정도로 독립적이었다. 물론 펌프의 성격은 나와 함께한 생활을 통해서만 만들어진 것은 아니었다. 나 없이 혼자 바깥세상을 돌아다니고 자신만의 공간을 탐험하는 동안에도 성격은 계속 형성되었다. 펌프에게는 분명 자신의 삶을 이끄는 자신만의 속도가 있다.

개가 어떻게 냄새 맡고, 듣고, 보고, 배우는지에 관해서는 과학적 정보가 차고 넘치지만 여전히 과학이 탐험하지 못한 영역도 많다. 내가 개에 관해 가장 많이 받는 질문이나 나 역시도 키우는 개에 관해 궁금해하는 것들은 정작 연구되고 있지 않다는 사실이 나는 늘 당혹스럽다. 개의 성격과 개인적 경험, 감정에 대해, 그리고 단순히 **그들이 무슨 생각을 하는지**에 대해 과학은 여전히 굳게 입을 다물고 있다. 그래도 다행인 것은 지금까지 개에 관한 데이터가 상당히 쌓인 덕분에 이러한 질문에 대한 답을 찾을 때 기반으로 삼을 수 있다는 점이다.

개에 관한 의문은 크게 두 가지로 나뉜다. **개는 무엇을 알고 있는가?** 그리고 **개로 산다는 것은 과연 어떤 것인가?** 그렇다면 먼저 개는 인간 관심사에 대해 무엇을 알고 있는지 질문을 던져보자. 그러고 나면 우리는 그 지식을 가진 생명체들의 경험, 즉 그들의 움벨트를 더 깊이 상상해볼 수 있을 것이다.

개가 아는 것

개가 무언가를 안다 혹은 모른다는 주장은 끊임없이 제기된다. 하지만 희한하게도 이러한 주장은 모두 고리타분한 학문적 연구의 일환 아니면 근거 없는 헛소리에 그치는 경우가 많다. 예를 들어 개가 수의 개념을 아는지 궁금해한 학자들이 실험을 한 적이 있다. 간식을 여러 개 꺼내 보여준 다음 가리개를 치고 간식을 한 개씩 그 뒤에 숨긴다. 그러고 나서 가리개를 걷고 숨겨두었던 간식을 다시 보여준다. 이때 간식의 수가 아까보다 적거나 많으면 개들이 한참을 쳐다본다. 학자들은 그것이 놀라움의 표시라고 생각했다. 고로 개는 수를 셀 줄 알고 수에 차이가 생기면 그것을 안다는 말이다. 짜잔! 개는 수를 셀 줄 안다!

이보다 터무니없는 헛소리도 많다. 개에게 윤리와 합리성, 형이상학적 논리가 있다는 것이다. 솔직히 나 역시 펌프가 아이러니를 이해하는 것 아닌가 하는 생각을 한 적이 있다.* 고대의 어느 철학자는 개가 삼단논법을 이해한다고 주장했다. 세 갈래로 나뉜 길을 따라 사냥감을 추적할 때 첫 번째 길과 두 번째 길에 그 동물이 없으면 냄새를 맡지 않고서도 그 사냥감이 세 번째 길로 간 것이 틀림없다고 판단한다는 것이 증거였다.**

수학이나 형이상학 같은 거창한 학문에서 시작해 점점 수준을 낮춰가는 것 가지고는 개를 이해하기 힘들다. 대신 세상을 향한 그들의 킁킁거림, 인간을 향한 놀라운 관심, 그리고 개가 세상을 알아가는 다양한 수단에서부터 그들을 이해하기 시작해야 한다. 그러면 개가 무엇을 알고 있는지 알아낼 수 있을지도 모른다. 개도 우리처럼 삶을 경험하는지, 우리와 같은 방식으로 세상에 대해 생각하는지 올바른 답에 가까워질 수 있을 것이다. 우리는 일상을 꾸리고, 변화를 계획하고, 죽음을 두려워하고, 착한 일을 하려 애쓰며 각자의 삶을 산다. 그렇다면 개는 시간과 그들 자신, 옳고 그름, 위급한

---

* 펌프가 가죽으로 만든 개껌을 소중히 숨겨두기 위해 25분 넘게 구멍을 팠는데 구멍은 안 만들어지고 흙더미만 생긴 적이 있었다. 그 결과 개껌은 숨겨진 것이 아니라 오히려 눈에 띄게 되었다. 아마도 먹이 숨기는 본능이 불완전하게 연마된 까닭이리라. 이와 비슷한 다른 일도 있었다. 내가 손바닥에 간식을 숨겨놓고는 펌프 앞에서 하나씩 손가락을 펴 보이며 '짜잔!' 하면서 그것이 사라진 것을 보여준 적이 있었다. 그 애는 그것을 아이러니 아니면 마법이라고 생각했을지도 모른다.

** 이것으로 쌓여 있는 장난감 중에서 낯선 이름을 가진 것들을 골라낼 수 있는 리코의 능력을 설명할 수 있다. 그 개는 단지 자신이 알아보지 못하는 장난감을 고른 것이었다.

상황, 그리고 죽음에 관해 무엇을 알고 있는가? 이러한 개념을 차근차근 정의하다 보면, 즉 과학적으로 연구 가능하게 만들면 우리가 알고자 하는 답을 찾기 시작할 수 있다.

개의 나날: 시간에 관해

집에 돌아오면 펌프가 으레 나를 반긴다. 엉성한 포즈로 한 바퀴 도는 피루엣을 한 다음 냉큼 도망을 친다. 내가 집 안 구석구석에 숨겨 놓았던 과자를 온종일 하나씩 찾아내긴 했지만 내가 돌아온 걸 보고서야 비로소 먹기 시작한다. 가장 먼저 의자 가장자리에 아슬아슬하게 올려둔 과자부터 집어삼킨다. 그다음은 문손잡이, 그리고 높이 쌓아둔 책 위에 있는 찾기 힘든 것까지 홀랑 집어 쏜살같이 달아난다.

동물은 시간 속에 존재한다. 그리고 시간을 쓴다. 그렇다면 시간을 경험하기도 할까? 물론이다. 사실 어느 수준까지는 시간 속에 존재하는 것과 시간을 경험하는 것 사이에는 아무런 차이도 없다. 시간을 사용하려면 반드시 먼저 그것을 인식해야 하니까. 동물이 시간을 경험하느냐는 질문에서 사람들이 궁금해하는 것은 아마도 동물이 우리처럼 시간을 느낄 수 있느냐는 점일 것이다. 과연 동물은 시간의 흐름을 느낄까? 만약 그렇다면 집에 혼자 있으면 하루 종일 심심하지 않을까?

개는 '하루'라는 것을 충분히 경험한다. 물론 **하루**를 지칭하는 말은 따로 없을 것이다. 그들이 하루라는 개념에 대한 지식을 얻는 첫 번째 원천은 바로 우리다. 우리는 개의 하루가 우리 것과 같이 움직이도록 여러 가지 이정표와 의식을 제공한다. 예를 들어 개의 식사시간이 되면 우리는 온갖 신호를 보낸다. 먼저 부엌이나 개 사료를 보관해두는 벽장으로 향한다. 또 개의 식사시간이 우리와 일치할 수도 있다. 그래서 냉장고를 열어 음식을 꺼내고, 사방에 음식 냄새를 풍기고, 냄비와 접시를 달그락거리기 시작한다. 그때 마침 개를 바라본다든가 "배고프지?" 하면서 정답게 말을 건넨다든가 하면 식사시간이 확실한지 고개를 갸우뚱거리던 개에게는 이제 더 이상의 의문이 사라진다. 그리고 본래 습관의 동물인 개는 반복해 일어나는 행동에 민감하게 반응한다. 그들은 선호하는 대상, 즉 식사하기 좋아하는 곳, 정해둔 잠자리, 안전하게 용변 볼 수 있는 곳 등을 만들게 되고 우리 자신의 선택에 대해서도 알아차린다.

하지만 개는 과연 이 모든 시각적, 후각적 신호가 없어도 본능적으로 언제 저녁을 먹는지 알고 있을까? 개의 행동을 보고 시계를 맞출 수도 있다고 주장하는 사람들이 많긴 하다. 개가 문을 향해 움직이는 때는 산책 나가는 시간과 정확히 일치하고, 개가 부엌으로 가면 아니나 다를까 식사시간이 분명하다는 것이다. 시간을 짐작케 하는 모든 신호를 없앤다고 상상해보라. 당신 움직임도, 주위 환경에서 들리는 소리도, 심지어 빛도 없이 온통 깜깜하다. 그렇다면 어떨까? 그래도 개는 식사시간을 안다.

일단 개는 실제로 시계를 차고 있다. 물론 겉이 아니라 보이지 않는 내부에 말이다. 이것은 소위 두뇌의 **페이스메이커**, 즉 하루 동안 세포들의 움직임을 조종하는 신경 조정기라는 것 속에 들어 있다. 일찍이 신경학자들은 일주기 리듬, 즉 우리가 매일 경험하는 수면 및 각성의 반복 주기는 뇌의 시상 하부 속에 있는 SCN suprachiasmatic nucleus(시각신경교차상핵)이라고 하는 불리는 것의 조종을 받는다는 사실을 알아냈다. 인간에게만 SCN이 있는 것은 아니다. 쥐, 비둘기, 개를 포함한 모든 동물과 나름대로 복잡한 신경 체계를 가진 곤충에게도 있다. 뉴런과 시상 하부에 있는 다른 세포들이 힘을 합쳐 매일 깨어 있는 상태와 배고픔, 잠 등을 조절한다.* 빛과 어둠의 주기를 완전히 빼앗기더라도 우리는 여전히 일주기에 맞춰 생활할 것이다. 생리적 하루를 마치는 데 다만 24시간이 조금 넘게 걸릴 뿐이다.

나는 펌프가 자면서 짖는 소리를 종종 듣는다. 소리 죽인, 아래턱을 부풀리며 내는 꿈속의 소리다. 오, 이 녀석이 정말 꿈을 꾸는구나. 나는 그 애가 꿈꾸면서 내는 소리가 정말 좋다. 마치 흥분한 것처럼 심하게 짖는가 하면 때로는 발을 움찔거리고 이를 드러내며 으르렁거리기도 한다. 한참 보고 있노라면 펌프의 눈이 춤을 추기 시작한다. 이를 앙 다물었다가 벌렸다가 하기도 하고, 조그맣게 낑낑거리는 소리도 들을 수 있다. 최고의 꿈에는 꼭 따라오는 것이

---

* 개는 나이가 들면 잠을 더 많이 자지만 역설수면, 즉 REM 수면 시간은 어릴 때보다 줄어든다. 여러 가지 가설이 있긴 하지만 왜 개가 꿈을 꾸는지에 대한 아직 속 시원한 답변은 없다. 개는 매우 생생하게 꿈을 꾼다. 자는 동안 눈동자를 움직이고, 발을 구부리고, 꼬리를 움찔거리고, 낑낑거린다면 이것은 그들이 꿈을 꾸고 있다는 증거다. 역설수면이란 신체가 쉬면서 회복하는 시간이라 할 수 있는데, 인간과 마찬가지로 개 역시 역설수면이 가져오는 우연한 결과로 꿈을 꾼다는 이론도 있다. 혹은 꿈은 안전한 상상공간에서 미래의 사회적 상호작용 또는 신체 기능을 연습하거나 과거의 일을 되돌아보는 시간이라는 이론도 있다.

있다. 바로 신나게 꼬리를 흔드는 것이다. 그러다가 꼬리가 탕 하고 바닥을 치기라도 하면 그 소리에 펌프와 나 모두 잠에서 깨곤 한다.

우리 인간은 시간에 따라 전형적으로 혹은 이상적으로 벌어지도록 정해놓은 것들, 즉 식사, 일, 놀이, 대화, 섹스, 출퇴근, 잠 같은 일과에 따라 하루를 경험하며 일주기 리듬을 따른다. 하지만 하루 일과에 속한 여러 가지 일에 주의를 기울이다 보면 우리 몸이 정해진 코스를 따르고 있다는 것을 거의 알아차리지 못하는 경우가 많다. 오후 중간에 잠이 쏟아진다든가 새벽 다섯 시에 일어나기 힘들다든가 하는 것은 모두 우리의 일주기 리듬과 충돌하는 여타의 활동들 때문이다.

개의 생활에서 인간의 기대치를 제거하면 순수한 개의 경험만이 남는다. 그러면 개는 하루가 지나는 것을 몸으로 느낄 수 있다. 사실 주의를 흩뜨리는 여러 사회적 활동이 없으면 개는 언제 일어나고 언제 먹어야 하는지 알려주는 신체 리듬에 더욱 집중할 수 있을 것이다. 신경 조정기에 따르면 개는 본래 어둠이 물러나고 새벽이 올 때 가장 움직임이 활발하고, 오후에 활동량이 눈에 띄게 줄어들며, 저녁에 에너지가 넘친다. 우리처럼 서류 정리를 하거나 참석해야 할 미팅이 없는 개들은 한가한 오후에 내처 잘 수도 있다.

규칙적인 식사시간이 없더라도 신체는 음식 섭취와 연관된 주기에 따라 움직인다. 동물은 먹기 직전에 가장 움직임이 활발한 경향이 있다. 괜스레 뛰어다니고 핥아대고 침을 흘리며 먹이를 기대하는 것이다. 개가 간절한 눈망울을 하고 헐떡거리며 우리를 줄기차게 쫓아다니는 것이 바로 이러한 식사 감각 때문이다.

따라서 개의 배꼽시계에 따라 시계를 맞출 수 있다는 말도 거의 옳다고 할 수 있다. 그리고 훨씬 더 인상적인 한 가지는 개들이 아직 완전히 이해되지 않은 다른 메커니즘에 의해 작동되는 시계를 유지하고 있다는 점인데, 그 시계는 마치 하루의 공기를 읽어내는 것 같다. 국지적 환경, 그러니까 우리가 지금 있는 방 안의 공기는 지금이 하루 중 어느 때인지 알려줄 수 있다. 우리는 보통 그것을 느끼지 못한다. 어쩌면 이것은 개만 느낄 수 있는 전형적인 것들 중 하나일지도 모른다. 하지만 우리도 정신을 집중하면 하루가 어떻게 변화하는지 대강 알아챌 수는 있다. 해가 지는 순간 약간 시원해진다든가, 창문을 통해 들어오는 빛을 통해 시간을 알 수 있다든가 하는 것 말이다.

그러나 하루의 변화는 이보다 어마어마하게 미묘하다. 학자들은 아주 정밀한 기계장치를 이용해 여름철 해질 무렵 부드러운 공기의 흐름을 포착할 수 있다. 낮 동안 뜨거운 열기를 받은 공기는 내벽을 타고 천장으로 올라가 천장 중앙으로 모여들었다가 외벽을 타고 다시 아래로 가라앉는다. 이러한 공기의 흐름은 바람이 아니다. 심지어 우리가 느낄 수 있는 입김이나 가볍게 이는 연기보다도 약하다. 하지만 개라는 민감한 생명체는 이 느리지만 분명한 공기의 흐름을 느낀다. 어쩌면 공기 중 냄새의 방향을 느낄 수 있도록 최적의 장소에 자리 잡고 있는 수염 덕분일 수도 있다.

이것을 이용해 개를 감쪽같이 속일 수도 있다. 냄새를 추적하도록 훈련된 개를 뜨거운 방에 풀어놓으면 가장 먼저 창가에서 냄새를 찾기 시작한다. 실제로 냄새의 흔적은 방 중심에 가장 가까이 있다고 해도 말이다.

펌프는 참을성이 있다. 나를 얼마나 잘 기다리는지만 보아도 안다. 내가 동네 식료품점에 들어갈 때도 밖에서 기다린다. 처음에는 애처로운 시선을 보내지만 이내 참을성 있게 그 자리에 앉는다. 집에서는 침대를, 의자를, 문간의 좋아하는 장소를 따뜻이 데우며 내가 돌아오기를 기다린다. 또한 산책 나가기 전 내가 하던 일을 마칠 때까지 기다린다. 산책 중 만난 누군가와 이야기를 끝낼 때까지, 그리고 자신이 배고프다는 것을 내가 알아챌 때까지 참을성 있게 기다린다. 펌프는 자신의 어디를 쓰다듬으면 기분이 좋아하는지 마침내 내가 알아내기까지, 내가 겨우 그 애를 파악하기까지 인내심 있게 기다려주었다. 기다려줘서 고마워, 펌프.

개가 특정 기간을 인지할 수 있는지에 대한 실험은 아직 시행된 바가 없다. 하지만 벌을 대상으로 한 연구는 이미 이루어졌다. 한 실험에서 작은 구멍 속에 설탕물을 넣어두고 특정한 시간만큼 기다린 후에만 그 설탕물을 먹을 수 있도록 벌들을 훈련시켰다. 그 결과 시간이 얼마나 길든 벌들은 더도 말고 덜도 말고 정확히 그 시간만큼 참는 법을 배웠다. 만약 당신이 설탕물을 기다리고 있는 벌이라면 30초란 어마어마하게 긴 시간이다. 하지만 그들은 참을성 있게 그 시간을 기다렸다. 이미 다양한 실험이 이루어진 쥐나 비둘기 같은 다른 동물들 역시 같은 모습을 보였다. 시간을 측정할 수 있다는 것이다.

따라서 당신의 개 역시 하루라는 시간이 대체 얼마나 긴지 알고 있을 가능성이 높다. 그렇다면 끔찍한 생각이 하나 떠오른다. 하루 종일 집에 혼자 있으면 얼마나 심심할까? 그리고 개가 심심한지 아닌지는 어떻게 알 수 있을까? 이것이 개에게 적용될 수 있는지 알아보려면 가장 먼저 심심함이란 무엇인지 확실히 해둘 필요가 있다. 아이들이라면 자기가 심심하다는 사실을 서슴지 않고 말할 것이다. 하지만 개는 그렇지 못하다. 말을 못하니까.

심심함 혹은 지루함이란 인간 외의 분야를 다루는 과학에서는 좀처럼 다루지 않는 주제다. 인간이 아닌 동물에게 선뜻 적용하기 힘든 단어이기 때문이다. 사회심리학자 에리히 프롬Erich Fromm은 "인간은 지루함을 느낄 수 있는 유일한 동물이다"라고 단언하기도 했다. 그러니 한낱 개를 끼워줄 리가 없다. 그렇다고 인간의 심심함이 흔히 과학적 탐구 대상이 되는 것도 아니다. 철저히 파고들어야 할 병리 현상이 아니라 단순히 살면서 거치는 경험의 일부라 여기기 때문인지도 모르겠다. 심심함은 너무 익숙하기 때문에 누구나 쉽게 정의할 수 있다. 깊은 권태 혹은 관심 부족 같은 것을 우리 모두 경험해보았다. 다른 이들로부터도 쉽게 관찰할 수 있다. 활력이 떨어지거나, 반복적인 움직임이 많아지거나, 다른 활동이 줄어들거나, 집중력이 빠른 속도로 떨어지는 것 등이 바로 그 증상이다.

이러한 정의를 이용하면 이 주관적 현상은 사람뿐 아니라 개에게서도 객관적으로 규명 가능해진다. 활력이 떨어지고 활동이 줄어드는 것은 알아보기 쉽다. 움직임이 적어지고 눕거나 앉아 있는 시간이 길어지는 것이다. 집중력 저하는 곧장 오랜 낮잠으로 이어질 수 있다. 우리는 심심하거나 지루할 때 손장난을 하고 이리저리 서성인다. 열악한 동물원에 갇힌 동물들은 종종 미친 듯 우리 안을 서성대는 모습을 보인다. 또한 딱히 가지고 놀 손가락이 없는 동물은 비슷한 다른 행동을 한다. 강박적으로 피부나 털을 핥고 씹기, 깃털 뽑아대기, 귀나 얼굴 문지르기, 앞뒤로 구르기 등.

그렇다면 당신 개는 심심해하는가? 하루 일과를 마치고 집에 돌아왔을 때 마법처럼 양말이나 신발, 혹은 속옷이 본래 있던 곳에서 조금 떨어진 곳에 널려 있지는 않은가? 아니면 어제 버린 음식물 쓰레기가 한 입 크기로 잘라져 여기저기 흩어져 있지 않은가? 그렇다면 답은 **그렇다**, '당신 개는 심심해한다'이지만 동시에 **아니다**, '최소한 열정적으로 무언가를 씹어대던 1시간 동안은 심심하지 않았다'라고도 할 수 있다. 한 아이가 투덜대는 모습을 상상해보자. **"할 게 아무것도 없어요!"** 이것이 바로 홀로 남겨진 개들 대부분의 심정이다. 할 일이 아무것도 없이 남겨진 개는 무언가 할 일을 찾아내기 마련이다. 개의 정신 건강과 당신의 양말을 위해서라도 해결책은 필요하다. 그것은 의외로 간단하다. 가지고 놀 수 있는 무언가를 남겨두는 것이다.

밖에서 돌아와보니 집이 조금 어지럽혀져 있고 접근 금지된 소파가 따뜻하게 덥혀진 채 움푹 파인 자국이 나 있다 하더라도 너무 분노하지 말자. 개가 아직 살아 숨 쉬고 있고 비교적 건강해 보이지 않는가. 우리가 개를 홀로 남겨놓고도, 그렇게 지루하게 만들고도 괜찮을 수 있는 까닭은 그들이 보통 큰 불만 없이 자신의 상황에 적응해나가기 때문이다. 사실 개는 우리처럼 습관적인 행동과 규칙적인 사건에 편안함을 느낀다. 이것이 사실이라면 친숙한 환경을 조금 덜 친숙하게 만들어 그들의 지루함을 덜어줄 수 있다. 그리고 개는 기다림이라는 활력 중지 상태에 얼마나 오래 머물러야 하는지 알고 있을 수도 있다. 그 덕분에 저녁에 돌아온 당신이 몰래 숨어들어가려고 해도 어떻게 알았는지 미리 꼬리를 흔들며 문 앞에서 기다리고 있는 것이리라. 그리고 그것이 내가 오래 집을 비울수록 집 안 곳곳에 더 많은 간식을 숨겨두는 이유다. 펌프에게 내가 집을 비울 것이라는 사실을 알려주고 시간을 보낼 무언가를 남겨주는 것이다.

개의 자아 인식: 그들 자신에 관해

개가 스스로에 대해 생각하는지, 즉 자아에 관한 인식이 있는지 알아보는 최고의 과학적 도구는 사실 꽤 간단한 것, 바로 거울이다. 어느 날 영장류 동물학자 고든 갤럽Gordon Gallup은 거울을 보며 면도를 하던 도중 이런 생각을 떠올렸다. 침팬지도 거울에 비친 자신의 모습을 알아볼 수 있을까? 거울을 보며 구겨진 셔츠를 쓸어내린다든가, 삐죽 튀어나온 머리칼을 빗어 넘긴다든가, 혼자 미소를 연습한다든가 하는 행동은 분명 우리의 자아 인식을 보여준다고 할 수 있다. 자아 인식을 할 수 없는 아기 때는 어른처럼 거울을 사용할 수 없다. 아이들은 마음 이론 시험을 통과하기 얼마 전부터야 비로소 거울에 비친 자신의 모습을 알아보기 시작한다.

갤럽은 침팬지 우리 바깥에 전신 거울을 설치하고 행동을 관찰했다. 처음 보인 행동은 모두 똑같았다. 거울에 나타난 상대를 위협하고 공격하려 한 것이다. 갑자기 우리 바로 밖에 낯선 침팬지가 나타났으니 시급한 문제가 아닌가. 거울 속에 나타난 침팬지는 당장 반격을 해왔지만 어쩐 일인지 별 소란 없이도 사태는 즉각 해결되었다. 당연히 그들에게는 무척 알쏭달쏭한 일이었을 것이다. 이것 말고도 그들의 하루는 새로이 나타나 눈을 부라리는 이 침팬지를 향한 각종 몸짓과 과시로 채워졌다. 그런데 며칠이 지난 뒤 침팬지들은 무언가를 깨달은 것 같았다. 갤럽이 지켜보는 가운데 침팬지들은 거울로 다가가더니 자신의 얼굴과 몸을 살펴보기 시작했다. 이를 쑤시고, 침으로 거품 방울을 만들고, 거울을 향해 여러 가지 표정을 지어보였다. 평상시에는 잘 볼 수 없는 입안, 엉덩이, 콧구멍 속 같은 곳에 특히 관심을 보였다.

침팬지들이 거울 속 이미지를 자신이라고 생각하는 것이 확실한지 밝히기 위해 갤럽은 '표시' 실험을 했다. 눈치채지 못하게 침팬지들 머리에 붉은색 물감을 발라 커다란 얼룩을 만든 것이다. 이들 첫 실험 대상 침팬지들은 물감을 묻히기 위해 마취를 해야 했지만, 후에는 일상적인 몸 다듬기 시간이나 치료 시간을 빌려 몰래 얼룩을 만들 수 있었다. 이렇게 이마에 커다란 반점이 생긴 침팬지들이 거울 앞에 서자 어떤 일이 벌어졌을까? 그들은 붉은색으로 칠해진 침팬지 모습을 보고 자기 이마 위 바로 그 부분을 만졌다. 그러고는 손을 내려 핥음으로써 그 액체가 무엇인지 확인하려 했다. 시험에 통과한 것이다.

과연 침팬지가 자신에 대해 생각하고 있는지, 자신이라는 개념이 있는지, 자기 모습을 알아보고 자아를 인식하는지, 아니면 이 중 아무것도 하지 못하는지 확인하는 데 이 실험이 적합한가에 대해서는 아직도 상당한 논쟁이 벌어지고 있다.* 갑자기 침팬지가 자아를 인식한다고 인정해주면 지금까지 우리가 동물에 대해 가지고 있던 모든 개념이 붕괴되는 것 아닌가. 하지만 논쟁의 틈바구니에서도 이 거울 실험은 여전히 계속되고 있고, 현재는 돌고래(몸에 난 표시를 자세히 살피기 위해 몸을 움직임)와 적어도 한 마리의 코끼리(코를 이용함) 역시 이 시험을 통과했다. 하지만 원숭이는 실패했다. 그렇다면 개는 어떨까? 아직까지 이 시험을 통과했다는 개는 나타나지 않았다.

개는 거울에 비친 자신의 모습을 절대로 자세히 쳐다보지 않는다. 원숭이와 비슷하게 행동한다. 다른 동물을 보듯이 거울을 쳐다보거나 때로는 멍하니 응시만 하는 데 그친다. 때로는 세상에 대한 정보를 얻기 위해 거울을 이용하기도 한다. 예를 들어 등 뒤에서 살금살금 다가오는 당신 모습을 거울을 통해 본다. 그러나 자신의 모습을 비추는 물체로서 거울을 보지는 않는다.

---

* 동물들이 이 시험을 통과하면 반대론자들은 이 결론이 지니고 있는 논리적 오류를 지적한다. 자아를 인식할 수 있는 인간이 자신의 모습을 보기 위해 거울을 이용한다는 이유만으로 거울을 보는 데 자아 인식이 반드시 필요하다고 볼 수는 없다는 것이다. 반면 동물들이 이 시험을 통과하지 못하면 논쟁은 다시 반대 방향으로 진행되었다. 머리에 무언가 묻어 있는 것을 보았다 하더라도 그것이 거치적거리거나 해를 끼치지만 않는다면 진화론적으로 볼 때 그것을 반드시 살펴보아야 할 이유는 없다는 것이다. 어찌 되었든 이 거울 실험이 지금까지 자아 인식 실험을 위해 개발된 방법 중 최고라는 사실에는 변함이 없다. 그리고 실험 도구가 가장 단순하다는 점도.

개는 왜 이런 식으로 행동할까? 거기에는 몇 가지 가설이 있다. 개는 정말로 자아 인식이 없고 따라서 거울 속의 잘생긴 개가 누구인지 전혀 모를 수 있다는 것이다. 그러나 이 실험에 뒤따르는 여러 논쟁으로 알 수 있듯 이것은 자아 인식에 관해 확정적 판단을 내릴 수 있는 실험으로 폭넓게 인정받지 못했다. 따라서 이 실험만으로 개의 자아 인식이 결여되어 있다는 결론에 도달할 수는 없다.

개의 행동에 관한 또 하나의 가능한 설명은 거울 이미지에는 시각 외의 다른 신호, 특히 후각적 신호가 없기 때문에 개가 거울을 자세히 살펴볼 동기를 얻지 못한다는 것이다. 개의 모습을 보여주는 동시에 그 개의 냄새까지 풍기는 가상의 냄새 거울 같은 것이 발명되면 이 실험 수행에 훨씬 도움이 될지도 모르겠다. 또 다른 문제는 이 실험이 자신에 대한 특정한 호기심만을 전제로 한다는 것이다. 즉 인간에게 거울이란 몸에 새롭게 나타난 것이 무엇인지 살펴보는 용도가 아닌가. 개는 촉각적인 새로움보다 시각적 새로움에 관심을 덜 보일 수 있다. 몸 어딘가에 이상한 느낌이 들면 그것을 찾아 오물오물 물어대거나 앞발로 박박 긁지만 왜 검은 꼬리의 끝만 흰색인지, 목에 채워진 새 목줄이 무슨 색인지에는 호기심을 보이지 않는다. 그러니 몸에 표시를 만들려면 눈에 띌 뿐만 아니라 개가 인지할 만한 가치가 있는 것이어야 한다.

개가 자신을 인식한다는 증거로 제시될 법한 다른 행동은 많다. 개는 대개 자신의 능력을 크게 오판하는 법이 없다. 오리를 쫓아 갑자기 물속으로 풍덩 뛰어들어서 스스로를 놀래기도 하지만, 이내 자신이 타고난 수영선수라는 사실을 깨닫기도 한다. 또한 울타리를 풀쩍 뛰어넘어 우리를 놀랠 수도 있지만 아마 그 울타리는 그들이 충분히 넘을 수 있는 높이였을 것이다. 한편 개가 자기 자신에 대한 가장 기본적인 사실, 즉 자신의 몸집이 얼마나 큰지 **잘 모른다**고 주장하는 사람들이 있다. 작은 개가 덩치가 산만한 개 앞에서 알짱거리고 대든다면서 그 주인들은 "얘들은 자기가 큰 줄 알아요"라고 한다. 한편 큰 개를 키우는 사람들 중 일부는 큰 개가 자꾸 무릎 위에 올라와 앉으려고 한다며 "얘들은 자기가 작은 줄 알아"라고 한다. 두 경우 모두 이 개가 하는 다른 행동을 보면 그들이 자신의 몸집을 **잘 알고 있다**는 주장에 힘이 실리는 것을 알 수 있다. 작은 개는 자신의 다른 강점인 짖기에 더욱 집중해서 평소보다 큰 소리를 내며 약점인 작은 체구를 보완하려고 한다. 그리고 사람 무릎 위에 앉아 자란 큰 개는 결국 몸집에 맞는 방석을 찾아 그리로 옮겨갈 것이다.

이렇게 크든 작든 개는 자신의 몸집에 대한 암묵적 지식을 드러내 보인다. 그렇다고 해서 그들이 크다 혹은 작다는 범주로 스스로를 구분 짓는다고 보기는 어렵다. 하지만 개가 세상에 존재하는 다른 물체에 대해 어떻게 행동하는지 한번 살펴보라. 물론 쓰러진 고목을 들어 올리려 애쓰는 개도 있을 수 있겠지만 나뭇가지를 물고 돌아다니는 습관이 있는 개라면 거의 항상 비슷한 크기의 가지를 고를 것이다. 마치 어느 정도 크기면 집어 올려 물고 다닐 수 있는지 아는 것처럼 말이다. 그때부터 길에 있는 막대기는 모두 순간적인 판단의 대상이 된다. 너무 큰가? 너무 두꺼운가? 아니면 너무 가는가?

개가 자기 몸집을 안다는 또 다른 증거는 거친 신체 놀이에서 찾을 수 있다. 개의 놀이에서 가장 독특한 특징 중 하나는 사회화가 된 개는 크기가 작든 크든 상관없이 대부분의 다른 사회화된 개들과 어울려 놀 수 있다는 점이다. 커다란 마스티프의 뒷다리로 뛰어올라 무릎 위로 올라가려고 애쓰는 퍼그가 한 예다. 또한 이미 알고 있는 것처럼 큰 개는 자신보다 작은 개와 놀 때 힘 조절하는 법을 알고 실제로도 그렇게 한다. 그래서 상대를 물 때 힘을 빼고, 가볍게 뛰어오르며, 약한 상대의 몸에 조금 더 부드럽게 몸을 부딪친나. 때로는 기꺼이 상대 공격에 몸을 내어주기도 한다. 어떤 개는 수시로 바닥에 드러누워 자기보다 작은 상대가 잠시 자기를 마음대로 다루게 놔두기도 한다. 나는 이러한 큰 개의 행동을 **자발적 굴욕**이라고 부른다. 나이가 많고 경험이 풍부한 개는 아직 노는 방법을 잘 모르는 강아지들과 놀 때 이런 식으로 보조를 맞춘다.

이렇게 몸집이 서로 다른 개들 간의 놀이는 그리 오래 이어지지 못하는 경우가 많은데 이는 거의 대부분 개 자신이 아니라 주인들 때문이다. 사회화된 개는 상대 의도와 능력을 우리보다 훨씬 더 잘 파악한다. 주인들이 알아채기도 전에 이미 대부분의 오해나 오해를 살 만한 행동은 알아서 조절한다. 여기에서 중요한 것은 몸집이나 개의 품종이 아니다. 서로 소통하는 방식이다.

작업견을 통해 우리는 개가 자신에 대해 알고 있는 것을 다시 한 번 엿볼 수 있다. 양치기 개는 거의 태어나자마자 양들과 함께 생활하지만 자라서 양이 되지는 않는다. '메에' 하고 울지도 않고, 양처럼 비명을 지르지도 않으며, 되새김질을 하지도 않고, 공격적으로 서로 머리를 부딪치거나 암양의 젖을 빨지도 않는다. 양들과 생활하는 개는 그들과 사회적으로 상호작용하는 법을 배우게 된다. 전형적인 개의 사회화 행동을 이용해서 말이다. 예를 들어 양치기 개를 연구하는 사람은 그 개들이 양을 향해 으르렁거리는 것을 확인했다. 으르렁거림은 개의 의사소통 방식이다. 즉 양을 먹잇감이 아니라 자기와 같은 개처럼 다루고 있다는 것이다. 이러한 개에게 문제가 있다면 지나친 일반화의 오류를 저지르고 있다는 점이다. 어느 정도까지는 자신의 정체성에 대해 분명히 파악하고 있지만 다른 모두 또한 자기와 같은 개라고 여기는 것이다. 이러한 개의 잘못은 인간과 매우 흡사하다고 볼 수도 있다. 우리가 개와 이야기 할 때 그러는 것처럼 그들 역시 양을 자신과 같은 개로 여기고 있으니.

그렇다면 개는 한바탕 놀고, 주인이 던진 막대기를 주워오고, 양떼를 모는 와중에 가만히 앉아서 **'이것 참, 난 정말 잘생긴 중간 몸집의 개잖아!'** 같은 생각을 할까? 당연히 아니다. 자기 몸집, 상태, 혹은 외모에 관해 끊임없이 생각하고 고민하는 것은 분명 인간이라는 집단의 특징이다. 그러나 개 역시 자신에 관해 알고 그 지식이 유용하게 쓰이는 상황에서 그것을 이용해 행동한다. 개들은 대개 자신의 신체적 한계를 알고 그 안에서 움직인다. 따라서 지나치게 높은 울타리를 넘으라고 한다면 애원하는 눈길로 당신을 바라볼 것이다. 그리고 자기가 싸놓은 배설물을 보면 살짝 피해갈 것이다. **자기** 냄새라는 걸 알기 때문이다. 개가 이렇게 자신에 대해 생각할 줄 안다고 치면 이제 이런 의문이 생긴다. 과거와 미래의 자신에 대해서도 생각할까? 혹시 조용히 머릿속에서 자서전을 쓰고 있는 것은 아닐까?

개의 기억: 그들의 과거와 미래에 관해*

길모퉁이를 도는데 펌프가 갑자기 멈춰 선다. 반 발짝 전쯤 무슨 냄새라도 맡았는지 킁킁거리기 시작한다. 충분히 냄새를 맡도록 걸음을 늦춰주자 펌프는 모퉁이를 돌아 다시 오던 길로 쏜살같이 도망간다. 목적지까지 가려면 아직 열두 블록이나 남았고 작은 공원과 분수대를 지나 우회전을 한 번 더 해야 하지만 펌프는 이미 이 길이 어디로 이어지는지 안다. 벌써 몇 블록 전부터 나를 흘깃거리다가 마지막 흘깃거림으로 확신한다. 우린 지금 동물병원에 가는 중이다.

남다른 기억력을 자랑하는 사람들은 무작위의 숫자 수백 개를 딱 한 번 듣고도 완벽하게 기억할 수 있을 뿐만 아니라 숫자를 부르는 사람이 어느 시점에 눈을 깜빡였고, 침을 삼켰으며, 머리를 긁적

* 우리의 1년이 개에게는 7년과 같다는 말을 들어보았는가? 이 말의 출처가 어디인지, 과연 옳은 이야기인지는 모르겠다. 내가 생각하기로 이것은 아마 인간이 보통 70년 넘게, 개는 10년에서 15년 정도를 산다는 사실을 바탕으로 거꾸로 추정한 것 같다. 이러한 생각은 옳다기보다 그저 인간들 편의에 맞춰진 것으로 봐야 한다. 인간과 개 모두 태어나고 죽는 존재라는 것 외에 둘의 수명을 비교하는 데는 아무런 의미도, 진정성도 없다. 강아지는 거의 빛의 속도로 성장해서 태어난 지 단 두 달 만에 혼자 걷고 먹을 수 있지만 아기는 1년이 넘게 걸린다. 1년이 되면 대부분의 개는 거의 완벽한 사회적 존재가 되어 개뿐 아니라 사람과 자연스럽게 어울린다. 아마 보통 아이라면 그 경지에 이르는 데 최소한 4년에서 5년이 걸릴 것이다. 그러나 개는 이 시기가 지나면 신체 발달 속도가 급속히 떨어지는 반면 인간은 마치 로켓처럼 엄청난 속도로 발달한다. 따라서 굳이 비교를 하자면 차등비율을 두어 처음 2년 동안은 10대 1로, 죽기 전인 노년기에는 2대 1 정도로 보아야 한다고 주장할 수도 있다. 그러나 본격적으로 사람과 개의 수명을 비교하고자 하는 사람이라면 삶에서 중요한 특정 시기들을 확인하고, 인지력을 측정하고, 나이가 들면서 감각이 무뎌질 수 있다는 사실을 고려하여 다양한 품종을 연구에 포함시켜야 한다.

였는지 생생히 떠올릴 수 있는 기억 때문에 엄청난 괴로움을 겪기도 한다는 심리학 연구 결과가 있다. 완벽한 기억력의 대가로 그 어느 것도 잊을 수 없게 되어버리는 것이다. 모든 사건과 그 사건 속의 모든 세부 내용이 그들 기억 속에는 마치 거대한 쓰레기 더미처럼 쌓여 있을 것이다.

개의 기억을 논하자면 하루 종일 모아두어 넘쳐흐르는 쓰레기 더미가 좋은 비유가 될 수 있을 듯하다. 만약 개의 머릿속에 무언가가 남아 있다면 그것은 우리가 마치 개를 약 올리듯이 부엌에 쌓아두고 특별한 형태의 고문처럼 접근을 금지하고 있는 그 황홀하고 멋진 냄새가 나는 쓰레기 더미와 같을 것이다. 그 쓰레기 더미 속에는 저녁 먹고 남은 무수한 찌꺼기, 냉장고 깊숙한 곳에서 찾아낸 고약한 치즈 덩어리, 너무 오래되어 낡아빠진 냄새를 풀풀 풍기는 옷가지 같은 것들이 들어 있다. 모든 게 그 속으로 들어가지만 정리된 것은 아무도 없다.

개의 기억도 이럴까? 어느 정도까지는 그럴지도 모른다. 개도 기억할 수 있다는 분명한 증거가 있다. 퇴근해서 집에 돌아오면 개가 당신을 알아보지 않는가. 개를 키우는 사람이라면 개가 가장 좋아하는 장난감을 마지막으로 어디에 뒀는지, 저녁은 몇 시에 먹기로 되어 있는지 절대 잊지 않는다는 것을 안다. 개는 공원으로 가는 지름길을 찾아낼 수 있고, 실례하기 좋은 전봇대와 조용히 앉아 있을 수 있는 곳을 기억하며, 딱 한 번 만나고도 친구 개와 적대적 개를 알아낸다.

그러나 우리가 '개도 기억이라는 걸 하는가?'라는 질문을 던지는 이유는 따로 있다. 기억 혹은 기억력이란 단순히 귀하게 여기는 물건이나 낯익은 얼굴, 가본 장소를 잊지 않는 것 이상을 의미하기 때문이다. 우리 기억 속에는 미래에 대한 기대가 깃든 과거 경험이 실타래처럼 줄줄이 이어져 있다. 따라서 질문은 개가 우리처럼 자신의 기억을 주관적으로 경험하는지, 살면서 벌어지는 다양한 사건들을 **자신**의 삶에서 일어나는 **자신**의 사건들로 여기는지 묻는 것이다.

보통은 모든 일에 의심을 품고 강력한 자기주장을 삼가는 과학자들도 개에게 우리와 같은 기억력이 있는 것처럼 단정할 때가 있다. 오랫동안 개는 인간 두뇌를 연구하는 표본처럼 이용되어왔다. 노화로 인한 기억력 감퇴 현상에 대해 우리가 아는 것 중 일부는 비글의 노화로 인한 기억력 감퇴 실험에서 나왔다. 개는 심리학 입문서가 인간의 기억 방식이라 가르치는 것과 거의 비슷한 단기 '작동' 기억(즉각적인 의식적 지각 및 언어처리와 관련된 단기 기억이다-옮긴이)이라는 것을 가지고 있다. 그것은 한 마디로, 어느 순간이라도 인간은 관심이라는 '스포트라이트'를 비춘 것만 기억할 가능성이 높다는 말이다. 우리는 일어나는 모든 일을 기억하지는 않는다. 후에 다시 떠올릴 수 있도록 반복하는 것만 장기 기억 속에 저장된다. 그리고 한 번에 많은 일이 벌어진다면 그중 오직 일부만 기억한다. 일반적으로 맨 처음과 마지막 기억이 가장 오래 남는다. 개의 기억도 같은 방식이다.

물론 방식의 유사성에도 한계는 있다. 그 차이를 만드는 것이 바로 언어다. 어른이 된 이후 만 3세 이전의 일을 거의, 어쩌면 전혀 기억하지 못하는 이유 중 하나가 바로 당시에는 언어를 익숙하게 쓰지 못했기 때문이다. 언어를 몰라서 당시 경험에 틀을 씌우고 곰

곰이 생각한 다음 잘 보관해두지 못했다는 말이다. 우리가 어떤 사건이나 사람, 심지어는 생각과 기분을 물리적으로, 즉 몸으로 기억할 수는 있다고 해도, '기억'은 언어적 능력이 도래했을 때만 가능해지는 것이다. 만약 이러한 생각이 옳다면 개도 아기처럼 그러한 종류의 기억은 없을 것이다.

그러나 개도 분명 많은 것을 기억한다. 주인은 물론 사는 집과 다니는 장소를 모두 안다. 수많은 다른 개들을 기억하고, 한 번 경험하고 나면 비와 눈도 알며, 어디에 가면 좋은 냄새가 나는지, 그리고 물기 좋은 막대가 있는지 안다. 그리고 그들이 하는 짓을 우리가 언제 보지 못하는지, 무엇을 물어뜯었을 때 우리가 화내는지, 언제 침대에 올라갈 수 있고 언제 올라갈 수 없는지 모두 알고 있다. 이러한 것들을 알고 있는 유일한 이유는 그것을 배웠기 때문이다. 그리고 배움이란 시간이 흐르면서 쌓이는 연상이나 사건의 기억이다.

그러면 다시 자전적 기억의 문제로 돌아가자. 여러 면에서 개는 마치 자신의 기억이 자기 삶의 개인적 이야기인 것처럼 행동한다. 때로는 미래에 대해 생각하는 것처럼 보이기도 한다. 아프거나 자고 있을 때가 아니면 펌프가 개 비스킷을 마다하는 일은 결코 없다. 하지만 집에 혼자 있을 때면 때때로 과자를 먹지 않고 내가 돌아올 때까지 기다린다. 어떤 때는 나와 함께 있을 때도 뼈를 땅에 묻거나 좋아하는 간식을 숨기기도 한다. 장난감을 무심코 바깥에 버린 것 같다가도 다음 주쯤 쪼르르 달려가 찾아오기도 한다. 개의 행동은 과거에 일어난 사건에서 원인을 찾을 수 있는 경우가 많다.

개는 울퉁불퉁하거나 거칠게 느껴졌던 땅이나 갑자기 으르렁거리며 공격하려고 했던 개들, 기이한 행동을 하거나 못되게 굴었던 사람들을 기억했다가 피한다. 그리고 반복해 마주치는 생물이나 사물에 대해 확실하게 친근감을 표현한다. 강아지는 새로운 주인을 금세 알아볼 뿐 아니라 시간이 흐르면 주인집에 찾아오는 이들도 알게 된다. 또한 가장 오래 알고 지낸 개들과는 귀찮은 의례 없이도 잘 뛰어 논다. 이렇게 오래 함께 논 친구들은 서로 복잡한 놀이 신호를 보낼 필요가 없다. 본격적으로 놀이를 시작하기 전 약식 신호를 살짝 보일 뿐이다.*

안타까운 일이지만 개의 자기 인식에 관한 우리의 이해는 반세기 전 만화 주인공 스누피가 이야기한 것에서 크게 진보하지 못했다. "어제 나는 개였다. 오늘 나는 개다. 내일도 아마 개일 것이다."

개가 자신의 과거나 미래에 관해 어떻게 생각하는지 정확하게

---

* 이것은 발생적 의례화(ontogenetic ritualization)라는 것과 비슷하다. 개체 집단이 오랜 시간에 걸쳐 특정 행위를 공동 형성시켜 결국에는 그 행위의 앞부분만 보고도 서로 뜻하는 바를 파악하게 된다는 것이다. 예를 들어 한 사람이 친한 다른 사람을 향해 눈썹을 올려 보이는 것은 소리 내어 무언가를 설명하는 행위를 대체할 수 있다. 이미 살펴보았듯 개들 사이에서도 재빨리 머리를 치켜올리는 것이 놀이 인사 행위 전체를 대신한다.

알아보는 실험은 지금껏 없었다. 그러나 다른 동물을 이용한 몇 가지 연구를 통해 우리는 자기 인식이라 할 만한 것을 조금이나마 살펴볼 수 있었다. 예를 들어 나중에 먹기 위해 먹이를 남겨둘 줄 아는 웨스턴 덤불어치라는 새는 인간이 의지력이라고 부르는 것이 그들에게도 있음을 입증했다. 만약 지금 초콜릿 칩 쿠키가 너무나도 먹고 싶은데 누군가가 내게 한 봉지를 주었다고 치자. 과연 내가 그것을 다음 날까지 먹지 않고 놔둘까? 그럴 가능성은 매우 적을 것이다. 덤불어치들에게도 좋아하는 먹이, 곧 그들에게 초콜릿 칩 쿠키와 같은 것을 주고 다음 날 아침 먹이를 주지 않는 훈련을 시켰다. 그런데 당장 먹어치울 것이라는 예상과 달리 그들은 먹이 일부를 다음 날까지 남겨두었다. 하지만 나라면? 어림도 없다.

그렇다면 과연 개도 비슷한 행동을 할까? 아침을 굶게 된다면 전날 밤에 받은 먹이를 남겨둘까? 만약 그렇다면 그들도 미래를 대비해 계획을 세울 수 있다는 강력한 증거가 될 것이다. 누구나 포장해온 음식을 냉장고에 처박아두었다가 정체도 모르게 변해버린 후에야 발견한 경험이 있을 것이다. 남은 음식은 보관된 시간이 길어질수록 상태가 나빠지는 법이다. 만약 당신 개가 3개월 동안 뼈다귀를 흙속이나 소파 구석에 매달 하나씩 숨겨두었다면 어느 것이 가장 오래된 것인지, 어느 것이 가장 상태가 나쁜 것인지, 그리고 어느 것이 가장 신선한 것인지 기억할까?

소파에서 풍겨 나오는 악취를 배제하면 그것을 알아볼 가능성은 낮다. 개의 환경을 생각하면 그들이 이런 방식으로 시간을 사용할 필요가 없다는 것을 쉽게 알 수 있다. 덤불어치와 달리 개는 규칙적으로 먹이를 공급받기 때문이다. 게다가 유통기한에 따라 먹이를 구분한다든가 당장 배가 고픈데도 나중을 위해 남겨두는 것 같은 행위는 기회가 닿을 때에만 배를 채울 수 있었던 조상을 둔 동물에게 힘든 일일 수 있다. 이런 동물은 먹을 것이 있을 때 최대한 많이 먹어두고 식량이 부족해지면 긴 단식 기간을 견디며 사는 습성이 있다. 어떤 학자들은 뼈를 묻어두는 개의 습성이 배고픈 시기를 위해 먹을 것을 따로 보관해두는 조상들 행위와 관련 있다고 본다.* 개가 부패한 뼈와 신선한 뼈를 구별할 수 있다거나 나중을 위해 먹이를 약간 남겨둔다는 것이 증거다. 그러나 개가 먹이를 생각할 때 시간은 거의 고려하지 않는다고 보는 편이 더 옳을 것이다. 뼈는 뼈일 뿐이다. 땅에 묻혀 있든, 입 속에 들어 있든.

한편 개가 뼈를 가지고 시간을 파악할 수 있다는 증거가 부족하다고 해서 개가 과거와 현재, 미래를 구분하지 못한다고 볼 수는 없다. 단 한 번이라도 공격적으로 군 적이 있는 개를 만나게 되면 개는 처음에는 경계심을 풀지 않다가 시간이 지나서야 점점 마음을 놓는다. 그리고 개는 가까운 미래에 일어날 일에 대해 예측과 기대를 한다. 사료를 파는 가게로 갈 때 산책을 시작함과 동시에 흥분한다거나, 차를 타면 동물병원에 가는 것임을 알고 불안해하는 것 등이 그 예다.

---

* 일부 늑대도 본능적으로 이러한 행동을 한다. 새끼일 때 그들은 코로 땅을 판 다음 뼈를 떨어뜨리고 코로 그곳을 더 파 결국 그 뼈가 고스란히 드러나 보이는 형편없는 구멍을 만들기도 한다. 그러나 어른이 되면 이 습성을 더욱 발달시켜 감춰둔 먹이를 제대로 꺼내 먹을 수 있게 된다. 단, 숨겨둔 먹이를 꺼낼 때 신선도나 묻어둔 시기 따위를 고려한다는 자료는 아직 없다.

일부 학자들은 개에게 과거가 없다고 생각한다. 부러울 정도로 역사에 관심이 없고 기억력이 부족하기 때문에 언제나 행복하다는 것이다. 하지만 개들이 행복한 것은 기억을 하지 못해서가 아니다. 개들은 기억을 하면서도 행복하다. 우리는 아직 개의 눈 뒤에 과연 '나'라는 것이 있는지, 자아에 관한 인식이나 자신이 개라는 앎이 숨겨져 있는지 잘 모른다. 사실 자서전이라는 걸 쓰려면 계속해서 이야기를 들려주는 당사자만 있으면 된다. 그렇게 생각한다면 개들은 지금 이 순간에도 당신의 눈앞에서 자서전을 쓰고 있는 것이다.

착한 개: 옳고 그름에 관해

펌프가 어릴 때 우리 집에서 흔히 볼 수 있던 광경은 이랬다. 내가 등을 돌리거나 다른 방으로 들어간다. 정확히 1,000분의 1초 뒤, 펌프가 부엌 쓰레기통에 코를 처박고 먹을 걸 찾기 시작한다. 내가 돌아와 이 현장을 적발하면 펌프는 언제 그랬냐는 듯 즉시 코를 빼고, 귀와 꼬리를 축 늘어뜨린 다음 부리나케 꼬리를 흔들며 슬금슬금 내뺀다. 딱 걸렸어.

세상에 관해 개가 무엇을 아는지, 혹은 무엇을 이해하는지 개 주인들에게 물었을 때 가장 많이 나온 대답은 잘못을 저질렀을 때 개 스스로가 그것을 안다는 것이었다. 즉 **절대로 저질러서는 안 되는 행위 목록**이 존재함을 알고 있다는 말이다. 오늘날 이 목록에는 쓰레기통 뒤지기, 신발 물어뜯기, 방금 만든 음식 훔쳐 먹기 등이 포함된다. 이러한 것을 어겼을 때 가해지는 처벌은 아마 그리 심하지 않을 것이다. 따끔하게 야단을 친다든지, 얼굴을 찌푸리면서 발을 굴러 소리를 낸다든지.

물론 우리가 처음부터 개에게 이렇게 관대했던 것은 아니다. 중세 시대나 그 전만 해도 개를 포함한 동물들은 잘못을 저지를 때마다 매우 잔인한 벌을 받았다. 문 사람의 숫자만큼 귀나 발, 꼬리 등을 잘라내는 '단계적 신체 절단'부터 사람을 죽인 경우 재판을 통해 사형에 처하기까지 종류도 다양했다.* 과거 로마에서는 갈리아 군이 수도를 공격했을 때 경비견이 그들의 접근을 미리 알아채지 못했다는 이유로 매년 그 일이 벌어졌던 날 밤에 개를 십자가에 못 박는 의식을 벌이기도 했었다.

가벼운 잘못을 저질렀을 때 개가 전형적으로 보이는 모습이 있다. 개를 키워본 적이 있는 사람이라면 잘 알 것이다. 펌프처럼 쓰레기통을 뒤지다 걸리거나, 음식 찌꺼기를 입가에 잔뜩 묻히고 발견되거나, 소파 속 스펀지나 솜 부스러기를 온몸에 덕지덕지 붙이고 나타난 개가 취하는 행동을. 귀를 뒤로 젖혀 머리에 바짝 붙이고 꼬리를 빠르게 흔들다가 다리 사이로 감추고 몰래 방을 빠져나가려 한다면 자신이 방금 현장에서 발각되었다는 사실을 알고 있는 것이다.

---

* 개에게 재판할 권리가 있다고 여긴 이러한 방침은 어찌 보면 우스꽝스러울 수도 있다. 하지만 개에게 그러한 권리가 없다고 단정하는 오늘날의 방침 또한 우스꽝스럽기는 마찬가지다. 지금도 인간에게 치명적인 상처를 입힌 개는 죽이지만 재판을 할 생각은 하지도 않는다. 물론 주인은 재판을 받을 수도 있다.

이런 상황에서 개가 죄책감처럼 보이는 표정을 지어 보이는지의 여부는 중요하지 않다(물론 지어 보인다). 정작 중요한 것은 개의 그런 표정이 정확히 무엇 때문이냐는 것이다. 정말 죄책감 때문일 수도 있고 다른 무엇일 수도 있다. 예를 들어 쓰레기 냄새를 맡는 데서 오는 흥분, 발각된 것에 따른 반작용, 쓰레기가 쓰레기통 밖으로 나와 있는 것을 본 주인이 불쾌한 표정으로 큰소리를 낼 것임을 예측하기 때문일 수도 있다.

과연 개는 옳고 그름을 분간할 수 있을까? 자신이 저지른 이 특정 행동이 정말로 잘못되었다는 것을 알고 있을가? 2006년, 엘비스 프레슬리가 좋아했다던 인형을 포함해 진귀한 곰 인형 수집품 지키는 임무를 맡고 있던 도베르만 한 마리가 다음 날 아침 완전히 망가지고, 찢어지고, 머리가 뜯겨나간 수백 개의 곰 인형에 둘러싸인 채 발견된 사건이 있었다. 뉴스에 포착된 그 개의 사진은 잘못을 저질렀음을 아는 개의 표정이 아니었다.

개의 죄책감이나 반항심 뒤에 숨겨진 메커니즘이 우리와 같다고 보는 것은 오산이다. 옳고 그름이란 우리가 만들어놓은 문화 속에서 자라며 얻는 개념이 아닌가. 아주 어린아이와 일부 정신질환자를 제외하고 모든 사람은 자라면서 어떻게든 옳고 그름을 분간할 수 있게 된다. 해야 할 일과 해서는 안 되는 일로 가득한 세상에서 자라는 동안 우리는 어떤 규칙은 명시적으로, 또 어떤 것은 암묵적으로 배운다.

그러나 타인이 자신의 의도를 분명히 표현하지 못하는 경우 그들이 옳고 그름을 분간하는지 못하는지 어떻게 아는가? 예를 들어

보자. 두 살짜리 아기가 뒤뚱거리며 옆걸음으로 탁자에 다가간다. 그리고 값비싼 꽃병을 향해 손을 뻗다가 산산조각 낸다. 그 아기가 남의 물건을 깨뜨리는 것이 잘못되었음을 아는가? 아마 가까이 있던 어른이 깜짝 놀라거나 화를 내는 등의 반응을 보인다면 아이는 이 일로 옳고 그름을 배우게 될 수도 있다. 하지만 두 살밖에 안 된 아기는 그러한 개념을 이해하지 못한다. 어쨌든 나쁜 마음을 품고 고의로 꽃병을 깨뜨린 것이 아니지 않은가. 그 아기는 몸을 움직이는 방법을 배우려던 서투른 두 살배기에 불과하다. 꽃병이 넘어지기 전과 후에 어떤 행동을 하는지 관찰하면 아기의 의도에 대해 어느 정도 짐작할 수 있다. 곧장 꽃병을 향해 다가가 그것을 밀려는 행동을 했는가? 아니면 꽃병이 있는 쪽으로 손을 뻗는 동작을 했는데 그것이 서툴렀던 것인가? 그리고 꽃병이 넘어진 다음 아기가 놀랐는가? 아니면 설마하니 만족스러운 표정을 지었는가?

이와 비슷한 실험을 개에게도 해볼 수 있다. 나는 그들의 죄책감 담긴 표정이 정말로 죄책감에서 오는지 아니면 다른 무언가에서 나오는지 알아보기 위한 실험을 했다. 실험이긴 하지만 동물의 본능적인 행동방식을 포착하기 위해 환경은 평범하게, 즉 각자 살아가는 '있는 그대로'의 집으로 정했다. 실험 대상으로 선정된 개들은 주인이 무언가를 금지시키는 행위, 즉 무언가를 가리키며 그것을 건드리지 말라는 표시로 크게 **안 돼!***라고 말하는 행위에 노출된 적이 있어

---

* 이때 사용하는 명령어는 주인에 따라 "안 돼!"부터 "건드리지 마!"까지 다양하다. 기본적으로 명령어는 부정어로서, 접근이 금지된 대상이나 행위에 공통적으로 적용할 수 있는 날카로운 소리나 몸짓이라 할 수 있다.

야 하고, 그 명령에 따라 그것을 건드리지 않는 법을 알아야만 했다.

나는 값비싼 꽃병 대신 개가 좋아하는 비스킷이나 치즈 등 깨지지 않는 것을 이용하고, 절대 건드리지 말라고 주인이 직접 명령하게 했다. '개는 주인이 금지한 행위를 하는 것이 잘못된 것임을 안다'가 실험 명제인 만큼 개가 그 행위를 하지 않을 수 없도록 실험을 설계했다. 주인은 개에게 간식을 보여주되 그것을 먹지 말라고 분명히 이야기한다. 간식을 닿을 수 있는 곳에 두어 개를 유혹한 다음 주인이 방을 나간다.

이제 방 안에 남겨진 것은 개와 간식, 그리고 조용히 상황을 관찰하는 비디오카메라뿐이다. 잘못된 행동을 할 완벽한 기회가 주어진 것이다. 가설은 기회가 주어지면 대부분의 개가 당장 간식을 먹으려 달려들 것이라는 것이다. 우리는 개가 움직일 때까지 기다린다. 그런 다음 주인이 돌아온다. 여기서 중요한 데이터는 이것이다. 과연 그 개는 어떻게 행동할까?

보통 심리학이나 생물학 실험을 할 때는 하나 혹은 그 이상의 변수를 통제하고 나머지는 그대로 둔다. 변수는 약물 섭취, 소리 노출, 특정 단어 제시 등 무엇이든 될 수 있다. 만약 이 변수가 유의미하다면 실험 대상이 그에 노출되는 경우 행동에 변화를 일으킬 것이라고 본다. 이 실험에서 변수는 두 가지였다. 개가 간식을 먹는가 아닌가(주인들이 가장 관심을 갖는 부분), 그리고 개가 그것을 먹었는지 안 먹었는지 주인이 알게 되는가 아닌가(아마도 개가 가장 관심을 갖는 부분)이다. 몇 차례의 실험을 거치면서 나는 이 변수들을 번갈아가며 적용했다. 우선 간식을 먹을 기회를 달리했다. 주인이 방을 나간 후 우리가 직접 간식을 개에게 주거나 아니면 개가 그것을 지켜보면서 속을 태우다가 결국 스스로 주인의 말을 거역하게 했다. 개의 행동에 관해 주인에게 알려주는 방식도 달리했다. 한 실험에서는 개가 스스로 간식을 먹은 경우에만 주인에게 그 사실을 알려주었다. 또 다른 실험에서는 비디오 촬영을 하고 있던 사람이 몰래 개에게 간식을 주고 주인에게는 개가 명령을 어긴 것처럼 보이게 했다.

실험에 참가한 모든 개는 배는 부르지만 약간은 어리둥절한 상태로 실험을 마쳤다. 많은 개가 죄책감을 주제로 모델을 해도 될 정도로 완벽한 모습을 보였다. 눈을 내리깔고, 귀를 뒤로 붙이고, 몸을 구부정하게 하고, 부끄러운 듯 고개를 돌리며, 꼬리를 다리 사이로 내린 채 매우 빠른 속도로 움직였다. 어떤 개는 애교를 부리듯 앞발을 들거나 불안한 듯 혀를 날름거리기도 했다. 하지만 죄책감을 보이는 이러한 행동이 복종하지 않았을 때 반드시 더 자주 나타난 것은 아니었다. 대신 복종 여부와 상관없이 주인이 개를 꾸짖었을 때 더 많이 나타났다. 오히려 금지된 간식을 먹고 싶은 유혹을 이겨냈는데도 꾸중을 들은 경우 더 심한 죄책감을 보였다.

이는 개가 주인을 자신이 저지른 행위 자체보다는 임박한 꾸중과 연관 지어 생각한다는 것을 보여준다. 이게 무슨 뜻인가? 개는 회초리 같은 특정 물건을 보거나 주인이 화가 났다는 미묘한 증거를 보았을 때 벌을 받게 되리라 예상한다. 이미 알고 있듯 개는 여러 사건 사이의 연관성을 알아보는 법을 쉽게 배운다. 부엌에 있는 커다랗고 차가운 상자가 열릴 때마다 음식이 나타난다는 것을 알면 그 상자가 열릴 때마다 비상한 관심을 기울이게 될 것이다. 이러한 연관성은 그들이 관찰하는 것뿐만 아니라, 그들이 저지르는 사건으로도 구축될 수 있다.

개가 배우는 것 대부분은 근본적으로 연관성에 기반을 둔다. 예를 들어 낑낑거리면 주인이 관심을 가져준다. 그러면 개는 관심을 받기 위해 낑낑거리는 것을 배운다. 쓰레기통을 박박 긁으면 그것이 옆으로 넘어지면서 속에 든 것이 쏟아져 나온다. 그러면 개는 안에 든 것을 얻기 위해 그것을 긁는 법을 배운다. 이런 식으로 난장판을 만들면 주인이 등장하고, 곧 주인의 얼굴이 벌게지고, 큰소리가 남과 동시에 붉은 얼굴의 시끄러운 주인으로부터 벌을 받게 된다는 것을 알게 된다. 여기에서 중요한 것은 소위 '개판'인 현장에 주인이 나타나는 것만으로도 개는 곧 벌을 받게 될 것임을 느낀다는 점이다. 따라서 조금 전 쓰레기통을 뒤엎은 개의 행위보다 주인의 등장이 처벌에 더욱 밀접하게 연관되어 있다. 그러한 경우라면 대부분의 개가 주인을 보는 것과 동시에 복종하는 자세, 즉 전형적인 죄책감이 담긴 표정을 보일 것이다.

이런 경우에 개가 자신의 잘못에 대해 안다는 주장은 잘못되었다고 할 수 있다. 개는 아마도 자신의 행위가 **나쁘다고** 생각지 않을 것이다. 죄책감처럼 보이는 것은 두려움이나 복종의 표현과 매우 비슷하다. 그러니 나쁜 행동을 했다고 개를 야단쳐봐야 아무 소용이 없다는 것을 깨닫고 좌절하는 개 주인이 그리 많은 것도 놀랄 일은 아니다. 개가 아는 것은 주인이 불쾌한 표정을 짓고 나타나면 곧 벌을 받게 된다는 것이다. 자신이 일종의 죄를 지었다는 사실은 알지 못한다. 주인의 눈치를 살피는 법을 알 뿐이다.

죄책감이 없다고 해서 개가 잘못된 행동을 하지 않는다는 것은 아니다. 그들은 인간이 정의한 나쁜 짓을 수도 없이 저지르는 데 그치지 않고 때로는 뻔뻔히 뽐내기도 한다. 바쁜 주인 앞에서 반쯤 씹다 만 신발을 물고 돌아다닌다든가, 자기가 눈 대변 위를 신나게 구르다가 반갑게 주인을 맞는다든가 하는 것 말이다. 곰 인형을 지키던 개는 인형 잔해에 둘러싸인 모습을 찍으려는 기자들 앞에서 죄책감은커녕 오히려 당당하고 자부심 넘치는 모습을 보여주었다.

어떤 때 보면 개들은 우리가 어떤 것을 알거나 혹은 모른다는 사실을 가지고 장난을 치는 것 같기도 하다. 우리 관심을 끌기 위해서일 수도 있고 아니면 그저 자기는 아는데 우리는 모른다는 점이 즐거울 수도 있다. 이것은 아이가 높은 의자에 앉아 연거푸 컵을 바닥에 떨어뜨림으로써 물리적 세상에 대한 자기 지식의 한계를 시험해보는 행위와 다를 바가 없다. 이때 아이는 단순히 그 행위로 인해 무슨 일이 벌어지는지 관찰한다. 개는 컵이 아니라 주인의 관심과 지식, 또는 경각심으로 같은 테스트를 한다. 그리하여 우리가 아는 바에 대해 더 많은 것을 배우고 후에 그것을 자신에게 유리한 쪽으로 이용한다. 특히 개는 자신의 진짜 동기에 관심이 쏠리지 않도록 행동을 숨기는 데 매우 능하다. 개가 마음을 얼마나 이해하는지에 관해 우리가 아는 바가 별로 없다는 사실을 고려하면 그것은 얼마든지 가능하다. 하지만 그들의 속임수가 언제나 훌륭한 것은 아니다. 이것 역시 아이의 경우에 비유할 수 있는데, 두 살짜리 아기가 두 손으로 눈을 가리고 부모로부터 완전히 '숨었다'고 생각하는 것과 비슷하다. 어느 정도 숨은 것은 맞으나 '숨기'의 핵심을 정확히 짚어내지는 못했으니 말이다.

개는 상상력 넘치는 통찰과 어느 정도의 무능함을 동시에 보여준다. 그들은 뒤엎은 쓰레기통에서 엎질러진 쓰레기나 풀밭에서 마구 뒹굴어 더러워진 모습을 숨기려 애쓰지 않는다. 하지만 자신의 진짜 의도를 숨기기 위한 행동은 할 수 있다. 예를 들어 아끼는 장난감을 가지고 노는 개 옆에 넙죽 엎드려 있다가 냉큼 그것을 빼앗아 간다든가, 싸움에서 밀리는 경우 지나치게 극적인 비명을 질러 깜짝 놀란 상대가 잠시 멈칫거리게 만든다든가. 이러한 행동은 어느 날 자기도 모르게 우연히 시작될 수 있다. 하지만 뜻밖의 사건이 자신에게 유리한 결과를 가져다주어 그것을 이용하는 법을 배우면 같은 행위를 반복하기 시작한다. 그러니 이제는 개들에게 의도적으로 서로를 속일 기회를 주는 실험만 남았다. 물론 개가 자신의 속셈을 드러내지 않을 정도로 약아빠진 경우라면 그 실험도 힘들겠지만.

개의 나이: 응급상황과 죽음에 관해

나이가 들면서 펌프는 눈을 덜 쓴다. 그리고 날 덜 쳐다본다.

나이가 들면서 펌프는 걷기보다 서기를, 서기보다 눕기를 좋아하게 되었다. 그래서 밖에 나가면 다리 사이에 코를 파묻고 내 곁에 눕는다. 하지만 산들바람이 실어다주는 냄새에는 여전히 예민하다.

나이가 들면서 펌프는 고집이 세졌다. 계단을 올라갈 때도 내 도움 없이 혼자서 힘겹게 몸을 들어 올리려고 한다.

나이가 들면서 펌프는 낮과 밤의 기분이 크게 달라졌다. 낮에는 걷기 싫어하고 냄새에 예민하지만 밤만 되면 날 문밖으로 끌어내 발에 용수철이라도 단 듯 발랄하게 움직인다. 냄새 맡는 일 따위는 단념하고 의기양양한 자세로 동네 한 바퀴를 돌고 싶어 한다.

나이가 들면서 나는 선물을 하나 받았다. 펌프의 존재에서 비롯되는 사소한 일들이 전보다 훨씬 더 생생히 다가오는 것이다. 나는 그 애가 동네에서 확인하는 냄새들로 지형을 알게 되었고, 그 애가 얼마나 오래 나를 기다리는지 느끼게 되었으며, 그냥 곁에 있는 것만으로도 그 애가 하는 의미심장한 말을 듣게 되었다. 그리고 길을 건널 때 그 애가 나와 보조를 맞추려 얼마나 애쓰는지 알게 되었다.

당신이 집으로 데려와 이름 붙여준 개들 모두 언젠가는 숨을 거둘 것이다. 이 피할 수 없고 두려운 진실은 개라는 존재를 우리 삶에 들여놓으려면 반드시 감수해야만 할 우리 운명의 일부가 되었다. 그런데 아직까지 불확실한 것은 우리의 개들이 자신의 죽음을 어느 정도 인식하고 있는지의 여부이다. 나는 펌프가 길에서 만나는 놀이 친구가 나이 드는 것을 알아보는지, 한 블록 아래 살던 눈이 흐리고 귀가 축 처진 친구 하나가 어느 날부터 보이지 않는 것을 알고 있는지, 그리고 자신의 걸음걸이가 느려지고 움직임이 뻣뻣해지며 흰색 털이 많아지고 무기력해진다는 것을 느낀다는 징후가 있는지 늘 살핀다.

우리가 위험한 짓을 꺼리거나 자신과 사랑하는 이들의 안위를 걱정하는 것은 스스로 얼마나 연약한 존재인지 알고 있기 때문이다. 이러한 지식이 우리의 모든 행동에서 드러나는 것은 아니지만 분명 그러한 앎이 빛을 발하는 순간들이 있다. 높은 건물의 발코니 가장자리에 서면 자기도 모르게 뒤로 물러선다거나, 의도를 파악할 수 없는 짐승을 만나면 피한다든가, 자동차에 타면 안전띠를 맨다든가, 길을 건너기 전에 좌우를 살핀다든가, 호랑이 우리로 뛰어들지 않는다든가, 튀김을 세 접시 이상 먹지 않는다든가, 음식을 먹은 직후에는 수영하지 않는다든가 하는 행동이 모두 그렇다. 그러니 만약 개도 죽음에 대해 알고 있다면 그것이 행동에서 드러나지 않을까?

하지만 나는 개는 죽음을 모른다고 생각하고 싶다. 그렇지만 한편으로는 언젠가 죽어가는 개를 만났을 때, 그 아이에게 그 상황을 설명해줄 수 있으면 좋겠다고 생각했다. 설명을 들으면 위안이 되기라도 할 것처럼 말이다. 개에게 명령할 때 주변에서 일어나는 일들에 대해 사사건건 설명하는 버릇이 있는 사람들이 많긴 하지만 (**"얼른 집에 가자. 그래야 엄마가 일을 하지!"** 공원에서 자주 듣는 말이다) 이러한 설명이 개에게 위안이 될 리 만무하다. 끝이 있음을 모르는 자유로운 삶이라니. 정말 부러운 일이 아닐 수 없다.

그러나 개를 그리 부러워할 것 없는 이유가 몇 가지 있다. 개 역시 발코니를 피한다는 사실이 그 첫 번째 이유다. 거의 대부분의 경우 개는 본능적으로 진정한 위험으로부터 몸을 피한다. 그것은 높은 절벽일 수도 있고, 빠르게 흐르는 강이나 맹수의 눈빛을 하고 다가오는 동물일 수도 있다. 개들도 죽음을 피하려는 행동을 한다.

이것은 하찮은 짚신벌레도 마찬가지다. 그들도 천적이나 독성 물질을 만나면 황급히 몸을 피한다. 이러한 회피 습성은 거의 모든 유기체에서 여러 가지 형태로 나타나는 본능적 행위다. 슬개 반사부터 눈 깜빡임까지 본능적 행동을 할 때 그 동물은 자신이 무슨 짓을 하고 있는지 알 필요가 없다. 그리고 우리는 아직 짚신벌레가 죽음이라는 개념을 이해하고 있다고 인정할 준비도 되어 있지 않다. 하지만 그러한 반사작용은 사소한 것이 아니다. 여기에서 이보다 훨씬 정교한 이해가 시작될 수도 있기 때문이다.

개와 짚신벌레가 다른 점이 두 가지 있다. 첫째로 개는 몸을 다칠 수 있는 일을 피하는 것뿐 아니라 상처를 입고 나면 다음부터 다르게 행동한다. 그들은 자신이 상처 입었음을 안다. 다치거나 죽어가는 개는 때로 자신의 가족으로부터 멀어져 다른 곳에 자리를 잡기 위해, 아니면 어딘가 안전한 장소에서 죽기 위해 안간힘을 쓴다.

둘째, 개는 다른 개가 처한 위험에 주의를 기울인다. 영웅적인 행동을 한 개의 이야기를 들어본 적이 있는가? 멀리서 찾을 필요도 없이 지역 뉴스에 수시로 언급된다. 산속에서 길을 잃었지만 함께 있던 개의 체온 덕분에 살 수 있었던 아이, 꽁꽁 언 호수에 빠졌다가 얼음판 가장자리로 달려온 개에 구조된 남자, 아이가 독사 굴에 빠지기 직전 그것을 발견하고 왕왕 짖어 부모를 달려오게 만든 개

등 영웅적인 개의 미담은 차고 넘친다. 40년 동안 동물을 연구해온 나의 친구이자 동료인 생물학자 마크 베코프Marc Bekoff도 이와 비슷한 이야기를 들려주었다. 어느 날 노먼이라는 이름의 눈이 먼 래브라도 레트리버가 주인의 아이 둘이 강물에 휩쓸려 비명 지르는 것을 들었다고 한다.

"아들인 조이는 겨우 강가에 닿을 수 있었다고 해요. 하지만 여동생 리사는 거의 앞으로 나가지 못하고 익사할 위기에 처했던 거죠. 그런데 아이들 비명을 들은 노먼이 곧장 강물로 뛰어들어 리사에게 헤엄쳐 간 겁니다. 노먼이 가까이 가자 리사가 개의 꼬리를 잡았고 그렇게 해서 둘은 안전한 곳으로 나올 수 있었다고 해요."

그가 들려준 이야기다.

이러한 영웅적인 개의 행동이 불러온 결과는 명확했다. 누군가의 목숨을 구한 것이다. 다른 이를 구하려면 자기보호본능을 무시해야 한다는 사실을 고려할 때 대부분의 사람은 이러한 행동이 우연이 아닌 영웅적 행동이었다고 생각한다. 개 또한 인간이 맞닥뜨린 아찔한 위험의 순간을 이해하고 있었다고 설명할 수밖에 없어 보인다.

그런데 이러한 미담의 문제는 사실상 누구도 사건의 완벽한 전말을 듣지 못했다는 점이다. 이야기를 전달하는 사람은 자신의 환경과 특정한 인식 때문에 시각이 제한되어 있다. 따라서 우리는 노먼이 진정 리사를 구해낼 의도로 조이의 명령에 따라 강물에 뛰어든 것인지, 아니면 개가 가까이 헤엄쳐 온 것을 보고 용기를 얻은 리사가 스스로 뭍까지 헤엄칠 수 있었던 것은 아닌지, 또는 물살이 방향을 바꾸어 리사를 물가까지 데려온 것은 아닌지 의문을 품을 수 있다. 노먼의 경우는 물론이고 다른 미담 그 어디에도 돌려볼 비디오테이프 같은 것은 없다. 그 개의 평상시 행동이 어떠한지도 알 수 없다. 물론 개가 위험에 빠진 소년을 보고 다른 이들에게 알리기 위해 큰소리로 짖었을 수도 있다. 하지만 한편으로 그 개는 밤이고 낮이고 늘 짖어대는 개였을지도 모른다. 개의 평소 모습이나 과거에 대해 아는 것 또한 무슨 일이 일어났는지 정확히 해석하는 데 매우 중요하다는 말이다.

마지막으로 개가 물에 빠진 아이나 조난된 등산객을 **구해내지 못한** 다른 모든 사건에 대해서는 어떻게 생각해야 할까? '개가 구하지 못한 실종 등산객 결국 동사!' 이런 헤드라인 같은 것을 본 적이 있는가? 소수의 개가 보인 영웅적인 행위로 개라는 종 전체를 섣불리 판단하기 전에 다른 일반적 개에 대해서도 생각해보아야 한다. 모르긴 해도 언론에 보도된 영웅담보다 알려지지 않은 비영웅적인 행동이 훨씬 더 많을 테니 말이다.

영웅적 개에 대해 회의를 품든 맹목적으로 칭송하든, 이러한 논쟁을 대신할 수 있는 강력한 이론이 하나 있다. 개의 습성을 더욱 면밀히 들여다봄으로써 얻은 이론이다. 이러한 개 이야기를 꼼꼼히 들여다보면 반복해서 등장하는 요소가 하나 있다. 개가 주인에게 **다가갔거나** 위험에 빠진 사람 **가까이에 머물렀다는** 점이다. 개가 길을 잃어 동사 위기에 빠진 아이를 자신의 온기로 구한다, 언 호수에 빠진 남자가 얼음 위에서 기다리고 있는 자신의 개를 붙잡는다, 이 모두 그러한 요소를 담고 있지 않은가. 그리고 일부 경우에는 개가 일종의 소란을 피웠다. 큰소리로 짖으며 뛰어다녀 자기 자신이나 위험 요소, 이를 테면 독사 같은 대상에 사람의 주의가 집중되게 만든 것이다.

이러한 요소, 즉 주인에게 가까이 다가가거나 곁에 머물거나 주의를 끄는 행동 등은 우리 모두에게 익숙한 개의 특성이자 애초에 개가 인간에게 훌륭한 동반자가 될 수 있었던 이유다. 그리고 이러한 사건들 경우에는 위험에 처한 사람의 생존에 특별히 중요한 역할을 했다. 그렇다면 이 개들은 진정한 영웅일까? 물론이다. 하지만 영웅적인 행동을 한 개들은 자기가 무슨 행동을 하는지 알고 있었을까? 그랬다는 증거는 없다. 그리고 자신이 영웅적으로 행동했다는 것은 당연히 모른다. 개는 훈련만 받으면 분명 인명구조원이 될 가능성을 갖추고 있다. 심지어 훈련받지 않은 개도 사람에게 도움은 줄 수 있지만 무슨 일을 해야 하는지는 정확히 모를 것이다. 개들이 사람을 성공적으로 구조한 것은 모두 그들이 잘 아는 것 덕분이다. 즉 개들은 주인에게 무슨 일이 일어났다는 것을 알았고, 그게 그들을 불안하게 했던 것이다. 다행히도 개가 그러한 불안감을 느끼고 직접 표현해서 위급한 상황을 이해할 수 있는 사람이 현장으로 달려오게 만들거나, 주인이 얼음 밖으로 빠져나올 수 있도록 자기 몸을 붙잡게 해준다면 그보다 더 좋은 건 없을 것이다.

이러한 결론은 한 영리한 실험을 통해 확인할 수 있다. 위급 상황이 벌어진 경우 개가 도움이 되는 적절한 행동을 할 수 있는지 여부에 관심을 보인 심리학자들이 수행한 실험이었다. 목적은 개 주인과 연구자가 짜고 개가 보는 앞에서 위급 상황을 만든 다음 개가 어떻게 반응하는지 살피는 것이었다. 한 시나리오에서 개 주인은 숨을 헐떡이며 가슴을 부여잡고 과장된 모습으로 바닥에 쓰러져 심장마비를 일으킨 척했다. 그리고 또 다른 시나리오에서는 가벼운 합판으로 만든 책장을 주인의 몸 위로 쓰러뜨린 다음 바닥에 깔린 개 주인이 고통스럽게 비명 지르는 시늉을 했다. 두 실험 모두 주인이 실제 기르는 개가 실험 대상이었고, 그 개들은 근처에 서 있는 제 3자와 미리 만나게 해두었다. 그 제3자에게 개가 사고를 알릴 수 있는 대상 역할을 맡긴 것이었다.

이러한 설정 속에서 개들은 주인에게 관심과 애착을 보였지만 위급한 사건이 일어난 것처럼 굴지는 않았다. 개들은 계속해서 주인에게 다가갔고, 이제 아무 소리나 반응도 없는 주인(심장마비 시나리오)과 도와달라고 비명을 지르는 주인(책장 시나리오)을 앞발로 건드리거나 코로 비비기도 했다. 하지만 그 틈을 타 주변을 돌아다니면서 잔디나 바닥 냄새를 맡는 개들도 있었다. 다른 이의 주의를 끌 수 있게 소리를 내거나 주인을 도울 수 있는 제3자에게 다가간 개는 극히 드물었다. 제3자를 접촉한 개는 토이 푸들 딱 한 마리였다. 하지만 그것도 그 사람의 무릎 위에 냉큼 올라가 낮잠을 청하기 위해서였다.

달리 말해 위험에 빠진 주인을 조금이라도 도울만한 행동을 한 개는 단 한 마리도 없었다. 여기에서 얻을 수 있는 결론은 이것이다. 개는 위험이나 죽음으로 이어질 수 있는 위급한 상황을 알아보지도, 그에 반응하지도 않는다.

김이 팍 새는 결론인가? 결코 그렇지 않다. 개에게 **위급 상황**과

죽음이라는 개념이 없다고 해서 이것이 그들에게 수치가 될 수는 없다. 개에게 **자전거**나 **쥐덫**이 무엇인지 아느냐고 물어본 다음 의아하다는 듯이 고개를 갸우뚱거린다고 해서 개를 나무랄 것인가? 인간의 아이 역시 처음부터 이런 개념을 아는 것은 아니다. 아기가 콘센트에 손가락을 집어넣으려 다가가면 어른이 소리를 지르며 달려가야 하고, 두 살짜리 아이라면 누군가 다치는 것을 보더라도 우는 것 말고는 다른 반응을 거의 보이지 않을 것이다. 아이들은 시간이 흐르면 위급 상황이라는 것을 **배우게** 될 것이고 그런 다음 죽음이라는 개념도 알게 될 것이다.

마찬가지로 일부 개들도 화재경보기 같은 비상 장치가 울리면 청각장애인 주인에게 달려가 알리도록 훈련할 수 있다. 아이들은 "① 경보 소리를 들으면 ② 엄마한테 알려줘"와 같은 몇 가지 절차만으로도 명확하게 가르칠 수 있다. 반면 개 훈련은 완전히 반복 강화된 절차를 거쳐야 한다.

개가 느끼는 것은 **평상시와 다른** 상황이 벌어지고 있다는 점뿐이다. 그들은 우리와 함께 하는 이 세상에서 일상적인 것을 구분해내는 데 놀라운 재주를 자랑한다. 우리가 행동하는 방식은 대체로 변함없이 거의 정해져 있다. 집에 있을 때 우리는 이 방에서 저 방으로 옮겨 다니고, 소파 위와 냉장고 앞에서 오랜 시간 멈춰 있으며, 개와 이야기를 나누고, 다른 사람과 이야기를 하고, 먹고, 자고, 한참씩 화장실로 들어가 모습을 감추는 등 비교적 일정한 패턴으로 움직인다. 집이라는 환경 자체도 꽤 고정적이다. 지나치게 덥지도 춥지도 않고, 현관으로 들어오는 사람 말고는 다른 사람도 없다.

어느 날 갑자기 거실에 물이 차오르지도 않고, 복도로 연기가 새어 들어오지도 않는다. 이렇게 평범하고 정상적인 세상에 대한 지식을 바탕으로 개는 누군가가 다쳤을 때 그가 평소와는 달리 기이한 행동을 한다는 것을 알게 된다.

펌프가 심각한 위험에 빠졌던 적은 한두 번이 아니다. 한 번은 건물 바깥으로 곧장 떨어지는 좁은 통로에 빠진 적이 있고, 승강기 문에 목줄이 낀 상태로 승강기가 움직인 적도 있다. 기절할 만큼 놀랐던 나와 반대로 펌프는 어찌나 태평해 보이던지 신기할 정도했다. 하지만 그런 상황을 펌프 스스로 헤쳐 나온 적은 한 번도 없었다. 나는 그 애가 나에 대해 걱정하는 것보다 내가 그 애 안전에 대해 훨씬 더 많이 걱정한다고 생각한다. 그래도 나의 행복 중 상당 부분은 펌프에게 달려 있다. 그 애가 내 삶 속에서 일어나는 크고 작은 문제들을 해결해주기 때문이 아니다. 끊임없이 나의 기운을 북돋아주고 믿음직한 동반자가 되어주기 때문이다.

개로 산다는 것

개의 머릿속을 들여다보기 위해 우리는 개의 감각적 능력에 관한 자잘한 사실을 수집하고 그것에 관해 큰 추론을 한다. 한 가지 추론은 개가 된다는 것은 실제로 어떤 느낌인지, 개가 경험하는 세상은 무엇인지 같은 개의 경험에 관한 것이다. 이것은 물론 개에게 세상이 최소한의 의미를 갖는다는 것을 전제로 한다. 놀라운 일일 수도 있지만 이러한 생각 자체가 철학과 과학계에서는 논쟁 대상이 되기도 한다.

35년 전, 철학자 토머스 네이글Thomas Nagel은 "박쥐로 산다는 것은 어떤 것일까?"라는 질문을 던짐으로써 동물의 주관적 경험에 관한 과학과 철학의 길고 긴 담화의 문을 열었다. 그는 매우 놀라운 방식으로 주변을 본다는 사실이 최근에야 밝혀진 박쥐를 자신의 사고 실험 대상으로 골랐다. 박쥐는 반향 위치 측정, 즉 고주파 소리를 낸 다음 그 소리가 반사되어 돌아오는 것을 듣는 방식으로 사물을 알아본다. 소리가 되돌아오는 데 얼마나 걸리는지, 그리고 소리가 어떻게 변하는지 확인해서 주변 모든 사물이 어디에 있는지 지도를 그려낼 수 있다. 이 방식을 구체적으로 알고 싶다면 캄캄한 밤 어두운 방에 누워 누군가 문간에 서 있는지 아닌지 알아보려 한다고 상상해보자. 혹은 박쥐처럼 문간을 향해 테니스공을 던진 다음 ①공이 자신에게 되돌아오는지 아니면 방 밖으로 날아가는지, ②공이 문간에 도달할 때쯤 누군가 공에 맞아 아야, 소리를 지르는지 확인한다. 감각이 예민하다면 ③공이 튕겨 나오는 정도를 이용해 문간에 선 사람이 통통한지(이 경우 공이 불룩 나온 배에 맞아 에너지를 잃고 힘없이 떨어질 것이다) 아니면 빨래판 복근을 자랑하는지(이 경우라면 공이 꽤 멀리 튕겨 나올 수 있다) 알아낼 수도 있을 것이다. 박쥐는 테니스볼 대신 소리를 사용해 ①과 ③을 모두 안다. 게다가 끊임없이 지속적으로, 그리고 우리가 눈을 뜨는 동시에 앞에 있는 모든 광경을 볼 수 있는 것처럼 순식간에 이렇게 할 수 있다.

이 결과는 너무도 당연하게 네이글을 놀라게 했다. 그는 박쥐의 시력이 엄청나게 이상하고 상상할 수조차 없을 정도로 기묘해서 박쥐의 삶 자체도 그러하기 때문에 박쥐로 산다는 게 어떤 것일지 알아내기란 불가능하다고 생각했다. 그는 박쥐도 세상을 경험할 것이라 가정하긴 했지만 그 경험 자체는 근본적으로 매우 주관적이어서 박쥐마다 각자의 세상을 가지고 있으리라 믿었다.

하지만 그가 내린 결론에는 문제가 있다. 그리고 그것은 우리가 매일 하는 상상과 관련이 있다. 네이글은 서로 다른 종 사이의 차이점은 같은 종 속 다른 존재의 차이점과는 완전히 다르다고 여겼다. 사실 우리는 또 다른 사람이 되는 것이 어떨지 상상하는 데 아무런 문제가 없다. 다른 사람이 겪는 특정한 경험을 자세히 알 수는 없지만 인간으로서 인간의 느낌에 대해 충분히 알고 있기에 자신의 경험을 통해 다른 이의 삶을 유추해낼 수 있다. 그래서 나의 인식을 이용해 추론을 세우고 그것을 그 사람의 삶에 대입해봄으로써 그 사람은 세상을 어떻게 느낄지 상상할 수 있다. 그리고 그의 과거라든가 행동양식 같은 것에 대한 정보를 많이 얻을수록 유추는 더 정확해질 것이다.

따라서 우리가 비교적 잘 알고 늘 함께 생활하는 개에게도 이러한 방식을 시도해볼 수 있다. 정보가 많을수록 추론도 정확해질 것이다. 현 시점에서 우리는 개의 신체적 정보(신경 체계와 감각 체계)와 역사적 정보(진화, 태어나 성견이 될 때까지의 발달 단계)를 가지고 있으며 행동양식에 관한 연구와 정보도 점점 늘어나고 있다. 요컨대 우리에게는 개의 움벨트를 그린 스케치가 있다. 지금까지 수집한 과학적 사실을 통해 우리는 개의 머릿속을 상상할 수 있고, 개로 산다는 것이 어떨지, 개의 관점에서 볼 때 세상이 어떠한지 어느 정도 알 수 있다.

우리는 이미 개의 세상이 냄새로 넘쳐나고 사람으로 바글거리는 걸 알고 있다. 한 걸음 더 나아가 개의 세상은 바닥과 가깝고, 핥을 수 있다는 사실도 안다. 또한 입 속에 들어가든가 아니든가 둘 중 하나로 판단되며, 자잘한 것들로 가득하고, 언제나 '지금'이고, 덧없이 빠르게 지나갈 뿐만 아니라, 그들의 얼굴에 그대로 드러난다는 것도 안다. 그러니 개로 산다는 것은 아마 우리 인간으로 사는 것과는 완전히 다를 것이다.

땅과 가까운 세상

세상을 바라보는 개의 시각을 알아보고자 할 때 우리가 가장 크게 간과하는 것 중 하나가 그들의 신장이다. 평균 키의 인간이 보는 세상과 약 30센티미터에서 60센티미터에 이르는 평균 키의 개가 보는 세상에 어떻게 차이가 없을 수 있겠는가. 바닥에 가까울 때 소리와 냄새가 어떻게 달라지는지는 잠시 접어두더라도 단순한 키 차이만으로도 매우 놀라운 결과가 나타난다.

사람만큼 큰 개는 거의 없다. 개들은 대략 사람 무릎까지 온다. 심지어 개들은 종종 우리 **발밑에** 있다고 말하는 사람도 있다. 그런데 참으로 둔감하게도 우리는 그들이 우리 키의 반도 되지 않는다는 단순한 사실을 자꾸 잊는다. 머리로는 그들이 우리처럼 크지 않다는 것을 알고 있지만 계속해서 그러한 키 차이가 문제가 되게 만든다. 우리는 개의 '손에 닿지 않는' 곳에 물건을 두고 개가 그것을 가지기 위해 애쓰다 사고를 치면 화를 낸다. 개가 눈높이에서 인사하기 좋아하는 것을 알면서도 우리는 거의 몸을 굽히지 않는다. 아니면 개가 펄쩍 뛰어올라야 겨우 얼굴에 닿을 수 있는 정도로만 몸을 굽히고는 개가 뛰어오른다고 야단을 친다. **뛰어올라야** 닿을 수 있는 곳에 있는 것을 갖고 싶다면 **뛰어올라야** 마땅한 법 아닐까?

펄쩍 펄쩍 뛰어오른다고 실컷 야단을 맞은 개는 이제 바닥에 있는 흥미로운 것들로 눈을 돌린다. 예를 들어 바닥에는 발이 많다. 냄새나는 발, 이리저리 움직이는 발은 개에게 엄청난 흥밋거리다. 발은 각자의 독특한 체취를 발산하는 훌륭한 원천이다. 우리는 스트레스를 받거나 정신적으로 무리한 일을 할 때 발에서 땀을 흘리는 경향이 있다. 앉아 있을 때는 어떤가. 발을 이리저리 흔든다. 개가 보기에 그러한 발은 하나의 독립된 개체이고, 발가락은 이리저리 혀를 굴리기만 하면 더 많은 냄새를 찾을 수 있는 재미있는 부위다.

발에서 나는 냄새가 그리도 흥미로울진데 발을 신발 같은 것으로 꽁꽁 감싸놓는 것은 개에게 얼마나 짜증나는 일일까. 냄새가 밖으로 새어나가지 않도록 막아버린 것 아닌가. 반면 벗어놓은 신발에서는 그것을 신는 사람과 똑같은 냄새가 나고, 그 사람이 바깥에서 묻혀온 또 다른 흥미로운 냄새가 풍기기 마련이다. 양말 역시 우리 냄새를 그대로 지니고 있다. 침대 옆에 벗어둔 양말에 정기적으로 구멍이 뚫리는 이유가 바로 그 때문이다.

개의 키에서 본 세상은 발 말고도 사람이 걸음을 내딛을 때마다 춤추듯 나풀대는 긴 치마와 바짓자락으로 가득하다. 팽팽하게 감겼다가 풀렸다가를 반복하면서 이리저리 펄럭이는 옷자락이 개의 눈에는 얼마나 유혹적으로 보이겠는가. 그토록 움직임에 민감하고 이것저것 조사하기 좋아하는 개가 사람의 바지를 잘근잘근 씹어대지 않을 리 만무하다.

그리고 바닥과 가까운 세상은 훨씬 더 많은 냄새를 풍긴다. 냄새가 공기 중에서는 퍼지고 확산되지만 바닥에서는 느리게 움직이며 더 독하게 변하기 때문이다. 소리 또한 바닥을 따라갈 때는 다르게 움직인다. 그래서 새들은 나무 위에서 노래하는 반면 지상의 거주자들은 땅을 이용해 기계적으로 의사소통하는 경향이 있다. 바닥에 내려놓은 선풍기 진동이 근처에 있는 개를 교란시킬 수 있고, 큰 소리는 바닥에 부딪혀 튕겨지며 더 큰 소리가 되어 쉬고 있는 개의 귓속으로 들어갈 수도 있다는 뜻이다.

제이나 스터백Jana Sterbak이라는 예술가는 자신이 키우는 잭 러셀 테리어 종 스탠리에 비디오카메라를 매단 뒤 꽁꽁 언 강을 따라 베니스를 돌아다니게 하여 개의 눈높이에서 풍경을 포착한 바 있다. 작품 제목은 흥미롭게도 〈도게들의 도시City of Doges〉였다(과거 베니스를 다스리던 사람을 '도게'라 불렀다. doge와 dog를 이용한 말장난이리라). 그 결과 빠른 속도로 뒤엉켜 잔뜩 흥분된 수많은 장면이 탄생했는데, 그 세상에는 균형도 조화도 없고 이미지는 단 한순간도 차분하지 않았다. 35센티미터 높이에서 본 스탠리의 시각적 세상은 그의 후각적 세상을 엿볼 수 있게 해주었다. 후각적 흥미를 끄는 것이면 무엇이든 눈으로, 몸으로 쫓아가는 스탠리의 세상 말이다.

그러나 개에게 카메라를 매달아도 세상을 바라보는 그들의 **시점**을 대략만 알 수 있을 뿐 전체 움벨트를 이해하기는 힘들다. 물론 야생동물의 세상과 삶에 대해 조금이라도 정보를 얻으려면 거의 그런 식으로 해야만 할 것이다. 등에 매달린 카메라가 없다면 물속에 뛰어드는 펭귄과 보조를 맞출 수 없고, 벌거숭이두더지쥐가 땅속에 만드는 터널을 볼 수도 없다. 아무튼 스탠리의 등 위쪽 시점에서 스탠리를 지켜보는 것은 분명 놀라운 일이지만, 스탠리의 하루를 영상으로 담아낸 것만으로 그들의 하루를 상상해보는 임무를 완수했다고 생각하는 건 오산이다. 그것은 단지 시작에 지나지 않으니까.

핥을 수 있는 세상

펌프가 앞발 사이에 머리를 두고 바닥에 누운 채로 조금 떨어진 곳에 무언가 흥미롭거나 먹을 수 있는 것이 있다는 사실을 알아챘다. 그리고는 그 방향으로 머리를 길게 뺀다. 그 아름답고 원기왕성하며 촉촉한 코는 아직 그 냄새 입자에 아슬아슬하게 닿지 못한다. 콧구멍이 벌름거리며 냄새를 알아내려는 것이 보인다. 펌프는 축축하게 킁킁거리는 소리를 내더니 입도 동원해 수사에 나선다. 아주 살짝 고개를 돌리니 혀가 바닥에 닿는다. 그러자 재빨리 혀로 바닥을 한 번 훑고는 이내 몸을 펴고 조금 더 진지한 자세를 취한다. 이제 혓바닥 전체를 동원해 길게 바닥을 핥고, 핥고, 또 핥는다.

개에게는 거의 모든 것이 핥을 수 있는 대상이다. 바닥에 있는 얼룩, 자기 몸의 얼룩, 사람의 손, 무릎, 발가락, 뺨, 귀, 눈, 나무줄기, 선반, 자동차 좌석, 이불, 바닥, 벽, 그 외 모든 것도. 바닥에 있는 정체를 알 수 없는 무언가는 특히 더 완벽한 핥기 대상이다. 핥기란 다른 사물에 대해 안전한 거리를 두는 것이 아니라 그것의 분자를 몸속으로 직접 들여보내는 행위이기에 극도로 친밀한 몸짓이다. 따라서 매우 흥미롭다. 물론 개는 친밀하게 굴기 위해 핥는 것은 아니다. 하지만 의도했든 아니든 세상과 그렇게 직접적으로 접촉하는 것은 환경에 따라 자신을 다르게 정의한다는 의미인데, 이는 인간의 경우와는 매우 다르다. 즉 개는 자신의 피부나 털이 바닥과 닿는 지점과 그것을 둘러싸고 있는 모든 것 사이에 방어벽을 덜 세운다는 뜻이다. 개가 아무런 주저 없이 진흙탕에 머리를 처박거나 기분이 좋으면 몸을 배배 틀면서 고약한 냄새가 나고 지저분한 흙바닥에 몸을 부비는 모습을 흔히 볼 수 있는 것도 그런 면에서 당연한 일이다.

개인 공간에 대한 개의 인식 역시 환경과의 친밀함을 그대로 반영한다. 모든 동물에게는 각자 편안하게 느끼는 사회적 거리라는 것이 있어서 이것이 침해당하는 경우 다른 개체와 충돌이 일어나기도 한다. 일반적인 미국인이 약 45센티미터보다 가깝게 서 있는 낯선 이들에게 난색을 표하는 반면 미국 개의 사적인 공간은 대략 0에서 2센티미터 정도다. 따라서 지금 이 순간에도 전국의 거리에서는 사적인 공간에 대한 인식의 충돌이 반복해서 일어나고 있다. 즉 개 주인들은 서로 2미터가량 떨어져 선 채 자신의 개가 다른 개에게 너무 가까이 가지 못하게 하려고 목줄을 잡아당기는 동안 개들은 서로의 몸에 닿으려고 안간힘을 쓴다는 것이다.

부디 개가 서로의 몸을 부빌 수 있게 내버려 두자! 그들은 각자의 공간을 존중하고 배려하는 것이 아니라 서로의 공간 안으로 들어가는 방식을 통해 처음 보는 개나 사람에게 인사를 건넨다. 그들이 서로 털을 부비고, 깊이 냄새 맡고, 핥게 해주자. 안전한 거리를 확보한 채 악수나 하는 것은 개의 방식이 아니다.

앞서도 언급했듯이 인간이 견딜 수 있는 다른 사람과의 근접성에는 한계가 있다. 따라서 우리가 선호하는 거리, 즉 일종의 사회적 공간에도 역시 한계가 있다. 우리는 1.5미터에서 2미터 이상 떨어져 있으면 편하게 대화를 나눌 수 없다. 반대로 같은 길을 가면서도 각자 길의 양쪽 가장자리를 걷고 있다면 **함께** 걷고 있다고 느끼지 못한다. 한편 개의 사교 공간은 이보다 훨씬 더 자유자재로 늘었다 줄었다 한다. 어떤 개는 주인이 불안해할 정도로 주인과 거리를 두는 것을 좋아하는 반면 어떤 개는 주인 발치에 바짝 붙어다니는 것을 좋아한다. 이러한 차이는 집에서 쉴 때도 나타난다. 개에게는 어느 정도가 지나치게 꽉 끼고 어느 정도가 너무 느슨한지 각자 선호하는 자세나 거리가 있다. 펌프는 작은 소파에 자신의 몸이 폭 파묻히도록 앉는 것을 좋아했다. 그리고 내가 침대에 모로 누우면 구부러진 다리 뒤에 생기는 빈 공간을 차지하는 것을 좋아했다. 잠든 주인의 등에 자신의 등을 맞대고 눕기 좋아하는 개도 있다. 나는 이 따스하고 행복한 느낌 하나만으로 얼마든지 개를 침대에 들여 같이 재울 수 있다.

입 속에 넣을 수 있는 것과 넣을 수 없는 것

주변에 보이는 수많은 물체 중에서 개에게는 오직 몇 가지만이 두드러져 보인다. 가구, 책, 각종 장식품, 그리고 집에 있는 모든 잡동사니는 훨씬 단순한 기준으로 분류될 수 있다. 개는 스스로 어떤 식으로 만지고 움직일 수 있느냐에 따라 세상을 정의 내린다. 이런 식으로 볼 때 사물은 조종될 수 있는 방식(무는 것, 먹는 것, 움직이는 것, 올라앉는 것, 들어가 구르는 것)에 따라 분류된다. 따라서 공, 펜, 곰 인형, 그리고 신발은 모두 동일한 가치를 지닌다. 모두 입에 물고 돌아다닐 수 있는 물체이기 때문이다. 마찬가지로 어떤 것들은 개에게 영향을 미치는 것으로 분류할 수 있다. 빗, 수건, 그리고 다른 개들이 여기에 속한다.

우리가 사물을 볼 때 떠올리는 전형적인 용도나 기능도 개의 입장에서는 다른 것으로 대체된다. 처음 총을 본 개는 겁을 먹는 게 아니라 그것이 입안에 들어갈 수 있을지 궁금해한다. 우리가 개를 향해 보이는 몸짓이나 손짓은 무서운 것, 장난스러운 것, 그리고 명령이 담긴 것 등으로 나뉘며 그 밖의 모든 것은 아무런 의미가 없다. 개의 눈으로 볼 때 택시를 잡기 위해 손을 드는 남자는 하이파이브를 하거나 작별 인사를 하기 위해 손을 드는 남자와 차이가 없다. 개의 세상에서 방이란 개 자신과 비슷하게 조용히 냄새를 수집하는 삶(벽과 바닥의 구석진 모퉁이에는 보이지 않는 먼지들이 쌓여 있지 않은가)을 살아간다.

또한 방은 물체와 냄새가 나오는 비옥한 공간(벽장, 창문)이며 당신이나 당신의 정체를 알려주는 냄새가 발견될 수 있는 앉아 쉬는 공간이기도 하다.

이제 밖으로 나가보자. 개는 건물을 잘 알아채지 못한다. 너무 크고 만지거나 움직일 수 없는 것이기에 의미가 없기 때문이다. 그러나 가로등과 소화전, 그리고 건물 모퉁이는 다른 개들이 지나갔다는 소식을 전해주는, 매 순간 새로운 정체성을 지니는 대상이다.

인간은 어떤 사물을 볼 때 일반적으로 그것의 가장 두드러지는 특징인 형태나 모양을 가장 먼저 인식한다. 반면 개는 사물의 형태, 예를 들어 자신이 먹는 개 비스킷이 어떤 모양인지는 별로 상관하지 않는다. 그것을 뼈다귀 모양으로 만든 것은 바로 인간이다. 대신 움직임, 즉 개의 시각으로 가장 쉽게 감지할 수 있는 움직임이야말로 개의 입장에서는 그 물체의 고유한 정체성이라 할 수 있다. 달리는 다람쥐와 가만히 있는 다람쥐는 서로 다른 것이고, 스케이트보드를 타는 아이와 스케이트보드를 들고 있는 아이는 서로 다른 아이다. 움직이는 것이 가만히 있는 것보다 더 흥미로우며 이것은 본래 움직이는 먹잇감을 쫓도록 진화한 개에 딱 맞는 특징이라고 할 수 있겠다(물론 개는 가만히 있는 다람쥐와 새도 쫓아다닌다. 그들이 금세 달리거나 날아가기도 한다는 것을 목격하고 나서 같은 존재임을 알게 되었기 때문이다). 스케이트보드를 타고 빠른 속도로 지나가는 아이는 매우 흥미롭기에 왕왕 짖어댈 가치가 있다. 하지만 스케이트보드를 멈춰보자. 그러면 개는 움직임을 멈추고 조용해질 것이다.

움직임, 냄새, 그리고 입에 넣을 수 있느냐 없느냐로 사물을 정의하는 개들의 특성을 고려하면 당신의 손 같은 가장 단순한 물체도 그들에게는 그리 단순하지 않을 수 있다. 개는 자신의 머리를 쓰다듬는 손과 머리를 지그시 내리누르는 손을 완전히 다른 것으로 경험한다. 마찬가지로 힐끗 보는 행위는 그 횟수가 많다 하더라도 노려보는 행위와 분명히 다르다. 손과 눈 같은 단일한 자극도 속도나 강도가 달라지면 완전히 다른 두 가지가 된다. 심지어 사람도 일련의 사진을 빠른 속도로 넘기면 움직이는 영상처럼, 그 정체성을 달리 느끼지 않는가.

세상을 경계하는 평범한 달팽이에게 천천히 두드리는 막대기는 위험해서 지나갈 수 없는 장애물로 느껴진다. 하지만 그것이 1초에 네 번 규칙적으로 움직이면 달팽이는 그 아래로 들어갈 것이다. 어떤 개는 머리를 쓰다듬는 것은 좋아하지만 머리에 손을 올려놓는 것은 견디지 못한다. 물론 이와 반대인 개도 있다.*

세상을 정의 내리는 이러한 방식은 세상과 상호작용하는 개를 관찰하면 볼 수 있다. 보도 위 아무것도 없는 곳을 넋이 나간 듯 뚫어져라 바라보고 있는 개, '아무것도 아닌 것'에 귀를 쫑긋 세우는 개, 나무 덤불 속 보이지 않는 무언가를 보고 못 박혀 선 개. 지금 이들은 자신만의 감각 세상을 경험하고 있는 것이다. 나이가 들면서 개는 우리와 친숙한 물체를 더 많이 '보게' 될 테고, 입에 넣고, 핥고, 부비고, 올라가 구를 수 있는 사물이 많음도 알게 될 것이다. 개들

---

* 말의 경우 몸에 압력을 가하고 있다가 치우는 행위를 좋아하기 때문에 이것을 훈련에 이용할 수도 있다. 손으로 머리를 강하게 누르는 느낌을 받고 놀라는 개도 어쩌면 이와 같을지 모른다.

은 또한 언뜻 달라 보이는 대상, 그러니까 식료품점에 있는 남자와 길에 서 있는 그 남자가 사실은 같은 존재임을 알게 될 것이다. 그러나 우리가 우리 눈으로 본 것이 무엇이라고 생각하든, 방금 우리 눈앞에서 벌어진 일이 무엇이라고 단정하든 간에, 우리는 개가 분명 우리와 다른 것을 보고 생각한다는 것을 거의 확신한다.

세세한 것(details)으로 가득한 세상

인간의 정상적인 발달 과정에는 감각 민감성의 개선 과정이 포함된다. 구체적으로 말하면, 실제 느끼는 것을 덜 알아채는 법을 배운다는 말이다. 세상은 수많은 색상과 형태, 공간, 소리, 질감, 냄새로 가득하지만 우리가 그 모든 것을 동시에 인식한다면 결코 정상적인 생활을 할 수 없을 것이다. 따라서 생존을 위해 우리의 감각기관은 생활하는 데 반드시 필요한 것에만 집중하는 법을 배운다. 따라서 나머지 세부적인 것들은 무시하거나 완전히 놓치게 된다.

그렇다고 이 자잘한 것들이 세상에서 사라져버리는 것은 아니다. 그리고 개는 세상을 느끼는 정도가 우리와 다르다. 개의 감각 능력은 우리가 무심코 지나치는 시각적 세상의 일부에 주의를 기울이고, 우리가 맡지 못하는 냄새를 맡고, 우리가 흘려듣는 소리를 알아들을 수 있게 해준다. 그렇다고 개가 모든 것을 보거나 듣는다는 말은 아니다. 하지만 우리가 알아채지 못하는 것을 알아챌 수 있다. 예를 들어 개는 우리처럼 다양한 색상을 볼 수 없는 대신 명도 차이에 훨씬 민감하게 반응한다. 깊은 물을 꺼리거나 어두운 방에 들어가기를 겁내는 것을 보면 잘 알 수 있다.*

또한 움직임에 민감한 감각을 통해 연석 위를 가볍게 떠다니는 바람 빠진 풍선도 알아차릴 수 있다. 언어가 없음에도 개는 우리 문장의 운율과 목소리의 긴장감, 감탄사에 들어 있는 풍부한 감정, 대문자가 내포하는 열정 같은 것에 더 잘 대응한다. 그들은 또한 말소리에 포함된 급작스러운 변화, 즉 고함이나 하나의 단어, 심지어는 오래 끄는 침묵도 예민하게 느낀다.

우리처럼 개의 감각도 새로운 것에 맞춰져 있다. 우리는 새로운 냄새와 소리에 주의를 기울이는데, 냄새를 맡고 들을 수 있는 범위가 인간보다 훨씬 넓은 개의 경우에는 한시도 쉬지 않고 언제나 주의를 기울이고 있는 것과 같다. 거리를 걸어가며 눈을 커다랗게 뜨고 있는 개의 모습은 쏟아져 들어오는 새로운 자극을 받아들이는 사람의 모습과 비슷하다. 하지만 우리와 달리 개는 인간 문명에서 만들어지는 소리에 즉각적으로 길들여지지 않는다. 그 결과 개에게 도시란 머릿속에 크게 기록된 자잘한 세부사항, 즉 우리는 무시하도록 훈련된 일상적 불협화음의 폭발과도 같다. 우리는 자동차 문이 쿵 닫히는 소리를 안다. 그 소리에만 귀를 기울이지 않는 한 도시에 사는 사람이라도 거리에서 울려 퍼지는 자동차 문소리의 향연 같은 것은 아예 듣지도 못하는 경우가 대부분이다. 그러나 개에게

---

* 저명한 동물학자 템플 그랜딘은 젖소와 돼지에서 비슷한 현상을 발견했다. 덕분에 육가공 산업에서는 동물들이 도살장으로 들어가는 통로를 크게 바꾸었다. 동물 입장에서는 최후를 향해 걷는 동안 불필요한 불안감을 피할 수 있게 되었다.

그것은 매번 새로운 소리인데, 그 소리 다음으로 사람이 나타나기라도 한다면 훨씬 더 흥미로울 것이다.

개들은 우리가 눈을 깜빡이는 그 찰나의 순간을 본다. 때로 이것은 눈에 보이지 않는 것이 아니라 단순히 그들이 주의를 기울이지 않았으면 하는 것들일 수도 있다. 우리의 가랑이라든가 주머니 속에 감춰둔 소리 나는 상난감, 혹은 쓸쓸히 절뚝이며 거리를 걷는 남자라든가. 우리 또한 이런 것들을 보지만 눈을 돌린다. 손가락으로 탁자를 두드리거나, 발목을 돌리며 따닥 소리를 내거나, 예의를 갖추어 기침을 하거나, 선 자세를 바꾸는 것처럼 우리가 무시하는 습관조차 개들은 지켜보고 있다. 앉은 의자에서 몸을 부스럭거리는 것은 곧 자리에서 일어난다는 신호일 수 있고, 앉은 채 몸을 앞으로 기울이는 것은 분명 무슨 일이 일어날 것이라는 징조일 수 있지 않은가! 가려운 곳을 긁거나 머리를 흔드는 것처럼 흔하디 흔한 동작도 개에게는 알 수 없는 신호와 희미한 샴푸 냄새가 담긴 강렬한 움직임이다.

이러한 몸짓이 우리에게는 문명 세상의 일부지만 개들에게는 아니다. 세세하고 별것 아닌 것 같은 일도 일상에 묻히지 않는다면 큰 의미를 가진 대상이 된다.

하지만 개가 우리에게 주의를 기울이는 덕분에 시간이 흐르면 개도 이러한 소리에 익숙해지거나 인간 문화에 젖어들 수 있다. 예를 들어 서점에서 키우는 개 한 마리를 상상해보자. 그 개는 사람들에 둘러싸여 시간을 보낸다. 오고가는 낯선 사람들과 곁에서 책장을 넘기는 사람들에 길들여지고 머리를 쓰다듬는 손길, 지나가는 냄새, 그리고 끊임없이 들리는 발소리에 익숙해진다. 하루에도 몇 번씩 우두둑거리며 손가락 관절을 꺾어보아라. 가까이 있는 개는 곧 이 버릇을 무시하게 될 것이다. 반면 사람 습관에 익숙지 않은 개는 이러한 행동이 조금만 보여도 경계하게 된다. 예를 들어보자. 쇠사슬에 묶여 집을 지키는 개에게 일어날 수 있는 가장 흥분되고 겁나는 일이 무엇일까? 바로 정말로 집을 지켜야 할 사건이 벌어지는 것이다. 집 안에서 사람과 어울려 살며 산책 다니는 개들과 달리 그 개들은 손가락 마디 꺾는 사람은 고사하고 낯선 행인이나 공기 중의 새로운 냄새, 또는 새로운 소리도 아주 가끔씩만 보고 들을 수 있을 것이다.

개의 감각적 환경에 대한 부족한 이해를 보완하기 위해 할 수 있는 일이 있다. 바로 우리의 감각 체계를 깜짝 전환시켜보는 것이다. 예를 들어 매일 같은 색깔로만 모든 것을 대충 보는 나쁜 습관에서 벗어나기 위해 이를테면 노란색의 좁은 대역폭 같은 한 가지 색상으로 조명되는 방에 들어가 보자. 그 빛을 받은 물건은 본래 색을 잃어버린다. 손은 생기를 잃고, 분홍색 옷은 탁한 흰색으로 변하며, 새로 깎은 수염은 곧 흰 우유에 떠 있는 후춧가루처럼 확연히 드러난다. 익숙한 것들이 낯설게 변하는 것이다. 하지만 이렇듯 위에서 비추는 노란 빛을 통해 사물을 보면 개의 색깔 인식이 어떤 느낌일지 알게 될 것이다.

지금 눈앞에 존재하는 것

아이러니하게도 세세한 부분에 정신을 쏟다보면 사물을 일반화하는 능력은 제한되기 마련이다. 나무 냄새를 맡을 때, 개는 숲을 보지 못한다. 장소와 사물의 특이성을 이용하면 먼 곳으로의 여행에 불안해하는 개를 진정시킬 수 있다. 예를 들어 여행을 떠날 때 개가 좋아하는 베개나 방석을 가져가는 것이다. 이와 반대로 겁내던 물건이나 사람을 새로운 환경에서 보여주면 때로 무섭지 않은 존재로 다시 태어나게 할 수 있다.

바로 이 특이성이 개가 추상적인 생각을 하지 못하는 이유다. 개는 지금 자신 앞에 존재하지 않는 것에 대해서는 생각하지 못한다. 저명한 분석 철학자 루트비히 비트겐슈타인Ludwig Wittgenstein은 비록 개가 지금 당신이 문밖에 서 있다고 믿을 수는 있지만 그렇다고 이들에게 당신이 이틀 후에도 그곳에 있을 것이라 생각하는, 즉 반추하고 곰곰이 생각하는 능력이 있다고 보기는 어렵다고 했다. 자, 그렇다면 개의 생활을 잠시 엿보기로 하자. 주인이 집을 나간 후 개는 천천히 집 안을 돌아다닌다. 방 안의 흥미로워 보이는 것 중에 아직 씹지 않은 것이 있다면 모두 한 차례씩 훑고 지나간다. 오래전 음식이 놓여 있었던 안락의자에도 가 보고, 지난밤 음식을 엎질렀던 소파 위에도 올라가본다. 낮잠은 여섯 번 잤고, 물은 세 번 마셨으며, 멀리서 희미하게 들려오는 개 짖는 소리에 두 번 고개를 들었다. 이제 당신이 어슬렁어슬렁 문으로 다가오는 소리가 들리고 냄새를 맡아보니 당신이라는 것을 확인할 수 있다. 그리고 당신 소리가 들리고 냄새가 나면 언제나 당신 모습이 나타났었다는 사실을 기억해낸다.

요컨대 개는 당신이 거기 왔다는 사실을 믿는다. 굳이 그렇지 않다고 주장할 이유는 없다. 비트겐슈타인도 개가 이런 믿음을 가질 수 있다는 것을 부인한 것은 아니었다. 개 또한 자신이 선호하는 것이 있고, 판단을 내리며, 구별하고, 결정하고, 자제한다. 즉 생각하는 것이다. 비트겐슈타인이 주장하는 것은 당신이 집에 도착하기 전부터 개가 당신의 도착을 기대하거나 생각하지는 않는다는 것이다. 개가 아직 일어나지 않은 일을 믿거나 생각할 리 없다는 말이다.

추상적인 생각을 하지 않는다는 것은 바로 지금, 바로 여기에 있는 것에만 집중한다는 것, 즉 각 사건과 사물을 별개의 것으로 받아들인다는 말과 같다. 반성과 숙고의 무게에 짓눌리지 않으면서 **지금 이 순간**을 사는 삶이다. 만약 그렇다면 개는 무언가를 곰곰이 생각하지 않는다고 해도 무방할 것이다. 그들은 세상을 경험하긴 하나 자신의 경험에 대해 생각하지 않는다. 생각하는 동안에도 자신의 생각을 돌아보거나 생각에 대해 생각하지 않는다.

물론 개는 하루의 흐름을 배운다. 그러나 후각을 주로 사용할 때 순간의 본질, 즉 순간의 경험은 크게 달라진다. 우리에겐 한순간처럼 느껴지는 것이 우리와 다른 감각세계를 가지고 있는 동물에게는 순간의 연속처럼 여겨질 수도 있다. 심지어 우리의 '순간'도 1초보다 짧다. 그것은 알아챌 수 있는 찰나의 길이로 어쩌면 우리가 일상적으로 세상을 경험할 때 구별해낼 수 있는 가장 짧은 시간 단위일지도 모른다. 어떤 이들은 이 순간을 측정할 수 있다고 한다. 시각적 자극이 나타나 우리가 의식적으로 그것을 인식하기까지 걸리는 시간인 18분의 1초가 바로 그 순간이라고 말이다. 하지만 10분의 1초가 걸리는 눈 깜빡임도 우리는 거의 알아채지 못한다. 이러한 논리로 따지면 점멸 융합 속도가 우리보다 빠른 개에게 시각적인 순간이란 우리보다 짧고 빠르다. 개의 시간에서 각 순간은 우리의 순간보다 짧다. 달리 말하면 다음 순간이 우리보다 빨리 온다는 말이다. 개에게 '지금 당장'은 우리도 모르는 새 일어나는 일일 것이다.

빠르고 유동적인 세상

개에게 원근, 규모, 거리 같은 것은 어느 정도 후각으로 결정된다. 그런데 냄새는 아주 빠르게 지나가버린다. 즉 다른 시간의 척도에서 존재한다. 냄새는 빛이 우리 눈에 도달하는 것처럼 일정하고 규칙적으로 다가오지 않는다. 이를테면 그들의 '냄새-눈'은 우리와 다른 속도로 사물을 본다는 것이다.

냄새는 시간을 알려줄 수도 있다. 과거는 약해지거나, 악화되거나, 묻혀버린 냄새로 표현된다. 냄새는 시간이 지날수록 약해지기 때문에 냄새가 강함은 새로움을, 약함은 오래되었음을 의미한다. 개는 자기가 나아가는 방향에서 불어오는 바람을 통해 미래의 냄새를 맡을 수 있다. 하지만 반대로 시각적 생물인 사람은 거의 현재를 보고 있다고 할 수 있다. '현재'를 보는 개의 후각적 창은 우리의 시각적 창보다 커서 현재 일어나고 있는 광경뿐만 아니라 방금 일어난 것과 곧 다가올 것도 일부 볼 수 있다. 그들의 현재에는 과거의 그림자와 미래의 기운이 함께 존재한다.

이와 마찬가지로 후각은 시간의 조작자이기도 하다. 연속되는 냄새로 표현될 때 시간은 변하기 때문이다. 냄새에는 수명이 있다. 냄새는 이동하다가 때가 되면 사라진다. 따라서 개에게 세상은 유동적이다. 코앞에서 파도처럼 넘실거리기도 하고 가물거리기도 한다. 망막과 머릿속에 지속적인 이미지가 남으려면 반복해서 세상을 보아야만 하는 것처럼 개도 자신의 세상을 분명히 알기 위해서는 계속해서 코를 킁킁거리며 냄새를 맡아야 한다. 이것은 우리에게 매우 친숙한 개의 행동을 설명해주는데, 우선 하나는 개가 끊임없이 킁킁거리는 이유를 그리고 다음으로는 이리저리 뛰어다니며 산만하게 냄새를 맡아대는 이유를 설명해준다. 물체에서는 냄새가 나고 그 물체는 개가 냄새를 맡는 동안에만 존재하기 때문이다. 우리가 가만히 서서 세상을 바라보는 동안 개는 사물을 흡수하기 위해 훨씬 많이 움직여야만 한다. 그들이 그리 산만해 보이는 것도 이상할 게 없다. 그들의 현재가 계속해서 움직이는데 어쩌겠는가.

따라서 사물의 냄새는 흘러가는 시간의 데이터를 담고 있다. 개는 냄새를 통해 시간과 날짜뿐 아니라 계절도 알 수 있다. 우리도 때때로 피어나는 꽃이나 썩는 낙엽, 비가 쏟아질 것 같은 공기의 냄새를 맡고 계절의 변화를 감지한다. 하지만 대개는 촉각이나 시각으로 그것을 인식한다. 우리는 봄이 오면 겨우내 창백해진 피부를 따스하게 비추는 햇살을 느낀다. 그러나 창밖을 내다보면서 **아, 정말 아름답고 새로운 냄새야!** 하고 외치지는 않는다. 개의 코는 우리의 시각과 촉각을 대신한다. 코를 킁킁거릴 때마다 들어오는 봄의 공기는 겨울의 공기와 크게 다르다. 습기와 열기, 썩어가는 죽음과 피어나는 생명, 산들바람을 타고 움직이는 공기와 땅에서 피어오르는 공기, 이 모두가 다르다.

이렇듯 사람보다 넓은 현재의 창을 가지고 사람의 시간에 따라 움직이는 개는 우리보다 조금 앞서 있다. 그들은 초자연적일 만큼 민감하고 우리보다 빠르다. 덕분에 개는 날아오는 공을 공중에서 받을 수 있고, 때로 우리와 보조를 맞추지 못하고 우리가 원하는 대로 움직여주지 않는다. 개가 '복종'하지 않거나 우리가 가르치는 대로 배우지 못하는 것은 우리가 그들을 제대로 읽어내지 못하기 때문일 때가 많다. 다시 말해 우리는 개의 행동이 시작된 시점을 알 수 없다.* 개는 우리보다 한 발 앞서 미래를 향해 뛰어가고 있기 때문이다.

개는 솔직하다

펌프에게는 미소가 있다. 그건 숨을 헐떡이며 짓는 표정 중 하나인데, 헐떡임이 모두 미소는 아니지만 모든 미소는 헐떡이는 표정과 함께 나타난다. 미소

* '클리커 훈련(clicker training)'은 이렇게 개와 인간의 '순간'이 서로 다르다는 문제와 개가 특정 순간 무엇을 하고 있는지 제대로 느끼지 못하는 문제를 해결하기 위해 고안된 훈련법이다. 이 훈련 시 사람은 날카롭고 또렷하게 딸깍(click) 소리를 내는 작은 도구를 이용해서 개가 원하는 행동을 하고 보상을 기대하고 있을 때 소리를 낸다. 이 소리는 인간의 순간을 개에게 정확히 알려주는 효과가 있다.

지을 때는 사람 보조개처럼 입술에 작은 주름이 하나 생긴다. 관심을 보일 때는 눈이 접시처럼 커지고 만족스러울 때는 반쯤 열린 가는 눈이 된다. 그리고 눈썹과 속눈썹은 언제나 감탄과 탄성을 표현한다.

개는 솔직하다. 가끔 우리를 속이거나 놀리긴 해도 몸은 거짓말을 하지 않는다. 어떤 때 개의 몸은 내면을 그대로 보여주는 지도 같기도 하다. 당신이 집에 돌아왔을 때, 혹은 그들에게 다가갈 때 그들이 보여주는 기쁨은 꼬리를 통해 직접적으로 알 수 있다. 걱정은 한쪽 눈썹이 올라가는 것으로 나타난다. 펌프의 미소는 실제 웃는 것은 아니다. 하지만 치아를 살짝 보이며 입술을 깊게 수축시키는 이 표정이 의례적으로 인간과 나누는 의사소통의 일부로 사용된다.

머리의 움직임을 보면 그 개에 대해 많은 것을 알 수 있다. 기분, 흥미, 관심사 등이 머리 높이나 귀의 모습, 그리고 눈빛 등에 대문짝만하게 쓰여 있기 때문이다. 자기가 좋아하거나 몰래 훔친 장난감을 입에 물고 꼬리와 머리를 높이 치켜든 채 다른 개들 앞을 뛰어다니는 개를 상상해보라. 평소 개가 무리 속에서 어떻게 행동하는지 생각해보면 이것은 자부심이나 자만심과 비슷한 뚜렷하고도 의도적인 몸짓이다. 늑대 새끼 또한 나이 든 동물 앞에서 건방지게 먹이를 자랑하기도 한다. 세상과 소통할 때 개의 머리는 보통 자기가 가는 방향을 향한다. 고개를 한쪽으로 돌리는 것은 그 방향 어딘가에 잠시 관심을 쏟을 대상이 있는지 살피는 것이다. 생각을 하거나, 원하는 자세를 취하거나, 특정한 효과를 내기 위해 머리를 돌리는 우리와는 다르다. 개에겐 가식이 없다.

머리 움직임으로 알 수 없는 개의 의도는 꼬리에서 잘 나타난다. 머리와 꼬리는 마치 거울처럼 같은 정보를 전달하는 매체다. 그러나 서로 다른 방향에서 다른 민감함을 보여줄 수도 있다. 다른 개가 얼굴 냄새 맡는 것을 싫어하는 개도 엉덩이 냄새 맡는 것은 거부하지 않을 수 있다. 그 반대도 마찬가지다. 꼬리든 머리든 어느 한

쪽은 개의 내면을 알려준다.

지금까지 개의 머릿속을 살펴보았지만, 개의 머릿속에 대한 나의 생각이 모두 정확하다면 오히려 내가 가장 깜짝 놀랄 것이다. 개의 머릿속을 이해하려면 섣부른 결론을 내리기보다 감정 이입, 정확한 정보가 뒷받침된 상상력, 그리고 다양한 시각을 갖춰야 한다. 네이글은 다른 종의 경험을 상상할 때 객관적인 설명만 가지고는 부족하다고 했다. 개의 사적인 생각은 여전히 그들만의 것으로 남아 있다. 따라서 그들이 세상을 어떻게 보는지 상상해보는 것, 즉 단순한 의인화 대신 그들의 움벨트를 고려하고 연구하는 것이 무엇보다도 중요하다. 세심히 주의를 기울여 살펴보고 상상하기만 한다면 많은 것을 정확히 파악해서 그들을 깜짝 놀래줄지도 모를 일이다.

10장

개와 인간,
첫눈에 반하다

내가 문으로 들어가면 펌프는 내 도착을 알아차리고 잠에서 깨어난다. 우선 나는 그 애의 소리를 듣는다. 꼬리가 바닥에 탁탁 부딪히는 소리, 무겁게 몸을 일으키면서 바닥에 발톱이 찌-익 하고 긁히는 소리, 몸통부터 꼬리까지 온몸을 부르르 털 때 목걸이에 달린 이름표가 딸랑이는 소리. 이윽고 펌프가 나타난다. 귀는 뒤로 바짝 붙이고 눈빛은 다정하다. 얼굴에는 은근한 미소를 띠고 있다. 고개를 약간 떨어트리고 귀를 쫑긋 세우고 꼬리를 흔들며 총총걸음으로 다가온다. 내가 다가가면 코를 킁킁거리며 반가워한다. 나도 똑같이 코로 인사해준다. 펌프의 촉촉한 코가 살짝 닿으며 콧수염이 내 얼굴을 부드럽게 스친다. 엄마 집에 왔어.

이전까지 개가 진지한 과학 연구의 대상이 되지 못한 데는 그럴 만한 이유가 있다. 인간은 직관적으로 이미 답을 안다고 생각하는 것에 대해서는 의문을 품지 않기 때문이다. 펌프와 나는 하루에도 두세 번씩 만난다. 이런 단순한 교감보다 더 자연스러운 일이 어디 있겠는가. 개는 놀라운 동물이긴 하지만 당장 과학적인 조사를 벌여야 할 만큼 놀랍지는 않다. 그것보다는 차라리 내 오른쪽 팔꿈치의 본질에 대해서 생각하는 편이 나을지도 모른다. 하지만 팔꿈치는 그냥 내 몸의 일부이다. 늘 그래왔다. 그리고 나는 팔꿈치가 정확히 팔뚝과 팔뚝 사이에 있어서 매우 유용하다는 사실을 숙고하거나 팔꿈치의 미래에 대해 심각하게 고민하지 않는다.

음, 그렇다면 차라리 팔꿈치의 본질에 관해 생각해보겠다는 말은 재고해봐야 겠다. 왜냐하면 특정 범주 안에서 '개와 인간의 유대관계'라고 불리는 것의 본질은 특별하기 때문이다. 그 개는 집에서 내가 오기를 기다리는 아무 동물도 아니고, 아무 개도 아니다. 아주 특별한 동물이자 나에게 길들여진 동물이며 아주 특별한 종류의 개다. 그 개와 함께 내가 상징적인 관계를 형성한 것이다. 우리 둘 사이의 유대관계는 오직 우리만 아는 스텝으로 출 수 있는 고유한 춤이다. 이 춤을 가능하게 하는 두 가지 요소는 바로 길들이기와 관계 발전이다. 우선 길들이기는 무대를 마련한다. 무대 위에서 펼쳐지는 의식 절차는 둘이 함께 만든다. 우리는 서로에게 자신을 투영하거나 서로를 분석하기 전, 우리가 하나라는 사실을 미처 깨닫기도 전에 이미 하나로 연결되어 있다.

개와 인간이 맺는 유대관계는 속속들이 동물적이다. 동물의 세계는 개체들이 서로 사이좋게 지내고 돈독한 정을 나눔으로써 번성

했다. 원래 동물 간의 관계는 일회성 교미가 벌어지는 동안만 지속되는 것이 보통이었다. 하지만 어느 순간 성적인 접촉이 무수한 방향으로 가지를 뻗어나가기 시작했다. 이를테면 양육을 목적으로 형성된 장기적인 짝짓기, 혈연관계로 맺어진 개체들의 군집생활, 동성 개체들의 짝짓기가 아닌 공동 방어나 우정, 혹은 둘 다를 목적으로 하는 연대, 심지어는 협력적인 이웃 간의 동맹까지. 일반적인 의미에서 '부부관계(또는 암수관계)'는 짝짓기를 하는 두 개체 사이에 형성되는 연합을 표현한 말이다. 사전 정보가 전혀 없는 관찰자도 부부가 된 개체들은 한눈에 알아볼 수 있다. 어디를 가든 거의 항상 붙어다니기 때문이다. 그들은 서로 아끼고 돌보며 헤어졌다가 다시 만나면 기쁘게 서로를 반긴다.

사실 이런 행동이 그리 특별해보이지 않을 수도 있다. 결국 우리도 짝을 찾고, 부부관계를 유지하고, 그에 관해 이야기하거나 불행해진 결혼생활로부터 벗어나는 일로 많은 시간을 보내기 때문이다. 하지만 진화적 관점에서 보자면 다른 개체와 유대관계를 맺는 것은 평범한 일이 아니다. 유전자의 목적은 번식이다. 사회생물학자들이 관찰했듯 유전자는 이기적인 목적을 추구한다. 도대체 왜 다른 유전자를 신경 쓰겠는가? 유전자가 다른 유형의 유전자를 받아들이거나 멀리하는 이유도 이기적인 관점에서 설명할 수 있다. 암수 성에 의한 번식은 이로운 돌연변이 탄생의 기회를 증가시킨다. 또한 이기적인 유전자가 건강한 배우자를 찾는 것은 자기 자식 유전자를 성공적으로 번식하기 위해서다.

너무 과장했다고? 전혀 그렇지 않다. 부부관계는 이미 생물학적

메커니즘으로도 입증되었다. 성관계를 맺을 때 우리 몸에서는 번식과 관계되는 옥시토신과 체내 수분 조절을 담당하는 바소프레신이라는 호르몬이 분비된다. 이 두 가지 호르몬은 뇌에서 기쁨과 보상을 담당하는 영역에 있는 뉴런의 상태를 변화시킨다. 신경 변화는 행동 변화를 야기한다. 예컨대 짝을 찾아 교제하게끔 하는데, 이유는 단지 그것이 기분을 좋게 해주기 때문이다. 연구에 따르면 들쥐의 경우 바소프레신이 도파민계에 작용한다고 한다. 그래서인지 수컷 들쥐는 배우자 암컷에게 굉장히 헌신적이다. 들쥐는 수컷과 암컷이 새끼를 함께 키우고 죽을 때까지 함께 사는 일부일처제를 따른다.

하지만 어쨌든 이것은 종내 개체 간의 관계다. 그렇다면 인간이 개와 함께 먹고, 자고, 사는 것 같은 종외 관계는 어떻게 시작된 것일까? 이 질문에 처음으로 답을 제시한 사람은 콘라트 로렌츠Konrad Lorenz다. 그는 신경과학이 전성기를 맞기 전, 그리고 인간과 반려견의 관계를 주제로 세미나들이 개최되기 전인 1960년대에 인간과 동물의 '유대관계'를 설명했다. 그의 정의에 따르면 유대관계는 '객관적으로 논증할 수 있는 상호 애착적 행동 패턴'을 말한다. 즉 동물 간의 유대관계를 짝짓기 같은 '목적'이 아닌, 서로 함께 지내고 서로를 기쁘게 받아들이는 '과정'으로 재조명한 것이다. 여기서 목적은 짝짓기일 수도 있고 생존이나 일, 공감, 기쁨일 수도 있다.

이렇듯 목적에서 과정으로 관점을 전환한 로렌츠의 정의는 종내, 혹은 종외 개체들 사이에 짝짓기 없이 형성되는 진정한 유대관계를 숙고하는 계기가 되었다. 개들 중에서는 작업견이 그러한 유대관계를 설명하는 대표적인 예다. 예를 들어 양치기 개는 앞으로 해야 할 일을 위해 강아지 시절부터 양과 의도적으로 유대관계를 형성한다. 실제로 양치기 개가 훌륭한 목동이 되려면 생후 몇 개월 안에 양과 친해져야 한다. 이 개들은 양떼 틈에서 먹고 자고 생활한다. 이때는 뇌가 한창 빠른 속도로 발달하는 시기다. 이 시기를 놓치면 훌륭한 양치기 개가 되기 힘들다. 그리고 일을 하든 안하든 모든 늑대와 개에게는 사회성 개발에 극히 민감한 시기가 있다. 태어난 지 얼마 안 되는 강아지는 자기를 돌봐주는 대상에 선호를 보이고 그 대상을 찾고 유난히 반가워하며 다른 대상을 대할 때와는 다르게 반응한다.* 어린 동물에게는 이것이 적응이다.

하지만 관계 발전에 따라오는 유대관계와 동료애를 바탕으로 한 유대관계 사이에는 여전히 커다란 간극이 있다. 인간은 개와 짝짓기를 하는 것도 아니고 생존을 위해 협력해야 하는 것도 아니다. 그런데 우리는 왜 유독 개와 유대관계를 형성할까?

---

* 강아지가 새 주인을 만나는 시기는 이때가 가장 적절하다. 그런데 놀랍게도 이런 만남의 시기에 관한 과학적인 연구는 거의 이루어지지 않았다. 강아지 입양 시기는 전반적인 요인들로써 결정되기보다는 강아지가 새 주인을 만날 최적의 시기에 영향받을 때가 더 많다. 신체적으로 미숙한 동물 판매를 방지하기 위해 미국 대부분의 주州에서는 생후 8주가 지나지 않은 강아지 판매를 금지하고 있다. 개 사육사들이야 개를 키워 파는 데 목적이 있지만 사회적 인식은 경험을 필요로 한다. 생후 2주에서 4개월 정도 된 개는 종에 상관없이 다른 존재에 대한 학습 능력이 특히 뛰어나다. 젖을 떼기 전(어미젖을 떼는 시기는 생후 6주에서 10주 정도다)에는 새끼 강아지를 어미로부터 떨어트려 놓으면 안 되지만, 이 시기에 한배에서 난 형제들은 물론 인간과도 어울려 지내게 할 필요가 있다.

유대가 가능한 상대

서로 호응한다는 느낌. 매번 우리 중 한쪽이 상대에게 다가가거나 상대를 쳐다볼 때 생겨나는 그 느낌이 우리를 '변화'시켜 서로의 반응에 영향을 미쳤다. 나는 펌프가 나를 바라보거나 어슬렁거리며 돌아다니는 것을 보고 미소 지었다. 펌프의 꼬리가 바닥을 쿵쿵 내리칠 때면, 관심과 기쁨을 나타내는 귀와 눈의 미세한 근육이 움직이는 것을 볼 수 있었다.

개와 인간은 무리지어 지낼 필요가 없다. 개도 우리도 그렇게 태어나지 않았다. 지나온 인류 역사를 봐도 우리는 타고난 무리가 아니다. 그렇다면 인간과 개의 유대관계는 무엇으로 설명해야 할까? 사실상 개에게는 우리와 유대관계를 맺기에 좋은 특성이 많다. 개는 주행성이어서 우리가 산책시켜줄 수 있는 시간에 깨어 있고 그럴 수 없을 때 잠을 잔다. 야행성 땅돼지나 오소리를 반려동물로 키우는 일은 거의 없다. 개는 크기도 적당하다. 품종에 따라 몸집이 다양해서 공간을 고려해 선택할 수 있는 폭이 넓다. 우리가 안아들 수 있을 만큼 작지만 하나의 온전한 개체로 받아들일 정도로는 크다. 눈, 배, 다리 등 인간의 몸과 비슷한 신체기관이 있어서 그렇게 낯설지도 않다. 우리에게 없는 신체기관이 있다 해도 우리 몸과 쉽게 연결지을 수 있다. 가령 개의 앞발은 인간의 팔, 개의 입이나 코는 우리 손에 해당한다(우리 몸에는 개 꼬리에 해당하는 부분이 없지만, 그건 그것대로 좋다).*

개가 우리보다 좀 더 날렵하긴 하지만 움직이는 방식은 우리와 어느 정도 비슷하다. 또 우리처럼 뒤보다 앞으로 더 잘 이동한다. 활동할 에너지를 비축하기 위해 휴식을 취하는 것도 같다. 개는 다루기가 쉽다. 어느 정도는 혼자 있도록 할 수 있다. 먹이를 주는 것도 복잡하지 않다. 특정한 목적으로 훈련을 시킬 수도 있다. 개는 우리 마음을 읽고, 간혹 잘못 판단하기는 하지만 우리도 그들을 이해한다. 개는 명랑하고 믿음직스럽다. 개의 수명은 인간의 수명과 조화를 이룬다. 그들은 우리 삶의 긴 기간을, 대략 주인이 어릴 때부터 20대 초반까지의 모습을 지켜볼 수 있다. 애완용 쥐는 1년밖에 못 살고 회색 앵무는 60년이나 살지만 개의 수명은 이들의 중간 정도다.

마지막으로 개는 거부할 수 없을 정도로 귀엽다. 이것은 정말 말 그대로다. 강아지를 다정하게 대하고, 작은 몸집에 비해 머리가 큰 개의 생김새에 마음을 빼앗기고, 퍼그의 코와 복슬한 꼬리에 넋을 잃는 것은 우리도 어쩔 수 없는 본능이다. 인간은 생김새가 과장된 생명체에 매력을 느끼도록 적응했다는 주장이 있다. 그 대표적인 예가 인간의 아기다. 머리는 크고 팔다리는 작고 통통하며 손가락 발가락은 앙증맞게 생긴 아기의 신체적 특징은 어른의 몸을 우스꽝

---

* 우리는 보통 생김새가 어떤 식으로든 우리와 비슷한 생명체에게 매력을 느낀다. 모든 동물에게 매력을 느끼고 그들을 이해하고 의인화하지는 않는다. 원숭이와 개라면 몰라도 뱀장어나 가오리에게 그렇게 하는 사람이 얼마나 되겠는가. "따개비는 나와 내 보트와 함께 어울려 노는 것을 좋아했다"라고 말하는 사람은 아무도 없다. 원숭이와 따개비 사이의 이런 차이는 진화와 익숙함에서 비롯된다. 우리는 새끼원숭이가 어미원숭이에게 꼭 붙어다니는 모습을 보고 자연스럽게 갓난아기가 엄마 품에서 떨어지지 않는 애틋한 모습을 연상한다. 이와 대조적으로 새끼뱀장어는 어미뱀장어와의 접촉을 갈망하며 어미에게 다가가지만 팔다리가 없어서 못하는 것일 수도 있고 아니면 의도적으로 하지 않는 것일 수도 있다.

스럽게 축소해놓은 것같이 생겼다. 아마 우리는 직관적으로 아기들에게 관심을 느끼고 돕고 싶은 마음이 들게끔 진화했을 것이다. 아기는 나이가 많은 사람의 도움 없이 혼자 힘으로는 생존할 수 없기 때문이다. 아기는 사랑스럽고 무능력하다. 같은 맥락에서 동물 새끼도 우리의 관심과 배려를 불러일으킨다. 겉모습이 인간 아기 모습을 닮았기 때문이다. 개는 우연하게도 여기에 딱 들어맞는다. 개가 귀여운 것은 쓰다듬어주고 싶은 털과 유아성 때문이다. 개는 이 두 가지 특성이 넘쳐난다. 몸에 비해 너무 큰 머리, 붙어 있는 머리의 크기에 전혀 비례하지 않는 귀, 동그란 눈, 항상 너무 크거나 너무 작은 코.

물론 이 모든 특징이 우리가 개에게 끌리는 이유가 되기도 하지만 이것만으로는 왜 우리가 유대관계를 맺는지 충분히 설명할 수 없다. 유대관계란 시간이 지남에 따라 형성되는 것으로 외모에 끌리기만 한다고 생기는 게 아니라, 우리가 상호 소통하는 방식에도 그 생성 여부가 달려 있다. 그것을 가장 일반적으로 설명한 것이 영화 〈애니 홀Annie Hall〉에서 우디 앨런Woody Allen이 분한 주인공의 대사 "우리는 달걀이 필요하거든요"이다. 그는 자신의 정신 나간 짝짓기-유대관계 시도를 자기가 닭이라고 생각할 정도로 정신질환을 앓고 있는 동생에 대한 농담으로 묘사한다. 물론 그의 가족들은 동생을 병원으로 데려가 그의 망상을 치료할 수도 있지만, 그 영양가 높은 환상 덕분에 행복해서 차마 그렇게 할 수가 없다는 것이다. 고로 왜 우리가 유대관계를 맺는가하는 문제의 답은 '답이 없다'가 답이다. 다시 말해 우리가 개와 유대관계를 맺는 이유는 그것이 우리 본성이기 때문이다.* 인간 틈에서 진화한 개도 마찬가지다.

'서로 유대관계를 맺는 것이 어떻게 개와 인간의 본성인가'라는 질문에는 좀 더 과학적인 수준에서 두 가지 방식, 즉 동물행동학에서 말하는 '근접 설명proximate explanation'과 '궁극 설명ultimate explanation'으로 답할 수 있다. 궁극 설명은 진화론적 설명을 말한다. 애초에 다른 대상과 유대관계를 맺는 행동이 나타나기 시작한 이유가 무엇일까? 이 물음에 가장 적절한 대답은 인간과 개(그리고 개의 조상들)가 둘 다 사회적 동물이고 우리의 사교성이 이득을 가져다주었기 때문이라는 것이다. 예를 들어 한 유명한 이론에 따르면 인간은 사교성 덕분에 역할 분담이 가능해져 사냥을 더 효율적으로 할 수 있었다. 우리 조상이 사냥에 성공하고 번성했던 이유다. 반대로 끝까지 혼자 사냥했던 가여운 네안데르탈인은 그러지 못했다. 지금도 무리생활을 하는 늑대 역시 이런 삶의 형태로부터 이득, 즉 큰 먹이의 공동 사냥, 편리한 짝짓기와 양육 같은 이득을 얻는다.

우리는 다른 사회적 동물들과도 친하게 지낼 수 있을지 모른다. 하지만 미어캣, 개미, 비버 같은 동물들과는 유대관계를 맺지 않는다. 이렇듯 우리가 특별히 개를 선택한 이유를 설명하려면 좀 더 직접적인 원인을 찾을 필요가 있다. 근접 설명은 부분적인 것이다. 즉 유대관계의 강화 요인이나 유대관계에 따르는 보상을 알아보는 것

* 자연주의자이자 사회생물학자인 에드워드 윌슨은 개미의 생태를 놀라울 정도로 자세히 연구했다. 그는 인간에게 다른 동물들과 특별한 관계를 맺으려는 타고난 종 특유의 경향이 있다고 주장했다. 이것을 바이오필리아 가설(biophilia hypothesis), 혹은 생명 사랑 가설이라고 한다. 윌슨의 주장은 매력적이고 흥미롭다. 확실히 그의 주장을 논박하기는 힘들 듯하다. 아무튼 나는 윌슨의 주장이 우디 앨런의 대사를 과학자식으로 표현한 것이라고 생각한다.

이다. 동물의 경우 유대 강화는 사냥 뒤의 만찬이 될 수도 있고 긴장감 넘치는 한바탕 추격전 뒤의 교미가 될 수도 있다.

개가 다른 사회적 동물과 구별되는 지점이 바로 여기다. 우리가 개와 유대관계를 맺을 때 쓰는 세 가지 중요한 수단이 있다. 첫 번째는 접촉이다. 동물과 몸이 닿는 것은 단순히 피부에 있는 신경을 자극하는 것과는 차원이 다르다. 두 번째는 귀가해서 받는 환영의식이다. 둘 사이의 재회를 축하하는 이 의식은 상대를 인식하고 인정한다는 의미의 표현이다. 세 번째는 타이밍이다. 개와 인간이 상호작용하는 속도는 그 상호작용의 성공과 실패에 영향을 미친다. 이 세 가지 요소가 개와 우리를 무조건 하나로 묶어준다.

동물을 만진다는 것

우리 둘 다 불편을 감수하면서 꼼짝없이 앉아 있다. 녀석은 내 무릎 위에서 허벅지를 가로질러 몸을 길게 뻗고 누워 이미 조금 자라서 길어진 다리를 의자 옆으로 늘어뜨려 놓았다. 내 오른쪽 팔꿈치에는 녀석의 턱이 척 걸쳐져 있다. 나를 보려고 고개를 심하게 젖힌 상태다. 나는 불안정하게 의자에 몸을 기댄 채 녀석의 무게를 지탱하느라 옴짝달싹하기 힘든 팔에 힘을 꽉 주고 유일하게 자유로운 손가락을 움직여 자판을 두드린다. 우리는 서로를 지탱하기 위해 애쓰고 있다. 우리의 운명이 얽히리라고, 혹은 이미 얽혀버렸다고 무언의 증언을 하는 그 섬세한 거미줄 같은 접촉을 유지하면서.

우리는 이 아이의 이름을 피네건이라고 지었다. 피네건을 만난 건 어느 지역

유기동물보호소. 열댓 개의 방 중 하나, 그리고 그 방 안 수십 개의 우리 안에 갇혀 있던 수많은 개들 틈바구니에서였다. '그래, 너야!'라고 생각했던 순간이 기억난다. 녀석이 내게 기대왔다. 병든 개들과 세균을 운반하는 인간이 교류할 수 있도록 놓아둔 우리 밖 테이블 위에 올려놓자 한참 기침을 해대던 피네건은 꼬리를 흔들며 귀를 축 늘어뜨린 채 그 조막만한 얼굴을 내 가슴에 기대왔다. 탁자 높이에서 녀석이 내 겨드랑이에 얼굴을 푹 파묻혔다.

우리는 신체 접촉을 통해 동물에게 이끌릴 때가 많다. 우리의 촉각은 접촉을 통해 물질을 인식하는 기계적인 감각이다. 다른 감각 능력과 달리 촉각을 통한 경험은 확실히 주관적이다. 피부 표면의 자율신경으로 들어오는 자극은 상황과 자극 강도에 따라 간지러움, 쓰다듬는 느낌, 견디기 힘든 느낌, 참을 수 없는 고통 등 다양하게 인식된다. 만약 정신이 다른 곳에 팔려 있으면 고통스러운 화상도 가벼운 통증 정도만 느끼고 넘길지 모른다. 마찬가지로, 싫은 사람이 나를 만지는 것은 불필요하게 더듬는 것처럼 불쾌하게 느껴질 수 있다.

하지만 지금 우리가 여기서 논의하는 '쓰다듬기' 혹은 '접촉'은 단순히 몸과 몸 사이의 거리를 없애는 것을 말한다. 개와 함께 산책할 때 우리에게 다가오는 사람들은 아이 어른 막론하고 개를 만져보려고 오는 것이지 눈으로 보려고 혹은 개에 대해 곰곰이 생각하려고 오는 것이 아니다. 실제로 사람들은 대부분 한번 슥 만져보는 것만으로도 개와 나눈 교감에 만족해한다. 심지어 아주 잠깐의 접촉도 연결고리가 생겼다고 느끼기에는 충분하다.

이따금 이불 밖으로 삐져나간 맨발을 개가 핥고 있는 걸 느끼는 경우가 있을 것이다.

개와 인간은 접촉하고 싶어 하는 내적 충동을 공유한다. 엄마와 아기의 접촉은 자연스러운 현상이다. 젖을 먹는 갓난아기는 자연스럽게 엄마의 가슴에 애착을 느낀다. 그리고 그때부터 당연히 엄마 품에 안기는 것이 안락하게 느껴질 것이다. 따라서 남자아이든 여자아이든 돌봐주는 사람이 없는 아이는 실험을 통해 그 사실을 확인하는 게 비인간적으로 느껴질 만큼 비정상적으로 자라게 될 것이다.

1950년대에 해리 할로Harry Harlow라는 심리학자가 자식과 어미가 나누는 접촉의 중요성을 밝히기 위해 특별히 고안한 유명한 실험들을 했다. 그는 붉은 털 원숭이 새끼들을 어미와 격리시키고 새끼들이 있는 곳에 두 종류의 '대리모'를 넣어주었다. 하나는 철사로 만든 실제 크기의 원숭이 모형에 속을 채운 뒤 털옷을 입히고 전구로 따뜻한 체온을 만든 것이었고, 다른 하나는 철사로 만든 모형에 우유가 든 병을 달아놓은 것이었다. 이 실험을 통해 할로가 제일 먼저 발견한 사실은 새끼원숭이들이 대부분의 시간을 털옷 입은 대리모 곁에서 지내다가 배가 고플 때만 철사를 앙상하게 드러낸 우유 대리모에게 간다는 것이었다. 새끼원숭이들은 무시무시한 대상(할로가 새끼원숭이 우리에 넣은 무서운 소리를 내는 로봇)을 보면 털옷 대리모를 찾았다. 그들은 사라진 어미처럼 온기가 느껴지는 몸에 안기기를 간절히 원했다.*

할로의 연구에서 장기적인 관찰로 드러난 사실은 어미와 격리돼 성장한 새끼원숭이들이 신체적인 면에서는 비교적 정상적으로 자라지만 사회적인 면에서는 그렇지 못하다는 것이다. 이 원숭이들은 다른 원숭이들과 잘 어울리지 못했다. 다른 어린 원숭이가 자기 우리에 들어오면 구석에 움츠리고 있었다. 사회적 교류와 개인 간의 신체적 접촉은 단순히 바람직한 수준을 넘어 정상적인 성장을 위해 반드시 필요한 요소다. 몇 달이 지난 뒤 할로는 어미로부터의 고립에서 비롯된 새끼원숭이들의 비정상적인 태도를 정상으로 돌려놓고자 했다. 그가 발견한 최상의 치료법은 정상적인 원숭이들과 지속적인 접촉을 하게 하는 것이었다. 할로는 이 정상적인 젊은 원숭이들을 '치유 원숭이'라고 불렀다. 이 치유 원숭이들을 통해 실험군 원숭이들의 사회적 행동은 보다 정상으로 회복될 수 있었다.

갓난아기들은 시야가 제한돼 있고 이동성은 더욱 제한돼 있다. 이런 아이가 머리를 부비면서 엄마 품으로 파고드는 모습을 보면 갓 태어난 새끼 강아지가 연상된다. 눈도 못 뜨고 잘 듣지도 못하는 새끼 강아지는 형제나 어미는 물론 근처에 있는 친밀한 대상과 접촉하려는 본능을 타고난다. 생태학자 마이클 폭스Michael Fox는 머리에 무언가 닿을 때까지 반원으로 고개를 움직이는 강아지의 이러한 습성을 '온도-촉각 조사'라고 불렀다. 이 최초의 사회적 행동은 접촉

---

*　강아지 연구자들은 형제 강아지들과 어미로부터 떨어져 홀로 서러움을 겪는 새끼 강아지에게 수건이나 푹신한 인형을 주면 덜 낑낑거린다는 사실을 알아냈다. 즉, 부드럽고 익숙한 사물이 마음의 상처를 아물게 하는 연고가 될 수 있다는 의미다(아이들이 느끼는 곰 인형의 의미도 비슷하다). 실제로 어쩌다 혼자가 된 개의 불안감을 이런 물건들로 치료할 수 있을지 모른다.

을 수반하고 접촉을 통해 강화된다. 알려진 바에 따르면 늑대는 다른 늑대와 신체적 접촉을 하기 위해 시간당 최소 여섯 번 움직인다고 한다. 주로 다른 늑대의 털이나 생식기, 입, 상처 등을 핥아주거나 코를 다른 늑대의 코, 몸, 꼬리에 문지르는 식이다. 심지어 수많은 다른 종과 달리 늑대는 공격적인 행동에서조차 상대를 밀거나, 몸이나 다리를 물어서 제압하거나, 상대의 주둥이나 머리를 입으로 꼼짝 못하게 하는 것 같은 신체적 접촉을 한다.

갓 태어난 강아지의 이러한 본능이 사람에게로 향하면 우리 배 아래쪽으로 머리를 들이민다거나 우리 몸을 베개 삼아 휴식을 취하려는 본능, 산책할 때 다가와 머리로 밀거나 부딪히려는 본능, 부드럽게 물어뜯거나 혀로 핥는 본능이 된다. 이따금 살아 있는 범퍼카라도 되는 양 전속력으로 주인에게 달려가 들이받는 것은 단순한 사고가 아니다. 오히려 개는 우리가 만지는 것에 고통을 겪는다. 그러니 개의 입장에서 우리가 그들을 만지게끔 내버려두는 것은 무한한 신뢰의 표현인 셈이다. 물론 우리는 털이 복슬복슬하고 부드러우며 깨물어주고 싶을 정도로 귀여운 개를 보면 안 만지고는 못 배긴다. 하지만 개가 느끼는 우리 손길은 우리 생각과 다를 것이다. 아이들은 개의 배를 너무 심하게 문지르기도 한다. 우리는 쓰다듬어주기 위해 개의 머리로 손을 뻗는다. 너무 심하게 문지르거나 머리를 쓰다듬는 행동을 과연 개가 좋아하는지 싫어하는지 알지도 못하면서 말이다. 사실 개의 촉감 움벨트는 다음과 같은 면에서 우리의 그것과는 확실히 다르다.

첫째, 감각은 몸 전체에서 동일하게 느껴지는 것이 아니다. 우리의 촉각 감도는 어느 곳을 만지느냐에 따라 다르다. 두 손가락을 1센티미터 간격으로 벌려 목덜미에 대면 손가락 두 개가 떨어져 있는 것이 느껴지지만, 손가락을 아래로 내려 등에 가져다 대면 두 손가락이 같은 지점을 만지고 있는 것처럼 느껴진다. 하지만 동물의 촉각은 우리와 다를 것이다. 개는 우리가 부드럽게 쓰다듬는 손길을 거의 느끼지 못하거나 고통스럽게 느낄 수 있다.

둘째, 개의 신체 지도는 우리와 다르다. 몸에서 가장 민감한 부분도 다르다. 앞서 공격적인 행동을 하면서도 상대와 접촉하는 늑대의 예에서 보았듯, 우리가 개를 만지려고 할 때는 대개 머리나 주둥이로 먼저 손이 가기 마련인데, 개에게는 이 행동이 공격적으로 비쳐질지 모른다. 그것은 어미가 말 안 듣는 새끼에게 따끔한 교훈을 주거나 우두머리 늑대가 구성원들에게 힘을 과시할 때 하는 행동과 비슷하기 때문이다. 모든 털끝에 압력을 감지하는 수용기가 있듯 콧수염도 예외는 아니다. 콧수염에 있는 수용기는 특히 얼굴 주변 움직임이나 공기의 흐름을 감지하는 데 매우 중요하다. 아주 가까이에서 보면 개가 공격적인 움직임을 감지했을 때 이 콧수염이 움직이는 것을 관찰할 수 있다(이럴 때는 가까이 가지 않는 것이 상책이다). 꼬리를 잡아당기는 행위는 개의 화를 돋우지만 장난치는 상황이라면 꼬리를 잡고 놔주지 않는 경우만 제외하면 공격적으로 행동하지 않는다. 배를 만져주는 것은 개가 교미를 시도하기 전 생식기를 핥는 것과 비슷한 느낌이어서 개를 성적으로 흥분시킬 수 있다. 개가 등을 바닥에 대고 구르는 것은 단순히 배를 드러내려는 의도로 그러는 것이 아니다. 이 자세는 어미가 생식기를 닦아줄 때 취하는 자세와 같다. 그러니 억지로 개의 배를 문지르다가는 오줌 세례를 받을지 모르니 조심해야 한다.

마지막으로 우리에게 혀끝이나 손가락 끝처럼 매우 민감한 부위가 있듯 개에게도 그런 부위가 있다. 여기에는 종 간의 차이와 개인적인 차이가 있다. 이를테면 전자는 눈 찔리는 것을 좋아하는 사람은 아무도 없다는 것, 후자는 발바닥에 간지럼을 타는 사람도 있지만 안 그런 사람도 있다는 것이다. 촉각을 조사해보면 개의 신체 지도를 쉽게 만들 수 있다.

이때 중요한 것은 만지면 좋아하는 곳과 만지면 안 되는 곳을 구별하는 것뿐 아니라 어떤 형태로 접촉을 해야 하느냐다. 개의 세계에서 반복해서 쓰다듬는 것은 지속적인 압박과는 다르다. 접촉은 메시지를 전달할 때 사용하기 때문에, 개의 몸에서 어느 한 부분을 손으로 잡으면 동일한 메시지라도 더욱 강하게 전달할 수 있다. 한편 몸 전체를 완전히 접촉하는 것을 좋아하는 개들이 있는데, 특히 강아지들이 그러하고, 신체 접촉을 당하는 게 아니라 자신들이 접촉을 시도할 때 더욱 그러하다. 개들은 종종 몸과 몸이 최대한 맞닿는 자세를 취할 수 있는 장소를 찾아 누울 때가 있다. 개들, 특히 강아지들은 자신의 안전이 전적으로 남에게 달려 있을 때 이런 자세를 가장 안전하게 여기는 것 같다. 몸 전체에 가벼운 압력을 느끼는 것이 안정감을 주기 때문일 터다.

개를 보면서도 만질 수 없거나 개의 다정한 몸짓을 경험하지 못하는 것은 상상조차 하기 싫은 일이다. 개가 다가와 코로 가볍게 톡톡 건드리는 경험을 어떤 기쁨에 비하겠는가.

개의 인사

펌프와 처음 함께 지내기 시작했을 무렵 나는 직장에 다니고 있었다. 그 때문에 펌프는 전형적인 분리 불안 증세를 보였다. 새벽 산책에서 돌아와 내가 출근 준비를 하면 그 애는 끙끙 앓는 소리를 내기 시작했다. 내가 가는 곳마다 그림자처럼 졸졸 따라다니다가 결국은 먹은 것을 죄다 토해냈다. 나는 훈련사들을 찾아가 펌프가 나와 헤어질 때 받는 스트레스를 줄일 방법이 있는지 물었다. 그들 조언에 따라 쓸 수 있는 방법은 다 써보았다. 얼마 안 돼 펌프의 몸과 마음이 정상으로 돌아왔다. 그때 단 한 가지 내가 따르지 않은 조언이 있었다. 외출과 귀가를 의례화하지 말고 재회를 축하하는 의식도 하지 말라는 것. 나는 거부했다. 코로 킁킁거리며 나를 반기고 다시 함께 하게 되었다는 기쁨에 서로 뒤엉켜 바닥에 뒹구는 그 의식을 어떻게 포기한단 말인가. 그 때가 얼마나 행복한 순간인데.

로렌츠는 동물이 헤어졌다가 다시 만났을 때 하는 인사를 '재회위로 의식'이라고 불렀다. 동물이 자기 우리나 영역에 불쑥 나타난 불청객을 보고 느끼는 신경 과민성 흥분은 두 가지 반응을 이끌어 낸다. 잠재적인 불청객에 대한 공격성 또는 그것이 환영인사로 전환된 것. 즉 로렌츠는 공격과 환영인사 사이에는 몇 가지 미묘한 변형이나 덧붙임 이외에 차이가 거의 없다고 생각한 것이다. 그가 포괄적으로 연구한 새들 가운데 특히 청둥오리는 둘이 만나면 앞뒤로 리드미컬하게 움직이는 '축하 전후 운동'을 선보인다. 이 행동은 공격 신호가 될 수도 있지만, 수컷 청둥오리의 경우 머리를 들어 올려 방향을 틀면 이 행동을 신호탄으로 상대의 몸치장을 해주는 듯한 공동 의식이 이어지고 환영인사가 끝난다. 또 한 번의 싸움이 억제된 것이다.

인간이 하는 인사도 이와 비슷하게 의례화되어 있다. 우리는 누군가를 만나면 서로 눈을 맞추고 악수를 나누고 문화적 관습에 따라 한 번에서 세 번 정도 포옹 또는 키스를 한다. 이런 식으로 의례화된 행동은 모두 다른 사람을 만났을 때 느끼는 불확실한 감정을 환영 의식으로 방향 전환시킨 것이라 볼 수 있다. 게다가 우리는 상대방을 보면서 미소를 짓거나 소리 내어 웃는다. 상대방에게 나쁜 의도가 없음을 이보다 더 확실하게 전달하는 방법은 없다는 게 로렌츠의 설명이다. 탄성이나 웃음소리는 기쁨을 표현할 때 가장 자주 나타나지만 기쁨이나 놀라움으로 재구성된 전형적인 경계의 소리일 수도 있다(개 웃음이 나타나는 거친 신체 놀이의 맥락과 다르지 않다).

이렇듯 로렌츠의 방식대로 흥분을 인사라는 행위로 전달한다면, 인사에 다른 구성 요소도 추가할 수 있다. 늑대와 개는 인사를 한다. 이들과 다른 모든 사회적 갯과 동물의 환영인사는 비슷하다. 야생에서 새끼들은 부모가 은신처로 돌아오면 고기를 게워내 주기 바라면서 부모 입으로 달려든다. 이때 부모의 입과 입술을 핥고 복종 자세를 취하며 꼬리를 격렬하게 흔든다.

앞에서 보았듯 개를 키우는 수많은 주인이 '뽀뽀'라고 기분 좋게 묘사하는 행위는 개가 주인에게 먹이를 게워달라고 보채면서 얼굴을 핥는 것을 말한다. 실제 그 행동으로 인해 당신이 점심으로 먹은 것을 게워낸다고 하면 개는 그야 말로 행복에 겨워할 것이다. 이 환영인사는 흥분에 휩싸여 가까이 다가가 지속적이고 열정적으로 접촉을 하지 않으면 완성되지 않는다. 이때 귀는 애초에 당신이 집에 돌아오는 소리를 들으려고 쫑긋 세워 두었던 것을 머리에 찰싹 붙여 놓으며 머리는 약간 수그려서 순종적인 자세를 취한다. 입술은 뒤쪽으로 당기고 눈꺼풀은 아래로 떨어트린다. 사람으로 치자면 진정한 기쁨에서 우러나오는 미소를 짓는 것이다. 또 미친 듯이 꼬리를 흔들거나 극도로 흥분한 듯 리듬감 있게 꼬리 끝을 바닥에 탁탁 치기도 한다. 이 두 가지 행동에는 모두 당신 가까이 머물기 위해 개가 억누르는 강렬한 에너지가 포함돼 있다. 개는 기뻐서 낑낑거리거나 앓는 소리를 내기도 한다. 다 자란 늑대는 매일 길게 하울링한다. 무리의 다른 구성원이 그 울음소리를 따라 하는 것은 아마 이동 경로를 바꾸거나 무리에 대한 애착을 강화하는 데 도움이 될 것이다. 그래서 만약 당신이 울음소리나 다른 소리로 인사를 건네면 당신 개도 울음소리로 답할지 모른다. 당신이 어떤 태도나 행동을 하든지 개는 언제나 당신이라는 존재에 대한 인식을 통해 세상을 호흡하고 그것을 발산한다.

만약 인사와 접촉이 우리가 개의 유대관계를 설명하는 전부였다면, 늑대와 결속한 원숭이의 모습이라든가 프레리독과 함께 살아가는 토끼의 모습도 우리 눈에 자주 띄었을지 모른다. 이런 동물들은 하나같이 새끼 때에 접촉을 필요로 한다. 심지어 개미도 집으로 돌아온 동료들을 환영한다. 먹이사슬 문제는 논외로, 그것도 아예 저편으로 밀어놓고 본다면 나는 위와 같은 상황도 얼마든지 가능하다고 생각한다. 코코라는 고릴라는 수화로 의사소통하는 법을 배우고 자기만의 반려 고양이를 키우면서 인간의 가정에서 자랐다. 하지만 우리는 거의 모든 동물과 달리 직관에 따라 행동하지는 않는다. 여기서 개와 인간의 유대관계를 독특한 것으로 만들어주는 한 가지 다른 양상, 그것은 바로 타이밍이다. 우리는 서로에게 실로 시의적절한 대상이다.

개와 함께 추는 춤

긴 산책에 나서면 펌프는 내 가까이 걷지만 너무 가까이는 아니다. 오라고 부르면 전속력으로 질주하다가 나를 살짝 지나친 지점에서 멈춰 선다. 나와 한 발짝 떨어져 있기를 좋아한다. 하지만 좁은 길을 걸을 때는 나보다 앞서 걸으며 이따금 뒤돌아보고 나를 확인한다. 그러기 위해 펌프는 길거리 구석구석을 조사하려고 숙이고 있던 고개를 들어 아주 살짝만 돌린다. 내가 많이 뒤처졌다고 생각하면 완전히 뒤로 돌아 귀를 쫑긋 세우고 주의를 기울인다. 나를 기다려주는 것이다. 아, 나는 펌프가 이 자세로 나를 기다릴 때가 정말 좋다. 나는 적당히 거리가 좁혀지면 달리기 시작한다. 환영인사 놀이를 하거나 뒷다리로 중심을 잡고 회전해서 다시 앞장서라는 신호다.

두 번째 날부터 펌프는 목줄을 하기 시작했고, 즉시 그게 무엇을 의미하는지 이해했다. 우리는 펌프가 우리 사이에서 앞뒤로 왔다 갔다 할 수 있게 줄을 놓아주었다가 잡기를 반복한다.

개는 집단 사냥을 하지는 않지만 꽤나 협력적이다. 도심 속 도로를 따라가는 목줄을 맨 개와 사람의 행렬을 보라. 사소한 차이는 있지만 그들은 **함께** 걸으면서 완벽하게 조화로운 춤을 춘다. 작업견은 주인과 추는 이 춤에 대한 민감성을 높이도록 훈련받는다. 시각장애인과 안내견은 이동 순서를 정해 서로 완벽하게 하나가 된다.

개가 인간의 속도로 사는 것은 이러한 조화에 도움이 된다. 생쥐는 휴식을 취할 때도 심장이 분당 400번씩 펌프질한다. 그래서 생쥐는 항상 서두른다. 진드기는 포유동물 몸에서 부티르산 냄새가 나기까지 한 달, 일 년, 가사 상태에서는 18년도 기다릴 수 있다. 이들에 비해 개의 삶은 우리 삶의 속도와 많이 비슷하다. 우리가 개보다 오래 살기는 하지만 개의 수명은 인간 한 세대에 걸쳐 있다. 개는 우리보다 약간 빠르기는 해도 충분히 비슷한 속도로 움직인다. 우리 눈으로 개의 움직임을 식별하고 의도를 짐작할 수 있을 정도다. 개는 우리 행동에 민첩하게 대응한다. 우리와 춤을 추는 것이다.

처음에 강아지는 목줄 매는 것을 주저하거나 고집스럽게 잡아당기거나 자기가 목줄에 묶여 주인의 손에 잡혀 있다는 사실을 깨닫지 못하고 길가에 굴러다니는 아주 흥미로운 신문지를 발견하고는 그쪽으로 다가가기 위해 갑자기 목줄을 홱 당기기도 한다. 하지만 머지않아 주인과 거의 같은 속도로 걷는 법을 배운다. 그들은 흡사 주인 흉내를 내는 것처럼 주인과 조화를 이룬다. 우리도 무의식적으로 그들을 흉내 낸다. 동물들 사이에 형성된 좋은 사회적 관계와 그 관계 유지는 동물 행동학에서 '다른 개체 모방 행동'이라고 부르는 습성과 밀접하게 연관돼 있다. 하지만 강아지는 주인을 모방하는 것 이상으로 주인이 반복적으로 만들어내는 연속적인 발걸음을 학습하고 앞으로의 일을 예상한다. 얼마 지나지 않아 강아지는 산책 나가기 전에 이어지는 일련의 발걸음을 알게 되고, 공원 가는 길에 도는 모퉁이와 주인이 목줄을 풀어주는 장소 혹은 공이 등장하는 장소를 인식한다. 또한 긴 산책에서의 전환점과 짧은 산책에서의 전환점을 예상하고 산책이 짧게 끝나지 않도록 주인을 이끄는 법을 안다. 심지어 어떤 개들은 목줄 길이를 정확히 알아서 주인이 걸음을 멈추지 않게 하면서도 지나가는 개의 냄새를 맡고 막대를 물며 그 범위 안에서 하고 싶은 일을 다 한다.

사실 목줄을 풀어줘도 개와 우리의 조화로운 춤은 멈추지 않는다. 내가 생각하는 완벽한 산책이란 개가 목줄 없이도 내 주위에 커다란 원을 그려 그 안에서 벗어나지 않게 돌아다니며 함께 나아가는 것이다. 중간에 다른 개들을 마주치면 금상첨화다. 개 두 마리가 서로 뒤엉켜 한바탕 신나게 노는 모습을 지켜보는 것만큼 마음에 안정을 주는 광경도 드물다. 신호 보내기나 타이밍 같은 게임의 법칙은 우리 대화의 법칙과 비슷하다. 그러니 우리는 개와 함께 놀이라는 대화를 시작할 수 있다.

가끔 펌프와의 놀이를 내가 먼저 시작할 때가 있다. 펌프가 누워 있는 곳으로 천천히 다가가 그 애 앞발 위에 내 손을 올린다. 그러면 펌프가 발을 빼내 다시 내 손 위에 올려놓는다. 내가 다시 손을 빼 그 애 발에 올린다. 이제 펌프는 좀 더 빠른 속도로 나를 따라한다. 우리는 지겨워질 때까지 이 손장난을 계속 주고받는다. 내가 내 차례를 그만두며 웃으면 그 애는 발을 앞으로 쭉 뻗고

> 미소 짓듯 입을 헤 벌려 내 얼굴을 핥는다. 펌프가 내 손 위에 앞발을 올려놓으면 발의 무게와 발바닥의 이물감, 발톱들이 닿는 느낌을 통해 특별한 친밀감이 전해진다. 이 친밀감은 보통 펌프가 나와 소통하기 위해 자신의 부속지 appendage(동물 몸통에 가지처럼 붙어 있는 기관이나 부분-옮긴이)를 이용한다는 단순한 사실에서 비롯된다. 그 애의 앞발은 나를 흉내 내는 이 놀이를 하기 전까지는 다리에서 독립적인 역할을 하는 발로 보이지 않는다.

놀이를 즐겁게 하는 요소가 무엇인지는 정확히 짚어내기 어렵다. 재치 있는 농담을 요모조모 분석하는 것보다는 농담 그 자체를 즐기는 편이 항상 더 즐거운 것과 같은 이치다. 로봇과 놀아본 적이 있는가? 로봇은 언제 봐도 장난기가 좀 부족해 보인다. 소니에서는 다리가 넷 달리고 개 특유의 머리 모양을 한 '아이보'라는 강아지 로봇을 개발했다. 이 로봇은 짖기도 하고 꼬리도 흔들며 훈련된 개처럼 몇 가지 간단한 일상도 수행하는 등 진짜 강아지처럼 행동했다. 아이보가 하지 못하는 것이 있다면 진짜 강아지처럼 노는 것이었다. 로봇을 설계한 사람들은 아이보가 사람들과 좀 더 재미있게 상호작용할 수 있기를 바랐다. 이를 염두에 두고 나는 몸 씨름을 하고 쫓고 쫓기며 공이나 막대기, 끈 등을 주고받으면서 노는 사람과 개를 연구하기 시작했다. 녹화 테이프를 보면서 개와 인간이 하는 모든 행동을 기록했다. 그런 다음 다른 종들이 함께 어울려 노는 놀이의 성공 요소를 찾았다.

내가 찾고자 했던 것은 아이보 같은 강아지 로봇에 구현할 수 있는 명확한 기계적 절차와 놀이였다. 그리고 내가 찾아낸 것은 그보다 더 간단하고 강력한 사실이었다. 모든 놀이에서 놀이 참가자의 행동은 무엇보다 상대방의 행동과 관련 있고, 그것을 바탕으로 하기에 우발적이었다. 그것이 놀이의 리듬을 형성했다.

그런 우연성은 인간이 아주 어렸을 때 하는 사회적 상호작용에서도 쉽게 확인된다. 생후 2개월 된 아기는 엄마와 함께 얼굴 표정 따라 하기 같은 간단한 동작을 한다. 어떤 행위에 대한 반응은 비디오로 다섯 장면이 넘어가는 시간, 그러니까 대략 6분의 1초 정도의 아주 짧은 순간에 일어난다. 놀이에서 가령 자기가 찔린 뒤에 되찌르는 것처럼 상대방 행동을 거울에 비추듯 똑같이 따라 하는 경우는 수없이 많다. 이때 중요한 것은 타이밍이다. 개가 우리 행동에 반응하는 데 걸리는 시간은 인간이 반응하는 데 걸리는 시간과 거의 같다.

예를 들어 물건을 던진 후 물어오게 하는 놀이는 주고받는 방식의 춤이라 할 수 있다. 우리가 이 놀이를 즐기는 이유는 개가 준비태세를 갖추고 우리 행동에 재빠르게 반응하기 때문이다. 반면 고양이는 이 놀이의 즐거운 상대가 아니다. 고양이도 당신이 던진 물건을 물어오기는 하지만 그러기까지 자기 나름의 시간이 걸린다. 개는 공을 중심으로 주인과 일종의 교감을 나누고, 마치 대화를 나누는 듯한 속도로, 그러니까 몇 시간이 아니라 몇 초 안에 주인에게 반응한다. 매우 협조적인 인간처럼 행동하는 것이다. 둘이 동시에 하는 놀이도 있다. 바로 달리기다. 개들끼리 어울려 놀 때는 이런 식의 진행이 흔하다. 개 두 마리가 서로 입을 벌리고 고개를 앞뒤로 왔다 갔다 하는 상대방을 흉내 내는 장면을 본 적이 있을 것이다. 구멍을 파거나 막대기를 씹거나 공을 가지고 노는 개를 주시하고 있다가 장난으로 방해를 놓는 경우도 많다. 늑대가 힘을 모아 공동으로 사냥할 때 이런 식으로 다른 늑대들과 조화를 이루어 행동하는 능력은 그들의 조상에게서 물려받았을 것이다. 아무튼 개가 상대 손 위에 자기 손을 올려놓으며 장난치는 것은 문득 다른 종과 대화를 나누는 듯한 인상을 남긴다.

개의 즉각적인 반응은 상호 이해를 표현하는 것이다. 즉 개는 즉각적인 반응을 통해 우리는 **함께** 산책하고 **함께** 어울려 논다는 사실을 표현한다. 개와 인간이 나누는 상호작용의 일시적인 패턴을 연구한 학자들은 그것이 처음 만나는 남녀의 시시덕대는 타이밍 패턴, 그리고 훌륭한 팀워크로 빠르게 패스하면서 공을 모는 축구 선수들 사이의 타이밍과 유사하다는 사실을 알아냈다. 반복해서 상호작용하는 두 개체의 행동에는 숨겨진 일련의 장면들이 있다. 막대를 집기 전에 주인 얼굴을 쳐다보는 개, 무언가를 손으로 가리키는 주인과 주인 손가락이 가리키는 곳으로 가는 개. 이런 장면이 반복되면, 신뢰할 수 있는 상황으로 인식되고, 시간이 지남에 따라 우리는 개와 내가 상호작용에 관한 무언의 약속을 공유하고 있다고 느끼기 시작한다. 심오한 의미를 지닌 장면은 하나도 없지만 무작위인 것도 없다. 하나하나가 모여 누적된 결과를 가져오는 것이다.

평일 점심시간대에 맨해튼 5번가 거리를 걷다보면 우리가 인간이라는 종의 구성원이라는 사실에 기쁨과 절망을 동시에 경험하게 된다. 보도는 사방을 돌아다니며 무언가를 응시하는 관광객, 손에 든 점심을 허겁지겁 먹어치우거나 사무실로 돌아가기 전 시간을 때

우는 직장인, 경찰을 피해 도망가는 노점상들로 차고 넘친다. 나도 그 일부라는 사실을 도저히 기쁘게 받아들이기 힘든 광경이다. 하지만 보통 우리는 좋아하는 속도로 걸을 수 있고 군중 사이로 쉽게 갈 길을 갈 수 있다. 한 무리의 행인이 서로 부딪히지 않고 걸어갈 수 있는 것은 우리가 다른 사람의 행동을 순간적으로 쉽게 예측할 수 있기 때문이다. 반대편에서 걸어오는 사람이 언제 당신과 마주칠지는 한번 흘끗 보기만 해도 알 수 있다. 그러면 당신은 무의식적으로 몸을 약간 오른쪽으로 돌려 그 사람을 피한다. 상대방도 똑같이 한다. 이것은 무리가 갑자기 동시에 방향을 트는 물고기 떼와 다르지 않다. 물론 그들만큼 완벽하지는 않지만.

인간은 사회적이다. 그리고 사회적 동물은 자기 행동을 조절한다. 개는 종들 간의 경계를 넘어 우리와 조화롭게 행동한다. 이웃집 개의 목줄을 잡아보라. 그러면 어느새 마치 오랜 친구처럼 당신과 함께 걷고 있는 그 개를 발견할 것이다.

이러한 세 가지 요소(접촉, 요란한 인사, 함께 추는 춤)가 얼마나 중요한지는 개가 사라졌을 때 우리가 느끼는 여러 감정, 이를테면 가벼운 배신감이라든가 유대관계가 덧없이 사라져버렸다는 단절감 등으로 확실히 알 수 있다. 개에게 다가갔는데 만지지 말라는 신호로 고개를 푹 숙여버린다면 우리는 단절감을 느낀다. 차례대로 돌아가며 하던 놀이에서 개가 더는 협조하기를 거부하면, 예를 들어 공 던지는 모습을 쳐다보지 않거나 공을 물어오지 않으면 우리는 곧바로 실망한다. 간단한 의사소통을 시도했

는데 개가 반응을 보여주지 않을 때는 배신감을 느낀다. 가까이 다가가도 꼬리를 흔들거나 귀를 머리에 딱 붙이지 않을 때, 혹은 배를 긁어주지 못하게 할 때는 가슴이 아프다. 우리가 고집이 세다거나 말을 잘 듣지 않는다고 생각하는 개들은 위의 세 가지 요소들을 어기는 개들이다. 하지만 이 요소들은 개와 인간 모두가 타고난 것이다. 말을 잘 듣지 않는 개는 단지 자기가 따라야 할 규칙을 잘 깨닫지 못해서 그럴 가능성이 높다.

유대관계의 효과

개와 인간의 유대관계는 신체적 접촉과 함께 추는 춤, 그리고 재회를 확인하는 환영 의식으로 더 견고해진다. 그리고 우리는 그 유대관계로 인해 더 강해진다. 단순히 개를 쓰다듬는 것만으로도 과도하게 활성화된 교감신경계, 즉 심박수 증가와 혈압 상승, 땀이 나는 현상 등을 몇 분 안에 진정시킬 수 있다. 또한 개와 어울려 놀 때 우리 몸에서는 기분을 좋게 해주는 엔도르핀과 사회적 애착을 유발하는 두 가지 호르몬 옥시토신과 프로락틴 수치가 증가한다. 반면 스트레스 호르몬인 코르티솔 수치는 낮아진다. 개를 키우는 것이 심혈관계질환에서 당뇨병, 폐렴에 이르기까지 다양한 질병의 위험을 감소시키고, 이런 질병을 앓는 환자의 회복 속도를 높이는 효과가 있다고 믿어도 좋을 그럴듯한 이유가 있는 것이다.

많은 경우에 개도 우리와 똑같은 영향을 받는다. 예를 들어, 우리는 개의 코르티솔 수치를 낮출 수 있다. 쓰다듬어주는 것만으로도 빠른 심장 박동을 진정시킬 수 있다. 사실 개와 인간 모두에게 이것은 일종의 위약이다. 즉, 뚜렷한 이유 없이 긍정적 변화가 일어난다는 뜻이다. 키우는 개와 유대관계를 맺는 것은 처방약을 장기 복용하거나 오랫동안 인지행동치료를 받는 효과를 낼 수 있다. 물론 일이 잘못될 수도 있다. 가령 분리 불안은 개가 주인과 잠시라도 떨어져 있는 것을 못 견딜 만큼 주인에게 심한 애착을 느껴서 생기는 증상이다.

그렇다면 개와 인간의 유대관계로 생길 수 있는 다른 결과들로는 어떤 것이 있을까? 우리는 앞에서 개가 우리에 관한 것들, 이를테면 우리 체취나 건강, 감정에 대해 얼마나 많이 알고 있는지 보았다. 그것은 단지 타고난 예민한 감각 덕분만이 아니라 우리와 맺은 친밀한 관계 덕분이었다. 개들은 평상시에 우리가 어떻게 행동하고 어떤 체취를 풍기는지 알게 된다. 우리의 하루 일과를 지켜보면서 변화가 생기면 우리로선 불가능한 방식으로 그것을 알아챈다. 개와 인간이 유대관계를 맺음으로써 얻을 수 있는 효과는 개와 인간이 아주 훌륭한 사회적 상호작용을 하기 때문에 가능한 것이다. 그들은 상황에 매우 즉각적으로 반응하고, 결정적으로는 우리에게 관심을 집중한다.

개와 우리의 이러한 관계는 뿌리가 깊다. 개와 하품하는 사람으로 간단한 실험을 해본 결과 이 관계는 본능적이라는 것이 밝혀졌다. 개에게 우리의 하품이 옮아가기 때문이다. 사람들 사이에서와 마찬가지로 하품하는 장면을 본 개들은 몇 분 지나지 않아 하품을 하기 시작했다. 개 이외에는 침팬지가 하품 전염성이 있는 유일한 종이다. 당신 개가 보는 앞에서 몇 분간 하품을 해보자. 이때 개가 어쩔 수 없이 '불평'을 하더라도 노려보거나 웃거나 포기하지 않도록 애써야 한다. 그러면 당신도 인간과 개의 관계가 얼마나 뿌리 깊은지 직접 확인할 수 있을 것이다.

일단 하품하는 개를 논외로 하면, 이쯤에서 우리는 과학의 한계에 부딪힌다. 과학은 다분히 의도적으로 개 주인들이 가장 중요하게 여기는 특징, 즉 개와 인간 사이의 관계에서 받는 느낌을 외면한다. 그런 느낌은 일상적인 확인과 몸짓, 서로에게 조율된 행동, 침묵의 공유 등으로 얻게 된다. 그것은 과학의 무딘 칼로 어느 정도 분석해볼 수는 있겠지만 실험을 통해 다시 만들어낼 수는 없다. 실험자들은 종종 통계자료의 유효성을 확실히 보장하기 위해 소위 **이중맹목법**double-blind procedure이라는 방법을 사용한다. 즉 실험에 참여하는 사람은 물론 실험자도 어느 쪽이 실험군이고 어느 쪽이 대조군인지 모르는 상태에서 실험을 하고 자료를 분석하는 것이다. 그렇게 하면 무심코 실험 참가자의 행동이 가설에 조금 더 명확히 들어맞는 것으로 해석해버리는 오류를 피할 수 있다.

그에 반해 개와 인간의 상호작용은 행복하게 이중으로 확인할 수 있다. 우리는 개가 무엇을 하고 있는지 정확히 안다고 느낀다. 개 역시 마찬가지일 것이다. 우리가 개에 관해 아는 것 혹은 안다고 생각하는 것은 과학으로 얻은 결과가 아니라, 보람 있는 상호작용을 통해 얻은 결과다.

개와 인간의 유대관계는 우리를 변화시킨다. 무엇보다 근본적

으로 이 관계는 우리가 어떤 동물 혹은 개를 만나든 거의 곧바로 그들과 친해질 수 있게 해준다. 우리가 개를 좋아하는 중요한 이유 중 하나는 우리가 우리를 바라보는 개의 시선을 즐긴다는 것이다. 개는 우리에 대한 나름의 인상을 가지고 있다. 그들은 우리를 눈으로 보고 코로 냄새 맡는다. 그들은 우리에 관해 알고 있으며, 우리에게 가슴 아프고 잊지 못할 정도의 애착을 느낀다. 프랑스 철학자 자크 데리다Jacques Derrida는 자신의 알몸을 바라보는 고양이의 시선을 반추해봤다. 고양이의 시선이 놀랍기도 하고 당황스럽기도 했던 것이다. 데리다를 놀라게 한 사실은 고양이가 데리다의 이미지를 다시 데리다에게 투영한다는 것이었다. 데리다가 고양이를 쳐다보았을 때 그가 본 것은 그냥 고양이가 아니라 홀딱 벗은 '그를 보는' 고양이였다. (사실 고양이는 데리다의 '알몸'이 아니라 그냥 데리다를 바라보는 것이기에 부끄럽거나 곤란해 할 필요가 없다. 하지만 해당 논문에서 데리다는 우리를 무력하고 수치스럽게 하는 인간 타자의 시선을 고양이의 시선에 덮어씌우는, 동물에 대한 인간중심적 개념화를 경계할 것을 역설한다-옮긴이)

그가 인간의 자존감을 동물과 연관시킨 것은 옳았다(내가 아는 한 데리다는 개를 키운 적이 없다. 그가 개를 키웠다면 아마 고양이보다 훨씬 그윽한 개의 시선에 더욱 당황해하지 않았을까). 물론 우리는 동물 그 자체에 열중한다. 그럼에도 불구하고 개를 쳐다볼 때 우리가 보는 것은 개 그자체가 아니라 우리를 쳐다보는 개의 모습이다. 그리고 이것 역시 우리의 유대관계를 구성하는 요소다. 나는 아직도 나를 바라보고 내 눈에 비친 자기 모습을 들여다보는 펌프를 상상한다. 그리고 그 애 눈에 비친 나 자신을 들여다보는 내 모습을 상상한다.

11장

개와 함께 맞이하는 아침

펌프는 나의 움벨트를 바꿔놓았다. 그 애와 함께 세상을 걸으며, 그 애의 반응을 지켜보는 동안 나는 그 애가 경험하는 세상을 상상하기 시작했다. 내가 키 작은 관목과 싱그러운 풀숲에 난 구불구불 이어지는 좁은 오솔길을 산책하면서 음미하는 즐거움 중 하나는 펌프가 그곳을 얼마나 즐기는지 바라보는 것이다. 그곳 나무 그늘이 주는 서늘함은 물론이고 그 무엇에도 방해받지 않고 전속력으로 달려갈 수 있게 해주는 확 트인 길도 펌프의 즐거움이다. 그곳에서 펌프는 길가를 따라 피어오르는 냄새를 맡을 때만 멈춰 선다.

나는 지금 보도와 건물로 이루어진 도시 블록을 바라보고 있다. 거기에 펌프가 킁킁거리며 조사할 만한 것이 있을까? 울타리도 없고, 나무도 없고, 변화도 없는, 기나긴 벽을 따라 이어지는 보도는 내가 결코 걷고 싶지 않은 길이다. 나는 공원에서 앉을 만한 벤치나 바위를 고를 때도 개가 가장 다양한 냄새를 맡을 수 있는 곳을 선택한다. 펌프는 넓고 탁 트인 잔디밭을 사랑해 마지않는다. 그 위에 털썩 주저앉거나 이리저리 뒹굴거나 쉴 새 없이 냄새 맡으며 돌아다니기를 좋아한다. 길게 자란 풀숲이나 덤불 속에서 의기양양하게 껑충껑충 뛰어다니는 것도 좋아한다. 펌프가 즐거워하는 모습을 볼 수 있기 때문에 나 역시 탁 트인 잔디밭과 길게 자란 풀숲, 덤불숲을 좋아하게 되었다. (수많은 냄새에 둘러싸여 뒹굴며 노는 재미야 내가 이해할 수 없으니 그냥 넘어가자.)

나는 세상의 냄새를 더 많이 맡게 되었다. 산들바람이 부는 날 밖에 앉아 있기를 좋아하게 되었다.

내 하루의 무게중심은 아침에 치우쳐 있다. 펌프와 내가 아침을 얼마나 잘 보내느냐는 내가 얼마나 일찍 일어나느냐에 달려 있다. 그래야 비교적 사람이 적은 시간에 공원이나 해변에 나가 여유롭게 산책할 수 있기 때문이다. 나는 지금도 여전히 늦잠을 못 잔다.

펌프가 내 마음속에 얼마나 깊이 자리 잡았는지 생각하면 아주 조금은 위안이 된다. 그 애가 내 옆에 누워 턱밑의 촘촘하게 곱실거리는 털이 간지럽히는 것도 기꺼이 감수하며 마지막으로 바닥에 턱을 내려놓던 그 날로부터 일 년이 지난 지금도.

무릎에 개를 올려놓고 개의 관심, 경험, 인지능력에 관해 내가 알고 있는 지식들을 생각하다 보면 문득 내 내면이 개의 속성으로 가득 찬 느낌이 든다. 지금만 해도 내 몸은 온통 개털투성이다.

굳이 개털을 뒤집어쓰지 않아도 우리는 개에 관한 과학적 지식을 통해 개의 행동을 더 잘 이해하고 바르게 판단할 수 있다. 개가 갯과 동물들의 조상으로부터 어떻게 생겨났는지, 어떻게 인간에게 길들여지게 되었는지, 어떻게 그런 예민한 감각을 갖게 되었는지, 어떻게 우리 인간과 그토록 친밀한 교감을 나누게 되었는지 등을 말이다. 이런 의문으로 밤잠을 설치다보면 어느새 당신은 개의 관점에서 개를 보게 될 것이다. 이 장에서는 당신의 개와 관련되고,

그들의 행동을 해석해주고, 우리 삶에서 그들의 존재를 고려하는 데 도움이 될 개의 움벨트로 넘쳐나는 여러 소소한 방법들을 펼쳐 보려 한다.

'냄새 산책'을 하자

개와 산책하는 것이 개를 위해서라는 점에는 대부분 동의할 것이다. 내가 매일 아침 일찍 눈을 뜨는 것은 펌프와 함께 공원을 걷기 위해서다. 일을 하다가 집에 들러 동네를 한 바퀴 도는 것도 그 애를 위해서다. 잠자리에 들기 전에 천천히 산책을 하는 것도 그 애를 위해서다. 하지만 정작 개는 자기를 위해 산책을 하는 것이 아니라 이상하게도 인간이 정의한 '산책'의 의미에 맞게 행동할 때가 많다. 우리는 빠른 걸음으로 우체국까지 갔다 오면서 좋은 시간을 보내고 싶어 한다. 그래서 제대로 산책하기 위해 온갖 냄새에 이끌려 자꾸 걸음을 멈추고 다른 개와 인사하려 다가가는 개의 목줄을 홱홱 잡아당긴다.

개는 좋은 시간을 보내는 데 관심이 없다. 그러니 개가 어떤 산책을 원할지 한번 생각해보자. 펌프와 나는 각양각색의 산책을 즐긴다. '냄새 산책'을 하면 한 발짝 전진하기도 힘들지만 그 애는 알 수 없는 온갖 매력적인 냄새 분자들을 들이마신다. '펌프가 결정하는 산책'도 있다. 이 산책을 하면 교차로가 나올 때마다 우리가 갈 방향을 전부 펌프가 고른다. '꾸불꾸불 산책'이라는 것도 있다. 펌프가 목줄을 맨 채로 내 왼쪽 오른쪽을 왔다 갔다 하며 나를 끌고 다니는 산책이다. 펌프가 더 어렸을 때는 관심이 가는 개를 만나면 펌프는 그 개 주위를 돌고 나는 펌프의 주위를 돌면서 함께 뛰어다니는 산책을 하기도 했다. 나이가 들어서는 심지어 '걷지 않는 산책'이라는 것도 했다. 힘들면 아무 데나 앉아서 쉬다가 다시 일어날 마음이 들면 이동하는 것이다.

신중하게 훈련하자

당신이 원하는 것을 개에게 가르치고 싶다면 개가 이해할 수 있는 방식으로 신중하게 훈련해야 한다. 당신이 개에게 바라는 행동을 명확하게 전달하고, 요청하는 내용과 방법에 일관성을 유지하고, 개가 임무를 성공적으로 완성하면 곧바로 그리고 자주 보상을 해주어야 한다. 좋은 훈련은 개의 내면을 이해하는 데서, 즉 개가 인지하는 것이 무엇이며, 무엇이 개에게 동기를 부여하는지 이해하는 데서 출발한다.

개가 '앉아', '기다려', '말 들어' 같은 명령을 당연히 잘 들을 것이라고 생각하는 오류는 범하지 말아야 한다. 개는 태어날 때부터 **"이리 와"**라는 말이 의미하는 바를 알고 있는 게 아니다. 따라서 그 말의 의미를 명확하게, 단계별로 가르쳐야 한다. 그리고 개가 그 말의 의미를 정확하게 이해하고 따랐을 때는 보상을 해주어야 한다. 개는 당신의 어조나 자세 같은 단서에 적응한다. 따라서 당신이 **"이리**

와!"라고 할 때와 "**저리 가!**"라고 할 때 변화를 주지 않으면 절대로 그 말을 이해하지 못한다. 그 말을 명확하고 구체적으로 전달하는 것은 당신 몫이다.

훈련은 시간이 오래 걸릴 수 있다. 인내심을 가져야하는 이유다. 예를 들어 집 안에 들어섰을 때 개가 못된 장난을 쳐놓은 것을 발견했다고 해보자. 이때 개를 찾아내 벌을 주는 횟수가 많아지면 개는 당신의 귀가를 처벌과 연관시킬지 모른다. 그러면 아무리 '잘 훈련된' 개라도 주인이 부르는 소리에 절대 달려오지 않는 사태가 벌어질 수 있다.

개가 "**이리 와**"라는 명령을 이해하고 나면 평범한 개가 알아야 할 명령으로 다른 어떤 것이 있는지 생각해볼 수 있다. 당신과 개가 둘 다 학습 과정을 즐긴다면 다른 명령을 더 가르치자. 개가 최우선으로 배워야 하는 것은 당신의 중요성이다. 그거야말로 개가 태어날 때부터 알고 있어야 하는 것이다. 명령을 받았다 해도 '악수'를 하지 못하는 개는 단지 약간 더 개다울 뿐이다. 당신이 어떤 행동을 싫어하는지 명확하게 전달하고 일관성 있게 그 행동을 제지해야 한다. 다가오는 사람에게 달려드는 개를 좋아하는 사람은 거의 없다. 하지만 개의 입장에서는 우리가 참을 수 없을 정도로 멀리 떨어져 있는 것이라는 사실을 전제로 하면, 개와 우리는 얼마든지 서로를 이해할 수 있다.

개가 개다울 수 있도록 허락하자

그게 무엇이든 간에 가끔은 개가 그 위에서 마음껏 뒹굴도록 내버려두자. 진흙 웅덩이를 어슬렁거려도 참아주자. 기회가 될 때마다 반려견 놀이터 또는 반려견 운동장에 가 보자. 목줄이나 가슴줄을 갑자기 홱 잡아당기지 않도록 조심하자. 살짝 깨무는 것과 꽉 무는 것의 차이를 구별할 줄 알아야 한다. 다른 개의 엉덩이에 대고 킁킁거려도 내버려두자.

개의 본질을 고려하자

쟤가 왜 저러지? 내가 거의 매일 하는 질문이다. 하지만 대개는 개가 하는 모든 행동에 다 이유가 있는 건 아니라는 게 내 유일한 결론이다. 가끔 개가 갑자기 바닥에 털썩 주저앉아 당신을 바라볼 때가 있는데, 이것은 그냥 **앉아서 당신을 보는 것**일 뿐이다. 특별한 이유는 없다. 모든 행동이 항상 어떤 의미를 담고 있는 것은 아니다. 만약 개의 행동에 의미가 있다면 그 행동은 동물로서, 갯과 동물로서, 그리고 특정 품종으로서 개의 역사를 고려해야 한다.

종은 중요하다. 눈에 보이지 않는 먹이를 노려보거나 다른 개에게 천천히 다가가는 개는 양치기에 아주 적합한 '관찰' 행동을 하는 것일지 모른다. 방에서 사람이 한 명 나가면 으르렁거리거나 복도에서 돌아다니는 사람들의 발뒤꿈치를 깨무는 개도 마찬가지다. 덤불 속에서 어떤 움직임을 포착하고 긴장된 자세로 얼어붙는 행동도 역시 종의 특성을 잘 보여주는 예다. 이런 개는 할 일이 없으면 긴장하고 들떠 있고 초조해할 수 있다. 무언가를 하도록 내몰리지 않아 방황하는 것이다. '공 던지기 놀이'에는 이런 과학적 지식이 반영되어 있다. 레트리버는 이 놀이를 아무리 반복해도 좋아한다. 자기 능력을 한껏 발휘할 수 있기 때문이다. 반면 당신의 개가 주둥이가 짧고 호흡에 어려움을 겪고 있다면, 그 개가 당신과 함께 뛸 수 있을 것이라고 생각하지 않는 게 좋다. 시야가 길고 넓은 레트리버는 멀리 날아간 물건 가져오기 놀이를 좋아할지 몰라도, 상대적으로 근거리 시야가 좋고 정면에 있는 사물을 잘 보는 개는 그런 놀이를 좋아하지 않는다. 개의 타고난 성향에 맞는 놀이를 찾아서 해주자. 그리고 가끔은 덤불을 잠깐 응시해도 그러도록 내버려두자.

동물적 습성도 중요하다. 개에 관한 우리 나름의 정의에 개가 부응하기만 바라지 말고 당신이 먼저 개의 능력에 적응해야 한다. 우리는 개가 **바로 뒤에서** 따라오기를 바란다. 하지만 개는 자신의 사회적 동지들, 즉 사람이 아닌 개와 가까이서 나란히 걷는 것을 더 좋아할지 모른다. 레트리버가 그렇다. 하지만 인간의 사냥을 돕기 위해 탄생한 종은 그렇지 않을지 모른다(주인에게서 눈을 떼지 않는 것은 두 종이 똑같다). 또 대부분의 개는 앞발 두 개 중에서도 특히 잘 쓰는 쪽이 있다. 그래서 예를 들어 개를 훈련할 때 개를 왼쪽으로만 보내는 것은 어떤 개에게는 불리하고 어떤 개에게는 유리한 훈련법일 수 있다(거기다 온갖 좋은 냄새는 전부 길 오른쪽에서만 난다면 개는 좌절감을 느낄 것이다). 그러면서 개만 탓하는 것은 가혹한 처사다. 오히려 잘못이 있다면 개의 본성을 제대로 파악하지 못한 우리에게 있는데 말이다. 모든 개가 같은 방법으로 주인을 따라갈 필요는 없다. 중요한 것은 주인을 안전하게 따라다니고 주인 말을 잘 듣는 것이다.

갯과 동물로서의 특성도 중요하다. 개는 사회적 존재다. 개가 대부분의 시간을 혼자 있게 하지 말자.

개에게 할 일을 주자

개의 능력과 관심을 알아보는 가장 좋은 방법 중 하나는 개가 상호작용할 수 있는 놀잇거리를 가능한 한 많이 주는 것이다. 개의 코앞에 대고 줄을 흔들거나 개가 좋아하는 특별한 물건을 신발 상자 안에 슬며시 감추는 놀이도 좋고, 상점에서 파는 각양각색의 창의적인 장난감에 투자하는 것도 좋다. 개는 파고들고, 냄새 맡고, 씹고, 까딱거리고, 흔들고, 쫓고, 보는 것은 다 좋아한다. 이런 것들을 가지고 놀게 해주면 당신이 가지고 있는 물건들 중에 파고 들거나 씹을 수 있는 물건을 건드리지 않고 놔둘 것이다. 힘이 넘치지만 충동적인 개에게는 야외에서 하는 민첩성 훈련이나 장애물 코스 훈련이 좋다. 하지만 구불구불하고 다양한 냄새가 풍기는 길이나 아직 탐험해보지 않은 장소에 데리고 가는 것만으로도 충분하다.

개는 익숙한 것과 새로운 것을 둘 다 좋아한다. 안전하고 익숙한 장소에서 새로움을 경험하는 것은 행복이다. 새로운 물건은 지루함을 덜어준다. 관심을 끌고 호기심을 자극해 무언가를 해보도록 유도하기 때문이다. 주인이 숨겨놓은 먹이를 찾는 것이 좋은 예다. 그들은 먹이를 찾기 위해 코, 입, 앞발을 모두 동원해 그 공간을 탐험한다. 개에게 **새로운 것**이 얼마나 좋은지 확인하려면 개를 새로운 길로 데려가 얼마나 민첩하게 움직이는지 보면 된다.

함께 놀아주자

개는 자라나는 아이처럼 어릴 때뿐 아니라 사는 내내 끊임없이 세상에 대해 배운다. 아이들이 신나서 어쩔 줄 몰라 하는 놀이는 개에게도 그만큼 재미있다. 개도 사람처럼 사물이 여기 있다가 갑자기 다른 데서 나타나는, 눈에 보이지 않는 이동을 학습하는 시기가 있다. 이 시기에 아이에게 하는 까꿍 놀이를 손 대신 모퉁이나 이불을 이용해서 하면 개가 아주 재미있어한다. 개는 둘 이상의 요소를 아주 영리하게 연결시킬 줄 안다. 이 특성을 이용하면 종소리를 이용해 개가 밥을 기대하도록 훈련시킨 이반 파블로프Ivan Pavlov처럼 당신도 먹이뿐 아니라 사람들의 도착이나 목욕 시간 등을 종소리(또는 뿔피리, 휘파람, 하모니카, 가스펠 등)와 연결 짓게 하는 훈련을 할 수 있다. 일련의 연관성을 갖는 연상의 끈을 만들고 개의 행동이 그 끈에 더해진다고 생각하는 것이다. 예를 들어, 개의 행동을 따라 하며 흉내 내기 놀이를 해봐도 좋다. 개가 하듯 침대 위로 뛰어올라보고, 짖어도 보고, 허공에 대고 앞발을 휘둘러보기도 하자. 현재 개가 쓰는 기술에 주목하고 그 능력을 키워주도록 애써보자. 개가 **산책**과

공이라는 말을 알아듣는 것 같다면 좀 더 미묘한 차이를 만드는 단어들을 덧붙여보기 시작하자. 이를테면 **냄새 산책**과 **파란 공**을 가르치고 그다음 **저녁 냄새 산책**과 **파란 삑삑이 공**을 가르치는 것이다. 그리고 어느 때든 당신이 마치 개인 양 개와 놀아주자. 손으로 바닥을 친다든가 얼굴 가까이에서 헐떡거리는 소리를 내는 식의 놀이 신호를 정해서 그 신호를 보낸 다음 함께 놀자. 손을 개의 입처럼 사용해 개의 머리, 다리, 꼬리, 배를 잡아 보자. 잡거나 깨물기 좋은 장난감을 개에게 줘보자. 꼬리를 흔드는 시늉을 하며 개를 바라보자.

다시 바라보자

자신의 개에게서 보였다, 안 보였다 하는 특징들을 하나씩 알아가는 즐거움을 무엇에 비유할 수 있겠는가. 이제 우리는 개가 우리와 우리 관심에 얼마나 주의를 기울일 수 있는지 안다. 당신 개가 당신 관심을 끌기 위해 사용하는 다양하고 창의적인 방법들을 생각해보자. 그 애는 짖는가, 아니면 시끄럽게 우는가? 애절한 눈빛으로 당신을 바라보는가? 크게 한숨을 쉬는가? 당신과 문 사이를 왔다 갔다 하는가? 머리를 당신 무릎 위에 기대는가? 무엇이든 당신이 좋아하는 방식을 정해 개의 관심 끌기에 반응을 보이자. 그러면 다른 것들은 자연스럽게 사라질 것이다.

당신의 개가 눈을 어떻게 사용하는지, 코는 어떤 냄새에 민감하게 반응하는지, 귀는 어떤 모양으로 접히는지 또는 세우는지, 멀리서 개 짖는 소리가 들릴 때면 어떻게 그쪽으로 몸을 돌리는지 등을 유심히 관찰하자. 그 애가 어떤 소리들을 내는지, 어떤 소리들을 알아채는지에 주목하자. 심지어 당신의 개가 움직이는 방법, 멀리서도 한눈에 그 애임을 알아볼 수 있게 해주는 몸짓이라도 자세히 관찰하면 달리 보일 수 있다.

그 애의 걸음걸이는 어떤가? 몸집이 중간 정도인 개의 보통 걸음은 앞으로 걷는 것이다. 즉 한쪽 뒷다리를 천천히 같은 쪽 앞다리 쪽으로 옮기면서 거의 동시에 대각선 방향 앞다리도 앞으로 움직인다. 약간 서두르며 종종걸음을 걸을 때는 대각선 방향의 다리들이 각각 앞뒤로 일렬이 되고, 어떤 때는 한 발만 땅에 닿기도 한다. 불도그처럼 다리가 짧은 개의 걸음걸이는 종종걸음과 보통 걸음의 중간 정도 된다. 이런 개의 특징은 몸의 무게 중심이 앞에 있고 양쪽 다리 사이가 넓으며 걸을 때 엉덩이를 좌우로 실룩거린다는 것이다. 그레이하운드처럼 다리가 긴 개들은 **전력질주**를 잘한다. 이런 개들은 바닥에서 두 뒷다리가 두 앞다리 앞쪽으로 나오고 몸은 마치 용수철처럼 공중에서 쫙 펴졌다가 내려올 때는 움츠러들기를 반복한다.

대부분의 개에게는 며느리발톱이라는 것이 있는데, 이것은 마치 다섯 번째 발가락처럼 보인다. 이 발톱은 개가 전력 질주할 때 안정성을 높여주고 지렛대 역할을 한다. 전력질주가 끝난 뒤 며느리발톱을 보면 진흙 덩어리가 낀 것을 볼 수 있을 것이다. 장난감처럼 작은 개는 앞다리를 바닥에서 떼지 않은 채 두 뒷다리를 동시에 앞으로 가져오면서 **반쯤만 뛴다**. 다른 개들은 왼쪽 앞다리와 뒷다리를 앞으로 뻗어 동시에 착지하고 곧바로 오른쪽 앞다리와 뒷다리가 재빨리 같은 과정을 반복하며 걷는다. 당신이 키우는 개의 복잡한 걸음걸이를 계속 주시해야 한다는 사실을 잊지 말자.

개를 염탐하자

당신이 없는 동안 개가 보내는 하루를 이해하기 위해서는 비디오로 녹화하는 것이 가장 좋은 방법일 것이다. 펌프와 관련해 내가 누리는 기쁨 중 하나가 바로 내가 없을 때 펌프가 하는 행동을 보는 것이었다. 하지만 몇 시간에 해당하는 비디오 녹화분이 있었음에도 내가 펌프 쪽으로 카메라를 들이댄 적은 거의 없었다. 친구가 펌프를 데리고 나갔는데, 내가 예고도 없이 그 애 앞에 나타났을 때, 그러니까 내가 나타나리라고 펌프가 전혀 기대하지 않고 있을 때, 비로소 나는 내가 없을 때 펌프가 어떻게 행동하는지 볼 수 있었다.

그건 참으로 볼 만한 광경이었다. 당신도 외출 시 집에 비디오카메라를 설치하면 내가 목격한 장면을 재현해볼 수 있다. 내가 이 '엿보기'를 추천하는 것은 녹화된 내용이 대단한 볼거리여서가 아니라 당신이 없는 사이 개의 일상을 볼 수 있기 때문이다. 시시각각 전개되는 단편적인 장면들을 보다 보면 개의 하루가 어떤지 더 잘 이해하게 될 것이다.

내가 펌프의 비디오에서 본 것은 시시때때로 나를 확인하지 않아도 될 뿐 아니라 나에게 일거수일투족을 감시당하지 않아도 되는 자유로움, 그리고 그런 상태에서 비롯된 독립심이다. 내가 서점을 돌아다니며 책을 보고, 또 다른 볼일을 본 다음 저녁 약속에 갔다가 내친 김에 술도 한 잔 걸치는 몇 시간 동안 펌프는 나 없이 혼자서도 아주 잘 지냈다. 이것을 보고 나는 곧바로 안심을 한 것과 동시에 서운한 기분이 들었다. 나는 그 애가 혼자서 하루를 보낼 수 있다는 것이 기뻤지만 때로는 내가 완전히 그 애를 떠나면 어떻게 될지 궁금해지기도 했다.

대부분의 개는 하루 종일 할 일도 없이 혼자서 우리가 돌아오기만을 기다리다가 마침내 우리가 집에 오면 우리가 바라는 대로 행동한다. 그런데 우리는 개가 주인이 없을 때 무언가를 한다는 사실에 놀라고 충격을 받는 게 아닌가! 개는 혼자 지내는 시간을(그리고 우리의 오해와 무시를) 자신의 일부로 받아들이고 참아낸다. 우리는 그렇게 하고도 개에게 미안한 줄 모르고, 오히려 당연해한다. 하지만 개도 하나의 개체다. 그렇기 때문에 개는 자신의 움벨트, 경험, 그리고 관점에 더 많은 관심을 필요로 하고, 또 그런 관심을 받을만한 자격이 있다.

개를 매일 목욕시키자 말자

개에게서 개 냄새가 나도록 참을 수 있는 만큼은 참자. 어떤 개들은 규칙적인 목욕으로 심각한 피부질환을 앓기도 한다. 그리고 자기 몸에서 자기가 들어갔던 목욕통 냄새가 나는 것을 좋아하는 개는 없다.

개의 의도를 읽어내자

초짜 포커 플레이어처럼 개는 자기 몸짓으로 포커 플레이어의 '수', 의도 또는 '솜씨'라고 할 만한 것을 드러낸다. 얼굴, 머리, 몸, 꼬리의 배열 형태는 모두 의미로 가득하다. 거기에는 꼬리를 흔드는 것이나 짖는 것 이상의 정보가 담겨 있다. 개는 한 번에 한 가지 이상을 말할 수 있기 때문이다. 위로 꼬리를 마구 휘저으며 짖는 개는 '공격을 준비'하는 것이 아니라, 호기심과 관심은 있지만 약간 조심스럽고 모호한 감정 상태를 드러내는 것이다. 자기 공을 지키며 으르렁거리는 친한 개를 보고 꼬리를 내려 열심히 흔들어대면 공을 지키는 개의 공격성을 누그러뜨릴 수 있다.

모든 갯과 동물들에게 시선을 맞춘다는 것이 어떤 의미인지, 그리고 개가 상대를 언제 어떻게 응시하는지 알면, 처음 만나는 개라도 그 개의 눈에서 많은 정보를 알아낼 수 있다. 시선을 돌리지 않고 계속 눈을 맞추는 것은 위협의 의미가 될 수 있다. 한시도 눈을 떼지 않고 개에게 다가가는 짓은 삼가야 한다. 개는 당신이 자기를 노려본다고 생각할 것이다. 개가 당신을 쳐다보면 고개를 약간 돌려 시선을 피하자. 개는 긴장하면 고개를 옆으로 돌리거나, 하품을 하면서 다른 데로 주의를 돌리거나, 느닷없이 땅 냄새를 맡는 데 집중한다. 개에게서 위협의 눈초리를 받고 있다는 생각이 들면 개의 목털, 귀, 꼬리가 곧추서 있고 몸이 경직되어 있는지부터 확인하자. 만약 그렇다면 당신 생각이 맞는 것이다. 개가 혀로 허공을 핥으면서 쳐다보는 것은 공격성을 드러낸다기보다 아주 좋다는 표시를 하는 것이다.

개와 가까워지자

대부분의 개가 어루만져도 될 것처럼 보이지만, 모든 개가 사람의 손길을 좋아하는 것은 아니다. 개가 쓰다듬는 것을 좋아하는지 주의를 기울이는 것은 개를 배려하는 일일 뿐 아니라 때로는 반드시 필요한 일이기도 하다. 겁을 먹었거나 아픈 개는 만지면 공격적인 반응을 보일 수 있다. 쓰다듬는 손길에 반응하는 정도는 개마다 차이가 크다. 또한 개의 현재 관심사는 건강 상태나 행복한 정도, 과거의 경험에 따라 달라질 수 있다. 올바른 방식으로 이루어진 사람과의 접촉은 대부분의 개에게 평온함과 깊은 유대감을 경험하게 한다. 한편 가벼운 접촉은 짜증이나 흥분을 불러일으킨다. 적당히 누르는 손길은 안정감을 준다. 하지만 그것이 과하면 아마 강압적으로 느껴질 것이다. 머리부터 엉덩이까지 지속적으로 꾸준히 문질러주거나 시원한 근육 마사지를 해주면 개는(그리고 당신도) 신체적으로 안정을 찾을 수 있다. 개의 반응을 주의 깊게 관찰해서 개가 좋아하는 부위를 찾아보자. 그리고 개도 당신을 만질 수 있게 해주자.

잡종을 선택하자

아직 개가 없거나 한 마리 더 키울 예정이라면 적당한 종을 알려주겠다. 혈통이 없는 개, 바로 잡종견이다. 유기견 보호소에 있는 개나 잡종견이 순종보다 덜 좋거나 덜 믿음직스럽다는 생각은 그냥 틀리기만 한 게 아니라 완전히 시대착오적이다. 잡종견은 순종보다 더 건강하고, 밝고, 오래 산다.

특정 종의 개를 살 때 당신은 단지 특성이 고정된 개를 사는 것이 아니라 행동방식이 정해져 있는 개를 사는 것이다. 그런 개는 당신과 사는 동안에는 결코 해볼 일이 없는 임무를 위해 태어난 개다(그래도 여전히 멋진 개이기는 하겠지만). 반면 종 특성이 희석된 잡종견은 잠재력이 무한하고 조증(극도의 흥분 상태나 난폭성 등을 동반하는 증세-옮긴이)도 덜하다.

의인화를 할 때는 개의 움벨트를 고려하자

산책할 때 펌프는 길 한쪽으로만 다니는 것에 만족하는 법이 없었다. 꼭 정신없이 사방을 왔다 갔다 했다. 그러면 나는 목줄 쥔 손을 이리저리 바꾸는 수밖에 없었다. 가끔은 내가 한쪽으로만 걸어가게끔 고집을 부리면 그 애는 한숨을 푸욱 내쉬고는 했다. 그런 다음 우리 둘 다 길 저편에는 아직 냄새 맡지 않은 명당이 있다는 사실을 알고 있다는 듯 그쪽으로 시선을 흘깃 던졌다.

우리는 개에 관한 과학적 견해를 밝힐 때조차 개를 의인화한다. '개가(혹은 내 개가) 친구를 사귄다, 죄책감을 느낀다, 재미있어한다, 질투한다, 말뜻을 이해한다, 사물에 대해 생각한다, 잘 안다, 슬프다, 행복하다, 겁을 먹었다, 원한다, 사랑한다, 바란다' 같은 식이다.

개를 의인화해서 말하는 것은 쉽고 때로는 유용하지만 동시에 더 크고 더 예외적인 현상의 일환이기도 하다. 사실상 개의 삶을 인간의 말로 바꿔서 표현하기 시작하면서부터 우리는 동물과의 공감대를 잃어버렸다.

이제는 개가 목욕을 하고, 옷을 입고, 생일잔치까지 하는 것이 더 이상 낯설지 않은 일이 되었다. 개를 이렇게 대우하는 것은 언뜻 너그러운 행동처럼 보이지만 한편으로는 개의 본성을 무시하는 것이기도 하다. 개가 태어나는 순간을 지켜보는 사람은 거의 없으며, 많은 사람이 자기가 키우던 개가 죽어가는 순간에도 곁에 머물지 않는 쪽을 택한다. 개들은 그릇에 담아주는 정제된 사료를 먹는다. 개가 돌아다닐 수 있는 범위는 우리 발꿈치에서부터 목줄 길이만큼으로 엄격히 제한돼 있다. 도시 보도에 개가 눈 똥은 곧바로 비닐에 담아 쓰레기통에 버려야 한다(다행히 아직은 개에게 화장실 사용법까지 가르치지는 않는다). 개가 어떤 종이냐에 따라 마치 제품 설명서를 읽듯 그 종의 구체적인 특징이 따라 나온다. 이 모든 것을 종합해보면 인간은 마치 개로부터 동물적인 본질을 없애버리려는 것 같다.

개에게서 동물적인 요소를 완전히 없애버리면 우리는 별로 달갑지 않은 현실에 부닥치게 된다. 개는 늘 우리의 기대대로 행동하지 않는다. 우리가 시키는 대로 앉고 눕고 구르다가도 이내 언제 그랬냐는 듯 시치미를 뚝 떼고 원래 모습으로 돌아간다. 집 안에서 갑자기 쭈그려 앉아 오줌을 누고, 당신 손을 물고, 가랑이 사이를 킁킁거리고, 낯선 사람에게 달려들고, 잔디밭의 멋진 화초를 먹어치우고, 불러도 오지 않고, 자기보다 훨씬 작은 개를 심하게 괴롭힌다. 이런 모습을 보고 실망하는 것은 개에 대한 우리의 지나친 의인화에서 비롯된 경우가 많다. 개의 동물적인 특성을 무시한 결과다. 복잡한 동물을 간단하게 설명할 방법은 없다.

동물을 단순히 인간과 다른 존재로 대한다고 해서 의인화의 문제가 해결되는 것은 아니다. 지금 우리에게는 개의 행동을 더 정확히 파악할 수 있는 수단, 즉 개의 움벨트와 지각 및 인지능력에 대한 지식이 있다. 그리고 우리는 과학자처럼 동물에 대해 냉정한 입장을 취해야 하는 것도 아니다. 과학자도 집에서는 동물을 의인화한다. 반려동물에게 이름을 지어주고, 고개를 뒤로 젖히고 주인을 바라보는 개의 눈길에서 사랑을 본다. 하지만 연구를 할 때는 이름을 붙이기가 금지되어 있다. 이름이 동물을 구별하는 데는 도움이 되지만 연구에는 안 좋은 영향을 미치기 때문이다.

한 생물학자는 "야생동물에게 이름을 지어주면 그 이름이 그 동물에 관한 연구에 지속적으로 영향을 미친다"고 지적했다. 관찰 대상에게 이름을 붙이면 관찰자 편향이 생기기 마련이다. 제인 구달Dame Jane Morris Goodall, DBE은 이 금언을 지키지 않은 것으로 유명하다. 그의 연구 대상이던 '그레이비어드Graybeard'도 함께 유명세를 탔다. 나에게 '그레이비어드'라는 이름은 현명하고 나이 많은 남자를 의미한다. 따라서 나는 그가 어떤 행동을 해도 거기서 어리석음보다는 지혜로움을 읽어낼 가능성이 높다. 생태학자들은 주로 이름 대신 발목 밴드나 털 또는 물들인 깃털 같은 표시로 동물들을 구별한다. 아니면 습관적인 행동이나 사회 조직, 또는 타고난 신체적 특징으로 개체의 정체성을 찾기도 한다.*

개에게 이름을 붙이는 순간 우리는 개를 하나의 개체로 인정하고 그럼으로써 개는 의인화할 수 있는 존재가 된다. 하지만 우리는 반드시 그래야만 한다. 개에게 이름을 지어준다는 것은 개의 본질에 대한 관심을 나타낸다. 이름을 지어주지 않는 것은 오히려 무관심의 절정이다. 개를 그냥 **개**라고 부르는 소리를 들으면 나는 슬퍼진다. 그 **개**는 주인의 삶에 아무 의미 없는 존재나 마찬가지다. 그런 개는 고유의 이름이 없다. 분류상 하나의 아종亞種일 뿐이다. 이런 개가 엄연한 하나의 개체로 대접받는 일은 결코 없을 것이다. 개에게 이름을 지어주는 순간 당신은 그 개가 앞으로 형성해갈 개성의 첫 단추를 끼우는 것이다. 우리 개의 이름을 지어줄 때, 나는 여러 이름으로 개를 불러봤다. **'빈!' '벨라!' '블루!'** 이 중 어떤 이름에 반응을 보이는지 살피면서 나는 '그 애의 이름,' 다시 말해 이미 그 애의 것인 이름을 찾는 듯한 기분을 느꼈다. 그 이름으로 인간과 개 사이의 유대, 투영이 아닌 이해를 바탕으로 하는 유대가 형성될 수

---

* 이런 방법이 항상 효과적인 것은 아니다. 이에 관한 유명한 사례가 있다. 금화조의 짝짓기 전략을 연구하던 연구자들이 연구 대상 금화조를 구별하기 위해 금화조를 사로잡아 발목 밴드를 달고 아무런 해 없이 놓아주었다. 연구자들의 바람대로 발목 밴드를 찬 수컷 금화조는 짝짓기에 성공했다. 그런데 어찌된 영문인지 연구 결과 알게 된 짝짓기 성공 전략은 빨간색 발목 밴드였다. 암컷 금화조가 그 밴드 색깔을 보고 수컷에게 반했던 것이다(반면 수컷 금화조는 검은색 발목 밴드를 찬 암컷을 선호한다).

있다.

가서 당신의 개를 바라보자. 그 아이에게 가자! 그 애의 움벨트를 상상하자. 그리고 그가 당신의 움벨트를 변화시키게 하자.

| 나오는 말 |

너무도 특별한 오직 '나만의 개'

펌프의 사진을 볼 때마다 나는 짙은 색 털과 잘 구분되지 않는 그 애 눈에서 깊은 인식을 발견한다. 그것은 내게 펌프라는 존재는 언제나 신비로운 무엇이었음을, 그래서 나는 늘 펌프로 사는 건 과연 어떤 것일까 궁금해했음을 나타내 주는 것 같다. 그 애는 단 한 번도 속내를 드러낸 적이 없다. 그 애에게는 그 애만의 사생활이 있었다. 그런 자신의 삶 속에 나를 들여놓아준 그 애가 난 언제나 고맙다.

펌프가 내 삶에 처음 걸어 들어온 건 1990년 8월이었다. 그때부터 2006년 11월, 그 애가 숨을 거두는 날까지 우리는 거의 매일을 함께 보냈다. 사실 나는 아직도 하루하루를 그 애와 함께 보낸다.

펌프는 뜻밖의 선물이었다. 내 삶이 개 한 마리 때문에 그리 달라지리라고는 꿈에도 생각 못했었다. 하지만 나는 금세 '개 한 마리'라는 말로는 그 애를 설명할 수 없다는 사실을 깨닫게 되었다. 그 애가 얼마나 빛나는 가치들을 숨기고 있는지, 또 얼마나 깊이 있는 내면의 소유자인지, 그리고 그 애를 알게 된 후 내 삶은 또 얼마나 많은 가능성을 갖게 되었는지. 얼마 지나지 않아 나는 그 애 곁에 있는 것만으로도 기쁨을 느끼고, 그 애 행동을 바라보는 것만으로도 벅찬 자부심을 갖게 되었다. 펌프는 생기 넘치고, 인내심 있고, 고집 세면서도 애교 있는 개였다. 언제나 자기 의견을 고수하면서도(깨갱거리며 불평만 일삼는 개들은 참아주지 못했다) 새로운 것들에는 항상 마음이 열려 있던(무관심하긴 했어도 가끔 데려오는 길 잃은 고양이들에게 관대했다) 펌프는 감정이 풍부하고 늘 다양한 반응을 보였다. 한 마디로 그 애와 함께 있는 일은 언제나 즐거웠다.

엄밀히 말해 펌프는 내 연구 대상이 아니었지만(적어도 의도적이진 않았다) 나는 개들을 관찰할 때면 그 애를 데리고 다녔다. 펌프는 개 공원이나 개들 모임에 들어갈 수 있는 열쇠와 같았다. 동반한 개 없이는 다른 개나 개 주인들에게 미심쩍은 눈길을 받는 일이 잦았으니까. 그 결과 카메라가 다른 개들에게 초점을 맞추는 사이 펌프도 함께 장난치거나 화면 안팎으로 드나드는 모습이 종종 잡혔다. 이제 나는 펌프의 모습을 그렇게 무심히 넘긴 것이, 그 애 모습을 조금 더 자세히 잡아내지 못한 것이 너무나도 아쉽다. 원하던 대로 개들의 상호작용을 포착하고 그들의 습성을 수차례 돌려보고 분석하면서 놀라운 능력을 발견하긴 했지만 정작 내 개의 소중한 순간들은 놓치고 만 것이다.

자신의 개란 얼마나 특별한 존재인가. 개가 있는 사람이라면 누구나 내 의견에 동의할 것이다. 하지만 논리적으로 따지자면 이 말은 틀려야 옳다. '특별'이라는 말의 정의상 모든 개가 특별해질 수는 없으며, 혹시 그렇다면 특별함은 곧 '평범함'이 되어버리니 말이다. 하지만 또한 여기에서 틀린 것이 바로 그 논리다. 개와 함께하는 사람 한 명 한 명이 자신의 개와 함께 창조하는 삶의 이야기는 다 특별하다. 자신의 개에 관해 알고 있는 모든 사실도 특별하다. 과학자로서 객관적 시각을 견지하려 노력하는 나 역시 그러한 느낌을 피해갈 수는 없다. 행동 과학적 접근법도 단순히 개 주인 각자의 이해, 즉 그가 자신의 개에 대해 전문적으로 알고 있는 것들에 기반한다.

생의 막바지에 다다랐을 때쯤 펌프는 몸무게가 줄고, 주둥이 털이 희어지고, 걷다가 점점 느려져 제자리에 멈추기도 했다. 그때 나는 그 애의 좌절감과 체념, 그리고 추구하거나 포기하는 충동 등을 보았다. 하지만 한편으로는 그 애의 사려 깊음과 자기 통제, 그리고 침착함도 볼 수 있었다. 얼굴을, 그리고 눈을 들여다보면 그 애는 언제나 다시 강아지가 되어 있었다. 그럴 때마다 나는 보았다. 처음 만난 내가 그 가느다란 목에 커다란 목줄을 씌우는데도 얌전히 있던, 유기견 보호소에서부터 쫄레쫄레 나를 따라 서른 블록을 걸어 집으로 온 그 이름 없는 강아지의 모습을. 그리고 그 이후로도 나와 함께 수천 킬로미터를 함께 걸어온 그 애 모습을.

펌프를 알고, 펌프를 잃은 후 나는 피네건을 만났다. 벌써부터 이 새로운 아이를 만나지 않았다면 내 삶이 어땠을지 상상할 수조차 없다. 다리만 보면 기대고, 공만 보면 달려가 물어오고, 우리 무릎을 따뜻하게 덥히는 이 아이를. 피네건은 놀라울 정도로 펌프와 다르다. 하지만 펌프가 내게 알려준 것은 피네건과의 모든 순간을 더욱 더 풍요롭게 만들어주었다.

펌프가 고개를 들어 나를 쳐다본다. 숨 쉴 때마다 머리가 가볍게 들썩인다.

어두운 색 코는 축축하게 젖어 있고 눈은 평화롭다. 펌프가 핥기 시작한다. 먼저 앞다리를 길게 핥더니 다음은 마루 차례다. 목에 매달린 이름표가 나무 바닥에 부딪혀 쩔컹쩔컹 소리를 낸다. 귀가 마루 위에 힘없이 펼쳐져 있다. 마치 햇볕에 바싹 말린 펠트 잎처럼 바닥에서 약간 말려 있다. 그 당시 펌프의 앞 발가락은 조금 벌어져 있고, 앞발은 금방이라도 덤벼들 준비를 하는 것처럼 새의 발톱 모양을 하고 있었다. 하지만 그 애는 덤벼들지 않았다. 대신 길게 하품을 했다. 길고 게으르게 흘러가는 오후의 하품이었다. 혀가 나른하게 공기를 핥는다. 아이가 다리 사이에 머리를 묻는다. 그리고 그르렁 소리와 함께 눈을 감는다.

| 옮긴이의 말 |

내 개가 '보고, 느끼고, 아는 것'을 내가 알게 된다면

나는 개 셋, 고양이 셋, 총 여섯 마리 반려동물의 보호자다. 그중에서 우리 개들을 소개하고 싶다.

내가 늘 '엄마의 첫사랑'이라고 부르는 반려견 사랑이는 2008년 8월, 우리 집에 처음 왔다. 사랑이는 강아지를 키우고 싶다고 거의 매일 노래를 하다시피 하던 나에게 남편이 사다준 '깜짝 선물'이었다. 우리는 남편 지인이 근무한다는 애견숍에서 일명 '가정견'이라 더 건강하고 귀하다는 품종견 사랑이를 '비싼 값'에 '구입'했다. 그랬다. 당시에는 '강아지를 산다'는 개념에 아무도 토를 달지 않았다. 너무도 예쁜 사랑이를 데리고 다니면, "얼마 주고 샀어요?"라고 물어오는 사람도 적지 않았다.

어릴 때부터 동네 개, 고양이, 심지어는 비둘기, 까치와도 모두 친구를 먹고 다니던 나에게 온전히 내 '소유'인 사랑이의 존재는 엄청나다 못해 경이로웠다. 그날부터 내 일상은 사랑이 위주로 돌아가기 시작했다.

하지만 문제도 생겨났다. 우리가 처음 사랑이만 두고 외출했던 날, 사랑이는 우리가 돌아올 때까지 그 작은 앞발로 현관문을 긁어댔다. 돌아와서 본 사랑이의 앞발은 피투성이였다. 맞은편 집 아저씨는 우리가 돌아오는 소리를 듣고는 밖으로 나와 대뜸 화부터 냈다. 개가 온종일 짖고 문을 긁어서 살 수가 없다고. 딱 하루였지만, 그런 건 상관없었다. 그냥 개가 시끄럽게 한다는 게 문제였다. 결국 몇 달 후 집을 부동산에 내놓고 이사 갈 집을 알아보기 시작했다. 그리고 이사 전까지 어떻게 이 문제를 해결해야 할지 머리를 맞대었다. 결론은 사랑이가 외롭지 않게 친구를 만들어주어야겠다는 것이었다.

지금 생각해보면 참으로 어이없고 경솔하며 무책임한 대처였지만, 당시에는 그게 가장 좋은 해결책 같았다. 그래서 우리는 둘째를 입양할 채비를 시작했다. 그런데 사랑이가 우리 삶에 들어오면서 시작된 작은 변화가 있었다. 개, 강아지, 애견, 강아지 분리불안, 강아지 배변훈련, 강아지 설사병, 강아지 목욕 등등의 단어를 검색하면서 한두 번씩 연관 검색어로 등장하는 '유기견 문제'에 관심을 가지게 된 것이다. 남편과 나는 사랑이를 '구입'했다는 사실에 점차 죄책감을 느끼기 시작했다. 좋은 시작이었다. 이제부터라도 뭔가 '옳은 일'을 하고 싶었다. 그렇게 해서 입양을 갔다가 두 달 만에 파양되었다는 별이가 우리 집 둘째로 들어오게 되었다.

별이가 오고 나서 문을 긁어대던 사랑이의 '자해'는 거짓말처럼 사라졌다. 하지만 더 큰 문제가 따라왔다. 별이는 하울링을 했다. 우리가 외출했다 돌아올 때까지. 짖음도 심했다. 문 밖에서 아주 작은 소리만 들려도 짖기 시작해서 소리의 근원이 사라진 후에도 짖기를 멈추지 않았다. 그 다음부터 우리의 일상이 어떤 식으로 흘러갔을지는 더 이상 설명하지 않겠다. 지면도 부족하고 자칫하다가는 넋두리가 될 수도 있을 테니. 어쨌든 우리는 극복해나갔다. '슬기롭고 현명하게'까지는 아닐지라도 최선을 다했고, 이제 별이는 우리 집 공식 '순둥이'이다.

이제 내가 정말 하고 싶은 봄이 이야기를 해볼까 한다. 봄이는 양 손바닥 안에 들어갈 반큼 아주 작은 흰색 볼티즈다. 어느 날 지인의 집에 놀러가니, 너무 작아 탄성이 절로 나오는 하얀 강아지가 꼬리가 떨어져라 흔들어대며 나를 맞이했다. 내가 자리에 앉으니 너무도 스스럼없이 무릎 위로 올라와 체온을 나눠 주었다. 평소에도 강아지만 보면 시도 때도 없이 돌고래 소리를 내는 나는 그 아이의 사랑스러움에 넋을 잃고 말았다. 지인에게 언제 강아지를 입양했느냐고 물어보니 한숨과 함께 돌아온 대답은 이랬다.

지인에게는 고등학교에 다니는 아들이 있는데, 하루는 그 아들의 친구가 자기네 집 강아지가 병에 걸려서 수술을 해야 하는데 형편이 여의치 않아 엄마가 그냥 안락사를 시키겠다고 하니 네가 데려다가 키워주면 안 되겠냐고 물어왔다고 한다. 지인의 아들은 그 강아지를 넘겨받아 집으로 데리고 왔다. 하지만 지인도 키울 형편이 안 되거니와 아이들끼리 아픈 강아지를 서로 넘겨주고 넘겨받았다는 사실이 용납되지 않아 그 친구 부모와 통화를 하겠다고 하니 아들이 연락처를 안 준다는 것이었다. 새끼 강아지처럼 보이던 그 예쁜 개는 사실 7살이나 되었고, 자궁축농증이라는 병에 걸려 걸어 다닐 때마다 고름을 소변처럼 쏟고 있었다. 외음부가 너무 부어 땅에 끌려서 쓸릴 정도였고, 이빨은 성한 게 하나도 없을 정도로

다 썩어 있었다. 그래서인지 입 주변에 손이 스치기만 해도 사납게 입질을 하고 짖어댔다. 지인은 정 그 부모와 통화가 안 되면 유기견 보호소에 보내야 할 것 같다고 말했다.

집으로 돌아온 나는 잠이 오지 않았다. 결국 남편에게 상의를 했고, 수술만 시켜서 돌려보내는 것으로 합의를 봤다. 물론 수술과 입원, 치아 스케일링에 발치까지 하느라 예상치도 못했던 큰돈이 나갔지만, 마음만은 그렇게 가벼울 수 없었다. 수술 후 몇 달 우리 집에서 지내며 봄이는 건강해졌고, 물이 오른 미모로 산책만 나가면 동네 사람들의 관심을 한 몸에 받았다. 하지만 봄이를 계속 데리고 있을 수는 없었다. 남편과의 약속도 약속이었지만, 처음에 고름을 질질 흘리며 아픈 몸으로 우리 집에 왔던 봄이를 사랑이가 받아들이지 않았기 때문이었다. 봄이가 친해지자며 자신의 냄새를 맡아달라고 엉덩이를 들이밀며 다가간 게 오히려 역효과가 났는지 수컷인 사랑이는 봄이라면 질색을 했고, 결국 봄이도 사랑이라면 질색을 하여 서로 앙숙이 되는 지경에까지 이르렀다. 어쩔 수 없이 우리는 봄이를 지인의 집으로 다시 돌려보내야 했다.

그 후 지인은 키울 형편이 되지 않아 다른 지인의 집으로 봄이를 보냈다고 했다. 그렇게 봄이는 아픈 손가락으로 남았다. 길에서 하얀 몰티즈를 만날 때마다 내 가슴은 바닥으로 툭 떨어졌다. 하지만 그래도 시간은 흐르고 삶은 살아지는 법이었다.

그렇게 몇 년이 지난 어느 날, 그 지인의 집에 다시 봄이가 돌아왔다. 다 늙어 눈은 안 보이고, 귀도 안 들리고, 갈비뼈는 부러졌다가 어긋나게 붙어 툭 튀어나오고 꼬리는 꺾인 채로 폐수종이라는 힘든 병까지 안고.

그길로 봄이는 다시 우리 집으로 왔다. 여전히 사랑이와는 친해지지 못했지만, 둘 다 너무 늙어 이빨도 거의 없어서 서로에게 전혀 위협이 되지 않는 채로, 그리고 함께 늙어가는 마당이라 서로의 존재를 별로 성가셔하지 않는 채로. 내 아픈 손가락이 그렇게 아물어 가고 있다.

도입부에서 호로비츠 박사는 이렇게 말한다.

> 이 책에서 나는 개의 가족을 그냥 주인이라고 표현할 텐데, 그것은 단지 이 용어가 인간과 개의 법률적 관계를 설명해주기 때문이다. 개는 지금도 여전히 재산으로 간주된다. 언젠가 개가 우리의 소유 재산으로 취급되지 않는 날이 온다면 나는 쌍수를 들어 환영할 것이다. (중략) 마찬가지로 개를 지칭하는 대명사를 사용할 때도 특별히 암컷 개를 논하는 상황이 아닌 이상 성중립적인 대상을 지칭하는 '그him'라는 인칭 대명사를 사용할 것이다. 물론 '그것it'이라는 훨씬 중립적인 표현도 있지만, 그것은 개를 기르거나 개에 대해 조금이라도 아는 사람이 듣기에는 참으로 가당치 않은 표현이다.

저자가 정확히 지적했듯이 인간들 사이에서 개의 입지는 우리 가족이 사랑이를 만났던 15년 전과 비교해서 별로 달라진 것이 없다. 물론 반려동물 인구 천만 시대를 맞아 반려용품 시장 규모는 하루가 다르게 성장해가고, 동네 어귀마다 강아지 유치원과 강아지 호텔이 자리해 있으며, 동물병원의 수도 과거와는 비교가 안 되게 늘어나 있다. 하지만 그럼에도 여전히 개는 가족이 아니라 재산이다. 값을 매겨 사고 팔 수 있고, 아무런 문제의식 없이 안락사를 시켜도 그건 안락사를 시키는 '내 사정'이지, '당신이 감 놔라 배 놔라 간섭할 일'이 아니다. 그리고 여전히 많은 개가 1미터 남짓 목줄에 매여 '살아간다'기보다는 '목숨을 부지'하며 평생을 보내지만, 그것 역시 그 개를 재산으로 소유한 사람의 결정이니 우리가 개입할 여지는 없다.

하지만 여섯 마리의 반려동물을 키워오는 동안 우리 가족의 삶과 의식은 정말로 많이 달라졌다. 나는 사랑이를 키우기 시작하면서 동물복지에 눈을 떴고, 더불어 약자에 관심을 갖기 시작했다. 또 불편하고 마음 아파 일부러 외면해오던 동물학대 문제와 사회의 부조리, 부당함, 차별 등으로 자연스레 눈을 돌리게 되었다. 그렇게 해서 차츰 깨닫게 된 동물이나 사회적 약자가 처한 현실의 문제들은 책으로, 강의로 또는 누군가의 친절한 설명으로 깨달았던 그 어떤 진리보다도 더욱 강하고 간절하게 내 가슴에 파고들었다. 이는 비단 나만 겪어온 변화는 아닐 것이다. 반려동물을 가족으로 맞이해 사랑으로 키워가는 보호자라면 거의 모두가 마찬가지일 것이다.

동물을 키운다는 것은, 그것도 그들을 물건이나 재산이 아닌 가족으로 받아들여 사랑하고 부대끼며 여생을 함께 보낸 후 마음에 묻어 떠나보낸다는 것은, 고급차를 사서 애지중지 밤낮으로 닦고 아끼다가 적당한 때가 되면 중고로 팔아 더 좋은 차를 사는 것과는 차원이 다르다. 우리는 차가 혼자 있으면 얼마나 외로울지 걱정하지 않는다. 사서 별로 쓰지도 않고 창고에 처박아둔 운동기구를 산책시켜주지 못해 죄책감을 느끼는 일은 더더구나 없다. 우리 집 배

추나 무가 시들어 썩어 가면 얼른 쓰레기통에 가져다 버리면 그만이다.

정말 우리 개가 저들과 같을까?

이 책은 개를 재산이 아닌 가족으로 온전히 받아들이기 위해 우리 인간이 반드시 깨달아야 할 개의 마음과 생각에 관해 다루는 책이다. 개의 마음과 생각에 관해 궁금해하는 사람이 많아질수록, 그리고 그 답을 찾기 위해 노력하는 이들이 늘어날수록 개를 재산으로 명시해놓은 법이 바뀌는 시기도 점차 앞당겨지지 않을까? 그러니 말 못하는 우리 아이들이 대체 무슨 생각으로 저런 행동을 하고, 무엇을 보고 저리 흥분을 하며, 대체 내게는 안 들리는 어떤 소리를 들었기에 저리도 짖어 대는지 궁금했던 적이 있는 보호자라면 반드시 읽어보라고 권하고 싶다.

"산책을 꼭 밖으로 나가서 해야 하나요? 우리 집에는 잔디가 깔린 넓고 쾌적한 마당이 있는데, 우리 개들은 왜 마당에서는 놀지 않을까요? 꼭 대문 밖을 나가야만 산책을 한다고 생각하거든요. 개들 때문에 마당 있는 집으로 이사를 왔는데, 이게 대체 무슨 일이죠?"

궁금하신가? 이 책에 명쾌한 답이 있다.

"우리 강아지는 화상통화를 해도 나를 못 알아봐요. ○○아, 라고 부르면 귀만 쫑긋하고는 그만이에요. 집에 들어가면 아래위로 뛰며 격하게 환영을 하면서, 화면 속의 나에게는 왜 반응을 안 할까요? 개들은 휴대전화를 통해서 나오는 목소리는 알아듣지 못하나 봐요."

그에 대한 답변도 이 책 안에 있다.

"난 오래 외출할 때는 불을 켜 놓고 나와요. 밤에 우리 강아지가 무서울까 봐요."

정말? 이 책을 읽어보시라. 형광등 불빛이 개에게는 어떻게 보일까.

"우리 개는 내가 외출하려고 일어서는 것과 산책시키려고 일어서는 걸 귀신같이 구분해서 알아차려요."

그렇다. 개들은 그걸 알아차린다. 어떻게? 이 책에 답이 있다.

12년 전 이 책을 처음 번역할 때만 해도 나는 초보 보호자였다. 그때 번역을 하며 읽었던 이 책은 개에 관한 신기한 사실로 그득한 보물 상자 같았다. 나는 산책길에서 마주쳤던 다른 보호자들에게 이 책을 통해 배운 이런저런 사실들을 알려주며 개에 관한 지식을 뽐내기도 했고, 그 지식을 우리 아이들의 좀 더 나은 삶을 위해 활용하기도 했다. 이 책을 통해 반려동물의 복지에 더 많은 사람이 관심을 쏟고 고민하게 되길 바랐다.

이제 늙은 개의 보호자가 되어 어떻게 하면 조금 덜 후회하고 덜 슬퍼하며 아이들을 떠나보낼 수 있을까 고민하는 시간이 길어진 요즘, 이 책은 전과는 또 다른 의미로 내게 소중하고 새롭게 다가왔다. 나는 다시 한번 그동안 내 개가 '보고 느끼고 아는 것'에 관해 내가 얼마나 알고 있었으며, 과연 나는 이 아이들에게 좋은 보호자였을까 자문해봤다. 답은 쉽게 나오지 않았다. 하지만 아직은 늦지 않았으리라 믿어보기로 했다.

이 책을 재출간하기로 결정한 동그람이 관계자 분들께 진심으로 감사드린다. 그리고 이 책이 반려동물을 가족으로 처음 맞이하는 초보 보호자는 물론, 반려동물과 오랜 세월을 함께 하면서도 말로 소통할 수 없는 탓에 그들의 머릿속, 마음속을 들여다보지 못해 때때로 안타까움으로 발만 동동 굴러야만 했던 나와 같은 많은 보호자에게 실질적이고 속 시원한 해결책과 도움을 제공할 수 있기를 기원해본다.

이제 나는 아이들을 데리고 산책을 나가볼까 한다. 눈도 안 보이고 귀도 잘 안 들리는 아이들이지만, 코만은 여전히 실룩거리며 매사에 제 역할을 충실히 해내고 있으니, 그래, 오늘은 호로비츠 박사가 권유했던 '냄새 산책'을 한번 해보자꾸나!

산책하기 좋은 어느 따스한 날
전행선

| 부록 |

저자 인터뷰

이 책을 쓰게 된 계기는 무엇인가요?

저는 제 반려견 펌퍼니클(펌프)과 오랜 세월을 함께 살면서 그 아이의 행동과 경험에 관해 다양한 질문을 품게 되었습니다. 한 번이라도 개와 공간을 공유해본 경험이 있는 사람이라면 누구라도 품게 될 그런 질문, 예를 들어, '내가 집에 없을 때 펌프는 무엇을 하고 있을까?' '지루하지는 않을까?' '행복할까?' '잘 때는 무슨 꿈을 꾸지?' '왜 저기서 구르는 걸까?'와 같은 생각들 말입니다. 펌프는 정말 근사하고 독특한 아이였어요. 그래서 오래 알아갈수록 궁금한 게 더 많아졌습니다.

그 당시 저는 인지과학 박사과정을 밟는 중이었어요. 그러면서 오늘날 '동물 인지'라 불리는 것에 관심을 갖게 되었죠. 동물의 인지능력을 알아보기 위해 행동을 관찰하는 분야죠. 하지만 제가 공부를 시작했을 때는 연구대상에 개는 포함되지 않았어요. 오직 유인원과 원숭이(그리고 몇몇 특별한 새 등)만이 인지적으로 흥미롭다고 여겨졌거든요. 아마도 인간과 가까운 관계 때문이었을 겁니다. 하지만 저와 다른 몇몇 과학자들은 개도 같은 방식으로 연구할 수 있을 것 같다고 생각했죠. 바로 그때부터 저는 개를 관찰하는 연구를 시작했습니다.

그 이후로 개 인지 연구가 시작되었고 현재는 개의 행동을 연구하는 수십 개의 학회 단체가 있습니다. 하지만 여전히 대부분의 학술 연구는 제가 개를 키우며 품었던 질문들에 답하려는 시도조차도 하지 않고 있죠. 그래서 개에 관심이 있는 사람들이 최근의 연구를 쉽게 접하고 그것을 개에 관한 질문에 적용할 수 있도록 돕기 위해 이 책을 썼습니다.

이 책은 개를 다루는 다른 책들과 어떻게 다른가요?
이 세상이 개에 관한 책을 더 필요로 한다고 생각하시나요?

저는 이 책을 전형적인 '개를 다루는 책'이라고 생각하지는 않습니다. 인지과학을 이용해 동물의 마음을 더 잘 그려보려고 하는데, 제가 집중하는 동물은 개인 거죠. 이 책은 또한 "다른 동물이 된다는 건 어떤 걸까?"라는 질문에 답하고자 하는 시도인데, 이 질문은 한 철학자의 것이기도 하지만, 한편으로는 많은 사람이 자신의 반려동물이나 오가면서 마주치는 다른 동물들에 대해서도 품고 있는 질문이 아닐까 생각됩니다.

개 관련 서적의 범주 안에서는 아직 다루지 못한 영역이 많다는 게 제 생각입니다. 사실 반려견 훈련 서적이나 귀엽거나 나쁘거나 영웅적이거나 영리한 개에 관한 이야기를 다룬 책들은 흘러넘치죠. 제 책은 이 범주에 포함되지 않아요. 일단 훈련서는 아닙니다(물론 이 책을 읽으면 키우는 개에 관해 더 잘 이해하게 되어 훈련에도 도움이 될 수 있겠죠). 그리고 감상적인 책도 아니에요. 하지만 이 멋진 생명체 중 하나와 관계를 맺음으로써 얻게 되는 벅찬 감동으로 가득 찬 책이기는 합니다. 어쨌든 이 책은 개의 관점으로 세상을 바라보는 건 어떨지 상상해보라고 권하는 책입니다. 개는 세상을 어떤 식으로 경험하는지, 개가 원하고 필요로 하는 것은 무엇인지, 개가 생각하고 이해하는 것은 무엇일지 등에 관한 것이죠. 저는 이거야말로 우리가 거의 해내지 못한 일이라고 생각해요. 특히 개가 우리 사회뿐 아니라 우리의 삶 속에 얼마나 많이, 그리고 깊숙이 들어와 있는지 고려해볼 때는 더욱 그렇죠.

이 책의 핵심 개념인 '개의 움벨트'에 대해 설명해주세요.

동물의 움벨트란 세상을 바라보는 동물의 관점입니다. 우리가 동물을 이해하고자 한다면 이 세상이 동물에게 어떻게 보이는지 이해해야 한다는 거죠. 그리고 그렇게 하려면 동물이 갖추고 있는 감각 장비가 무엇인지도 알아야 합니다. '개의 시각은 얼마나 좋을까?' '개는 어떤 냄새를 맡을 수 있지?' '개는 전자기 자극을 감지할 수 있을까?' 등은 물론이고 세상 만물 중에 그들에게 중요한 것은 무엇인지도 알아야 합니다. 인간은 개의 움벨트에서는 큰 부분을 차지하지만, 예를 들어 집파리의 움벨트에서는 다른 포유류와 별반 다르지 않습니다. 한편 개와 집파리는 둘 다 역겨운 냄새가 나는 물체를 예리하게 인지하고 그런 장소에 홀린 듯이 이끌리지만 우리는 그런 냄새를 맡을 수는 있어도 그 냄새의 원천을 피하려는 마음만 가지고 있죠.

이 책에서 저는 독자들이 개의 움벨트에 더 많은 관심을 기울임으로써 개를 더 잘 이해려고 애쓰기를 장려합니다. 개는 무엇을 보고 냄새 맡고 들을 수 있을까? 개는 무엇에 관해 생각하고 무엇을 알고 있시? 개와 관련 있는 것은 무엇이고 그렇지 않은 것은 무엇일까? 개의 움벨트를 파악함으로써 우리는 개가 된다는 게 어떤 것인지 더 잘 이해할 수 있게 되는 거죠.

그렇다면 우리가 '개가 된다'는 게 어떤 건지 알 수 있을까요?
개도 우리처럼 세상을 바라볼까요?

사실 우리가 다른 사람이 된다는 게 어떤 것인지 안다는 건 거의 불가능합니다. 그러니 개가 된다는 게 어떤 것인지 확실히 안다는 것도 불가능하겠죠. 하지만 인지적으로나 지각적으로 개의 능력에 대해 더 많이 알게 될수록, 개가 된다는 게 어떤 것일지도 더 잘 상상할 수 있게 될 겁니다.

우리는 자연스럽게 개가 우리와 어느 정도는 비슷하리라고 상상합니다. 단지 덜 정교하고, 덜 영리하며 머릿속에서 벌어지는 일도 다소 적을 뿐이라고요. 하지만 이건 잘못된 추측입니다. 인간이 감지할 수 없는 것을 개는 감지할 수 있다는 사실을 우리가 깨닫게 되는 순간 새로운 그림이 등장합니다. 개가 탁월할 만큼 풍부한 감각 세계 속에 살고 있고, 복잡한 사회적 상호 작용을 하며, 우리의 행동을 읽을 수 있는 특별한 능력 또한 가지고 있음을 보여주는 그림이죠. 개는 우리처럼 세상을 바라보지 않습니다. 코와 입천장에 있는 '보습코기관'이라 불리는 기관을 통해 거의 냄새로 세상을 '봅니다.' 우리처럼 세밀하고 다채로운 색을 볼 수는 없지만, 시각은 꽤 좋은 편입니다. 하지만 코를 통해 세상을 보는 능력에 비하면 부차적인 감각기관이죠. 우리처럼 시각 중심적인 생명체에게 그것은 거의 상상조차 하기 힘든 일입니다.

박사님은 '우리가 종종 개의 행동을 오해한다'고 하셨습니다. 그런 사례를 몇 가지 소개해주실 수 있나요?

우리는 종종 개의 행동이 우리 인간의 행동과 일치하는 것처럼 취급합니다. 개가 한 발을 들어 올리면 우리는 이것을 '악수한다'라고 표현하죠. 물론 농담이기는 하지만, '악수'라는 것이 개가 자신이 위협적이지 않다는 것을 보여주고 공격받는 것을 피하기 위해 행하는 일종의 복종행위라는 것을 알게 되면 여전히 사람들은 많이 놀랍니다.

이 책에서 제가 가장 좋아하는 예는 개가 '뽀뽀'를 한다는 내용입니다. 우리가 외출했다가 돌아오면 개가 침을 잔뜩 묻혀가며 우리의 입을 미친 듯이 핥아대는 걸 우리는 종종 우리에 대한 애정 표시로 간주하죠. 하지만 개의 사촌이자 조상인 늑대들의 행동을 살펴보면 전혀 다른 인상을 받게 됩니다. 사냥을 마치고 무리로 돌아간 늑대는 그의 입을 미친 듯이 핥아대는 무리 내의 친구들에 둘러싸이는데, 그들의 의도는 돌아온 늑대가 사냥을 해서 잡아먹은 신선한 고기를 토해내게끔 하려는 겁니다. 그리고 종종 의도대로 되죠.

그러니 키우는 개가 당신의 입을 핥는다면, 바로 그와 비슷한 행동을 하고 있는 겁니다. 당신이 무언가 먹는 것을 보고, 그것을 토해내도록 부추기는 거죠. 그리고 당신의 입에 뽀뽀할 만한 당신 인생의 다른 사람들과는 다르게, 당신이 정말로 무언가를 토해낸다 해도 개들은 결코 싫어하지 않을 거예요. 다른 한편으로는 이를 '반갑게 맞이하는' 행동이라고 부르는 것도 틀리지 않아요. 핥는 행위 자체가 당신을 알아본다는 인식, 친숙함, 그리고 어쩌면! 당신에 대한 애정을 나타내는 것일 수 있거든요.

'개는 우리 사이를 걸어 다니는 인류학자'라고 표현하셨는데, 과연 개들은 우리에 관해 무엇을 알고 있을까요?

냄새 하나로도 개들은 우리에 관해 많은 것을 알고 있는 것 같아요. 그들은 우리가 최근에 섹스를 했는지, 담배를 피웠는지, 혹은 목욕을 했는지 알 수 있어요. 또 방금 밥을 먹었는지, 조깅을 하고 왔는지, 다른 개를 쓰다듬지는 않았는지 등도 알 수 있죠. 또한 우리의 감정도 냄새로 알 수 있어요. 우리가 두려움을 느낄 때 분비되는 호르몬을 감지할 능력도 있고, 아마 다른 감정도 감지할 수 있을 거예요.

그렇다고 냄새가 우리에 관해 알려주는 유일한 정보의 원천은 아니에요. 개 주인들은 가끔 여행을 가기 위해 짐을 싸거나, 산책 준비를 할 때 개들이 이미 그 사실을 알아챘다는 걸 깨닫고 놀랄 때가 있어요. 그런데 이 정도는 빙산의 일각에 불과해요. 인간은 습관의 동물이기 때문에 옷을 입을 때, 외출 준비를 할 때, 저녁을 준비할 때 등등의 상황에서 거의 비슷하게 행동하는 경향이 있죠. 개는 자신이 관심을 두는 어떤 상황, 예를 들어 산책 같은 상황으로 이어지는 일련의 활동을 매우 잘 관찰합니다. 산책을 가기 전에는 어떤 일들이 일어났었는지 기억하는 거죠. 그런 걸 보면 가끔은 개들이 우리보다 먼저 우리의 의도를 아는 것처럼 보이기도 해요.

이 책에서 독자들이 무엇을 얻어가길 바라시나요?

개라는 존재가 일반적으로 우리가 생각하는 것과 얼마나 다른지 깨닫고 그들에 관해 새로운 인식을 얻었으면 하는 게 제 바람이에요. 또한 개가 이해하고 관심 두는 것을 바탕으로 개와의 새로운 관계를 형성하는 데 이 책을 이용하기를 바라요. 저는 사람들이 키우는 개의 움벨트를 고려해주었으면 좋겠어요. 그래서 개에게 비옷을 입힌다든가, 냄새나는 장소에서 개를 멀리 데려가 버린다든가, 다른 개들과 어울리지 못하게 하는 등의 행동을 제고해주길 바랍니다.

처음 개를 키우게 되면, 사람들이 가장 먼저 하는 일 중 하나가 바로 개를 '훈련'하는 방법을 찾는 겁니다. 그런데 저는 이게 좀 신기한 것 같아요. 우리가 갓난아기를 병원에서 집으로 데려오자마자 규칙을 가르치는 것이나 다를 바 없잖아요. 사실 개를 훈련하고 그로써 모든 상호작용이 완료되었다고 생각하는 것보다 개를 다루기에 훨씬 더 설득력 있는 방법들이 많이 있거든요. 그러니 서둘러 훈련하기보다는 한동안 함께 지내면서 그들을 지켜보고, 개처럼 행동하게 내버려 두고, 개들이 우리에게 반응하도록 허락하고 우리도 개에게 반응한다면, 그 상황과 관련된 모든 사람이 개와 함께 훨씬 더 흥미로운 관계를 형성하기 시작할 겁니다.

책에서 개의 경험에 주의를 기울여야 한다고 강조하셨습니다. 그렇다면 주인은 키우는 반려견의 경험을 개선하기 위해 무엇을 할 수 있을까요?

모든 주인은 자신의 개가 매일 적정한 관심을 필요로 한다는 것을 알고 있습니다. 여기서 관심은 음식의 형태로 제공되는 것만을 의미하지는 않죠. 규칙적인 산책뿐 아니라 다른 사람이나 다른 개와 나누는 상호작용은 단순히 좋기만 한 게 아니라 모든 개 전문가가 주장하듯이 필수적입니다.

그 외에도 반려견의 시야를 창의적으로 확장해주기 위해 주인이 할 수 있는 일이 많이 있습니다. 저의 독자들은 '냄새 산책'이라는 개념을 특히 좋아하시더라고요. 그분들 중에는 이미 개가 충분히 냄새를 킁킁거리도록 하기 위해 산책 속도를 늦추었다고 하는 분들도 있어요. 그리고 이제는 개들이 냄새를 되새기기 위해 풍부한 후각 정보를 수집하고 있다는 걸 알게 되었기에 짜증이 아닌 순수한 즐거움에서 느린 산책을 한다고 해요.

대부분의 개는 하루의 상당 부분을 잠을 자며 보내지만, 이것은 그들이 신체적으로 우리와 다르기 때문만은 아니에요. 우리가 없는 동안 마땅히 할 일도 없고 교류할 사람도 없기 때문에 마음이 마비될 정도로 지루해서 잠만 자는 거죠. 그러니 개를 집에 혼자 두고 나갈 때는 집 안이나 집 주변 이곳저곳에 간식을 숨겨 두어서 혼자라도 보물찾기를 하며 놀 수 있게 해주는 게 기분도 좋아지고 지루함에서 벗어나게 할 수 있는 방법입니다.

저는 함께 하는 정교한 의식을 만들어내는 것이 제 강아지들에게 굉장히 신나는 일이라는 걸 알게 되었어요. 여기서 '의식'이라는 건 근본적으로는 일상적인 습관 즉, 우리가 매일 함께 하는 일을 의미해요. 저는 일부러 추가 단계(때로는 전혀 아무런 관계도 없는 단계)를 덧붙여서 우리의 의식이 안정적으로 길게 이어지도록 만듭니다.

예를 들어 최근에 피네건과 저는 아침 일찍 일어나서 산책을 나가요. 산책을 끝내고 집에 돌아오면 남편과 어린 아들은 아직 자고 있죠. 저는 피네건에게 밥을 주고 저도 밥을 먹어요. 그 다음에는 피네건이 공원에서 찾아낸 더러운 공 같은 걸 가지고 한참을 더 놀아줍니다. 그러고 나서 공을 치우고 커피 한 잔을 마시면서 피네건을 가만히 바라보죠. 그 아이도 소파에 올라앉아서 저를 물끄러미 바라봐요. 이제 제가 할 일은 피네건을 바라보면서 자리에서 일어나는 겁니다. 그러면 그 아이도 알아차려요. 이제 집 안의 잠꾸러기들을 깨울 시간이라는 걸요. 피네건은 침실 문이 열리기까지 채 기다리지도 못하고 방 안으로 뛰어들어서 침대 위로 올라가 이리저리 뛰어다니면 모두를 깨워 놓죠.

피네건이 이 활동을 통해 크나큰 만족을 얻는다는 건 너무도 자명합니다. 시퀀스의 많은 요소가 매력적이기도 하지만 사실 시퀀스 전체가 흥미롭거든요. 피네건이 각 사건의 순서에 얼마나 신경을 쓰는지 눈치 챈 이후로, 저는 활동의 순서를 엄격하게 지키려 애를 씁니다. 이제 피네건은 다음 활동을 순서대로 예상할 뿐 아니라, 예를 들어 식사 전에 남편과 아들을 깨운다든가 하는 식으로 우리가 순서에서 조금이라도 벗어나게 되면 굉장히 흥분하곤 해요. 어느 쪽이든 상당히 재미있는 건 사실이고요.

책을 출간한 이후 새롭게 시행된 개 인지 연구가 있나요?

많죠. 어떤 실험은 완전히 새로운 패러다임이에요. 또 일부는 개의 능력에 관해 더 구체적으로 설명해주고요. 예를 들어, 한 연구는 모든 개가 인간의 관점을 이해하는 데 나름대로 능숙하지만, 머리가 작고 앞쪽을 향한 눈을 가진 개들과 작업견들이 다른 견종보다 더욱 능숙하다는 사실을 밝혀냈습니다. 우리에 대한 개의 관심을 조사한 또 다른 연구에 따르면 개들은 우리 얼굴의 한쪽 면, 구체적으로는 오른쪽 얼굴을 더 많이 바라본다고 해요. 이런 식의 편향은 우리 인간이 서로를 바라볼 때도 발견된다고 하죠. 현재 저는 개가 음식을 공평하게 나눠주는 사람과 그렇지 않은 사람을 구분하는지 (심지어 같은 양의 음식을 받는 경우에도) 살펴보고자 하는 연구에 관심을 갖고 있습니다. 본질적으로 우리는 개에게 정의감이 있는지 묻고 있는 거예요.

사실 흥미로운 점은 우리가 품고 있는 개에 관한 모든 질문을 검증 가능한 가설로 공식화할 수 있다는 겁니다. 그런데 연구자들이 얻어내는 답이 늘 개 주인들이 듣고 싶어 하는 대답인 건 아니에요. 특히 개 주인들은 우리가 생각하는 것보다 개들이 덜 알고 있다는 사실을 가리키는 결과를 별로 좋아하지 않죠. 하지만 그런 게 바로 과학의 가치입니다. 과학은 때론 우리의 직관을 지지하고 또 어떤 때는 그걸 무시하죠. 그리고 우리는 오직 '개들'에 관해서, 구체적으로는 일부 가상의 '평균적인' 개에 관해서만 이야기합니다. 사실 과학이 저를 포함한 모든 개 주인이 자신의 개를 특징 짓는 요소라고 생각하는 독특함을 일일이 포착해내는 것은 불가능하죠.

우선 다음 네 권은 이 책을 쓰는 동안 가장 자주 참고한 책이다. 모두 전문학술서지만 개의 행동, 인지능력, 훈련방법 등에 대해 자세히 알고 싶다면 큰 도움이 될 것이다. (자료검색 편의를 위해 한국어로 발간된 자료는 원문 앞 괄호 안에 서지정보를 추가로 적었다-옮긴이)

Lindsay, S. R. 2000, 2001, 2005. *Handbook of applied dog behavior and training*(3 volumes). Ames, Iowa: Blackwell Publishing.

McGreevy, P., and R. A. Boakes. 2007. *Carrots and sticks: Principles of animal training*. Cambridge: Cambridge University Press.

Miklósi, Á. 2007. *Dog behavior, evolution, and cognition*. Oxford: Oxford University Press.

Serpell, J., ed. 1995. *The domestic dog: Its evolution, behaviour and interactions with people*. Cambridge: Cambridge University Press.

들어가는 말

동물의 뇌 크기 관련

Rogers, L. 2004. Increasing the brain's capacity: Neocortex, new neurons, and hemispheric specialization. In L. J. Rogers, and G. Kaplan, eds. *Comparative vertebrate cognition: Are primates superior to non-primates?* (pp. 289~324). New York: Kluwer Academic/Plenum Publishers.

1장

돌고래 미소

Bearzi, M., and C. B. Stanford. 2008. *Beautiful minds: The parallel lives of Great Apes and dolphins*. Cambridge, MA: Harvard University Press.

두려움을 나타내는 침팬지 미소

Chadwick-Jones, J. 2000. *Developing a social psychology of monkeys and apes*. East Sussex, UK: Psychology Press.

눈썹을 치켜올리는 원숭이 표정

Kyes, R. C., and D. K. Candland. 1987. Baboon *(Papio hamadryas)* visual preferences for regions of the face. *Journal of Comparative Psychology*, 4, 345~348.

de Waal, F. B. M., M. Dindo, C. A. Freeman, and M. J. Hall. 2005. The monkey in the mirror: Hardly a stranger. *Proceedings of the National Academy of Sciences*, *102*, 11140~11147.

닭이 선호하는 환경

Febrer, K., T. A. Jones, C. A. Donnelly, and M. S. Dawkins. 2006. Forced to crowd or choosing to cluster? Spatial distribution indicates social attraction in broiler chickens. *Animal Behaviour*, 72, 1291~1300.

다른 늑대를 밟고 서거나 주둥이를 무는 늑대 행동

Fox, M. W. 1971. *Behaviour of wolves, dogs and related canids*. New York: Harper & Row.

전기 충격 실험

Seligman, M. E. P., S. E Maier, and J. H. Geer. 1965. Alleviation of learned helplessness in the dog. *Journal of Abnormal Psychology*, 73, 256~262.

움벨트, 진드기, 기능적 특성

von Uexkull, J. 1957/1934. A stroll through the worlds of animals and men. In C. H.

Schiller, ed. *Instinctive behavior: The development ofa modern concept* (pp. 5~80). New York: International Universities Press.

비관적인 태도를 학습한 쥐

Harding, E. J., E. S. Paul, and M. Mendl. 2004. Cognitive bias and affective state. *Nature*, 427, 312.

뽀뽀하는 개

Fox, 1971.

개의 미각

Lindemann, B. 1996. Taste reception. *Physiological Reviews*, 76, 719~766. Serpell, 1995.

"개가 주인의 얼굴과 손을 핥는 것은 깊은 애정 표현이다……"

(찰스 다윈, 《인간과 동물의 감정표현에 대하여》, 서해문집, 1998) Darwin, C. 1872/1965. *The expression of the emotions in man and animals*. Chicago: University of Chicago Press, p. 118.

2장

갯과 동물 종류

Macdonald, D. W., and C. Sillero-Zubiri. 2004. *The biology and conservation of wild canids*. Oxford: Oxford University Press.

'가축화'의 어원

사무엘 존슨이 저술한 1755년 판 사전에 나온 '가축화'의 정의는 다음과 같다. '가축' 또는 '가축화'라는 단어에는 "공공이 아닌 집에 속해 있다"는 의미가 담겨 있다.

여우 가축화 실험

Belyaev, D. K. 1979. Destabilizing selection as a factor in domestication. *Journal of Heredity*, 70, 301~308.

Trut, L. N. 1999. Early canid domestication: The farm-fox experiment. *American Scientist*, 87, 160~169.

늑대의 행동 특성 및 해부학적 구조

Mech, D. L., and L. Boitani. 2003. *Wolves: Behavior, ecology, and conservation*. Chicago: University of Chicago Press.

가축화

개의 가축화 과정을 설명하는 이론은 꽤 많다. 이 책에서는 최근 밝혀진 mtDNA 이론과 유전자 선택 과정에 대한 설명을 채택했다. 다음 책에 이와 관련된 내용이 자세히 나온다. R. Coppinger and L. Coppinger. 2001. *Dogs: A startling new understanding of canine origin, behavior, and evolution*. New York: Scribner.

Clutton-Brock, J. 1999. A natural history of domesticated mammals, 2nd ed. Cambridge: Cambridge University Press.

최초의 가축화

Ostrander, E. A., U. Giger, and K. Lindblad-Toh, eds. 2006. *The dog and its genome*. Cold Spring Harbor, NY: Cold Spring Harbor Laboratory Press.

Vilà, C., P. Savolainen, J. E. Maldonado, I. R. Amorim, J. E. Rice, R. L. Honeycutt, K. A. Crandall, J. Lundeberg, and R. K. Wayne. 1997. Multiple and ancient origins of the domestic dog. *Science, 276*, 1687~1689.

개의 발달

Mech and Boitani, 2003.

Scott, J. P., and J. L. Fuller. 1965. *Genetics and the social behaviour of the dog*. Chicago: University of Chicago Press.

푸들과 허스키의 발달 지표 차이

Feddersen-Petersen, D., in Miklósi, 2007.

밧줄당기기 과업

Miklósi, Á., E. Kuhinyi, J. Topál, M. Gácsi, Zs. Virányi, and V. Csányi. 2003. A simple reason for a big difference: Wolves do not look back at humans, but dogs do. *Current Biology*, 13, 763~766.

눈 마주치기

Fox, 1971.

(세임스 서펠, 《동물-인간의 동반자》, 들녘, 2003) Serpell, J. 1996. *In the company of animals: A study of human-animal relationships*. Cambridge: Cambridge University Press.

견종

Garber, M. 1996. *Dog love*. New York: Simon & Schuster.

Ostrander et al., 2006.

다리 길이-가슴 넓이 비율

Brown, C. M. 1986. *Dog locomotion and gait analysis*. Wheat Ridge, CO: Hoflin Publishing Ltd.

하운드와 파라오

Parker, H. G, L. V. Kim, N. B. Sutter, S. Carlson, T. D. Lorentzen, T. B. Malek, G. S. Johnson, H. B. DeFrance, E. A. Ostrander, and L. Kruglyak. 2004. Genetic structure of the purebred domestic dog. *Science, 304*, 1160~1164.

견종 분류

Crowley, J., and B. Adelman, eds. 1998. *The complete dog book*, 19th edition. Publication of the American Kennel Club. New York: Howell Book House.

개 유전자

Kirkness, F. F, et al. 2003. The dog genome: Survey sequencing and comparative analysis. *Science, 301*, 1898~1903.

Lindblad-Toh, K., et al. 2005. Genome sequence, comparative analysis and haplotype structure of the domestic dog. *Nature, 438*, 803~819.

Ostrander et al., 2006.

Parker et aI., 2004.

공격적 성향의 견종

Duffy, D. L., Y. Hsu, and J. A. Serpell. 2008. Breed differences in canine aggression. *Applied Animal Behavior Science, 114*, 441~460.

양치기 개의 행동 특성

Coppinger and Coppinger, 2001.

무리

Mech, L. D. 1999. Alpha status, dominance, and division of labor in wolf packs. *Canadian Journal of Zoology, 77*, 1196~1203.

Mech and Boitani, 2003, especially L. D. Mech, and L. Boitani. "Wolf social ecology" (pp. 1~34) and Packard, J. M. "Wolf behavior: Reproductive, social, and intelligent" (pp. 35~65).

개와 늑대의 진화 과정

Miller, D. 1981. *Track Finder*. Rochester, NY: Nature Study Guild Publishers.

야생 개

Beck, A. M. 2002. *The ecology of stray dogs: A study of free-ranging urban animals*. West Lafayette, IN: NotaBell Books.

떠돌이 개

Cafazzo, S., P. Valsecchi, C. Fantini, arid E. Natoli. 2008. Social dynamics of a group of free-ranging domestic dogs living in a suburban environment. Paper presented at Canine Science Forum, Budapest, Hungary.

늑대 사회화 프로젝트

Kubinyi, F., Zs. Virányi, and Á Miklósi. 2007. Comparative social cognitlon: From wolf and dog to humans. *Comparative Cognition & Behavior Reviews, 2*, 26~46.

"지독하게 소란스럽고 혼란스러운 상태"

윌리엄 제임스는 신생아가 갓 태어나 경험하는 뒤죽박죽 상태의 감각을 묘사하기 위해 이 표현을 사용했다. James, W. 1890. *Principles of psychology*. New York: Henry Holt & Co., p. 488.

"형체 없는 흰색 덩어리……"

Pliny the Elder. *Natural history* (tr. H. Rackham, 1963), Volume 3. Cambridge, MA: Harvard University Press, Book 8(54).

3장

냄새와 관련된 흥미로운 자료

Drobnick, J., ed. 2006. The smell culture reader. New York: Berg.

(올리버 색스, 《아내를 모자로 착각한 남자》, 이마고, 2006.) Sacks, O. 1990. "The dog beneath the skin." In *The man who mistook his wife for a hat and other clinical tales* (pp. 156~160). New York: HarperPerennial.

킁킁거리기

Settles, G. S., D. A. Kester, and L. J. Dodson-Dreibelbis. 2003. The external aerodynamics of canine olfaction. In F G. Barth, J. A. C. Humphrey, and T. W. Secomb, eds. *Sensors and sensing in biology and engineering* (pp. 323~355). New York: SpringerWein.

코의 해부학적 구조 및 민감성

Harrington, F H., and C. S. Asa. 2003. Wolf communication. In D. Mech, and L. Boitani, eds. *Wolves: Behavior, ecology and conservation* (pp.66~103). Chicago: University of Chicago Press.

Lindsay, 2000.

Serpell, 1995.

Wright, R. H. 1982. *The sense of smell*. Boca Raton, FL: CRC Press.

보습코기관

Adams, D. R., and M. D. Wiekamp. 1984. The canine vomeronasal organ. *Journal of Anatomy, 138*, 771~787.

Sommerville, B. A., and D. M. Broom. 1998. Olfactory awareness. *Applied Animal Behavior Science, 57*, 269~286.

(라이얼 왓슨,《코: 낌새를 맡는 또 하나의 코 야콥슨 기관》, 정신세계사, 2002) Watson, L. 2000. *Jacobson's organ and the remarkable nature of smell*. New York: W. W. Norton & Company.

인간의 페로몬 감지 능력

Jacob, S., and M. K. McClintock. 2000. Psychological state and mood effects of steroidal chemosignals in women and men. *Hormones and Behavior, 37*, 57~78.

McClintock, M. K. 1971. Menstrual synchrony and suppression. *Nature, 229*, 244~245.

촉촉한 코

Mason, R. T., M. P. LeMaster, and D. Muller-Schwarze. 2005. *Chemical signals in vertebrates*, Volume 10. New York: Springer.

우리 냄새 맡기

Lindsay, 2000.

냄새로 쌍둥이 구별하기

Hepper, P. G. 1988. The discrimination of human odor by the dog. *Perception, 17*, 549~554.

블러드하운드

Lindsay, 2000.

Sommerville and Broom, 1998.

Watson, 2000.

발자국 냄새로 이동 경로 추적하기

Hepper, P. G, and D. L. Wells. 2005. How many footsteps do dogs need to determine the direction of an odour trail? *Chemical Senses, 30*, 291~298.

Syrotuck, W. G. 1972. *Scent and the scenting dog*. Mechanicsburg, PA: Barkleigh Productions.

결핵 냄새

Wright, 1982.

질병 냄새

Drobnick, 2006.

Syrotuck, 1972.

암 환자 감지

여러 연구 중 일부 소개

McCulloch, M., T. Jezierski, M. Broffman, A. Hubbard, K. Turner, and T. Janecki. 2006. Diagnostic accuracy of canine scent detection in early and late-stage lung and breast cancers. *Integrative Cancer Therapies, 5*, 30~39.

Williams, H., and A. Pembroke. 1989. Sniffer dogs in the melanoma clinic? *Lancet, 1*, 734.

Willis, C. M., S. M. Church, C. M. Guest, W. A. Cook, N. McCarthy, A. J. Bransbury, M. R. T. Church, and J. C. T. Church. 2004. Olfactory detection of bladder cancer by dogs: Proof of principle study. *British Medical Journal, 329*, 712~716.

간질 발작 감지

Dalziel, D. J., B. M. Uthman, S. P. McGorray, and R. L. Reep. 2003. Seizure-alert dogs: A review and preliminary study. *Seizure, 12*, 115~120.

Doherty, M. J., and A. M. Haltiner. 2007. Wag the dog: Skepticism on seizure alert canines. *Neurology, 68*, 309.

Kirton, A., E. Wirrell, J. Zhang, and L. Hamiwka. 2004. Seizure-alerting and-response behaviors in dogs living with epileptic children. *Neurology, 62*, 2303~2305.

소변 표시

Lindsay, 2005.

Lorenz, K. 1954. *Man meets dog*. London: Methuen.

개 방광 기능

(로버트 새폴스키, 《스트레스-메디컬 사이언스 9》, 사이언스북스, 2008) Sapoisky, R. M. 2004. *Why zebras don't get ulcers*. New York: Henry Holt & Company.

항문낭

Harrington and Asa, 2003.

Natynczuk, S., J. W. S. Bradshaw, and D. W. Macdonald. 1989. Chemical constituents of the anal sacs of domestic dogs. *Biochemical Systematics and Ecology, 17*, 83~87.

항문낭과 수의사

McGreevy, P. (personal communication).

용변 후 바닥 파헤치기

Bekoff, M. 1979. Ground scratching by male domestic dogs: A composite signal. *Journal of Mammalogy, 60*, 847~848.

항생제와 냄새

Attributed to John Bradshaw by Coghlan, A. September 23, 2006. Animal welfare: See things from their perspective. NewScientist.com.

맨해튼의 격자구조 거리

Margolies, E. 2006. Vagueness gridlocked: A map of the smells of New York. In J. Drobnick, ed., *The smell culture reader* (pp. 107~117). New York: Berg.

브램비시와 브렁키

이 두 단어는 만화가 빌 워터슨이 만든 신조어다. 그가 그린 만화《캘빈 앤 홉스》의 주인공인 호랑이 홉스가 두 단어를 사용했다.

"눈부신 물의 냄새……"

Chesterton, G. K. 2004. "The song of the quoodle," in *The collected works of G. K. Chesterton*. San Francisco: Ignatius Press, p. 556. (체스터턴은 이 시에서 인간의 둔감한 후각에 대해 언급하기도 했다.)

4장

"무표정한 당혹스러움"

Woolf, V. 1933. *Flush: A biography*. New York: Harcourt Brace Jovanovich, p. 44.

"소통되지 않는 무언"

(찰스 램,《찰스 램 수필선》, 문예출판사, 2006) Lamb, C. 1915. *Essays of Elia*. London: 3. M. Dent & Sons, Ltd., p. 53.

개의 가청 범위

Harrington and Asa, 2003.

고주파 소리를 이용해 10대를 쫓아내는 제품

Vitello, P. June 12, 2006. "A ring tone meant to fall on deaf ears." *The New York Times*.

알람 시계

(데이비드 보더니스,《시크릿 하우스》, 생각의 나무, 2006) Bodanis, D. 1986. *The secret house: 24 hours in the strange and unexpected world in which we spend our nights and days*. New York: Simon & Schuster

으르렁거림

Faragó T., F. Range, Zs. Virányi, and P. Pongrácz. 2008. The bone is mine! Context-specific vocalisation in dogs. Paper presented at Canine Science Forum, Budapest, Hungary.

개와 늑대 소리

Fox, 1971.
Harrington and Asa, 2003.

웃음

Simonet, O., M. Murphy, and A. Lance. 2001. Laughing dog: Vocalizations of domestic dogs during play encounters. Animal Behavior Society conference, Corvallis, OR.

고음 구별하기

McConnell, P. B. 1990. Acoustic structure and receiver response in domestic dogs, Canis familiaris. *Animal Behaviour, 39*, 897~904.

리코를 비롯한 어휘 잠재력이 있는 개들

Kaminski, J. 2008. Dogs' understanding of human forms of communication. Paper presented at the Canine Science Forum, Budapest, Hungary.
Kaminski, J., J. Call, and J. Fischer. 2004. Word learning in a domestic dog: Evidence for "fast mapping." *Science, 304*, 1682~1683.

대화공리

Grice, P. 1975. Logic and conversation. In P. Cole and J. L. Morgan, eds., *Speech acts* (pp. 41~58). New York: Academic Press.

으르렁대고 어르고 끽끽거리고 끙끙대는 등의 소리

Bradshaw, J. W. S., and H. M. R. Nott. 1995. Social and communication behaviour of companion dogs. In J. Serpell, ed., *The domestic dog: Its evolution, behaviour, and interactions with people* (pp.115~130). Cambridge: Cambridge University Press.

Cohen, J. A., and M. W. Fox. 1976. Vocalizations in wild canids and possible effects of domestication. *Behavioural Processes*, 1, 77~92.

Harrington and Asa, 2003.

Tembrock, G. 1976. Canid vocalizations. *Behavioural Processes, 1*, 57~75.

짖는 소리의 종류와 특성

Molnár, C., P. Pongrácz, A. Dóka, and Á. Miklósi. 2006. Can humans discriminate between dogs on the base of the acoustic parameters of barks? *Behavioural Processes, 73*, 76~83.

Yin, S., and B. McGowan. 2004. Barking in domestic dogs: Context specificity and individual identification. *Animal Behaviour, 68*, 343~355.

개 짖는 소리의 강도(데시벨)

Moffat et al. 2003. Effectiveness and comparison of citronella and scentless spray bark collars for the control of barking in a veterinary hospital setting. *Journal of the American Animal Hospital Association, 39*, 343~348.

"하지만 인간은 사랑이나 부끄러움을 외적인 신호로 표현할 수 없다……"

Darwin, C. 1872/1 965, p. 10.

똑바로 당당히 선 자세

Harrington and Asa, 2003.

반대 자세

Darwin, 1872/1965.

꼬리

Bradshaw and Nott, 1995.

Harrington and Asa, 2003.

Schenkel, R. 1947. Expression studies of wolves. *Behaviour, 1*, 81~129.

자세

Fox, 1971.

Goodwin, D., J. W. S. Bradshaw, and S. M. Wickens. 1997. Paedomorphosis affects agonistic visual signals of domestic dogs. *Animal Behaviour, 53*, 297~304.

의도적 의사소통

Kaminski, J. 2008.

소변 표시

Bekoff, M. 1979. Scent-marking by free ranging domestic dogs. Olfactory and visual components. *Biology of Behaviour, 4*, 123~139.

Bradshaw and Nott, 1995.

Pal, S. K. 2003. Urine marking by free-ranging dogs (Canis familiaris) in relation to sex, season, place and posture. *Applied Animal Behaviour Science, 80*, 45~59.

5장

갯과 동물의 시각 범위

Harrington and Asa, 2003.

Miklbsi, 2007.

망막 내 광수용세포 분포도

McGreevy, P., T. D. Grassia, and A. M. Harmanb. 2004. A strong correlation exists between the distribution of retinal ganglion cells and nose length in the dog. Brain, *Behavior and Evolution, 63*, 13~22.

Neitz, J., T. Geist, and G. H. Jacobs. 1989. Color vision in the dog. *Visual*

Neuroscience, 3, 119~25.

북극 늑대

Packard, J. 2008. Man meets wolf: Ethological perspectives. Paper presented at Canine science Forum, Budapest, Hungary.

원반 잡기

Shaffer, D. M., S. M. Krauchunas, M. Eddy, and M. K. McBeath. 2004. How dogs navigate to catch frisbees. *Psychologlcal Science, 15*, 437~441.

주인 얼굴 인식하기

Adachi, I., H. Kuwahata, and K. Fujita. 2007. Dogs recall their owner's face upon hearing the owner's voice. *Animal Cognition, 10*, 17~21.

시각 환경에 대한 소의 지각

(템플 그랜딘·캐서린 존슨, 《동물과의 대화》, 샘터, 2006.) Grandin, T., and C. Johnson. 2006. *Animals in translation: Using the mysteries of autism to decode animal behavior*. Orlando, FL: Harcourt.

6장

새끼오리의 각인 행동

Lorenz, K. 1981. *The foundations of ethology*. New York: Springer-Verlag.

신생아의 시각적 능력과 시각 발달

신생아의 시각적 능력에 대한 연구 역사는 100년도 넘었다. 이 분야의 연구 내용을 일목요연하게 요약해놓은 책으로 다음을 추천한다. Smith, P. K., H. Cowie, and M. Blades. 2003. *Understanding children's development*. Maiden, MA: Blackwell Publishing.

신생아의 혀 내밀기

Meltzoff, A. N., and M. K. Moore. 1977. Imitation of facial and manual gestures by human neonates. *Science, 198*, 75~78. (태어난 지 하루나 몇 시간밖에 되지 않는 아기라 해도 혀 내밀기를 비롯한 다양한 표정을 지을 수 있다. 아기들은 놀라기라도 한 듯 입술을 오므리거나 입을 크게 벌리기도 한다. 때로는 입을 벌렸다가 오므리는 동작을 반복하는데 이는 입 오므리기가 자발적으로 통제할 수 없는 동작이기 때문일지도 모른다.)

칸지

Savage-Rumbaugh, S., and R. Lewin. 1996. *Kanzi: The ape at the brink of the human mind*. New York: John Wiley & Sons.

알렉스

Pepperberg, I. M. 1999. *The Alex studies: Cognitive and communicative abilities of grey parrots*. Cambridge, MA: Harvard University Press.

개 키보드

Rossi, A., and C. Ades. 2008. A dog at the keyboard: Using arbitrary signs to communicate requests. *Animal Cognition*, 11, 329~338.

시선 회피

Bradshaw and Nott, 1995.

얼굴을 응시하는 개

Miklósi et al., 2003.

검은 눈동자를 한 개에 대한 높은 선호도

Serpell, 1996.

갈매기의 고정 반응 패턴

Tinbergen, N. 1953. *The herring-gull's world*. London: Collins.

대화 시 인간의 응시 패턴

Argle, M., and J. Dean. 1965. Eye contact, distance and affiliation. *Sociometry, 28*, 289~304.

Vertegaal, R., R. Slagter, G. C. Van der Veer, and A. Nijholt. 2001. Eye gaze patterns in conversations: There is more to conversational agents than meets the eyes. *In Proceedings of ACM CHI 2001 Conference on Human Factors in Computing Systems*, Seattle, WA.

손가락으로 가리키는 방향 따라가기

Soproni, K., Á. Miklósi, J. Topál, and V. Csányi. 2002. Dogs' responsiveness to human pointing gestures. *Journal of Comparative Psychology, 116*, 27~34.

시선 따라가기

Agnetta, B., B. Hare, and M. Tomasello. 2000. Cues to food location that domestic dogs (*Canis familiaris*) of different ages do and do not use. *Animal Cognition, 3*, 107~112.

관심 끌기

Horowitz, A. 2009. Attention to attention in domestic dog (*Canis familiaris*) dyadic play. *Animal Cognition, 12*, 107~118.

소리내어 핥기

Gaunet, F. 2008. How do guide dogs of blind owners and pet dogs of sighted owners (*Canis familiaris*) ask their owners for food? *Animal Cognition, 11*, 475~483.

보여주기

Hare, B., J. Call, and M. Tomasello. 1998. Communication of food location between human and dog (*Canis familiaris*). *Evolution of Communication, 2*, 137~159.

Miklósi, Á., R. Polgardi, J. Topál, and V. Csányi. 2000. Intentional behaviour in dog-human communication: An experimental analysis of "showing" behaviour in the dog. *Animal Cognition, 3*, 159~166.

물어오기 게임

Gácsi, M., Á. Miklósi, O. Varga, J. Topál, and V. Csányi. 2004. Are readers of our face readers of our minds? Dogs (*Canis familiaris*) show situation-dependent recognition of human's attention. *Animal Cognition, 7*, 144~153.

관심 조작하기

Call, J., J. Brauer, J. Kaminski, and M. Tomasello. 2003. Domestic dogs (Canis familiaris) are sensitive to the attentional state of humans. *Journal of Comparative Psychology, 117*, 257~263.

Schwab, C., and L. Huber. 2006. Obey or not obey? Dogs (*Canis familiaris*) behave differently in response to attentional states of their owners. *Journal of Comparative Psychology, 120*, 169~175.

애원하기 실험

Cooper, J. J., C. Ashton, S. Bishop, R. West, D. S. Mills, and R. J. Young. 2003. Clever hounds: Social cognition in the domestic dog (*Canis familiaris*). *Applied Animal Behaviour Science, 81*, 229~244.

비디오를 이용한 실험

Pongrácz, P., Á. Miklósi, A. Doka, and V. Csányi. 2003. Successful application of video-projected human images for signalling to dogs. *Ethology, 109*, 809~821.

스피커를 통한 명령 효과가 낮은 이유

Virányi, Zs., J. Topál, M. Gácsi, Á. Miklósi, and V. Csányi. 2004. Dogs can recognize the behavioural cues of the attentional focus in humans. *Behavioural Processes, 66*, 161~172.

7장

"나는 나다……."

Stein, G. 1937. *Everybody's Autobiography*. New York: Random House, p. 64.

개를 이용해 타인의 감정을 읽는 자폐증 환자들

(올리버 색스, 《화성의 인류학자》, 바다출판사, 2005) Sacks, O. 1995. An anthropologist on Mars. New York: Knopf.

영리한 한스

Sebeok, T. A., and R. Rosenthal, eds. 1981. *The Clever Hans phenomenon: Communication with horses, whales, apes, and people*. New York: New York Academy of Sciences.

조련사의 신체 동작을 읽는 개들

Wright, 1982.

산책을 나가는지 아닌지 예측하는 개의 능력

Kubinyi, E., Á. Miklósi, J. Topál, and V. Csányi. 2003. Social mimetic behaviour and social anticipation in dogs: Preliminary results. *Animal Cognition, 6*, 57~63.

낯선 사람을 만났을 때 그가 위협적인지 우호적인지 구별하는 개의 능력

Vas, J., J. Topál, M. Gácsi, Á. Miklósi, and V. Csányi. 2005. A friend or an enemy? Dog's reaction to an unfamiliar person showing behavioural cues of threat and friendliness at different times. *Applied Animal Behaviour Science, 94*, 99~115.

8장

새로운 것을 좋아하는 개의 특성

Kaulfuss, P., and D. S. Mills. 2008. Neophilia in domestic dogs (Canis familiaris) and its implication for studies of dog cognition. *Animal Cognition, 11*, 553~556.

사물 인지

Miklósi, 2007.

줄 당기기

Osthaus, B., S. E. G. Lea, and A. M. Slater. 2005. Dogs (Canis lupus familiaris) fail to show understanding of means-end connections in a string pulling task. *Animal Cognition, 8*, 37~47.

사회적 단서 활용

Erdohegyi, A., J. Topál, Zs. Virányi, and Á. Miklósi. 2007. Dog-logic: Inferential reasoning in a two-way choice task and its restricted use. *Animal Behavior, 74*, 725~737.

과업 해결 시 인간에게 의존적인 개의 성향

Miklósi et al., 2003.

우유병 훼손 사건의 전말

Fisher, J., and R. A. Hinde. 1949. The opening of milk bottles by birds. *British Birds, 42*, 347~357.

박새 실험

Sherry, D. F., and B. G. Galef Jr. 1990. Social learning without imitation: More about milk bottle opening by birds. *Animal Behaviour, 40*, 987~989.

우회하기 학습

Pongrácz, P., Á. Miklósi, K. Timar-Geng, and V. Csányi. 2004. Verbal attention getting as a key factor in social learning between dog (Canis familiaris) and human. *Journal of Comparative Psychology, 118*, 375~383.

아동의 모방

Gergely, G., H. Bekkering, and I. Király. 2002. Rational imitation in preverbal infants. *Nature, 415*, 755.

Whiten, A., D. M. Custance, J-C. Gomez, P. Teixidor, and K. A. Bard. 1996. Imitative learning of artificial fruit processing in children (Homo sapiens) and chimpanzees

(*Pan troglodytes*). *Journal of Comparative Psychology, 110*, 3~14.

개의 모방

Range, F., Zs. Virany and L. Huber. 2007. Selective imitation in domestic dogs. *Current Biology, 17*, 868~872.

"해봐!" 명령

Topál, J., R. W. Byrne, Á. Miklósi, and V. Csányi. 2006. Reproducing human actions and action sequences: "Do as I Do!" in a dog. *Animal Cognition, 9*, 355~367.

마음 이론

Premack, D., and G. Woodruff. 1978. Does a chimpanzee have a theory of mind? *Behavioral and Brain Sciences, 1*, 515~526.

잘못된 믿음 실험

Wimmer, H., and J. Perner. 1983. Beliefs about beliefs: Representation and constraining function of wrong beliefs in young children's understanding of deception. *Cognition, 13*, 103~128.

열쇠가 어느 상자에 담겨 있는지 아는 개, 필립

Topál, J., A. Erdõhegyi, R. Mányik, and Á. Miklósi. 2006. Mind reading in a dog: An adaptation of a primate "mental attribution" study. *International Journal of Psychology and Psychological Therapy, 6*, 365~379.

놀이 기능

Bekoff, M., and J. Byers, eds. 1998. *Animal play: Evolutionary, comparative, and ecological perspectives*. Cambridge: Cambridge University Press.

Fagen, R. 1981. *Animal play behavior*. Oxford: Oxford University Press.

싸움 기술 습득에 도움되지 않는 싸움 놀이

Martin, P., and T. M. Caro. 1985. On the functions of play and its role in behavioral development. *Advances in the Study of Behavior, 15*, 59~103.

놀이에 끌어들이기 위한 개의 행동

Horowitz, 2009.

놀이 신호

Bekoff, M. 1972. The development of social interaction, play, and metacommunication in mammals: An ethological perspective. *Quarterly Review of Biology, 47*, 412~434.
Bekoff, M. 1995. Play signals as punctuation: The structure of social play in canids. *Behaviour, 132*, 419~429.
Horowitz, 2009.

공정성(비공정성) 실험

Range, F., L. Horn, Zs. Virányi, and L. Huber. 2009. The absence of reward induces inequity aversion in dogs. *Proceedings of the National Academy of Sciences, 106*, 340~345.

9장

수세기

West, R. E., and R. J. Young. 2002. Do domestic dogs show any evidence of being able to count? *Animal Cognition, 5*, 183~186.

삼단논법

스토아학파 크리시포스가 한 말이다. Bringmann, W., and J. Ahresch. 1997. Clever Hans: Fact or fiction? In W. G. Bringmann et al., eds., *A pictorial history of psychology* (pp. 77~82). Chicago: Quintessence.

개를 이해하기 위한 최초의 과학적 시도

Hebb, D. O. 1946. Emotion in man and animal: An analysis of the intuitive process of recognition. *Psychological Review, 53*, 88~106.

시각신경교차상핵

A nice review of some recent work: Herzog, E. D., and L. J. Muglia. 2006. You are when you eat. *Nature Neuroscience, 9*, 300~302.

나이 들어감에 따라 변화하는 수면 패턴

Takeuchi, T., and E. Harada. 2002. Age-related changes in sleep-wake rhythm in dog. *Behavioural Brain Research, 136*, 193~199.

방 안의 냄새 흐름을 지각하는 개의 능력

Bodanis, 1986.

Wright, 1982.

벌의 시간 감각

Boisvert, M. J., and D. F Sherry. 2006. Interval timing by an invertebrate, the bumble bee Bombus impatiens. *Current Biology, 16*, 1636~1640.

"지루함이란 인간 이외 분야를 다루는 과학에서는 좀처럼 다루어지지 않는 주제다……"

Wemelsfelder, F. 2005. Animal Boredom: Understanding the tedium of confined lives. In F. D. McMillan, ed., *Mental health and well-being in animals* (pp. 79~91). Ames, Iowa: Blackwell Publishing.

"인간은 지루함을 느낄 수 있는 유일한 동물이다"

Fromm, E. 1947. *Man for himself an inquiry into the psychology of ethics*. New York: Rinehart, p. 40.

거울 실험

Gallup, G. G. Jr. 1970. Chimpanzees: Self-recognition. *Science, 167*, 86~87.

Plotnik, J. M., F B. M. de Waal, and D. Reiss. 2006. Self-recognition in an Asian elephant. *Proceedings of the National Academy of Science, 103*, 17053~17057.

Reiss, D., and L. Marino. 2001. Mirror self-recognition in the bottlenose dolphin: A case of cognitive convergence. *Proceedings of the National Academy of Science,*

98, 5937~5942.

자신이 양이 아니라는 사실을 아는 양치기 개

Coppinger and Coppinger, 2001.

스누피가 한 말 인용 "어제 나는 개였다. 오늘 나는 개다. 내일도 아마 개일 것이다."

Gesner, C. 1967. You're a good man, *Charlie Brown: Based on the comic strip Peanuts by Charles M. Schulz*. New York: Random House.

먹이를 남겨두는 어치

Raby, C. R., D. M. Alexis, A. Dickinson, and N. S. Clayton. 2007. Planning for the future by western scrub-jays. *Nature, 445*, 919~921.

발생적 의례화

Tomasello, M., and J. Call. 1997. *Primate cognition*. New York: Oxford University Press.

중세시대에 개에게 벌을 주던 방식

Evans, E. P. 1906/2000. *The criminal prosecution and capital punishment of animals. Union*, NJ: Lawbook Exchange, Ltd.

개가 옳고 그름을 분간할 줄 안다고 믿는 주인들

Pongrácz, P., Á. Miklósi, and V. Csányi. 2001. Owners' beliefs on the ability of their pet dogs to understand human verbal communication: A case of social understanding. *Cahiers de psychologie, 20*, 87~107.

곰 인형과 경비견

Kennedy, M. August 3, 2006. "Guard dog mauls Elvis's teddy in rampage." *The Guardian*.

죄책감 실험

Horowitz, A. 2009. Disambiguating the "guilty look": Salient prompts to a familiar dog behaviour. *Behavioural Processes, 81*, 447~452.

Vollmer, P. J. 1977. Do mischievous dogs reveal their "guilt"? *Veterinary Medicine, Small Animal Clinician, 72*, 1002~1005.

장님 래브라도, 노먼

(제인 구달 외, 《제인 구달의 생명사랑 십계명》, 바다출판사 2003) Goodall, J., and M. Bekoff. 2002. *The ten trusts: What we must do to care for the animals we love*. New York: HarperCollins.

위급상황 실험

Macpherson, K., and W. A. Roberts. 2006. Do dogs (*Canis familiaris*) seek help in an emergency? *Journal of Comparative Psychology, 120*, 113~119.

"박쥐로 산다는 것은 어떨까?"

Nagel, T. 1974. What is it like to be a bat? *Philosophical Review, 83*, 435~450.

스탠리의 시각으로 본 세상

Sterbak, J. 2003. "From here to there."

개인 공간

Argyle and Dean, 1965.

주인 뒤를 따를 때 얼마나 거리를 두는지의 차이

Packard, 2008.

두드리는 막대기에 대한 달팽이의 인식

von Uexkull, 1957/1934.

몸에 가하는 압력을 통한 말 훈련

McGreevy and Boakes, 2007.

도살장 설계

Grandin and Johnson, 2005.

노란 조명 아래서의 사물 지각

미술가 올라푸르 엘리아손의 설치미술 전시회에 갔다가 노란 조명이 사물을 생기 없어 보이게 만든다는 사실을 알게 되었다. 올라푸르 엘리아손은 단일한 노란 빛으로 방 전체를 물들인 "Room for one colour"라는 제목의 전시회로 유명하다.

개에 대한 비트겐슈타인의 견해

Wittgenstein, L. 1953. *Philosophical investigations*. New York: Macmillan.

시간의 척도

von Uexkull, 1957/1934.

클리커 훈련

McGreevy and Boakes, 2007.

먹이를 자랑하는 늑대의 행동

Miklósi, 2007.

10장

바소프레신이 들쥐 행동에 미치는 영향

Alcock, J. 2005. *Animal behavior: An evolutionary approach*, 8th ed. Sunderland, MA: Sinauer Associates.

양치기 개의 각인

Coppinger and Coppinger, 2001.

각 동물에 대한 의인화 차이

Eddy, T. J., G. G. Gallup Jr., and D. J. Povinelli. 1993. Attribution of cognitive states to animals: Anthropomorphism in comparative perspective. *Journal of Social Issues, 49*, 87~101.

아기와 아기 모습을 닮은 동물에게 끌리는 경향

Gould, S. J. 1979. Mickey Mouse meets Konrad Lorenz. *Natural History, 88*, 30~36.
Lorenz, K. 195A0/1971. Ganzheit und Teil in der tierischen und menschlichen Gemeinschaft. Reprinted in R. Martin, ed., *Studies in animal and human behaviour*, vol. 2 (pp. 115~195). Cambridge, MA: Harvard University Press.

"우리는 달걀이 필요하거든요"

영화 〈애니 홀〉 중 우디 앨런의 제2자아인 앨비 싱어가 한 말.

바이오필리아(생명 사랑) 가설

Wilson, E. O. 1984. *Biophilia*. Cambridge, MA: Harvard University Press.

접촉

Lindsay, 2000.

할로의 연구

Harlow, H. F 1958. The nature of love. *American Psychologist, 13*, 673~685.
Harlow, H. F, and S. J. Suomii. 1971. Social recovery by isolation-reared monkeys. *Proceedings of the National Academy of Sciences, 68*, 1534~1538.

수건이나 푹신한 인형을 접하면 새끼 강아지의 불안이 경감되는 현상

Elliot, O., and J. P. Scott. 1961. The development of emotional distress reactions to separation in puppies. *Journal of Genetic Psychology, 99*, 3~22.
Pettijohn, T. F., T. W. Wong, P. D. Ebert, and J. P. Scott. 1977. Alleviation of separation distress in 3 breeds of young dogs. *Developmental Psychobiology, 10*, 373~381.

"온도-촉각 감지기"

Fox, M. 1971. Socio-irifantile and socio-sexual signals in canids: A comparative and developmental study. *Zeitschrft fuer Tierpsychologie, 28*, 185~210.

우리의 촉각

Attributed to the psychophysicist Ernst Heinrich Weber by von Uexkull (1957/1934).

콧수염

Lindsay, 2000.

"재회 위로 의식"

Lorenz, K. 1966. *On aggression*. New York: Harcourt, Brace & World, Inc., p. 170.

맹인과 맹인안내견

Naderi, Sz., Á. Miklósi, A. Dóka, and V. Csányi. 2001. Cooperative interactions between blind persons and their dog. *Applied Animal Behavior Sciences, 74*, 59~80.

개와 인간의 놀이

Horowitz, A. C., and M. Bekoff. 2007. Naturalizing anthropomorphism: Behavioral prompts to our humanizing of animals. *Anthrozoos, 20*, 23~35.

개-인간 유대관계의 타이밍

Sakaguchi, K., G. K. Jonsson, and T. Hasegawa. 2005. Initial interpersonal attraction between mixed-sex dyad and movement synchrony. In L. Anolli, S. Duncan Jr., M. S. Magnusson, and C. Riva, eds., *The hidden structure of interaction: From neurons to culture patterns* (pp. 107~120). Amsterdam: IOS Press.

개와 인간이 함께하는 조화로운 춤

Kerepesi, A., G. K. Jonsson, Á. Miklósi, V. Csányi, and M. S. Magnusson. 2005. Detection of temporal patterns in dog-human interaction. *Behavioural Processes, 70*, 69~79.

코르티솔과 테스토스테론을 예민하게 지각하는 개의 능력

Jones, A. C., and R. A. Josephs. 2006. Interspecies hormonal interactions between man and the domestic dog (*Canis familiaris*). *Hormones and Behavior, 50*, 393~400.

놀이방식에 대한 개의 민감성

Horváth, Zs., A. Dóka, and Á. Miklósi. 2008. Affiliative and disciplinary behavior of human handlers during play with their dog affects cortisol concentrations in opposite directions. *Hormones and Behavior, 54*, 107~114.

혈압 하강, 호르몬 변화 등 질병 위험을 감소시키는 개와의 유대관계

Friedmann, E. 1995. The role of pets in enhancing human well-being: Physiological effects. In I. Robinson, ed., *The Waltham book of human-animal interactions: Benefits and responsibilities of pet ownership* (pp. 35~59). Oxford: Pergamon.

Odendaal, J. S. J. 2000. Animal assisted therapy-magic or medicine? *Journal of Psychosomatic Research, 49*, 275~280.

Wilson, C. C. 1991. The pet as an anxiolytic intervention. *Journal of Nervous and Mental Disease, 179*, 482~489.

개와의 유대관계가 가져다주는 또 다른 긍정적 효과

Serpell, 1996.

하품의 전염성

Joly-Mascheroni, R. M., A. Senju, and A. J. Shepherd. 2008. Dogs catch human yawns. *Biology Letters, 4*, 446~448.

데리다와 고양이

Derrida, J. 2002. L'animal que done je suis (à suivre). Translated as "The animal that therefore I am (more to follow)." *Critical Inquiry, 28*, 369~418.

11장

양치기 개와 '관찰 행동'

Coppinger and Coppinger, 2001.

앞발 두 개 중 개가 선호하는 쪽

P. McGreevy, personal communication.

훈련

See McGreevy and Boakes, 2007, for some ideas.

새로운 것에 대한 선호

Kaulfuss and Mills, 2008.

개의 걸음걸이

Brown, 1986.

"야생동물에게 이름을 지어주면 그 이름이 그 동물에 관한 연구에 지속적으로 영향을 미친다"

이름 붙인 야생동물이 등장하는 책을 다수 저술한 조지 샬러가 한 말. Lehner, p. 1996. *Handbook of ethological methods*, 2nd ed. Cambridge: Cambridge University Press, p. 231.

발목 밴드를 단 금화조

Burley, N. 1988. Wild zebra finches have band colour preferences. *Animal Behaviour*, 36, 1235~1237.